工程力学与机械设计基础

主　编　胡立明　张登霞

副主编　叶　艾　余凯平　沙　琳
　　　　严　军　王　涛

参　编　方文敏　夏玲丽　汝　艳
　　　　胡　玮　张　扬　刘淑莉
　　　　肖桂凤　司东亚　罗天放
　　　　李建华

U0243108

中国科学技术大学出版社

内 容 简 介

本书根据教育部有关高等学校本科课程教学基本要求,结合军队院校机械工程专业学员培养特点及编者多年的教学改革经验而编写。

本书将工程力学、机械原理、机械零件、机械创新设计的内容有机地融合在一起,以适应目前教学改革的需要。本书共7章内容,包括绪论、静力学基础、材料力学、常用机构、机械传动、常用零部件、机械创新设计。

本书在编写过程中注重紧跟知识前沿,注重军事化元素改造,注重理论联系实际,可作为军队院校和地方高等工科院校机械类专业基础课程的教材,也可作为高等成人教育、远程教育有关专业的教材和工程技术人员的参考书。

图书在版编目(CIP)数据

工程力学与机械设计基础/胡立明,张登霞主编. —合肥:中国科学技术大学出版社,2020.8
(2023.12 重印)

　ISBN 978-7-312-05041-1

　Ⅰ.工…　Ⅱ.①胡…②张…　Ⅲ.①工程力学—高等职业教育—教材 ②机械设计—高等职业教育—教材　Ⅳ.①TB12 ②TH122

中国版本图书馆 CIP 数据核字(2020)第 153131 号

工程力学与机械设计基础
GONGCHENG LIXUE YU JIXIE SHEJI JICHU

出版	中国科学技术大学出版社
	安徽省合肥市金寨路 96 号,230026
	http://press.ustc.edu.cn
	https://zgkxjsdxcbs.tmall.com
印刷	安徽省瑞隆印务有限公司
发行	中国科学技术大学出版社
经销	全国新华书店
开本	787 mm×1092 mm　1/16
印张	22.75
字数	582 千
版次	2020 年 8 月第 1 版
印次	2023 年 12 月第 4 次印刷
定价	54.00 元

前　　言

　　"工程力学与机械设计基础"是军队院校机械类专业的主干课程。本书是根据国家教育部有关高等学校本科课程教学基本要求,结合军队院校机械工程专业学员培养特点编写的。本书保持了专业体系的科学性、系统性和逻辑性,并具有军事教育特色。

　　本书特点如下:

　　(1) 充分考虑了军队院校机械工程专业相关课程设置的实际情况,将理论力学、材料力学、机械原理、机械零件等内容有机结合,内容体系符合课程基本要求,并与培养计划相适应。

　　(2) 所有章节均以武器装备案例引入,部分知识点融合了陆战武器中典型机械机构的工作原理与设计方法,注重培养应用理论知识解决装备实际问题的能力,体现军事教育特色。

　　(3) 精选内容,做到理论联系实际,强调装备中所需的设计计算方法及结构设计方法,并适当加强机械设计整体观念,体现应用型人才培养目标。

　　参加本书编写工作的有方文敏(第 1 章),叶艾、汝艳(第 2 章),严军(第 3 章),张登霞、张扬(第 4 章),沙琳、胡玮(第 5 章),余凯平、夏玲丽(第 6 章),胡立明、王涛(第 7 章)。另外刘淑莉、肖桂凤、司东亚、罗天放、李建华为本书的编写做了大量辅助工作。全书由胡立明、张登霞任主编,并负责统稿。陈刚担任主审。

　　本书可作为军队院校机械工程专业工程力学与机械设计基础课程教材,也可作为地方高等院校相关课程的教材或教学参考书。

　　书中存在不妥之处在所难免,恳请广大读者批评指正。

编　　者

目　录

第1章 绪 论

导入装备案例

图1-1所示为某型自行加榴炮发动机结构图,为四冲程、V型、90°气缸排夹角、8缸、涡轮增压中冷、高速风冷柴油发动机。它是一种动力机械,将燃气燃烧的热能转化为机械能。什么是机械?它是如何组成、分类及发展的?这些问题将通过本章知识来解决。本章主要学习课程研究对象和内容,掌握课程地位、性质和学习方法,了解机械设计的基本要求和一般过程,了解现代机械设计的相关理论。

图1-1 某型自行加榴炮发动机结构图

1.1 本课程的研究对象和内容

1.1.1 本课程的研究对象

在工程领域、军事领域和人类生活领域,机器无处不在。汽车、火车、拖拉机、起重机、火炮、舰船、飞机、车床、铣床、刨床、机器人、打印机等都是机器。不同的机器实现不同的功能目标,在国民经济发展中发挥着不同的作用。

机器是执行机械运动的装置,用来变换或传递能量、物料与信息。

　　凡能将其他形式能量变换为机械能的机器称为原动机,如内燃机(将热能变换为机械能)、电动机(将电能变换为机械能)等都是原动机。凡能利用机械能去变换或传递能量、物料、信息的机器称为工作机,如发电机(将机械能变换为电能)、起重机(传递物料)、金属切削机床(变换物料外形)、录音机(变换和传递信息)等都属于工作机。

　　图1-1所示的某型自行加榴炮发动机为8缸四冲程内燃机,它每个缸的工作原理和图1-2所示的单缸四冲程内燃机相似。图1-2所示的单缸四冲程内燃机由活塞1、连杆2、曲轴3、齿轮4和5、凸轮6、推杆7、气缸体8等组成。燃气推动活塞做往复移动,经连杆转变为曲轴的连续转动。凸轮和推杆是用来启闭进气阀和排气阀的。为了保证曲轴每转两周进、排气阀各启闭一次,曲轴与凸轮轴之间安装了齿数比为1∶2的齿轮。这样,当燃气推动活塞运动时,各构件协调地动作,进气阀、排气阀有规律地启闭,加上气化、点火等装置的配合,就能把热能转换为曲轴回转的机械能。

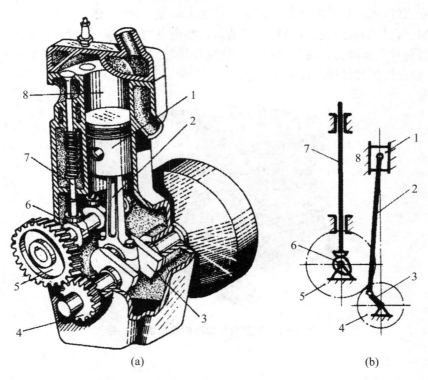

(a)　　　　　　　　　　　　　　(b)

图1-2　单缸内燃机

　　图1-3所示为一工业机器人。它由铰接机械手1、计算机控制台2、液压装置3和电力装置4组成。当机械手的大臂、小臂和手按指令有规律地运动时,手端夹持器(图中未示出)便将物料运送到预定的位置。在这部机器中,机械手是传递运动和执行任务的装置,是机器的主体部分,电力装置和液压装置提供动力,计算机控制台实施控制。

　　从以上两个例子可以看出,虽然机器的结构、性能和用途各异,但就其力学特征和在实践应用中的作用来看,它们具有以下共同特征:

　　(1) 它们都是由各制造单元(通常称为零件)经装配而成的组合体。

　　(2) 组合体中各运动单元(通常称为构件)之间通常都具有确定的相对运动。

　　(3) 工作时,组合体能代替或减轻体力劳动,去完成有效的机械功(如金属切削机床的

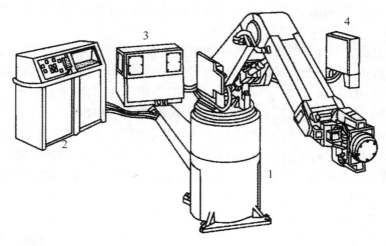

图 1-3　工业机器人

切削加工)或进行能量转换(如内燃机把热能转换成机械能)或传递信息。

机器具有上述三个特征,机构仅具有前两个特征。用来传递运动和力、有一个构件为机架、用构件间能够相对运动的连接方式组成的构件系统称为机构。撇开机器和机构在做功和能量转换方面的作用,仅从运动和力方面来考虑,机器和机构一般统称为机械。

仅从传递运动和力的角度分析,机器是由机构组成的,机构能实现一定规律的运动。如图 1-2 中,由曲轴、连杆、活塞和气缸组成的曲柄滑块机构可以把往复直线运动转变为连续转动;由大、小齿轮和气缸体组成的齿轮机构可以改变转速的大小和方向;由凸轮、推杆和气缸体组成的凸轮机构可以将连续转动变为有规律的往复运动。所以,可以认为内燃机主要由曲柄滑块机构、齿轮机构、凸轮机构等机构组合而成。一台机器常包含几个机构,至少也有一个机构,如电动机就只包含一个由转子和定子组成的二杆机构。

各种机械中普遍使用的机构称为常用机构,如连杆机构、凸轮机构、步进运动机构、齿轮机构等。仅在一定类型机械中使用的特殊机构称为专用机构,如导弹上的陀螺机构等。

根据实现功能的不同,一部完整的机器一般包含四个基本组成部分:动力部分(原动机)、传动部分、执行部分、控制系统,如图 1-4 所示。

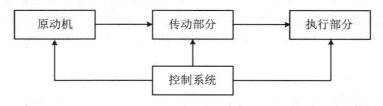

图 1-4　机器的组成

动力部分可采用人力、畜力、风力、液力、电力、热力、磁力、压缩空气等作为动力源,其中利用电力和热力的原动机(电动机和内燃机)使用最广。传动部分和执行部分由各种机构组成,是机器的主体。控制系统包括各种控制机构(如内燃机中的凸轮机构)、电气装置、计算机和液压/气压系统等。

机构与机器的区别在于:机构只是一个构件系统,而机器除构件系统外还包含电气、液压等其他装置;机构只用于传递运动和力,机器除传递运动和力之外,还应当具有变换或传递能量、物料、信息的功能。但是,在研究构件的运动和受力情况时,机器与机构之间并无区别。

零件是指机器中不可拆的每一个最基本的制造单元体。任何机器都是由许多零件组成的,如齿轮、螺钉等。机械中的零件通常分为两类:一类是通用零件,它们在各种类型的机械中都可能用到,如螺栓、轴、齿轮、弹簧等;另一类是专用零件,只用于某些类型的机械中,如内燃机中的曲轴、枪械中的枪管、火炮中的闩体、汽轮机中的叶片等。

构件是由一个或几个零件构成的刚性单元体。它可以是单一的零件,如曲轴(图1-5);也可以是由几个零件组成的刚性结构,如图1-6所示的内燃机中的连杆就是由连杆体、连杆盖、螺栓和螺母等零件刚性连接在一起而构成,这些零件之间没有相对运动,构成一个运动单元,成为一个构件。

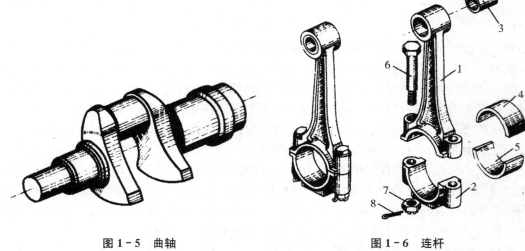

图1-5　曲轴

图1-6　连杆
1-连杆体;2-连杆盖;3-轴套;4、5-轴瓦;6-螺栓;
7-螺母;8-开口销

构件和零件的区别在于:构件是运动单元,零件是制造单元。

通常将一套协同工作且完成共同任务的零件组合称为部件。部件也有通用部件和专用部件之分,如减速器、滚动轴承、联轴器等属通用部件,汽车的转向器、火炮的高低机等则属专用部件。通常把一台机器划分为若干个部件,其目的是有利于设计、制造、运输、安装和维修。

1.1.2　本课程的研究内容

工程力学与机械设计基础主要研究机械中的常用机构和通用零件的力学特性、工作原理、结构特点、基本的设计理论和计算方法。其研究内容主要有以下几个方面:

1. 机械零件的结构强度

主要介绍机构和零件受力及变形的基本形式及其强度计算。

通过学习,让学员掌握机构和零件受力及变形的分析计算。

本书在第 2 章、第 3 章介绍这部分内容。

2. 常用传动机构设计

（1）机构的组成原理。研究构件组成机构的原理以及各构件间具有确定运动的条件。

（2）常用机构的分析和设计。对常用机构的运动和工作特点进行分析，并根据一定的运动要求和工作条件来设计机构。

通过学习，让学员掌握机构的组成、运动特性等基本知识，具有一定分析和设计常用机构的能力，对机械运动方案的确定有所了解。

这部分内容本书在第 4 章、第 5 章介绍。

3. 通用机械零件设计

研究通用零件的设计和选用问题，包括零件工作能力设计和结构设计，以及标准零部件的选用等问题。

通过学习，让学生掌握通用机械零件的工作原理、结构特点、基本的设计理论和设计计算方法，并具有设计机械传动装置和简单机械的能力，具有运用标准、规范、手册、图册查阅有关技术资料的能力。

本书在第 6 章介绍这部分内容。

4. 机械创新设计

研究机械系统的创新思维和技法、创新设计的过程。

通过学习，让学生了解机械创新设计的思维和设计的一般过程。

这部分内容在本书第 7 章介绍。

1.2 本课程的地位和性质

机械是伴随人类社会的不断进步逐渐发展与完善的。从原始社会早期人类使用的诸如石斧、石刀等最简单的工具，到杠杆、辘轳、人力脚踏水车、兽力汲水车等简单机械，再到水力驱动、风力驱动的水碾和风车等较为复杂的机械，机械不断推动社会发展。18 世纪英国工业革命以后，以蒸汽机、内燃机、电动机作为动力源的机械促进了制造业、运输业的快速发展，人类开始进入现代化的文明社会。20 世纪，随着电子计算机的发明以及自动控制技术、信息技术、传感技术的有机结合，机械进入完全现代化阶段。机器人、数控机床、高速运载工具、重型机械及其他大量先进机械设备加速了人类社会的繁荣和进步，人类可以遨游太空、登陆月球，可以探索辽阔的大海深处，可以在地面以下居住和通行，所有这一切都离不开机械，机械的发展已进入智能化阶段。机械已经成为现代社会生产和服务的五大要素（人、资金、能量、材料、机械）之一。

军队的机械化程度是决定现代战争胜负的重要因素之一。

在现代传统武器中，枪械、火炮、坦克、舰船、飞机、导弹、装甲输送车及坦克武器、野战防空武器、工程保障装备、车辆等均属机械的范畴。在第三次技术革命中，高技术常规武器获得了飞速发展,不仅品种更多、射(航)程更远、威力更大、精度更高、机动性更好、防护性更强,而且向自动化、制导化、智能化和隐性化发展,其最明显的特征是更趋信息化和智能化。总之,现代高技术兵器和将来可能出现的其他先进武器系统与传统武器相比,除杀伤破坏机理可能不同、侦察控制系统先进外,机械仍是其重要的组成部分。

因此,培养熟练掌握现代兵器的军人,必须让其学习并掌握一定的机械知识。从事军队指挥、管理专业、工程技术专业学习的学员,应重视本课程的学习。

本课程是一门重要的技术基础课,是专门培养学员具有一定机械设计能力的课程。本课程在教学中具有承上启下的作用,为后续课程,诸如兵器的工作原理、结构和使用维护的学习打下必要的基础。

1.3　本课程的学习方法

本课程是从理论性、系统性很强的基础课和技术基础课向实践性较强的专业课过渡的一门重要课程。因此,在学习本课程时学员必须在学习方法上有所转变和适应,应注意以下几个特点:

(1) 本课程将先修课程的基本理论应用到实际中去解决有关实际问题,因此先修课程的掌握程度直接影响到本课程的学习。

(2) 学员刚接触到本课程时往往会产生"无系统性""逻辑性差"等错觉。本课程中,虽然不同研究对象所牵涉的理论基础不相同,相互之间也无多大关系,但最终的目的只有一个,即设计出能应用的机构、零件等。本课程各部分内容都是按照工作原理、结构、强度计算、使用维护等的顺序来介绍,即有其自身的系统性,在学习时应注意这一特点。

(3) 由于实践中发生的问题很复杂,很难用纯理论的方法来解决,因此常常采用很多经验公式及数据、简化计算(条件性计算)等,这点必须在学习过程中逐步适应。

(4) 因为是联系实际的设计性的课程,所以计算步骤和计算结果不像数学课程那样具有惟一性。

(5) 计算对解决设计问题虽然很重要,但并不是惟一所要求的能力。学员应注意逐步培养把理论计算与结构设计、工艺等结合起来解决设计问题的能力。

1.4　机械设计的基本要求和一般过程

1.4.1　机械设计的基本要求

机械设计包括以下两种设计:
(1) 应用新技术、新方法开发创造新机械。
(2) 在原有机械的基础上重新设计或进行局部改造,从而改变或提高原有机械的性能。

机械设计质量的高低直接影响到机械产品的性质、价格及经济效益。

机械零件是组成机器的基本单元。在讨论机械设计的基本要求之前,首先应了解设计机械零件的基本要求。

1. 机械零件设计的基本要求

机械零件设计的基本要求是机械零件工作可靠并且成本低廉。

零件的工作能力是指零件在一定的工作条件下抵抗可能出现的失效的能力。失效是指零件由于某些原因不能正常工作。只有每个零件都能可靠地工作,才能保证机器的正常工作。

设计机械零件还必须有经济观点,力求综合经济效益高。为此要注意以下几点:

(1) 合理选择材料,降低材料费用。

(2) 保证良好的工艺性,减少制造费用。

(3) 尽量采用标准化、通用化设计,简化设计过程,节省设计和加工费用。

2. 机械设计的基本要求

机械设计应满足的基本要求主要有以下几个方面:

(1) 使用要求

所设计的机械要求保证实现预定的使用功能,并在规定的工作条件下、规定的工作期限内正常运行。

(2) 经济性要求

机械的经济性应该体现在设计、制造和使用的全过程中。它是一项综合性指标,要求设计及制造成本低、机器生产率高、能源和材料消耗少、维护及管理费用低等。

(3) 可靠性要求

现代机械的复杂性和现代大规模生产的高生产率及综合技术的应用,都要求机械具有高可靠性。可靠性是机械在规定的工况条件下和规定的使用期限内,完成预定功能的一种特性。机械的可靠性取决于设计、制造、管理、使用等各阶段。设计阶段对机械可靠性起到决定性影响。就目前而言,对机械产品的可靠性还难以提出统一的考核指标。

(4) 操作方便,工作安全

操作系统要简便可靠,有利于减轻操作人员的劳动强度。要有各种保险装置以消除由于误操作而引起的危险,避免人身及设备事故的发生。

(5) 造型美观,减少污染

要求所设计的机器不仅使用性能好、尺寸小、价格低廉,而且外形美观,富有时代特点,并且尽可能地降低噪声,减轻对环境的污染。

(6) 其他特殊要求

例如为了运输,所设计的机械既要容易拆卸,又要容易装配等。

1.4.2 机械设计的一般过程

1. 机械设计的内容

机械设计包括以下主要内容:

（1）确定机械的工作原理，选择合适的机构，拟定设计方案。

（2）进行运动分析和动力分析，计算作用在各构件上的载荷。

（3）进行零部件工作能力计算、总体设计和结构设计。

随着科学技术的发展，机械设计方法得到了不断的改进。近年发展起来的"优化设计""可靠性设计""有限元设计""模块设计""计算机辅助设计"等现代设计方法已在机械设计中得到了推广与应用。即使如此，常规设计方法仍然是工程技术人员进行机械设计的重要基础，必须很好地掌握。常规设计方法又可分为理论设计、经验设计和模型实验设计等。

2. 机械设计的一般过程

机械产品的设计过程，通常可概括为如下几个阶段：

（1）明确设计任务阶段

根据市场预测、用户需要和使用要求进行可行性分析，确定机器的设计参数及制约条件，最后给出可行性报告及设计任务书。任务书中的内容有机器的用途、主要性能参数、工作环境、有关特殊要求、生产批量、预期成本、设计完成期限以及使用单位的生产条件等。

（2）方案设计阶段

在满足设计任务书中具体要求的前提下，由设计人员构思出各种可行方案并进行分析比较，从中优选出一种功能满足要求、工作性能可靠、结构设计可行、成本低廉的方案。

（3）技术设计阶段

在既定设计方案的基础上，完成机械产品的总体设计、部件设计、零件设计等。设计结果以工程图及计算书形式表达出来。技术设计的工作量很大。

（4）制造与试验阶段

经过加工、安装及调试，制造出样机，对样机进行试运行，或生产现场试用。将试验过程中发现的问题反馈给设计人员，作为进一步修改的依据。经过修改完善产品，最后通过验收或鉴定。

机构设计也同样有以上四个阶段。

机械零件设计的一般步骤如下：

（1）根据机器的具体运转情况和简化的计算方案确定零件的载荷。

（2）根据零件工作情况的分析，判定零件的失效形式，从而确定其设计计算准则。

（3）进行主要参数的选择，选定材料。根据计算准则求出零件的主要尺寸，考虑热处理及结构工艺性要求等。

（4）进行结构设计。

（5）绘制零件工作图，制定技术要求，编写计算说明书及有关技术文件。

本课程在介绍各种通用零件设计时，其内容的安排顺序基本上是按照上述设计步骤进行的。

应当指出：在设计零件时，往往需要将较复杂的实际工作情况进行一定的简化，才能应用力学等理论来解决机械零件的设计计算问题。因此，这种计算或多或少带有一定的条件和假定，这种计算称为条件性计算。机械零件设计基本上是按条件性计算进行的。

1.5 现代机械设计理论概述

为了适应激烈竞争的市场需要,提高设计质量和缩短设计周期,计算机在设计中日益广泛地得到了应用。20 世纪 60 年代以来,在设计领域中相继发展了一系列新兴学科,如设计方法学、优化设计、计算机辅助设计、可靠性设计、模块化设计、有限元法、人机工程学等。

1.5.1 设计方法学

传统的设计方法是以经验、试凑、静态、定性为核心的设计方法。常用的设计方法有理论设计(包括设计计算和校核计算)、经验设计、模型试验设计。目前,这些传统的设计方法也是人们所熟练、常用的设计方法。但是,随着科学技术的迅速发展,产品市场竞争日趋激烈,要求提高设计质量和缩短设计周期,将经验、试凑、静态、定性设计变为分析、优化、动态、定量设计,使传统的人工设计变为自动化设计。设计方法学的内容可理解为总结符合设计规律的知识和方法,又回过头来指导设计人员的工作,以有利于缩短设计者在实践中摸索和积累经验的过程。因此,可定义设计是一种极为复杂的、与社会各界有密切关系的、创造性的社会活动。

1.5.2 优化设计

优化设计是从 20 世纪 60 年代起迅速发展起来的一门新的学科。优化设计建立在近代数学最优化方法和计算机技术的基础之上,为工程设计提供了一种重要的新的设计方法,使得在解决复杂设计问题时,能从众多的设计方案中寻找到尽可能完善的或最适宜的设计方案。采用这种设计方法能大大提高设计效率和设计质量。

在进行产品设计时,通常需要根据产品设计的要求,合理确定和计算各项参数,例如重量、成本、性能、承载能力等,以期达到最佳的设计目标。这就是说,一项工程设计总是要求在一定的技术和物质条件下,取得一个技术经济指标最佳的设计方案。而优化设计就是在这样一种思想的指导下产生的。目前,它在我国的机械工业及许多工业部门中得到了广泛的应用,并取得了可喜的成绩,已成为计算机辅助设计应用中的一个重要方面。

1.5.3 计算机辅助设计

计算机辅助设计和计算机辅助制造(CAD/CAM)技术是近 30 年来飞速发展起来的一种综合性新技术,是最富于发展潜力的新兴生产力,其应用对传统的设计方法以及组织生产的模式是一场深刻的变革。

CAD 和 CAM 是围绕着产品的设计、制造两大部分独立发展起来的。计算机辅助设计的功能可归纳为四个方面,即建立几何模型、工程分析、动态模拟仿真、自动绘图。确切地讲,CAD 是计算机技术在工程设计方面的综合应用技术。它将产品工程设计所需要的基础技术、设计理论、方法、数据以及设计人员的经验和智慧同计算机强大的功能有机地结合起来。设计者利用它，可以人-机交互方式高速度、高质量地完成产品的最佳设计。

CAD 技术在机械设计各阶段中的应用可概括如下：

1. 辅助计算

（1）校核计算

设计计算中存在着大量各种各样形式的校核计算，从简单的强度校核、刚度计算到复杂的应力分析、应变计算、场量分布情况等，都是典型的数值计算问题。要实现计算机辅助计算，需要结合所要解决的校核问题的专业知识，借助于数值计算方法和设计资料数字化等手段，通过编程或借助现成的程序系统来完成。

（2）主要参数的计算和选择

主要参数的计算和选择是按照给定要求（如载荷）来确定一个构件或部件的主要参数或者材料，主要应用于初步结构设计中。主要参数的计算和选择一般可通过 CAD 程序反复计算，逐步完成。

（3）优化计算

计算机辅助优化设计计算已形成完整的优化求解原理和求解算法，使用时结合设计问题的性质，选择合适的原理和算法编程，即可实现计算机辅助优化设计。

（4）模拟仿真

模拟仿真将设计对象在计算机内部以二维或三维的形式表示出来，便于调整和修正设计。

2. 结构设计

通过计算机图形技术，可以将实际的结构在计算机中表示成为线框模型、实体模型或者曲面模型，并由绘图机输出符合工程要求的工程图纸。

3. 提供信息资料

设计工作需要大量的信息资料，借助于计算机的工程数据库技术提供设计信息，尤其是关于标准件、材料、设计参数、相关系数、外购件和成本数据等方面的设计数据，具有重要的意义。

4. 产品数据管理与设计进程管理

产品数据是 CAD 应用中的基本数据，必须加以管理。加强设计进程管理有利于优化计算机辅助设计的过程。有关这方面的问题，可参阅计算机辅助设计与制造的有关书籍。

1.5.4　可靠性设计

可靠性设计是保证系统及其零部件满足给定的可靠性指标的设计方法。可靠性理论是在第二次世界大战期间发展起来的。可靠性理论应用于机械设计方面的研究始于 20 世纪 60 年代，首先应用于军事和航天等工业部门，随后逐渐扩展到民用工业。对于一个复杂的产品来说，为了提高整体系统的性能，采用提高组成产品的每个零部件的性能来达成，会使得产品的造价高昂,有时甚至难以实现,例如由几万甚至几十万个零部件组成的很复杂的产品。可靠性设计所要解决的问题就是如何从设计中来解决可靠性,以改善对各个零部件可靠度的要求。

可靠性设计的内容包括对产品的可靠性进行计算、可靠性分配及可靠度评定等工作。所谓可靠性,是指产品在规定的时间内和给定的条件下,完成规定功能的能力。可靠性不但直接反映产品各组成部件的质量,而且影响整个产品的质量性能。可靠性的度量指标一般有可靠度、无故障率、失效率等。

可靠性设计以随机方法(概率论和数理统计)分析研究系统和零件在运行状态下的随机规律和可靠性,不仅更能提示事物的本来面貌,而且能较全面地提供设计信息,这是传统设计方法无法做到的。理论分析和实践表明,可靠性设计比传统设计方法,能更有效地处理设计中的一些问题,提高产品质量,减小零件尺寸,从而节约原材料,降低成本,带来较大的经济效益。

由于传统的机械设计与机械可靠性设计,都是以零件或机械系统的安全与失效作为其主要研究内容的,因此这两种设计方法又是密切联系的,可以说机械可靠性设计是在传统的机械设计基础上,补充了可靠性特殊技术要求的一种新型设计,也是处在传统设计延长线上的一种新的、靠得住的设计,应该将传统的机械设计和机械可靠性设计有机地结合起来,以丰富发展机械设计理论,提高机构产品的设计水平。

练 习 题

基本题

1-1 机器的特征有哪三个?

1-2 机器与机构有何区别?

1-3 构件与零件有何区别?

1-4 指出单缸内燃机中的若干专用零件和通用零件。

1-5 本课程的研究对象是什么?

1-6 机械设计过程通常分为哪几个阶段? 各阶段的主要内容各是什么?

提高题

1-7 对具有下述功用的机器各举出两个实例:

(1) 原动机;

(2) 将机械能变换为其他形式能量的机器;

(3) 变换物料的机器;

(4) 变换或传递信息的机器;

(5) 传递物料的机器;

（6）传递机械能的机器。

1-8　指出下列机器的动力部分、传动部分、控制部分和执行部分：

（1）汽车；（2）自行车；（3）车床；（4）缝纫机；（5）电风扇；（6）录音机。

第2章　静力学基础

导入装备案例

图 2-1 为某型远程火箭炮定向器受力分析图,远程火箭炮定向器在重力的作用下,其重力矩随定向器俯仰角的变化而大幅度变化。那么,它是如何克服重力矩,实现平稳高低调炮的呢? 必须根据平衡条件进行受力分析。如何进行受力分析? 如何建立平衡方程? 这些问题将通过本章知识来解决。本章将介绍与受力分析相关的概念、规律和分析方法,重点讨论平面力系的平衡条件及其应用。

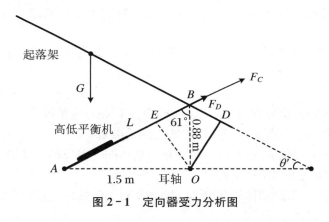

图 2-1　定向器受力分析图

2.1　静力学的基本概念和力学规律

2.1.1　基本概念

1. 力

力是物体间的相互作用,力对物件的作用效应使物体的机械运动发生变化,同时也发生变形。前者称为力的外效应(又称运动效应),后者称为力的内效应(又称变形效应)。

在理论力学中,把物体看作不变形的刚体,也就是只研究力的运动效应。

在材料力学中研究力的变形效应,即把物体的变形看成主要因素,这时就必须以另一种

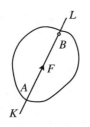

图 2-2　力的三要素

模型——变形固体来代替。

实践表明,力对物体的作用效应取决于以下三要素:① 力的大小;② 力的方向(包括方位和指向);③ 力的作用点。

在国际单位制中,以牛顿(N)或千牛顿(kN)为力的单位。

力是矢量,常用一个带箭头的直线段表示力,线段的长度按选定的比例表示力的大小,线段的方位及箭头指向表示力的方向,通常用线段的始端表示力的作用点,如图 2-2 所示。当用符号表示力矢量时,应用黑体字母 F。白体字母 F 一般只代表力的大小。

2. 力系

力系是指作用于同一物体的一群力。

各力的作用线在同一平面内的力系称为平面力系,不在同一平面内的力系称为空间力系。

各力的作用线相交于同一点的力系称为汇交力系(或共点力系),各力作用线相互平行的力系称为平行力系,各力作用线既不相交于一点又不相互平行的力系称为任意力系。

如果作用于物体上的力系可以用另一力系来代替而效果相同,那么这两个力系互称为等效力系。

如果物体在某一力系作用下,其运动状态不变,则称此力系为平衡力系。

3. 刚体

实践表明,任何物体受力后总会产生一些变形。但在通常情况下,绝大多数零件和构件的变形都是很微小的,甚至需要专门的仪器才能测量出来。

研究表明,在许多情况下,这种微小的变形对物体的外效应影响甚微,可以忽略不计,即不考虑力对物体作用时物体所产生的变形。

任何情况下均不变形的物体称为刚体。刚体是对实际物体经过科学的抽象和简化而得到的一种理想模型,它抓住了问题的本质。

然而当变形在所研究的问题中成为主要因素时(例如在材料力学中),一般就不能把物体看作是刚体了。

4. 平衡

所谓平衡,是指物体相对于地球处于静止或做匀速直线运动的状态。显然,平衡是机械运动的特殊形式。

作用在刚体上使刚体处于平衡状态的力系称为平衡力系,平衡力系应满足的条件称为平衡条件。

静力学研究刚体的平衡规律,即研究作用在刚体上的力系的平衡条件。

5. 力矩

实践证明,作用于物体上的力,一般不仅可使物体移动,还可使物体转动。由物理学知识可知,力使物体转动的效应是用力矩来度量的。

（1）力对点的矩

如图2-3所示，力 F 使刚体绕点 O 转动的效应，可用力 F 对 O 点的矩来度量。图中 O 点称为矩心，矩心到力 F 作用线的垂直距离称为力臂。

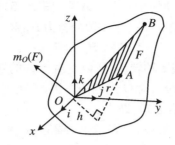

图2-3 力对点的矩的矢量表示

在一般情况下，力 F 对点 O 的矩取决于以下三要素：

① 力矩的大小，即力 F 的大小与力臂的乘积，恰好等于三角形 OAB 面积的二倍。

② 力 F 与矩心 O 所构成平面的方位。

③ 在上述平面内，力 F 绕矩心 O 的转向。

显然这三个要素必须用一个矢量来表示：矢量的模等于力矩的大小，矢量的方位垂直于力与矩心所构成的平面，矢量的指向按右手螺旋法则确定。

该矢量称为力 F 对 O 点的矩矢，简称力矩矢，用符号表示为 $m_O(F)$。以 r 表示力 F 的作用点相对于矩心 O 的矢径 $\overrightarrow{OA}$，则

$$m_O(F) = r \times F \qquad (2-1)$$

应当指出，力矩矢 $m_O(F)$ 与矩心的位置有关，因而力矩矢 $m_O(F)$ 只能画在矩心 O 处，所以力矩矢是定位矢量。

若以矩心为原点，建立直角坐标系 $Oxyz$，分别以 i、j、k 表示沿三根坐标轴正向的单位矢量。设力 F 作用点的坐标为 x、y、z，力 F 在三根坐标轴上的投影分别为 X、Y、Z。则有

$$m_O(F) = r \times F = (yZ - zY)i + (zX - xZ)j + (xY - yX)k$$
$$= \begin{vmatrix} i & j & k \\ x & y & z \\ X & Y & Z \end{vmatrix} \qquad (2-2)$$

对于平面情形，力对点之矩只取决于力矩的大小和力矩的转向这两个要素，因而可用一代数量表示（图2-4）：

$$m_O(F) = \pm Fh \qquad (2-3)$$

正负号的规定是：逆时针转向的力矩为正值，反之为负值。

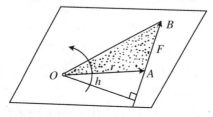

图2-4 力对点的矩

（2）力对轴的矩

工程中，经常遇到物体绕定轴转动的情形，为了度量力对绕定轴转动物体的作用效果，提出了力对轴之矩的概念。

设力 F 作用在可绕 z 轴转动的物体上的 A 点（图2-5）。过 A 点作一垂直于 z 轴的平面，两者交于点 O。将力 F 分解为平行于 z 轴的分力 F_z 和垂直于 z 轴的分力 F_{xy}：

$$F = F_z + F_{xy}$$

显然分力 F_z 不能使物体绕 z 轴转动，所以它对 z 轴的转动效应为零。而分力 F_{xy} 使物体绕 z 轴转动的效应，取决于力 F_{xy} 对 O 点的矩。因此，力对轴之矩等于此力在垂直于该轴的平面上的投影对轴与平面交点之矩，即

$$m_z(F) = m_O(F_{xy}) = \pm 2S_{\triangle OAB} = \pm F_{xy}h \qquad (2-4)$$

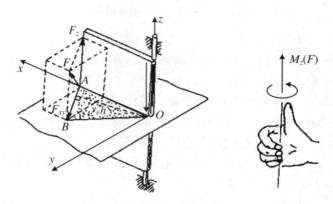

图2-5　力对轴的矩

显然，力对轴的矩是一代数量，其正、负号按右手螺旋法则确定。

力对轴的矩的解析表达式也可表示如下：

$$m_z(F) = xY - yX$$
$$m_y(F) = zX - xZ \qquad (2-5)$$
$$m_x(F) = yZ - zY$$

（3）力对点的矩与力对轴的矩的关系

由力对点的矩的解析表达式（2-2）式，力矩矢 $m_O(F)$ 在三个坐标轴上的投影分别为

$$[m_O(F)]_x = yZ - zY$$
$$[m_O(F)]_y = zX - xZ \qquad (2-6)$$
$$[m_O(F)]_z = xY - yX$$

比较式（2-5）和式（2-6）可知，力对点的矩矢在通过该点的某轴上的投影等于力对该轴的矩，即

$$[m_O(F)]_x = m_x(F)$$
$$[m_O(F)]_y = m_y(F) \qquad (2-7)$$
$$[m_O(F)]_z = m_z(F)$$

在国际单位制中，力矩的单位是 N·m。

例2-1　如图2-6所示的支架，已知 $F = 10\,kN$，$AD = DB = 2\,m$，试求力 F 对 A、B、C、D 四点的力矩。

解　由力矩的定义可得

$$M_A(F) = F \times 4 \times \sin 60° = 34.6 \, (\text{kN} \cdot \text{m})$$

$$M_D(F) = F \times 2 \times \sin 60° = 10 \times 2 \times \sin 60° = 17.3 \, (\text{kN} \cdot \text{m})$$

力 F 的作用线通过 B 点，所以 $M_B(F) = 0$。

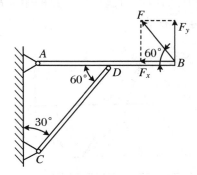

图 2-6　例 2-1 图

计算 $M_C(F)$ 时，可用合力矩定理，使计算简单化。将 F 沿竖直和水平方向分解成 F_x、F_y，得

$$\begin{aligned}
M_C(F) &= M_C(F_x) + M_C(F_y) \\
&= F\cos 60° \times 2 \times \tan 60° + F\sin 60° \times 4 \\
&= 10 \times \cos 60° \times 2 \times \tan 60° + 10 \times \sin 60° \times 4 \\
&= 51.96 \, (\text{kN} \cdot \text{m})
\end{aligned}$$

6. 力偶

（1）力偶和力偶矩

在生活和生产实践中，我们常常同时施加大小相等、方向相反、作用线不在同一条直线上的两个力来使物体转动。例如，用两个手指拧动水龙头或转动钥匙，用双手转动汽车的方向盘或用丝锥攻螺纹等。在力学中，把这样的两个力称为力偶，用记号（F, F'）表示。如图 2-7 所示，两力作用线所决定的平面称为力偶作用面，两力作用线之间的垂直距离称为力偶臂，力偶中两力所形成的转动方向，称为力偶的转向。

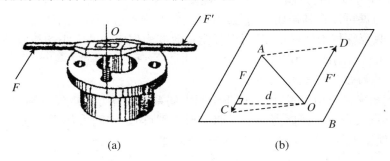

(a)　　　　　　　　　(b)

图 2-7　力偶

力偶是两个具有特殊关系的力的组合，它既不能合成为一个力，也不能用一个力来等效替换，并且也不能由一个力来平衡，力偶只能由力偶来平衡，因而力偶是一个基本力学量，它只能使物体产生转动效应。力偶使刚体绕一点转动的效应用力偶中两个力对该点的力矩之

和来度量。设有一力偶作用在刚体上,如图 2-8 所示,任取一点 O,两力对该点的矩之和为

$$m_O(F, F') = m_O(F) + m_O(F') = r_A \times F + r_B \times F'$$

$$= r_A \times F - r_B \times F = (r_A - r_B) \times F = BA \times F \qquad (2-8)$$

式中 r_A、r_B 分别表示两个力的作用点 A 和 B 对于 O 点的矢径,$BA \times F$ 称为力偶矩矢,用矢量 m 表示。由于矩心 O 是任取的,所以力偶对任一点的矩矢都等于分开力偶矩矢,它与矩心的位置无关,即力偶矩矢是自由矢量。

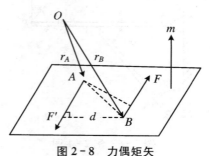

图 2-8　力偶矩矢

不难看出,力偶对刚体的转动效应完全决定于力偶矩矢 m(包括大小、方位和指向),从而得到力偶三要素:

① 力偶矩的大小,等于力偶中的力 F 的大小与力偶臂 d 的乘积。

② 力偶作用平面的方位。

③ 力偶在其作用平面内的转向(符合右手螺旋法则)。

对于平面问题,因为力偶作用面的方位一定,力偶对刚体的作用效应只决定于力偶矩的大小和力偶的转向这两个要素,所以力偶矩可用一代数量表示,即

$$m = \pm Fh \qquad (2-9)$$

在国际单位制中,力偶矩的单位是 $N \cdot m$。

(2) 力偶等效定理

上面讲到,力偶对刚体的转动效应完全决定于力偶矩矢 m,因此,作用于刚体上的两个力偶,若它们的力偶矩矢相等,则两力偶等效;对于平面问题,作用在刚体上同一平面内的两个力偶,若它们的力偶矩相等,则两个力偶等效。这就是力偶等效定理。

由上述定理可以得到力偶的下面两个性质:

性质 1　力偶可以在其作用面内任意移动,而不改变它对刚体的作用效应。

性质 2　只要保持力偶矩不变,可以任意地改变力偶中力的大小和相应地改变力偶臂的长短,而不影响它对刚体的作用效应。

(3) 力偶系的合成与平衡

由于力偶矩矢是自由矢量,因此可将空间力偶系中的各力偶矩矢分别向任一点平移,从而得到一个共点矢量系。根据力的平行四边形法则可知,空间力偶系一般可以合成为一个合力偶,合力偶矩矢等于各分力偶矩矢的矢量和,即

$$M = m_1 + m_2 + \cdots + m_n = \sum m \qquad (2-10)$$

由二力平衡公理可知,空间力偶系平衡的必要和充分条件是:力偶系的合力偶矩矢等于零,亦即力偶系中各力偶矩矢的矢量和等于零,即

$$\sum m = 0 \qquad (2-11)$$

式(2-11)是力偶系平衡方程的矢量形式。将它投影到三根直角坐标轴上,可得到三个独立的代数方程。当一个刚体受空间力偶系的作用而平衡时,可用这些方程来求解三个未知量。

例 2-2　横梁 AB 长度为 l,A 端为固定铰支座,B 端用杆 BC 支撑,如图 2-9(a)所示。梁上作用一力偶,其力偶矩为 m。梁和杆自重均不计。试求铰链 A 的约束反力和杆 BC 的受力。

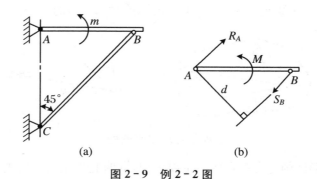

图 2-9　例 2-2 图

解　取梁 AB 为研究对象。梁 AB 上作用有矩为 m 的力偶、铰链 A 处的约束反力 $\boldsymbol{R}_A$ 以及杆 BC 的约束反力 $\boldsymbol{S}_B$ 而处于平衡。由于力偶必须由力偶平衡,故 $\boldsymbol{R}_A$ 与 $\boldsymbol{S}_B$ 必组成一力偶,其转向与 m 相反,由此可确定 $\boldsymbol{R}_A$ 与 $\boldsymbol{S}_B$ 的指向,如图 2-9(b)所示。由力偶系平衡条件,有

$$\sum \boldsymbol{m} = 0: m - S_B l \cos 45^\circ = 0$$

得 $R_A = S_B = 2m/l$。

2.1.2　力学规律

这里主要介绍静力学公理。

1. 公理一

二力平衡公理　作用于刚体上的二个力,使刚体保持平衡的必要和充分条件是:二个力大小相等,方向相反,作用在同一条直线上。如图 2-10 所示。

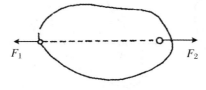

图 2-10　二力平衡条件

工程中常见到只受二力作用而处于平衡的构件,称之为二力构件,或称二力杆,它所受的两个力沿作用点的连线具有等值、反向、共线的特性。

2. 公理二

力的平行四边形法则　作用在物体上同一点的两个力,可以合成为一个也作用于该点

的合力,合力的大小和方向由以这两个力为邻边所构成的平形四边形的对角线确定。如图 2-11(a)所示。这称为力的平行四边形法则,用矢量式表示为

$$R = F_1 + F_2 \tag{2-12}$$

由作图求合力时,通常只需画出半个平行四边形,即三角形就足够了。从任一点 A 开始画矢量 $AB = F_1$,再从点 B 画矢量 $BC = F_2$,封闭边矢量 AC 便代表合力 R 的大小和方向,如图 2-11(b)所示。三角形 ABC 称为力三角形,这种求合力的方法称为力三角形法则。

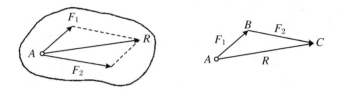

图 2-11 力的合成

力的平行四边形法则是力系合成的主要依据,同时它也是力分解的法则。在实际问题中,常将两力沿互相垂直的方向分解,所得的两个分力称为**正交分力**。

3. 公理三

加减平衡力系公理 在作用于刚体上的任何一个力系中,增加或减去任一个平衡力系,不改变原力系对刚体的作用。

(1) 推论 1

力的可传性 作用于刚体上的力可以沿其作用线移动到刚体内的任意一点,而不改变该力对刚体的作用效应。

证明 设力 F 作用于某刚体上的点 A,如图 2-12(a)所示。在力 F 作用线上任取一点 B,加上等值、反向、共线的两个力 F_1、F_2,使 $F_1 = -F_2 = F$,如图 2-12(b)所示。显然,F、F_2 组成一对平衡力系,去掉该力系,于是只剩下作用于 B 点的力 F_1,如图 2-11(c)所示,这就相当于将力 F 自点 A 沿其作用线移至点 B。

由上述讨论可知,作用于刚体上的力是滑移矢量,其三要素可总结为:力的大小、方向和作用线。

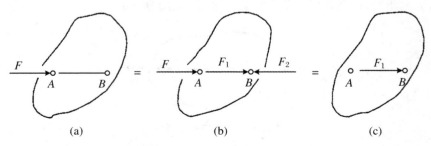

图 2-12 力的可传性

(2) 推论 2

三力平衡汇交定理 刚体受三个力作用而处于平衡,其中两个力的作用线相交于一点,则此三力必在同一平面内,且汇交于同一点。

4. 公理四

作用与反作用定律　任何两个物体间相互作用的一对力总是大小相等,方向相反,沿同一直线,并同时分别作用在这两个物体上。这两个力互为作用力和反作用力。

力总是成对出现,有作用力必然有反作用力,它们同时出现,同时消失。

2.2　物体的受力分析

2.2.1　约束和约束反力

在空间可以任意运动的物体,如航行中的飞机、人造卫星等,称为自由体。而运动受到一定限制的物体,如放在桌子上的杯子,称为非自由体。

限制物体运动的其他物体称为约束。约束对该物体的作用力,称为约束反力,简称反力。

被约束的物体除受约束反力外,同时还承受其他载荷,如重力、气体压力、切削力等,称为主动力。

约束反力是由主动力引起的,是被动力,它不仅与主动力有关,还与约束的性质和非自由体的运动状态有关。

下面介绍工程中常见的几种约束类型。

1. 柔性体约束

绳子、链条、皮带、钢丝等柔性物体,特点是只能受拉,不能受压。所以柔性体约束只能限制物体沿柔性体伸长方向的运动,其约束反力必沿柔性体而背离被约束的物体,如图 2 - 13 所示。

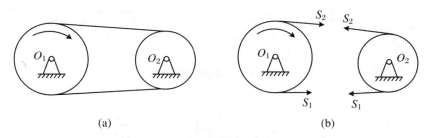

(a)　　　　　　　　　　　　　(b)

图 2 - 13　柔性体约束

2. 光滑接触面约束

两物体间的接触面是光滑的,则被约束物体可沿接触面运动,或沿接触面在接触点的公法线方向脱离接触,但不能沿接触面的公法线方向压入接触面内。因此,其约束反力必通过接触点,沿接触面在该处的公法线,指向被约束物体,如图 2-14 所示。

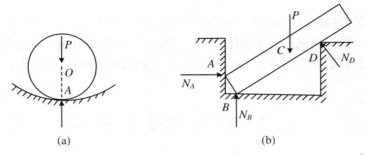

图 2-14 光滑面约束

3. 光滑铰链约束

这类约束包括圆柱形铰链约束、球形铰链约束和活动铰链约束。

（1）光滑圆柱形铰链约束

这类约束是由销钉连接两带孔的构件组成。工程中常见的有中间铰链约束和固定铰链约束二种形式。

销钉把具有相同孔径的两物体连接起来,便构成了中间铰链约束,如图 2-15(a)所示。当忽略摩擦时,销钉对两物体的约束相当于光滑面约束,因此其约束反力必沿接触面的公法线而指向物体。但物体与销钉的接触点的位置与其受力有关,预先不能确定,所以约束反力的方向亦不能确定,通常用两正交分量来代替。图 2-15(b)为其力学模型。

如果销钉连接的两物体中有一个固联于地面,如图 2-16(a)所示,这类约束称为固定铰链约束,其约束反力的表示方法与中间铰链约束相同,图 2-16(b)为其力学模型。

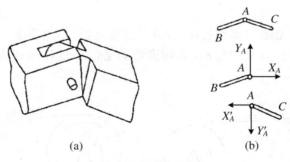

图 2-15 中间铰链约束

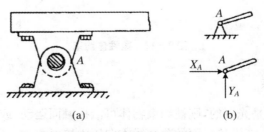

图 2-16 固定铰链约束

　　　径向轴承是工程中常见的一种约束,如图 2 - 17(a)所示。图 2 - 17(b)为其力学模型。其约束反力的表示方法与光滑圆柱形铰链相同,如图 2 - 17(c)所示。

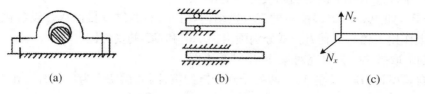

(a)　　　　　　　　　　(b)　　　　　　　　　　(c)

图 2 - 17　径向轴承约束

(2) 球形铰链约束

　　　这是一种空间约束形式。杆端的球体放在球窝内便构成了球形铰链约束,如图 2 - 18(a)所示。图 2 - 18(b)为其力学模型。球体可在球窝内任意转动,但不能沿径向移动,因此其约束反力作用于接触点且通过球心。但由于接触点的位置与其受力有关,不能预先确定,故约束反力亦不能预先确定,可用三个正交分量来代替,如图 2 - 18(c)所示。

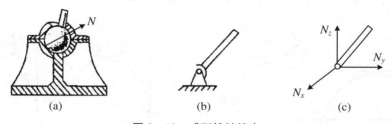

(a)　　　　　　　　　　(b)　　　　　　　　　　(c)

图 2 - 18　球形铰链约束

(3) 活动铰链约束

　　　根据工程需要,在铰链支座和支承面之间装上一排滚轮,便构成了活动铰链约束,如图 2 - 19(a)所示,简称活动支座或辊座。显然,这种支座的约束性质与光滑接触面相同,其约束反力垂直于支承面,且作用线过铰链中心。图 2 - 19(b)为其力学模型。

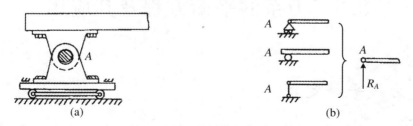

(a)　　　　　　　　　　　　　　(b)

图 2 - 19　活动铰链约束

2.2.2　受力分析和受力图

　　　在工程实际中,为了求出未知的约束反力,必须首先根据已知条件和待求量,从有关物体中选取研究对象,分析其受力情况,这个过程称为受力分析。

　　　在受力分析时,可设想将所研究的物体从周围物体中分离出来,被分离出来的物体称为分离体。

在分离体上画出其全部外力(包括主动力和约束反力)的简图,称为受力图。

受力图是研究力学问题的基础。画受力图是工程技术人员的基本技能,是解决静力学问题的先决条件。下面举例说明画受力图的步骤。

例 2-3 如图 2-20(a)所示的三铰拱结构,由左、右两拱铰接而成。设各拱自重不计,在拱 AC 上作用一铅垂载荷 P。试分别画出拱 AC 和 BC 的受力图。

解 (1) 取拱 BC 为研究对象,画出其受力图。

由于自重不计,BC 只在 B、C 两处受到铰链约束,因此拱 BC 为二力杆。由二力平衡条件,可确定 B、C 处的约束反力 F_B、F_C,如图 2-20(b)所示。

(2) 取拱 AC 为研究对象,画出其受力图。

由于自重不计,主动力只有载荷 P。在铰链 C 处拱受到 BC 给它的反作用力 F_C'。由作用和反作用定律,$F_C' = -F_C$。由于 A 处约束反力方位未定,可用两正交分量 X_A、Y_A 代替,如图2-20(c)所示。

另外,通过进一步分析可知,拱 AC 在三个共面力作用下处于平衡状态,由三力平衡汇交定理,可确定铰链 A 处约束反力 F_A 的方位,如图2-20(d)所示。

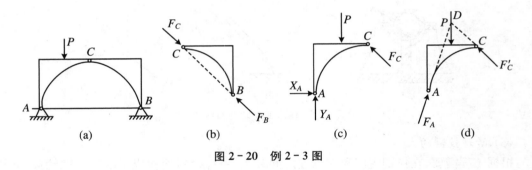

图 2-20 例 2-3 图

2.3 力系的平衡方程及其应用

2.3.1 力线平移定理

设在刚体上的 A 点作用着力 F,O 为刚体上任取的一个指定点,如图 2-21(a)所示。现在点 O 处加上一对平衡力 F'、F'',且使 $F' = -F'' = F$(图 2-21(b)),显然,力 F 与 F'' 组成一力偶,称为附加力偶,其力偶臂为 d。这样,原来作用于点 A 的力 F 可以由作用于点 O 的力 F' 与附加力偶 (F, F'') 代替(图 2-21(c))。附加力偶矩为

$$m_O = \pm Fd = m_O(F) \tag{2-13}$$

于是可以得出结论:作用于刚体上的力可以平移到刚体内的任一点,但为了保持原力对刚体的作用效应不变,必须附加一力偶,该附加力偶的矩矢等于原来的力对指定点的力矩矢。这就是力的平移定理,也称力线平移定理。

根据力线平移定理,可将一个力化为一个力和一个力偶。反之,也可将同平面内的一个

力和一个力偶合成为一个力。

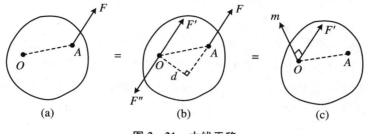

图 2 - 21　力线平移

2.3.2　力系向一点的简化及结果

1. 简化方法

设有一空间力系 $\{F_1, F_2, \cdots, F_n\}$，分别作用在刚体上的 $A_1, A_2, \cdots, A_n$ 处，如图 2 - 22（a）所示。

在刚体上任选一点 O，称为简化中心。

运用力的平移定理，将力系中各力均向 O 点平移，这样，整个力系就被一个空间共点力系 $\{F'_1, F'_2, \cdots, F'_n\}$ 和一个附加的空间力偶系 $\{m_1, m_2, \cdots, m_n\}$ 等效替换，如图 2 - 22（b）所示。

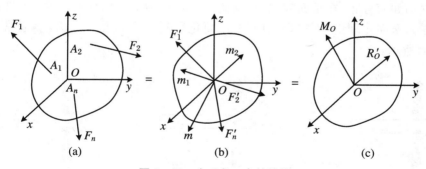

图 2 - 22　力系向一点的简化

由力的平移定理可知，$F'_i = F_i$，$m_i = m_O(F_i)$，故作用于 O 点的空间共点力系可合成为作用线过 O 点的一个力 R'，显然

$$R' = \sum F' = \sum F \tag{2-14}$$

附加的空间力偶系可合成为一个力偶 M，显然

$$M = \sum m = \sum m_O(F_i) \tag{2-15}$$

2. 主矢和主矩

空间力系中各力的矢量和称为该力系的主矢，记为 R'，即

$$R' = \sum F = (\sum X)i + (\sum Y)j + (\sum Z)k \tag{2-16}$$

空间力系中各力对简化中心之矩的代数和称为该力系对简化中心的主矩。

原力系中各力对简化中心点 O 之矩的代数和,称为空间任意力系对简化中心的主矩,记为 M_O,即

$$M_O = \sum m_O(F_i) = \left[\sum m_x(F)\right]i + \left[\sum m_y(F)\right]j + \left[\sum m_z(F)\right]k \quad (2-17)$$

由此可知,空间力系向任一点简化得到一个力和一个力偶,其中该力的力矢等于力系的主矢,其作用线通过简化中心;该力偶的矩矢等于力系对同一简化中心的主矩。主矢与简化中心的选择无关,而主矩一般与简化中心的选择有关。

2.3.3　力系的简化

本节研究一般力系的简化问题。采用力系向一点简化的方法,它在静力学中占有重要的地位,并具有广泛的应用。

1. 平面力系的简化

若力系中各力的作用线在同一平面内任意分布,则该力系称为平面任意力系,简称为平面力系。显然平面力系是空间力系的特例,故空间力系简化的方法和结果对平面力系同样有效。平面力系的最终简化结果只有下列三种可能:平衡、合力偶、合力。

例 2-4　分析如图 2-23 所示固定端约束及其反力的表示方法。

解　固定端约束是物体的一部分嵌固于另一物体所构成的约束形式,图 2-23(a)为其计算简图。这种约束使物体既不能移动又不能转动。物体嵌固部分的受力比较复杂,但是不管它们如何分布,在平面问题中,这些力均可视为一平面任意力系,如图 2-23(b)所示。根据力系简化理论,可将它们向 A 点简化得到一个力和一个力偶,通常表示成如图 2-23(c)所示。

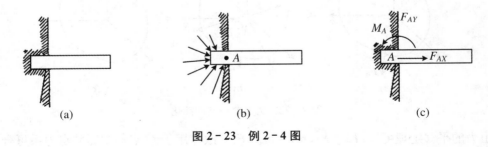

(a)　　　　　　　　　　(b)　　　　　　　　　　(c)

图 2-23　例 2-4 图

2. 空间力系简化结果的讨论

(1) $R' = 0$, $M_O = 0$,此时共点力系、力偶系都平衡;物体静止,或匀速移动,或匀速转动,或为匀速移动和匀速转动的合成。

(2) $R' = 0$, $M_O \neq 0$,此时共点力系平衡,但力偶系不平衡;物体转动呈变速状态,角加速度不为零。

(3) $R' \neq 0$, $M_O = 0$,此时力偶系平衡,但共点力系不平衡;物体移动呈变速状态,线加速度不为零。

(4) $R' \neq 0$, $M_O \neq 0$,此时共点力系、力偶系都不平衡;物体移动和转动都呈变速状态,线

加速度和角加速度都不为零。又可分为三种情况：

① $R' \perp M_O$。由力的平移定理证明的逆过程可知，此时力系可进一步合成为一个合力，合力的作用线位于通过 O 点且垂直于 M_O 的平面内（图 $2-24$），其作用线至简化中心的距离

$$d = | M_O | / R' \qquad (2-18)$$

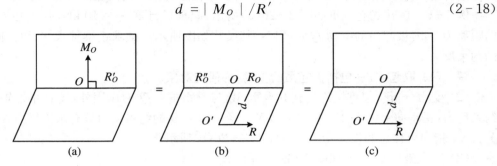

图 $2-24$　$R' \perp M_O$ 简化成一个合力

② $R' \ /\!/ \ M_O$。这时力系不能再进一步简化。这种结果称为力螺旋。当 R' 与 M_O 同向时，称为右手螺旋（图 $2-25$(a)）；当 R' 与 M_O 反向时，称为左手螺旋（图 $2-25$(b)）。力螺旋中力的作用线称为力螺旋的中心轴。在上述情况下，中心轴通过简化中心。在工程实际中力螺旋是很常见的，例如钻孔时钻头对工件施加的切削力系，子弹在发射时枪管对弹头作用的力系，空气或水对螺旋桨的推进力系等，都是力螺旋的实例。

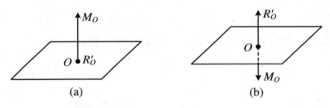

图 $2-25$　力螺旋

③ R' 与 M_O 成任意角度。可进一步简化，最后结果也是力螺旋（略）。

必须指出：力螺旋不能与一个力等效，也不能与一个力偶等效，即不能再进一步简化，它也是一种最简单的力系。

2.3.4　力系的平衡

1. 平面力系的平衡方程

平面力系是空间力系的特殊情形。平面任意力系的平衡方程为

$$\sum X = 0, \quad \sum Y = 0, \quad \sum m_Z(F) = 0 \qquad (2-19)$$

式（$2-19$）是平面任意力系平衡方程的基本形式，它包含三个独立的方程，可求解三个未知量。平面任意力系平衡方程还有如下两种形式：

$$\sum X = 0, \quad \sum m_A(F) = 0, \quad \sum m_B(F) = 0 \qquad (2-20)$$

其中，x 轴与 A、B 两点的连线不垂直。

$$\sum m_A(F) = 0, \quad \sum m_B(F) = 0, \quad \sum m_C(F) = 0 \qquad (2-21)$$

其中,A、B、C 三点不共线。

以上讨论了平面任意力系的三种不同形式的平衡方程。在解决实际问题时,可以根据具体条件选取某一种形式。现举例说明求解平面任意力系平衡问题的方法和步骤。

例 2-5 旋转式起重机如图 2-26(a)所示,起重机自重 $W = 10\ \text{kN}$,其重心 C 至转轴的距离为 1 m,被起吊的重物 $Q = 40\ \text{kN}$,其尺寸如图所示。试求止推轴承 A 和径向轴承 B 的约束反力。

解 (1)取起重机(包括被起吊的重物)为研究对象。

(2)受力分析。起重机除受到其自重 W 与重物重量 Q 的作用外,还有止推轴承 A 的约束反力:铅垂向上的力 Y_A 和水平力 X_A,径向轴承 B 的约束反力只有水平反力 N_B。X_A、Y_A、N_B 指向可任意假设。受力分析如图 2-26(b)所示。

(3)建立坐标系 Axy 如图 2-26(b)所示。

(4)列平衡方程求解:

$$\sum m_A(F) = 0 : -1W - 3Q - 5N_B = 0$$
$$N_B = -(W + 3Q)/5 = -26\ (\text{kN})$$
$$\sum X = 0 : X_A + N_B = 0$$
$$X_A = -N_B = 26\ (\text{kN})$$
$$\sum Y = 0 : Y_A - W - Q = 0$$
$$Y_A = W + Q = 50\ (\text{kN})$$

其中力 N_B 为负值,说明它的实际指向与假设的指向相反。

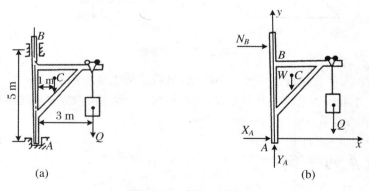

(a)　　　　　　　　　　　　　　(b)

图 2-26　例 2-5 图

例 2-6 如图 2-27(a)所示,重物用钢丝绳挂在支架的滑轮 B 上,$G = 20\ \text{kN}$,钢丝绳的另一端缠绕在绞车 D 上。杆 AB 与 BC 铰链连接,并以铰链 A、C 与墙连接形成固定铰链支座。如果两杆和滑轮的自重不计,并忽略摩擦和滑轮的大小,试求平衡时杆 AB 和 BC 所受的力。

解 (1)取研究对象。AB、BC 两杆都是二力杆,假设杆 AB 受拉力,杆 BC 受压力,为了求出这两个未知力,可通过求两杆对滑轮的约束力来解决。因此,选取滑轮 B 为研究对象。

（2）画滑轮 B 的受力图。滑轮受到钢丝绳的拉力 F_1 和 F_2，$F_1 = F_2 = G$。此外，杆 AB 和 BC 对滑轮的约束反力为 F_{AB} 和 F_{BC}。由于滑轮的大小可忽略不计，故这些力可看作是平面汇交力系，如图 2 - 27(b) 所示。

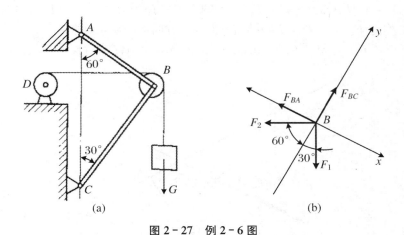

图 2 - 27　例 2 - 6 图

（3）列平衡方程。选取坐标轴如图 2 - 27(b) 所示。为使每个未知力只在一个轴上有投影，在另一轴上的投影为零，坐标轴应尽量取在与未知力作用线相垂直的方向。这样在一个平衡方程中只有一个未知数，不必解联立方程，即

$$\sum F_X = 0: -F_{BA} + F_{2\cos 60^\circ} - F_{1\cos 30^\circ} = 0 \tag{a}$$

$$\sum F_Y = 0: F_{BC} - F_{2\cos 60^\circ} - F_{1\cos 30^\circ} = 0 \tag{b}$$

（4）求解方程。

由式（a）得

$$F_{BA} = -0.366G = -7.32 \text{ (kN)}$$

由式（b）得

$$F_{BC} = 1.366G = 27.32 \text{ (kN)}$$

F_{BC} 为正值，表示这力的假设方向与实际方向相同，即杆 BC 受压力。F_{BA} 为负值，表示这力的假设方向与实际方向相反，即杆 AB 也受压力。

例 2 - 7　图 2 - 28 为某型火箭炮高低平衡机结构简图，图中 O 点为耳轴动中心，θ' 为定向器俯仰角，A 点为高低机与回转体连接点，B 点为与起落架的连接点，F_C 为平衡力，F_D 为高低机工作力。在满载极限状态时，起落架重量为 14609 kg，耳轴 O 到起落架重心的距离为 2.644 m，$\theta_0 = 14.5^\circ$，试求 θ' 为 50° 时工作力 F_D 为多大？

解　（1）求重力矩 $M_O(G)$。根据力矩定义，重力 G 对 O 点的重力矩表达式为

$$M_O(G) = G \cdot L\cos(\theta' + \theta_0) = 14609 \times 9.8 \times 2.644 \times \cos(50^\circ + 14.5^\circ)$$
$$= 162964.3 \text{ (N · m)}$$

（2）求平衡力矩 $M_O(F_C)$：

$$M_O(F_C) = -\frac{24.36 \times 10^4 \times \sin(\theta' + 61^\circ)}{(10\sqrt{3 - 2.64\cos(\theta' + 61^\circ)} - 6.78)\sqrt{3 - 2.64\cos(\theta' + 61^\circ)}}$$
$$= -8601.4 \text{ (N · m)}$$

（3）求工作力矩 $M_O(F_D)$。起落架部分力矩平衡方程为

$$M_O(G) + M_O(F_C) + M_O(F_D) = 0$$

将数据代入公式，经计算得

$$M_O(F_D) = -M_O(G) - M_O(F_C) = 8601.4 - 162964.3 = -154362.9 \ (\text{N} \cdot \text{m})$$

（4）求工作力 F_D。由 $M_O(F_D)$ 的值判断 F_D 方向如图所示，则

$$F_D = M_O(F_D)/(0.88 \times \sin 61°) = 200471.3 \ (\text{N} \cdot \text{m})$$

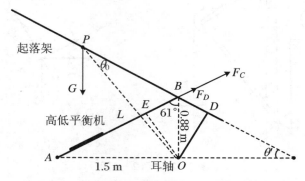

图 2-28　某型火箭炮高低平衡机结构简图

例 2-8　图 2-29 为刚性炮架火炮的受力情况图。在军事中，刚性炮架是指火炮炮身通过其上的耳轴与炮架直接刚性连接，炮身只能绕耳轴做俯仰转动，与炮架间无相对移动。发射时，全部后坐力均通过耳轴直接作用于炮架上。其中力 $p_t \cos \varphi$ 使炮架向后移动，力矩使炮架绕驻锄支点 B 转动，这使车轮离地而跳动，造成火炮射击时的不稳定性。已知 85 mm 加农炮，其基本参数为 $p_t = 148400 \ \text{kg}$，$Q_z = 1725 \ \text{kg}$，$h = 0.935 \ \text{mm}$，试设计其大架尺寸 D。

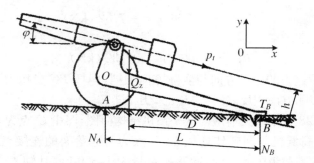

图 2-29　发射时刚性炮架火炮受力图

解　（1）火炮发射时的稳定条件。

设计中，为保证火炮达到一定的射击精度和发射速度，应满足火炮射击稳定性条件，包括射击时的静止条件和稳定条件。

假定火炮处于平衡状态，可列出下列方程：

$$\sum x = 0: p_t \cos \varphi - T_B = 0$$

$$\sum y = 0: N_B + N_A - p_t \sin \varphi - Q_z = 0$$

$$\sum M_B = 0: p_t h + N_A \cdot L - Q_z D = 0$$

式中，φ 为射角；N_A 为地面对车轮的垂直反力；N_B 为土壤对驻锄的垂直反力；T_B 为土壤对驻锄的水平反力；D、L 分别为全炮质心、车轮着地点至点 B 的距离；Q_z 为火炮自重力。

① 静止条件。由上列方程可知，火炮保持静止性（在水平面上不移动）的条件是
$$T_B \geqslant p_t \cos \varphi$$
当 $\varphi = 0°$ 时，为极限状态，即 $T_B \geqslant p_t$ 使火炮保持静止性。

② 稳定条件。火炮保持稳定性的条件是车轮不离地，即
$$N_A = \frac{Q_z \cdot D - p_t \cdot h}{L} \geqslant 0$$
极限情况是当 $N_A = 0$ 时，$Q_z \cdot D > p_t \cdot h$，使火炮保持稳定性。

（2）刚性炮架火炮发射时满足稳定条件下的几何尺寸设计分析。

随着火炮威力的提高，p_t 值也显著增大，直至几十吨乃至几百吨。若仍采用刚性炮架，要想满足上述静止条件和稳定条件，必须大大增加火炮质量。但 Q_z 增大，炮架长度也要随之加长。根据稳定性条件，有
$$D \geqslant \frac{p_t \cdot h}{Q_z} = \frac{148400 \times 0.935}{1725} = 80 \,(\text{m})$$

因此，要使火炮不跳动，需要有长达 80 m 的大架，这显然是不允许的。如要在大架长为 4 m 的情况下而保持射击时的稳定性，则火炮质量应大于 34.6 t，这使火炮过于笨重而不堪实用。因此，目前除了无坐力炮外，已不再使用刚性炮架。而弹性炮架的出现使火炮在射击时的受力只有原来的十分之一甚至几十分之一，在保证火炮机动性的同时为火炮威力的大幅度提高创造了条件。

*2. 空间力系的平衡方程

设有作用于点 O 的力 F，以点 O 为坐标原点作空间正交坐标系 $Oxyz$，并以力 F 为对角线，各棱边分别平行于坐标轴 x、y、z 作正六面体，如图 2 - 30 所示。设力 F 与坐标轴之间的夹角分别为 α、β、γ，而力 F 在三个坐标轴上的投影分别记为 X、Y、Z。由空间几何关系可得出力 F 在空间直角坐标轴上的投影的计算公式：

$$X = F\cos\alpha, \quad Y = F\cos\beta, \quad Z = F\cos\gamma \quad (2-22)$$

上面求力在坐标轴上投影的方法称直接投影法。

当力 F 与坐标轴 Ox、Oy 之间的夹角不易确定时，可先把力投影到坐标平面 Oxy 上，得到力 F_{xy}，然后再将这个力投影到 x 轴和 y 轴上，如图 2 - 31 所示。已知角 γ 和 φ，则力 F 在三个坐标轴上的投影分别为

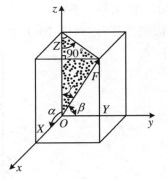

图 2 - 30　直接投影法

$$X = F\sin\gamma\cos\varphi, \quad Y = F\sin\gamma\sin\varphi, \quad Z = F\cos\gamma \quad (2-23)$$

这种求力在坐标轴上投影的方法，叫二次投影法。

力也可以沿三个坐标轴分解。若以 F_x、F_y、F_z 分别表示力 F 沿直角坐标轴的分量，以 i、j、k 分别表示沿坐标轴方向的单位矢量，则力 F 的解析表达式可写为

$$F = F_x + F_y + F_z = Xi + Yj + Zk \quad (2-24)$$

若已知 F 在正交坐标系 $Oxyz$ 三个轴上的投影，则力 F 的大小和方向余弦为

$$F = \sqrt{X^2 + Y^2 + Z^2}$$

$$\cos\alpha = X/F, \quad \cos\beta = Y/F, \quad \cos\gamma = Z/F \qquad (2-25)$$

由力系的简化理论知,空间力系平衡的必要和充分条件是:该力系的主矢和对任一点的主矩分别等于零,即

$$R' = 0, \quad M_O = 0$$

写成投影形式为

$$\sum X = 0, \quad \sum Y = 0, \quad \sum Z = 0$$

$$\sum m_X(F) = 0, \quad \sum m_Y(F) = 0, \quad \sum m_Z(F) = 0 \qquad (2-26)$$

上式称为空间力系的平衡方程,它包含 6 个独立的方程,可求解 6 个未知量。

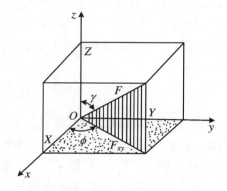

图 2-31 二次投影法

空间任意力系是最普遍的力系,其他力系均属于其特殊情形。因此,其他力系的平衡方程均可由式(2-26)导出。现举例说明求解空间任意力系平衡问题的方法和步骤。

例 2-9 重为 $Q = 10$ kN 的重物由电动机通过链条带动等速地被提升,如图 2-32 所示。链条与水平线(x 轴)成 30°角,已知 $r = 0.1$ m,$R = 0.2$ m,链条主动边的张力 T_1 为从动边张力 T_2 的两倍,即 $T_1 = 2T_2$。试求轴承 A、B 的反力及链条的张力。

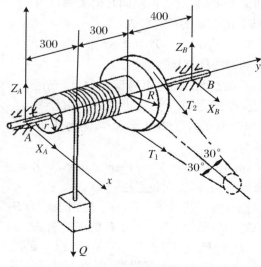

图 2-32 例 2-9 图

解　(1) 取转轴(包括重物)为研究对象。

(2) 受力分析。重力 Q，链条的拉力 T_1 和 T_2，以及向心轴承 A 和 B 的约束反力 X_A、Z_A 和 X_B、Z_B，这些力组成一空间任意力系，受力图如图 2-32 所示。

(3) 建立正交坐标系 $Axyz$。

(4) 列平衡方程：

$$\sum m_X(F) = 0: 1.0Z_B - 0.3Q + 0.6T_1\sin 30° - 0.6T_2\sin 30° = 0$$

$$\sum m_Y(F) = 0: rQ + RT_2 - RT_1 = 0$$

$$\sum m_Z(F) = 0: -0.1X_B - 0.6T_1\cos 30° - 0.6T_2\cos 30° = 0$$

$$\sum X = 0: X_A + X_B + T_1\cos 30° + T_2\cos 30° = 0$$

$$\sum Z = 0: Z_A + Z_B - Q + T_1\sin 30° - T_2\sin 30° = 0$$

$$T_1 = 2T_2$$

解上述方程组可得

$$T_1 = 10\,(kN), \quad T_2 = 5\,(kN)$$
$$X_A = -5.2\,(kN), \quad Z_A = 6\,(kN)$$
$$X_B = -7.7910\,(kN), \quad Z_B = 1.5\,(kN)$$

练　习　题

基本题

2-1　力有哪两个效应？理论力学研究何效应？材料力学研究何效应？

2-2　力对物体的作用有哪三要素？

2-3　何谓力系？平面力系与空间力系、汇交力系与平行力系、等效力系与平衡力系有何区别？

2-4　静力学有哪四大公理？各自应用条件如何？

2-5　何谓约束和约束反力？主动力和被动力有何区别？

2-6　工程中常见哪些约束类型？各自特点如何？

2-7　力使物体产生什么运动效应？力矩又使物体产生什么运动效应？

2-8　何谓力矩矢？它是何种矢量？力对轴之矩等于什么？力矩矢和力对轴之矩间有何关系？

2-9　何谓力偶矩矢？力偶对物体的作用有哪三要素？

2-10　何谓力偶等效定理？它可引出哪两个性质？

2-11　力偶系平衡的条件是什么？它与共点力系平衡条件有何区别？

2-12　何谓力线平移定理？它与力的可传性有何区别？

2-13　何谓主矢、主矩？力系向一点的简化结果如何？

2-14 空间力系简化结果有几种情况？各自特点如何？

2-15 何谓力螺旋？有何特点？

2-16 平面力系最终简化结果有哪三种可能？

2-17 确定物体重心位置的方法有哪些？

2-18 空间力系平衡方程包含几个独立方程？平面力系平衡方程有哪几种形式？

2-19 滑动摩擦可分为哪两种？哪种摩擦力大？

2-20 何谓摩擦角、摩擦锥？自锁条件如何？

2-21 何谓阻力偶、滚动摩擦系数？两者有何关系？

2-22 画出图2-33中每个标注字符物体的受力图，各题的整体受力图未画出重力的物体的重量均不计，所有接触处均为光滑接触。

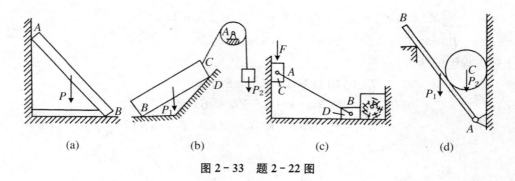

(a)   (b)   (c)   (d)

图 2-33 题 2-22 图

提高题

2-23 如图2-34所示，求解各情形下的约束反力，计算所需的几何尺寸可自行标识。

2-24 如图2-35所示，曲柄连杆活塞机构的活塞上受力 $F = 400\ \text{N}$，如不计所有杆件的重量，试问在曲柄上加多大的力偶矩 M 方能使机构在图示位置平衡。尺寸如图中所示，单位为 mm。

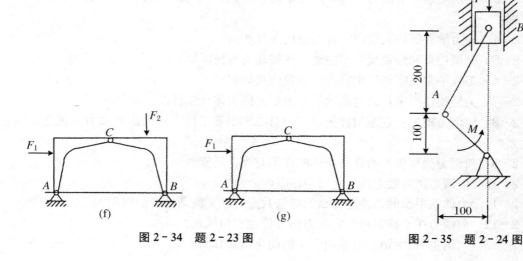

(f)   (g)

图 2-34 题 2-23 图   图 2-35 题 2-24 图

2-25　如图 2-36 所示的水平横梁 AB，A 端为固定铰链支座，B 端为一滚动支座。梁的长为 $4a$，梁重为 P，作用在梁的中点 C。在梁的 AC 段上受均布载荷 q，在梁的 BC 段上受力偶作用，力偶矩 $M = Pa$。试求 A 和 B 处的支座反力。

2-26　如图 2-37 所示构架，由直杆 BC、CD 及直弯杆 AB 组成，各杆自重不计，杆 BC 受弯矩 M 作用，销钉 B 穿透 AB 及 BC 两构件，求固定端 A 的约束反力。

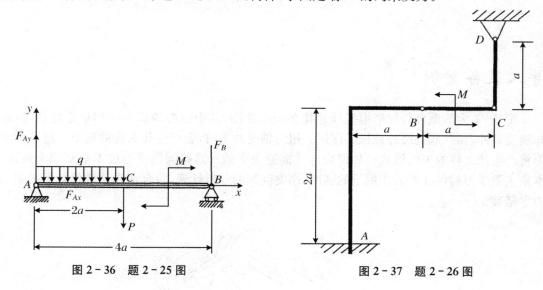

图 2-36　题 2-25 图　　　　　　图 2-37　题 2-26 图

第3章 材料力学

导入装备案例

图 3-1 为某型自行加榴炮扭杆悬挂系统示意图,其中扭力轴将车体和负重轮相连接,车辆受到冲击时,起到缓冲减振的作用。扭力轴受冲击时,会产生什么样的变形? 过大的变形将产生什么样的失效形式? 如何设计才能避免失效? 这些问题将通过本章知识来解决。本章主要学习构件在外力作用下的强度、刚度问题的分析计算,为合理设计构件打下必要的力学基础。

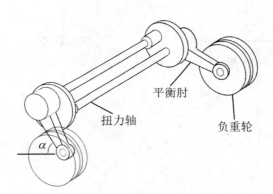

图 3-1　某型自行加榴炮扭杆悬挂系统示意图

3.1　材料力学基本知识

3.1.1　材料力学基本概念及假设

为保证构件能够正常工作,要求每个构件具有一定的承载能力。构件的承载能力包括以下三个方面的要求:

(1) 强度要求。强度是指构件在外力作用下具有足够抵抗破坏的能力。构件在载荷作用下出现断裂或发生塑性变形都是强度不够造成的,如机床主轴、起重机钢丝绳的断裂等。

(2) 刚度要求。刚度是指构件在外力作用下具有足够抵抗变形的能力。例如传动轴变形过大,将使轴上齿轮啮合不良,引起振动,使机器不能正常运转。

（3）稳定性要求。稳定性是指构件在外力作用下，具有保持原有平衡状态的能力。例如千斤顶的螺杆等细长直杆，在一定的压力作用下，会突然变弯或折断。这种突然失去原有直线平衡状态的现象，称为压杆失稳。

如果构件的截面尺寸不足或材料选择不当，不能满足上述要求，将不能保证工程结构或机械的正常工作。相反，如果不恰当地加大构件截面尺寸或选用高强度材料，又会提高成本且使结构笨重。

材料力学的任务就是为受力构件提供强度、刚度和稳定性计算的理论基础，从而为构件选用合适的材料，确定合理的形状和尺寸，以达到既经济又安全的要求。

在静力学中，忽略物体在载荷作用下形状尺寸的改变，将物体抽象为刚体。实际上，任何物体在载荷作用下都要发生变形。在材料力学中，研究作用在物体上的力与变形的规律，即使变形很小也不能忽略，因此将构件抽象为变形体。

构件在载荷作用下发生的变形可分为两类。卸去载荷后能够消失的变形称为弹性变形，而卸去载荷后不能够完全消失的变形称为塑性变形或残余变形。

变形体的结构和性能非常复杂，为便于理论分析和简化计算，需抓住其主要性质，忽略其次要性质，故此对变形体做出以下假设。

（1）均匀连续性假设：假定变形体内毫无空隙地充满了物质，并且体内各处具有相同的性质。分子间的空隙与构件尺寸相比极其微小，可以忽略。因此，可用连续函数来描绘相关的物理量。

（2）各向同性假设：假设变形体沿各个方向的机械性能完全相同。大多数金属材料如钢材、铜等，可认为是各向同性的材料；木材、复合材料等属于各向异性的材料。

（3）小变形假设：假设变形体在外力作用下产生的变形与其本身尺寸比较起来是微小的。据此，根据平衡条件求外力时，可不考虑力作用点由于变形而引起的位移，使计算简化。

3.1.2　构件的受力与变形形式

1. 构件受力的种类

工程结构或机械工作时，其各部分均受到力的作用，并将其互相传递，这些作用在构件上的力称为载荷。

按照载荷作用特征，可分为集中载荷和分布载荷两类。

经由极小的面积（与构件本身相比）传递给构件的力，称为集中载荷。在计算时，一般认为集中载荷作用于一点。

作用于构件某段长度或面积上的外力称为分布载荷。若分布在整个面积上的力处处相等，称为均匀分布载荷。反之，则称为不均匀分布载荷。

按照载荷作用性质可分为静载荷和动载荷两类。静载荷的大小不随时间变化或很少变化，动载荷的大小随时间迅速改变。

2. 变形的形式

实际杆件的受力可以是各式各样的，但都可以归纳为 4 种基本变形形式：轴向拉伸或压缩、剪切、扭转和弯曲。

（1）轴向拉伸或压缩

当杆件两端承受沿轴线方向的拉力或压力时，杆件将产生轴向伸长或缩短，其横截面变细或变粗，如图 3-2 所示。

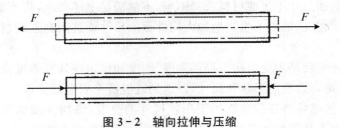

图 3-2　轴向拉伸与压缩

（2）剪切

当物体受到两个相距很近、平行、反向的作用力时，杆件将在两力之间的截面 $m—n$ 处产生相对滑移，这就是剪切变形，如图 3-3 所示。

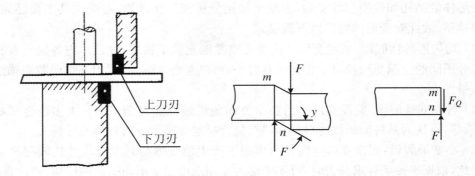

图 3-3　承受剪切的构件

（3）扭转

当作用在杆件上的载荷是一对大小相等、方向相反、作用面均垂直于杆件轴线的力偶 M_e 时，杆件将发生扭转变形，即杆件各横截面绕杆轴线发生相对转动，如图 3-4 所示。工程上常把传递转矩的杆件称为轴。

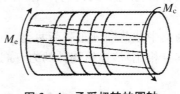

图 3-4　承受扭转的圆轴

（4）弯曲

当外力或外力偶矩作用在杆件的纵向对称平面内（如图 3-5 所示的阴影部分）时，杆件将发生弯曲变形，其轴线由直线变成曲线，如图 3-6 所示。工程上常把承受弯曲的杆件称为梁。

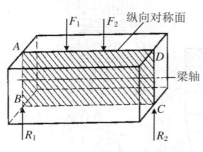

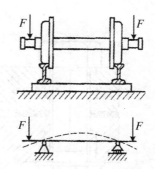

图 3-5　纵向对称平面　　　　　图 3-6　承受弯曲的火车车轮轴

（5）组合变形

由两种或两种以上基本变形叠加而成的变形形式称为组合变形。如图 3-7 所示，杆件在 B 点受到一斜向下的力 F，将 F 在直角坐标轴上分解后，水平分力会使杆件发生拉伸变形，垂直分力会使杆件发生弯曲变形，故杆件受到的是拉伸和弯曲组合变形；如图 3-8 所示，杆件在 B 点受到集中力 F 和集中力偶 m 的作用，F 使杆件发生弯曲变形，m 使杆件发生扭转变形，故杆件受到的是弯曲和扭转组合变形。

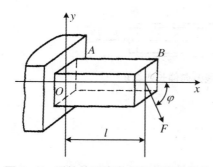

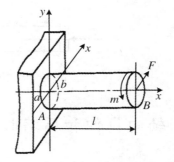

图 3-7　受拉伸和弯曲组合变形的杆件　　　图 3-8　受弯曲和扭转组合变形的轴

3.2　轴向拉伸和压缩

工程机械中，有很多杆件是承受轴向拉伸和压缩的。例如，图 3-9(a)所示的螺栓在紧固后受到拉力的作用而伸长，图 3-9(b)所示的内燃机连杆在燃气爆发冲程中受到压力的作用而缩短。

上述两个实例中，杆件受力有一个共同的特点：作用于杆件上的外力或其合力的作用线与杆件轴线重合。在这样一种力的作用下，杆件沿轴线方向伸长或缩短，如图 3-10 所示。

杆件受到轴向力后产生的变形称为轴向拉伸或压缩。以轴向伸长或缩短为主要变形的杆件，称为拉（压）杆。

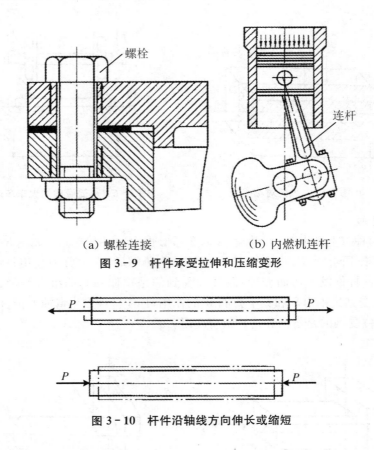

（a）螺栓连接　　　　（b）内燃机连杆

图3-9　杆件承受拉伸和压缩变形

图3-10　杆件沿轴线方向伸长或缩短

3.2.1　轴向拉伸和压缩时的内力

1. 内力

构成物体分子间的相互作用力称为物体的内力。材料力学认为，物体能够保持和失去其机械性能都是由于内力的结果。

内力分为固有内力和附加内力。固有内力是指构件未受载荷时的原有内力，也是自然状态下物体内部分子间的相互作用力。附加内力是指构件因受载荷作用而增加的内力。对于各种工程材料而言，附加内力会随外力的增大而增大，当附加内力达到一定限度时构件就会被破坏。因此，附加内力对构件的强度、刚度、稳定性有着重要的影响，是必须重点研究的问题之一。在材料力学中所讨论的内力是附加内力，简称内力。

2. 截面法分析内力

以图3-11(a)所示构件为例，为研究截面 $m—m$ 上的内力，假想沿 $m—m$ 截面将构件切开，使切开截面上的内力以外力形式显示，如图3-11(b)所示。假设可以连续截切，就可得到该构件内力的连续分布情况。由于图3-11(a)所示的整个杆件处于平衡状态，切开后的每一部分也应处于平衡状态。取其中一部分作为研究对象，根据平衡条件建立平衡方程，就可由已知外力确定截切面上的内力。这种将构件假想切开以显示内力，并由平衡条件根据外力确定内力的方法,称为截面法。

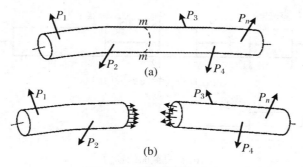

图 3 - 11　截面法分析内力

用截面法研究内力的步骤如下:

(1) 在需要求取内力之处假想将构件切为两部分,取其中的一部分为研究对象,如图 3 - 12(a)所示。

(2) 画出所选研究对象的受力图,包括这部分构件所受的外力和假想截面上的内力,如图 3 - 12(b)所示。

(3) 建立平衡方程 $\sum F_x = 0$,求得内力 $N = P$。

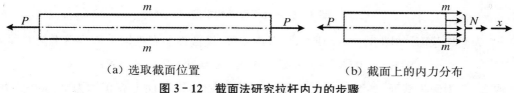

　　　　　（a）选取截面位置　　　　　　　　　　　（b）截面上的内力分布

图 3 - 12　截面法研究拉杆内力的步骤

3. 轴力与轴力图

受轴向拉伸和压缩的杆件,外力的作用线都与杆件的轴线重合,故内力的作用线也必然与杆件的轴线重合。能使杆件沿轴向拉伸或压缩的内力称为轴力,用符号 N 表示。习惯上,将背离截面的轴力 N 称为正轴力,指向截面的轴力 N 称为负轴力。

图 3 - 12 所示为拉杆,用截面法求出其轴力 $N = P$,为正轴力。图 3 - 13 所示为压杆,用同样的方法可求出其横截面上的轴力 $N = P$,为负轴力。

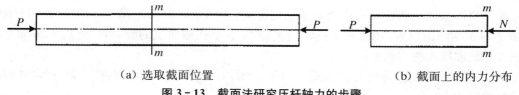

　　　　　（a）选取截面位置　　　　　　　　　　　（b）截面上的内力分布

图 3 - 13　截面法研究压杆轴力的步骤

例 3 - 1　如图 3 - 14(a)所示,直杆受外力作用,求此杆各段的轴力。

解　取 1—1 为假想截面,如图 3 - 14(b)所示。考虑左段,设截面上有正轴力 N_1,由平衡方程得

$$\sum F_x = 0: N_1 - 6 = 0, \quad N_1 = 6\,(\text{kN})$$

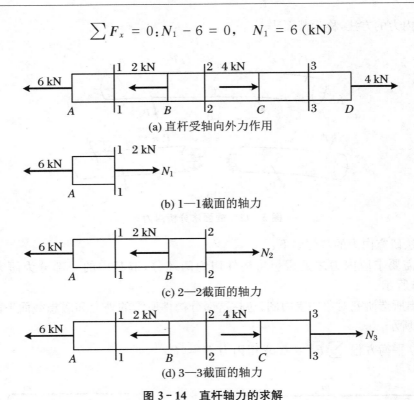

(a) 直杆受轴向外力作用

(b) 1—1 截面的轴力

(c) 2—2 截面的轴力

(d) 3—3 截面的轴力

图 3 - 14　直杆轴力的求解

取 2—2 为假想截面,如图 3 - 14(c)所示。考虑左段,设截面上有正轴力 N_2,由平衡方程得

$$\sum F_x = 0: N_2 - 6 - 2 = 0, \quad N_2 = 6 + 2 = 8\,(\text{kN})$$

取 3—3 为假想截面,如图 3 - 14(d)所示。考虑左段,设截面上有正轴力 N_3,由平衡方程得

$$\sum F_x = 0: N_3 - 6 - 2 + 4 = 0, \quad N_3 = 6 + 2 - 4 = 4\,(\text{kN})$$

由例 3 - 1 可得出以下两个结论:

(1) 拉(压)杆任何横截面上的轴力等于该截面一侧所有外力的代数和。外力背向该截面时取为正值,指向该截面时取为负值。若轴力为正,表明此段杆被拉伸;若轴力为负,表明此段杆被压缩。

(2) 如果杆件受多个轴向力作用,不同杆段横截面上的轴力不一定相同,如图 3 - 14(a)所示。

为了更形象地反映轴力沿杆长的变化情况,可用图示的方法来描述。用平行于杆轴的坐标 x 表示横截面位置,用垂直于杆轴的坐标 N 表示横截面上的轴力,由此所绘出轴力沿轴线变化的曲线图称为轴力图。

例 3 - 2　一钢制阶梯杆受力如图 3 - 15(a)所示,已知 $P_1 = 10$ kN,$P_2 = 30$ kN,试画出阶梯杆的轴力图。

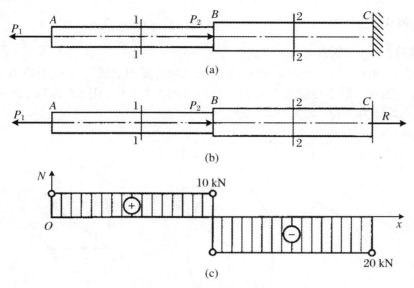

图 3-15　阶梯形直杆受轴向力

解　(1)计算支座反力。如图 3-15(b)所示,取整个杆件为研究对象,设杆件 C 端的支座反力为 R,由平衡方程,有

$$\sum F_x = 0: \ -P_1 + P_2 + R = 0$$

$$R = P_1 - P_2 = 10 - 30 = -20 \, (\text{kN})$$

(2)分段计算轴力。取 1—1 为假想截面,考虑左段,由平衡条件得

$$N_1 = P_1 = 10 \, (\text{kN})$$

取 2—2 为假想截面,考虑右段,由平衡条件得

$$N_2 = R = -20 \, (\text{kN})$$

(3)画轴力图。阶梯杆的轴力图如图 3-15(c)所示。

3.2.2　轴向拉伸和压缩时的应力

只研究拉(压)杆的内力是不能解决杆件强度问题的。如图 3-16 所示,两个杆件材料相同,直径不同,当外力以同样的数值增大时,一定是较细的杆件先断。这说明杆件是否被破坏不仅同内力有关,还同内力在横截面上的分布密集程度有关。为了研究内力在截面上的分布情况,材料力学中引入了应力的概念。

图 3-16　材料相同直径不同的拉杆

1. 应力概念

内力在截面上分布的密集程度称为应力。

设有一受力构件如图 3-17(a)所示,现分析该构件截面上任一点 O 的内力分布密集程度。在 O 点周围取一微小面积 ΔA,在其上作用的内力为 ΔF。用 ΔF 除以 ΔA 得到的值称为 ΔA 上的平均应力,用符号 p_{m} 表示,即

$$p_{\mathrm{m}} = \frac{\Delta F}{\Delta A} \tag{3-1}$$

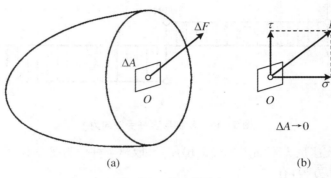

(a)   (b)

图 3-17 应力的分析

平均应力 p_{m} 所反映的是在 ΔA 面积内的内力平均值,而一般情况下截面上的内力是非均匀分布的。为精确表示 O 点的内力分布情况,令 ΔA 趋于零,这时 p_{m} 的极限值称为 O 点处的应力,用 p 表示,即

$$p = \lim_{\Delta A \to 0} \frac{\Delta F}{\Delta A} \tag{3-2}$$

一般应力 p 的方向既不与截面平行,也不与截面垂直,而是 ΔF 的极限方向。为便于分析,通常将应力 p 分解为与截面垂直的法向分量 σ 和与截面平行的切向分量 τ,如图 3-17(b)所示。其中法向分量 σ 称为正应力,切向分量 τ 称为切应力。应力 p 与正应力 σ、切应力 τ 之间的关系为

$$p^2 = \sigma^2 + \tau^2 \tag{3-3}$$

在国际单位制中,应力的基本单位为 Pa,$1\,\mathrm{Pa} = 1\,\mathrm{N/m^2}$。工程中通常使用的应力单位为兆帕(MPa)或吉帕(GPa)。各单位之间的换算关系为

$$1\,\mathrm{MPa} = 10^6\,\mathrm{Pa}, \quad 1\,\mathrm{GPa} = 10^3\,\mathrm{MPa} = 10^9\,\mathrm{Pa} \tag{3-4}$$

2. 拉(压)杆横截面上的应力

要确定拉(压)杆横截面上的应力,就必须知道内力在其横截面上的分布情况。

如图 3-18(a)所示,在一等径直杆的两端加一对轴向拉力 F,拉伸前在直杆的侧面作两条直线 ab 和 cd,使之分别垂直于直杆的轴线。当直杆变形后,直线 ab、cd 仍垂直于直的轴线,但分别平移至 $a'b'$、$c'd'$。由此可以假设,在直杆变形前垂直于直杆轴的截平面在变形后仍垂直于直杆轴的截平面,这个假设称为平面假设。

可以设想杆件由无数根纵向纤维组成,纤维均匀分布,且每根纤维都具有相同的性质。因此,当杆受到拉力后,由 ab、cd 所围成的两横截面纵向纤维伸长量是相同的,由此可推出

每根纤维的受力也是相同的。所以轴向拉伸压缩杆件在横截面上的轴力分布是均匀的,且各处仅存在正应力 σ,并也沿截面均匀分布,如图 3-18(b)所示。设杆件横截面面积为 A,轴力为 N,则横截面上各点处的正应力为

$$\sigma = \frac{N}{A} \tag{3-5}$$

式中,σ 为杆横截面上的正应力,符号同轴力,拉应力为正,压应力为负;N 为横截面上的轴力;A 为横截面面积。

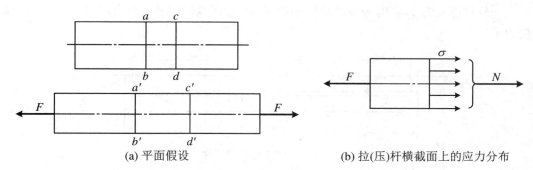

(a) 平面假设　　　　　　(b) 拉(压)杆横截面上的应力分布

图 3-18　拉(压)杆横截面上的应力

　　例 3-3　如图 3-19 所示,若 1—1、2—2 两个横截面的直径分别为 $d_1 = 15\ \text{mm}$,$d_2 = 20\ \text{mm}$,$F = 8\ \text{kN}$,试分别计算 1—1、2—2 截面上的应力。

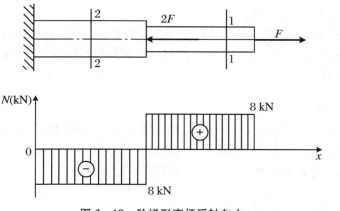

图 3-19　阶梯形直杆受轴向力

　　解　(1)画轴力图。用截面法求得截面 1—1、2—2 上的轴力分别为

$$N_1 = F = 8\ (\text{kN})$$
$$N_2 = -F = -8\ (\text{kN})$$

(2)计算 1—1、2—2 截面上的应力,有

$$\sigma_1 = \frac{N_1}{A_1} = \frac{8000}{3.14 \times 15^2/4} = 45.3\ (\text{MPa})$$

$$\sigma_2 = \frac{N_2}{A_2} = \frac{-8000}{3.14 \times 20^2/4} = -25.5\ (\text{MPa})$$

3.2.3　轴向拉伸和压缩时的应变和变形量

杆件轴向拉伸(或压缩)时,其轴向尺寸会伸长(或缩短),其径向尺寸也会相应地减小(或增大)。胡克定律给出了杆件所受应力与其变形之间的比例关系。

1. 拉(压)杆的变形

设一杆件原长为 l,宽度为 b,如图 3-20 所示,在两端作用轴向拉力后,杆长变为 l_1,宽度变为 b_1。

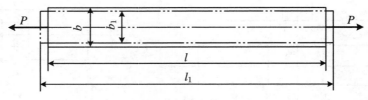

图 3-20　轴向拉伸的杆件

纵向变形是指杆件沿轴线方向的变形,分为纵向绝对变形和纵向相对变形。

(1) 纵向绝对变形:杆件承受轴向拉伸(或压缩)时,杆件轴向尺寸的伸长(缩短)量称为纵向绝对变形,以 Δl 表示。图 3-20 所示杆的纵向绝对变形为

$$\Delta l = l_1 - l \tag{3-6}$$

拉伸时 Δl 为正,压缩时 Δl 为负。

(2) 纵向相对变形:变形杆件的绝对变形量同杆的原长有关,为消除杆件原长的影响,用 Δl 除以 l,以获得纵向单位变形尺寸。以单位长度的伸长量表示杆件的变形程度,称为纵向相对变形或纵向线应变,用 ε 表示:

$$\varepsilon = \frac{\Delta l}{l} \tag{3-7}$$

横向变形是指杆件的径向变形,也分为横向绝对变形和横向相对变形。

(1) 横向绝对变形:杆件承受轴向拉伸(或压缩)时,杆件径向尺寸的缩小(增大)量称为横向绝对变形,以 Δb 表示。图 3-20 所示杆的横向绝对变形为

$$\Delta b = b_1 - b \tag{3-8}$$

拉伸时 Δb 为负,压缩时 Δb 为正。

(2) 横向相对变形:同杆件的纵向相对变形一样,为了消除杆件原尺寸的影响,用 Δb 除以 b,以获得横向单位变形尺寸。以横向单位尺寸的缩小(增大)量表示杆件的变形程度,称为横向相对变形或横向线应变,用 ε' 表示:

$$\varepsilon' = \frac{\Delta b}{b} \tag{3-9}$$

2. 胡克定律

试验证明,当杆件受拉(压)时,若其横截面上的正应力不超过其比例极限,则杆件的纵向绝对变形 Δl 与轴力 N 及杆件的原长 l 成正比,与杆件的横截面面积 A 成反比,即

$$\Delta l = \frac{Nl}{EA} \tag{3-10}$$

这一比例关系称为轴向拉伸或压缩时的胡克定律。杆件纵向绝对变形 Δl 与轴力 N 具有相同的符号,即伸长为正,缩短为负。

将 $\sigma = \dfrac{N}{A}$,$\varepsilon = \dfrac{\Delta l}{l}$ 代入式(3-10),得

$$\sigma = E\varepsilon \qquad\qquad (3-11)$$

式(3-11)为胡克定律的另一种形式,即当正应力不超过比例极限时,正应力同纵向线应变成正比。两式中 E 为材料的弹性模量,其值随材料而异,由实验测定,常用单位为 GPa。常用材料的弹性模量值见表3-1。

由式(3-10)可看出,EA 的乘积越大,杆件的纵向绝对变形 Δl 就越小,所以称 EA 为杆件的抗拉(压)刚度。

表3-1　常用材料的 E、μ 值

弹性常数	钢与合金钢	铝合金	铜	铸铁	木(顺纹)
E(GPa)	200～220	70～72	100～120	80～160	8～12
μ	0.25～0.30	0.26～0.34	0.33～0.35	0.23～0.27	—

3. 泊松比

试验表明,当正应力不超过某一限度时,横向线应变 ε' 与纵向线应变 ε 之比的绝对值为常数,用 μ 表示。比值 μ 称为泊松比或横向变形系数。

$$\mu = \left| \frac{\varepsilon'}{\varepsilon} \right| = -\frac{\varepsilon'}{\varepsilon} \qquad\qquad (3-12)$$

由于杆件轴向伸长时横向缩小,轴向缩短时横向增大,故横向线应变 ε' 与纵向线应变 ε 的符号必相反,即

$$\varepsilon' = -\mu\varepsilon \qquad\qquad (3-13)$$

泊松比 μ 与弹性模量 E 一样均为材料的弹性常数。常用材料的 μ 值见表3-1。

例3-4　已知阶梯形直杆受力如图3-21(a)所示,杆件材料的弹性模量 $E = 200$ GPa,杆各段的横截面面积分别为 $A_{AB} = A_{BC} = 2500$ mm²,$A_{CD} = 1000$ mm²,杆各段的长度分别为 $l_{AB} = l_{BC} = 300$ mm,$l_{CD} = 400$ mm,试求杆的总伸长量。

解　(1)画轴力图。用截面法求得 AB、BC 和 CD 段上的轴力分别为

$$N_1 = 400 \ (\text{kN})$$
$$N_2 = -100 \ (\text{kN})$$
$$N_3 = 200 \ (\text{kN})$$

轴力图如图3-21(b)所示。

(2)求杆的总伸长。

$$\Delta l_{AB} = \frac{N_1 l_{AB}}{EA_{AB}} = \frac{400 \times 10^3 \times 300 \times 10^{-3}}{200 \times 10^9 \times 2500 \times 10^{-6}} = 0.24 \times 10^{-3}(\text{m}) = 0.24 \ (\text{mm})$$

$$\Delta l_{BC} = \frac{N_2 l_{BC}}{EA_{BC}} = \frac{-100 \times 10^3 \times 300 \times 10^{-3}}{200 \times 10^9 \times 2500 \times 10^{-6}} = -0.06 \times 10^{-3}(\text{m}) = -0.06 \ (\text{mm})$$

$$\Delta l_{CD} = \frac{N_3 l_{CD}}{EA_{CD}} = \frac{200 \times 10^3 \times 400 \times 10^{-3}}{200 \times 10^9 \times 1000 \times 10^{-6}} = 0.4 \times 10^{-3}(\text{m}) = 0.4 \ (\text{mm})$$

$$\Delta l = \Delta l_{AB} + \Delta l_{BC} + \Delta l_{CD} = 0.24 - 0.06 + 0.4 = 0.58 \,(\mathrm{mm})$$

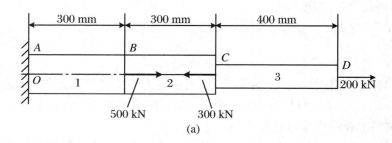

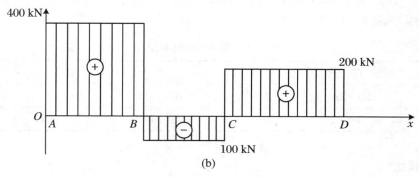

图 3-21 阶梯形直杆受轴向力

3.2.4 材料在拉伸与压缩时的力学性能

材料的力学性能是指材料在受外力过程中强度与变形方面所表现出的性能，它对于工程结构和构件的设计十分重要。材料的力学性能只能用试验方法测定。本节介绍金属材料在常温、静载条件下拉伸和压缩时的力学性能。

1. 材料在拉伸时的力学性能

为便于比较试验结果，试件的形状尺寸、加工精度等均由国家标准规定。常用的标准拉伸试件如图 3-22 所示。试验前，先在试件中间的等直径部分划取长为 l 的一段作为工作段，l 称为标距。标距 l 与试件直径 d 通常有两种比例：$l = 10d$ 或 $l = 5d$。通常选择 $l = 10d$ 的试件用于试验。

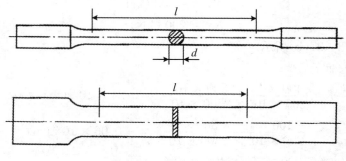

图 3-22 标准拉伸试件

将试件安装在试验机的上、下夹头内,并在标距内安装测量变形的仪器。然后缓慢加载,直至试件被拉断为止。试验时拉力 P 由零逐渐增大,标距 l 产生相应的伸长 Δl,由此可得到 $P-\Delta l$ 曲线,这个曲线称为试件的拉伸图。图 3-23(a) 所示为低碳钢的拉伸图。

试件的拉伸图与试件横截面尺寸及其标距的大小有关。为消除试件横截面尺寸的影响,用拉力 P 除以试件初始横截面面积 A,即 $\sigma = P/A$。为了消除试件试验段长度的影响,用 Δl 除以初始标距长 l,即 $\varepsilon = \Delta l/l$。于是得到 $\sigma-\varepsilon$ 曲线,称为应力-应变图。图 3-23(b) 所示为低碳钢的应力-应变图。

低碳钢是工程中应用最广泛的金属材料,其应力-应变图也具有典型意义。

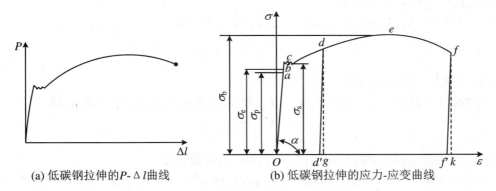

(a) 低碳钢拉伸的 P-Δl 曲线　　(b) 低碳钢拉伸的应力-应变曲线

图 3-23　低碳钢拉伸曲线

从图线中可以得到低碳钢的下列特性:

(1) 弹性阶段。

在初始阶段,σ 与 ε 的关系为直线 Oa,表明应力与应变成正比。这即是胡克定律 $\sigma = E\varepsilon$。直线部分 Oa 的最高点 a 所对应的应力 σ_p 称为比例极限。显然,只有应力低于比例极限时,应力与应变才成比例,胡克定律才是正确的。

超过比例极限后,从 a 点到 b 点,σ 与 ε 之间的关系虽然不再是直线,但仍为弹性变形。b 点所对应的应力 σ_e 是保证只出现弹性变形的最高应力,称为弹性极限。在低碳钢的应力-应变曲线上,由于 a、b 两点非常接近,所以对比例极限和弹性极限一般不严格区分。

(2) 屈服阶段。

应力超过弹性极限增加到某一数值时,会突然下降,而后基本不变只做微小的波动,但应变却有明显的增大,表明材料已暂时失去抵抗变形的能力。这在应力-应变曲线图上形成接近水平线的小锯齿形线段。这种应力基本保持不变,而应变明显增大的现象,称为屈服。屈服阶段内,波动应力中比较稳定的最低值,称为屈服极限,用 σ_s 来表示。

材料屈服表现为显著的塑性变形,而构件的显著塑性变形将影响其正常工作,所以 σ_s 是衡量材料强度的一个重要指标。

(3) 强化阶段。

屈服阶段过后,只有增加拉力才能使试件继续变形,这一阶段称为强化阶段。此阶段的变形既有弹性变形又有塑性变形,但主要是塑性变形。强化阶段的最高点 e 所对应的应力是材料所能承受的最高应力,称为强度极限,用 σ_b 表示。它是衡量材料强度的另一个重要指标。

（4）局部变形阶段。

到达强度极限后，试件在某一局部范围内横向尺寸突然缩小的现象称为颈缩现象，如图 3-24 所示。相应的应力-应变曲线明显下降，最后试件在颈缩处拉断。

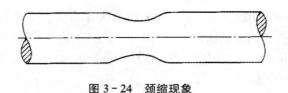

图 3-24　颈缩现象

（5）延伸率和断面收缩率。

试件拉断后单位长度内产生的残余伸长的百分数，称为延伸率，用 δ 表示，即

$$\delta = \frac{l_1 - l}{l} \times 100\% \tag{3-14}$$

式中，l_1 为试件拉断后标距的长度；l 为试件原长。

试件拉断后横截面面积相对收缩的百分数，称为断面收缩率，用 φ 表示，即

$$\varphi = \frac{A - A_1}{A} \times 100\% \tag{3-15}$$

式中，A_1 为拉断后颈缩处的截面面积；A 为原来的截面面积。

通常将延伸率 $\delta > 5\%$ 的材料称为塑性材料，如钢材、铜、铝等；$\delta < 5\%$ 的材料称为脆性材料，如铸铁等。

（6）卸载定律和冷作硬化。

若把试样拉到强化阶段的 d 点，然后逐渐卸除拉力，则应力-应变的关系将沿着与 oa 近似平行的直线 dd' 变化，若外力全部卸去，则回到 d' 点。上述规律一般称为卸载定律。拉力完全卸除后，在 $\sigma-\varepsilon$ 图中，$d'g$ 代表消失了的弹性变形，而 Od' 表示了不再消失的塑性变形。卸载后如在短期内重新加载，则出现材料的比例极限上升而塑性变形减少的现象，称为冷作硬化。起重纲索、传动链条等就经常利用冷作硬化进行预拉以提高弹性承载能力。

2. 其他材料拉伸时的力学性能

为便于比较，图 3-25 中将几种塑性材料的应力-应变曲线画在同一坐标系内。可以看出，锰钢、硬铝、退火球墨铸铁和青铜都存在弹性阶段，有些材料无明显的屈服阶段，有些则不存在颈缩现象，但它们断裂时都有较大的塑性变形。

对于不存在明显屈服阶段的塑性材料，工程上规定，用产生 0.2% 塑性应变时的应力值作为材料的名义屈服应力极限，用 $\sigma_{0.2}$ 表示。

铸铁是一种典型的脆性材料，图 3-26 所示为铸铁拉伸时的应力-应变曲线。可以看出铸铁拉伸时没有屈服阶段和颈缩现象，断裂时的变形很小，断口则垂直于试件轴线，延伸率 $\delta \approx 0.5\%$，故为典型的脆性材料。衡量铸铁强度的唯一指标为强度极限 σ_b。

从铸铁应力-应变曲线还可以看出，它没有明显的直线部分，所以它不符合胡克定律。但由于在实际使用的应力范围内，应力-应变曲线的曲率很小，故可近似以一条直线（图中虚线）代替曲线，认为近似符合胡克定律。

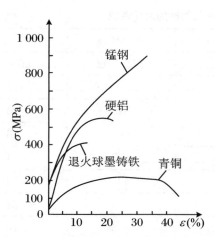

图 3 - 25 几种塑性材料拉伸的应力-应变曲线

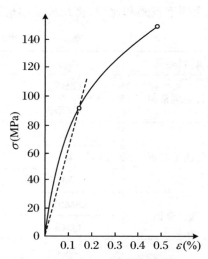

图 3 - 26 铸铁拉伸的应力-应变曲线

3. 材料在压缩时的力学性能

由于细长杆件压缩时容易产生失稳现象,故在金属压缩试验中,常采用短粗圆柱形试件,圆柱高度一般为直径的 1.5~3.0 倍。

通过对试件的逐渐加压,同样可以得到材料的 $\sigma\text{-}\varepsilon$ 曲线。

低碳钢压缩时的应力-应变曲线如图 3-27 所示,图中同时画出了其拉伸时的应力-应变曲线。对比两曲线可以看出,在屈服极限以前,压缩与拉伸的 $\sigma\text{-}\varepsilon$ 曲线基本重合,比例极限 σ_p、屈服极限 σ_s、弹性模数 E 大致相同。但在屈服阶段以后,随着压力的继续增加,试件将越压越扁,故两条曲线逐渐分离。

铸铁是脆性材料,其压缩时的 $\sigma\text{-}\varepsilon$ 曲线如图 3-28 所示。与拉伸时的 $\sigma\text{-}\varepsilon$ 曲线相比,压缩强度极限远高于拉伸强度极限(3~4 倍),故脆性材料宜用作承压构件。随着压力的不断增加,试件越压越扁,最后沿与轴线呈 45°角的斜截面破坏。

通过试验,可知塑性材料的抗拉压、抗冲击能力都很强,故在工程中,齿轮、轴等零件多用塑性材料制造;而脆性材料的抗压能力高于抗拉能力,所以常用脆性材料制造受压构件。

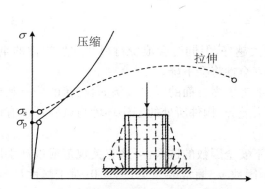

图 3 - 27 低碳钢压缩时的应力-应变曲线

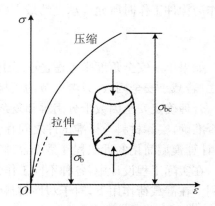

图 3 - 28 铸铁压缩时的应力-应变曲线

为便于查阅和比较,将几种常用材料受拉伸和压缩时的力学性能列于表3－2中。

表3－2　常用材料在拉伸和压缩时的力学性能

材料名称	牌号	σ_s(MPa)	σ_b(MPa)	δ(%)
普通碳素钢	Q235	235	372～392	25～27
	Q275	274	490～519	21
优质碳素钢	35	314	529	20
	45	353	598	16
	50	372	627	14
低合金钢	09MuV	294	431	22
	Q345	343	510	21
合金钢	20Cr	539	833	10
	40Cr	784	980	9
	30CrMnSi	882	1078	8
铝合金	LY12	274	412	19

3.2.5　轴向拉伸和压缩时的强度计算

1. 许用应力和安全因数

工程上将材料丧失正常工作能力时的应力称为材料的极限应力,用 σ_u 表示。材料力学性能的研究表明,当塑性材料工作应力达到屈服极限 σ_s 时,将产生很大的塑性变形,从而影响构件的正常工作,通常用屈服极限 σ_s 作为塑性材料的极限应力;而脆性材料在断裂前无明显的塑性变形,当工作应力达到强度极限 σ_b 时,构件就会破坏,因此,用强度极限 σ_b 作为脆性材料的极限应力。

为使构件安全工作,应保证构件的工作应力小于极限应力,同时还要考虑留有一定的强度储备,因此在材料力学中引入许用应力概念。在工程上,将极限应力除以安全因数 $n(n>1)$作为构件工作时所允许承受的最大应力,称为许用应力,用[σ]表示:

$$[\sigma] = \frac{\sigma_u}{n} \tag{3-16}$$

如果单从安全角度来考虑,安全因数越大越好,但同时会浪费材料并增加构件的重量,反之,若减小安全因数,只考虑节约用材,则安全性将会下降。

合理确定安全因数十分困难和复杂,需要考虑多方面的因素。例如,载荷的分析和计算是否准确,实际材料与标准试件之间存在多大差异,构件所处的工作环境与试验环境有何不同,计算模型简化的近似程度是否合理等。

在实际工程设计中,各种不同工作情况下安全因数的选取,可从有关规范或设计手册中查到。在静载荷作用下,对于塑性材料,安全因数 n_s 通常取为 1.5～2.0;对于脆性材料,安全因数 n_b 通常取为 2.5～3.0,甚至更大。

2. 强度计算

为保证轴向拉伸(压缩)杆件在工作时不致因强度不够而破坏,通常要求杆内的最大工作应力 σ_{max} 不得超过材料的许用应力 $[\sigma]$,即要求

$$\sigma_{max} = \left(\frac{N}{A}\right)_{max} \leqslant [\sigma] \tag{3-17}$$

式(3-17)称为拉(压)杆的强度条件,主要用于解决三类强度问题:

(1) 校核强度

如果已知拉(压)杆横截面尺寸、材料的许用应力和所受载荷,则式(3-17)可用于校核杆件是否满足强度要求。

(2) 设计截面尺寸

如果已知拉(压)杆所受载荷和材料的许用应力,同时横截面形状已经确定,则可用于设计杆件的横截面面积和尺寸,有

$$A \geqslant \frac{N_{max}}{[\sigma]} \tag{3-18}$$

(3) 确定许用载荷

如果已知拉(压)杆的截面尺寸和材料的许用应力,根据强度条件可以确定该杆所能承受的最大轴力,其值为

$$[N] \leqslant A[\sigma] \tag{3-19}$$

在实际工程中,如果工作应力超过了许用应力,但只要不超过许用应力的5%,在工程计算中仍然是允许的。

例3-5 如图3-29所示空心圆截面杆,外径 $D=20\,\text{mm}$,内径 $d=15\,\text{mm}$,受轴向载荷 $P=20\,\text{kN}$ 作用,材料的许用应力 $[\sigma]=157\,\text{MPa}$,试校核杆的强度。

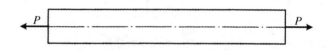

图3-29 空心圆截面杆受轴向力

解 杆横截面上的正应力为

$$\sigma = \frac{P}{A} = \frac{4P}{\pi(D^2 - d^2)} = \frac{4 \times 20 \times 10^3}{\pi \times (20^2 - 15^2)} = 145.5\,(\text{MPa})$$

$$\sigma < [\sigma]$$

即该杆件能够安全工作。

例3-6 如图3-30所示钢拉杆受轴向载荷 $F=40\,\text{kN}$ 作用,材料的许用应力 $[\sigma]=100\,\text{MPa}$,横截面为矩形,且 $b=2a$,试确定截面尺寸 a 和 b。

解 根据强度条件式(3-17),钢杆所需的横截面面积为 $A \geqslant \dfrac{F}{[\sigma]}$,即

$$ab \geqslant \frac{F}{[\sigma]}$$

将 $b = 2a$ 代入,得 $2a^2 \geqslant \dfrac{F}{[\sigma]}$,即

$$a \geqslant \sqrt{\frac{F}{2 \times [\sigma]}} = \sqrt{\frac{40 \times 10^3}{2 \times 100 \times 10^6}} = 0.014\,(\text{m})$$

$$b \geqslant 0.028\,(\text{m})$$

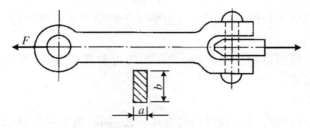

图 3 - 30 钢拉杆受轴向载荷

例 3 - 7 如图 3 - 31(a)所示简单桁架,已知 1 杆材料为钢,$A_1 = 707\ \text{mm}^2$,$[\sigma_1] = 160\ \text{MPa}$;2 杆为木制,$A_2 = 5000\ \text{mm}^2$,$[\sigma_2] = 8\ \text{MPa}$。试求许用载荷$[P]$。

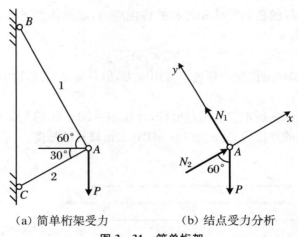

（a）简单桁架受力　　　　（b）结点受力分析

图 3 - 31 简单桁架

解 (1)轴力分析。取结点 A 为研究对象,受力分析如图 3 - 31(b)所示,由平衡条件有

$$\sum F_x = 0: N_2 - P\cos 60° = 0, \quad N_2 = \frac{P}{2}$$

$$\sum F_y = 0: N_1 - P\sin 60° = 0, \quad N_1 = \frac{\sqrt{3}}{2}P$$

(2)确定许用载荷。由 1 杆的强度条件,有

$$\sigma_1 = \frac{\sqrt{3}P}{2A_1} \leqslant [\sigma_1]$$

$$P \leqslant \frac{2A_1[\sigma_1]}{\sqrt{3}} = \frac{2 \times 707 \times 160}{\sqrt{3}} = 131 \times 10^3\,(\text{N})$$

由杆 2 的强度条件,有

$$\sigma_2 = \frac{P}{2A_2} \leqslant [\sigma_2]$$

$$P \leqslant 2A_2[\sigma_2] = 2 \times 5000 \times 8 = 8 \times 10^4 (\text{N})$$

取许用载荷$[P] = 80 \text{ kN}$。

3.3 圆轴的扭转

机械中的轴类零件通常承受扭转作用。例如电动机的轴(图 3 - 32),左端受电动机的主动力偶作用,右端受到联轴器传来的阻力偶矩作用,于是轴就会产生扭转变形。另外,水轮发电机的主轴(图 3 - 33)、汽车传动轴、齿轮传动轴及丝锥、钻头、螺钉旋具等,工作时均受到扭转作用。

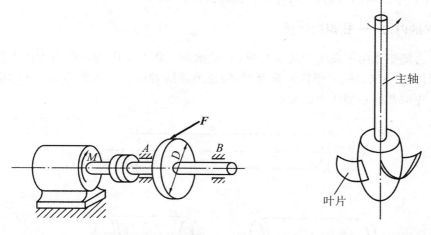

图 3 - 32 电动机轴的扭转 　　　　图 3 - 33 水轮发电机主轴的扭转

从以上实例可以看出,杆件产生扭转变形的受力特点是:在垂直于杆件轴线的平面内,作用一对大小相等、转向相反的力偶(图 3 - 34)。杆件的变形特点是:各横截面绕轴线做相对转动。杆件的这种变形称为扭转变形。

工程中将以扭转变形为主要变形的杆件统称为轴。工程中大多数轴在传动中除有扭转变形外,还伴随有其他形式的变形。本节只研究等截面圆轴的扭转问题。

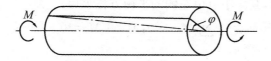

图 3 - 34 扭转变形的受力变形特点

3.3.1　扭矩和扭矩图

1. 外力偶矩的计算

为了计算圆轴扭转时截面上的内力,必须先计算出轴上的外力偶矩。在工程计算中,作用在轴上的外力偶矩的大小往往不直接给出,通常只给出轴所传递的功率 P 和轴的转速 n。通过功率的有关公式及推导,可得出外力偶矩(转矩)的计算公式为

$$M = 9549 \frac{P}{n} \tag{3-20}$$

式中,M 为外力偶矩,单位为 N・m;P 为轴所传递的功率,单位为 kW;N 为轴的转速,单位为 r/min。

在确定外力偶矩 M 的转向时通常规定:凡输入功率的主动外力偶矩的转向都与轴的转向一致,凡输出功率的从动力偶矩的转向均与轴的转向相反。

2. 扭转时的内力——扭矩的计算

圆轴在外力偶矩作用下发生扭转变形时,其横截面上将产生内力。求内力的方法仍用截面法。现以图 3-35(a)所示扭转圆轴为例,假想地将圆轴沿任一横截面 m—m 切开,分为左、右两段,先取截面左侧作为研究对象。

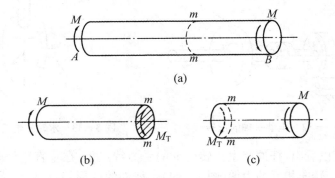

(a)

(b)　　　　　　　　　　(c)

图 3-35　受扭圆轴的内力分析

由于整个轴是平衡的,因此左侧也处于平衡状态。轴上已知的外力偶矩为 M,因为力偶只能用力偶来平衡,显然截面 m—m 上分布的内力必构成力偶,内力偶矩以符号 M_T 表示,方向如图 3-35(b)所示,其大小可由左侧的平衡方程求得:

$$\sum M_x = 0 : M_T - M = 0$$

得 $M_T = M$。

这说明,杆件扭转时,其横截面上的内力是一个在截面平面内的力偶,其力偶矩 M_T 称为截面 m—m 上的扭矩。

扭矩的单位与外力偶矩的单位相同,常用的单位为牛・米(N・m)及千牛・米(kN・m)。

若取截面的右侧为研究对象,如图 3-35(c)所示,也可得到同样的结果。取截面左侧与取截面右侧为研究对象所求得的扭矩,应数值相等而转向相反,因为它们是作用与反作用的

关系。为使从两段杆上求得的同一截面上的扭矩符号相同,扭矩的正、负号用右手螺旋法则判定:将扭矩看作矢量,右手四指弯曲方向表示扭矩的转向,大拇指表示扭矩矢量的指向,如图 3-36 所示。若扭矩矢量的方向离开截面,则扭矩为正;若扭矩矢量的方向指向截面,则扭矩为负。这样,同一截面左、右两侧的扭矩,不但数值相等,而且符号相同。图 3-35 所示扭矩均为正。

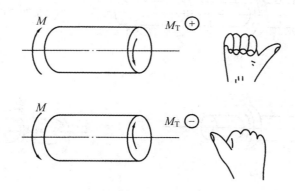

图 3-36　扭矩的正负判定

例 3-8　图 3-37(a)所示为一齿轮轴。已知轴的转速 $n = 300 \, \text{r/min}$,主动齿轮 A 输入功率 $P_A = 50 \, \text{kW}$,从动齿轮 B 和 C 输出功率分别为 $P_B = 30 \, \text{kW}$, $P_C = 20 \, \text{kW}$。试求轴上截面 1—1 和 2—2 处的内力。

解　(1) 计算外力偶矩(取整数)。

$$M_A = 9549 \frac{P_A}{n} = 9549 \times \frac{50}{300} = 1592 \, (\text{N} \cdot \text{m})$$

主动力偶矩 M_A 的转向与轴的转向一致。

$$M_B = 9549 \frac{P_B}{n} = 9549 \times \frac{30}{300} = 955 \, (\text{N} \cdot \text{m})$$

$$M_C = 9549 \frac{P_C}{n} = 9549 \times \frac{20}{300} = 637 \, (\text{N} \cdot \text{m})$$

从动力偶矩 M_B 和 M_C 的转向与轴的转向相反。

(2) 计算各段轴的扭矩。

将轴分为 AB、BC 两段,逐段计算扭矩。

对 AB 段,设 1—1 截面上的扭矩 M_{T1} 为正,如图 3-37(b)所示。由 $\sum M_x = 0$, $M_{T1} - M_A = 0$,得

$$M_{T1} = M_A = 1592 \, (\text{N} \cdot \text{m})$$

对 BC 段,设 2—2 截面上的扭矩 M_{T2} 为正,如图 3-37(c)所示。由 $\sum M_x = 0$, $M_{T2} - M_A + M_B = 0$,得

$$M_{T2} = M_A - M_B = 1592 - 955 = 637 \, (\text{N} \cdot \text{m})$$

若取 2—2 截面右段,如图 3-37(d)所示,可用同样方法求得

$$M'_{T2} = M_C = 637 \, (\text{N} \cdot \text{m})$$

从例 3-8 可以归纳出截面法求扭矩有两种方法。

需要说明的是:

(1) 假设某截面上的扭矩均为正,则该截面上的扭矩等于截面一侧(左或右)轴上所有外力偶矩的代数和。

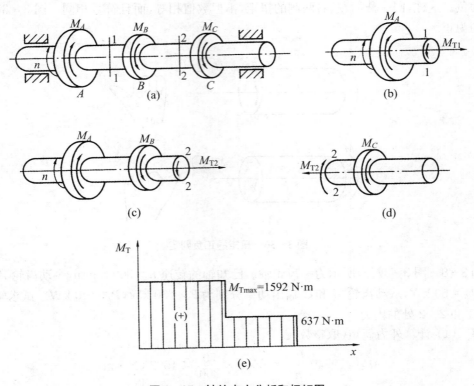

图 3-37 轴的内力分析和扭矩图

(2) 计算扭矩时外力偶矩正、负号的规定是:使右手拇指与截面外法线方向一致(离开截面),四指和外力偶矩的转向相同,则取负号;反之,取正号。

应用上述方法直接求某截面上的扭矩非常简便。现仍以图 3-37(a)为例,计算各段轴的扭矩。

AB 段:取 1—1 截面左侧,有

$$M_{T1} = M_A = 1592 (\text{N} \cdot \text{m})$$

BC 段:取 2—2 截面右侧,有

$$M_{T2} = M_C = 637 (\text{N} \cdot \text{m})$$

3. 扭矩图

为了显示整个轴上各截面扭矩的变化规律,以便分析最大扭矩(M_{Tmax})所在截面的位置,常用横坐标表示轴各截面位置,纵坐标表示相应横截面上的扭矩,扭矩为正时,曲线画在横坐标上方,扭矩为负时,曲线画在横坐标下方,这样作出的曲线称为扭矩图。图 3-37(e)即为图 3-37(a)所示轴的扭矩图。可以看出,轴上 AB 段各截面的扭矩最大,$M_{Tmax} = 1592 \text{N} \cdot \text{m}$。

例 3-8 中,如果在设计时将齿轮 A 安装在从动齿轮 B 和 C 之间,如图 3-38(a)所示,用截面法可求得

$$M_{T1} = -M_B = -955 (\text{N} \cdot \text{m})$$
$$M_{T2} = M_C = 637 (\text{N} \cdot \text{m})$$

这种设计的扭矩图如图 3-38(b)所示,最大扭矩 $|M_T|_{max} = 955\,\text{N} \cdot \text{m}$。由此可见,传动轴上输入与输出的齿轮位置不同,轴的最大扭矩数值也不同。显然,从强度观点考虑,后者比较合理。

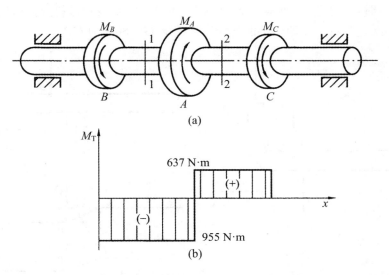

图 3-38 合理布置轴上零件及扭矩图

3.3.2 剪切与剪切胡克定律

1. 剪切的概念

剪床剪切钢板,钢板在刀口所加力 F 的作用下被剪断,如图 3-39(a)所示。这时钢板受到大小相等、方向相反、作用线平行且相距很近的两个力作用。这与日常生活中用剪刀剪东西的现象相同。当刀所加的力 F 较小,钢板还未被剪断时,可以看到钢板在刀口处的两个相邻截面发生相对错动,见图 3-39(b),原来的矩形 $abcd$ 变成了平行四边形 $a'b'cd$,每个直角都改变了一个角度 γ,这种变形形式称为剪切变形。因此,剪切变形是角变形。其中的直角改变量 γ 称为剪应变,以弧度(rad)来度量。发生相对错动的截面称为剪切面,剪切面总是平行于外力且位于二力作用线之间。剪切面上与截面相切的内力称为剪力,用 Q 表示。

剪力在剪切面上的分布情况是比较复杂的,工程计算中通常假定剪力在剪切面上均匀分布。剪切构件单位面积上的剪力称为剪应力,以 τ 表示。

承受剪切变形的构件如键、铆钉、汽轮机叶片与叶轮的连接等,在其剪切面上除剪应力外,还存在正应力。而从实验可以看出,等直圆轴扭转时其相邻两横截面仍保持平行,只存在(垂直于直径的)剪应力,无正应力。

2. 剪切胡克定律

实验表明,当剪应力不超过材料的剪切比例极限时,剪应力 τ 与剪应变 γ 成正比,即

$$\tau = G\gamma \tag{3-21}$$

式(3-21)称为剪切胡克定律。其中,比例常数 G 称为材料的剪切弹性模量,常用单位是 GPa。当 τ 一定时,G 值越大,剪应变 γ 就越小。因此,G 是表示材料抵抗剪切变形能力的量,其数值可由实验测得。一般碳钢的剪切弹性模量 $G = 80 \sim 84$ GPa。

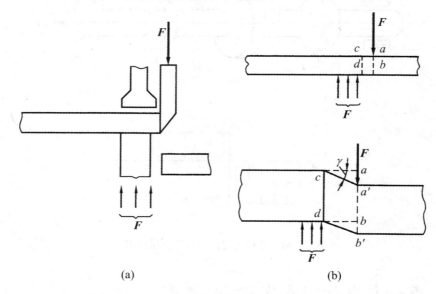

(a)   (b)

图 3-39　剪切变形的受力、变形特点

3.3.3　圆轴扭转时横截面上的应力

1. 实验观察及假设

圆轴扭转时,在确定了横截面上的扭矩后,还应进一步研究其内力的分布规律,以便求得横截面上的应力。

取一等直圆杆,在其表面画上任意相邻两圆周线和两纵向线。圆杆受扭后可以看到:

(1) 两圆周线的形状、大小以及两圆周线间的距离均无变化,只是绕杆轴线相对转过一个角度。

(2) 各纵向线均倾斜了一个角度 γ。

通过观察扭转变形,对受扭圆轴可以做出平面假设:圆形横截面变形后仍保持为同样大小的圆形平面,半径仍为直线,且相互间的距离不变。因此可得以下推论:扭转变形的实质是剪切变形;圆轴扭转时横截面上只有垂直于半径方向的剪应力 τ,而没有正应力 σ。

2. 剪应力分布规律

由变形规律、变形与应力间的物理关系、静力平衡关系,可以得到扭转时横截面上任一

点剪应力的分布规律：

$$\tau_\rho = \frac{M_T}{I_P}\rho \qquad\qquad (3-22)$$

式中，τ_ρ 为距离圆心为 ρ 处的剪应力，单位为 MPa；M_T 为截面的扭矩，单位为 N·mm；I_P 为截面的极惯性矩，单位为 mm⁴，$I_P = \int_A \rho^2 dA$；ρ 为点到圆心的距离，单位为 mm。

τ_ρ 的方向与半径垂直，绕圆心的转向与扭矩 M_T 相同。

剪应力沿半径成线性规律分布，如图 3-40 所示。

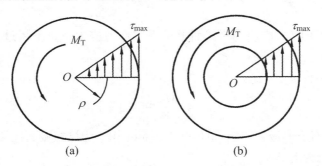

图 3-40　扭转剪应力的分布规律

3. 最大剪应力计算公式

由式(3-22)可知，圆截面的最大剪应力发生在横截面圆周处，其值为

$$\tau_{\max} = \frac{M_T}{I_P}\frac{D}{2} = \frac{M_T}{W_P} \qquad\qquad (3-23)$$

式中，D 为截面的直径，单位为 mm；W_P 为抗扭截面模量，单位为 mm³，$W_P = \dfrac{I_P}{D/2}$。

对如图 3-41(a)所示的直径为 D 的实心圆截面：

$$\text{极惯性矩 } I_P = \int_A \rho^2 dA = 2\pi\int_0^R \rho^3 d\rho = \frac{\pi D^4}{32} \approx 0.1D^4 \qquad (3-24)$$

$$\text{抗扭截面模量 } W_P = \frac{I_P}{D/2} = \frac{\pi D^3}{16} \approx 0.2D^3 \qquad (3-25)$$

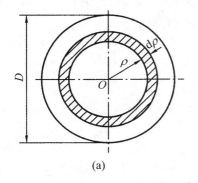

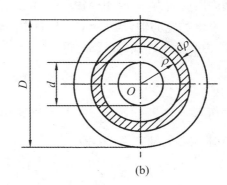

图 3-41　实心圆截面和空心圆截面的 I_P

对如图 3-41(b)所示的空心圆截面：

$$\text{极惯性矩} \ I_P = \int_A \rho^2 \mathrm{d}A = 2\pi \int_{-\frac{d}{2}}^{\frac{D}{2}} \rho^3 \mathrm{d}\rho = \frac{\pi D^4}{32}(1 - a^4) \approx 0.1 D^4 (1 - \alpha^4) \quad (3-26)$$

$$\text{抗扭截面模量} \ W_P = \frac{I_P}{D/2} = \frac{\pi D^3}{16}(1 - a^4) \approx 0.2 D^3 (1 - \alpha^4) \quad\quad\quad\quad (3-27)$$

其中,$\alpha = \dfrac{d}{D}$,d 和 D 分别表示空心圆截面的内径和外径。

3.3.4 圆轴扭转时的强度计算

为保证圆轴正常工作,应使危险截面上最大工作剪应力 τ_{max} 不超过材料的许用剪应力 $[\tau]$,即应有 $\tau_{max} \leqslant [\tau]$。

对于等截面圆轴,有

$$\tau_{max} = \frac{M_{Tmax}}{W_P} \leqslant [\tau] \quad\quad\quad\quad (3-28)$$

式中,M_{Tmax} 为横截面上的最大扭矩,单位为 N·mm;W_P 为抗扭截面模量,单位为 mm³;$[\tau]$ 为许用剪应力,单位为 MPa。

式(3-28)称为圆轴扭转时的强度条件。扭转强度条件可用来解决强度校核、设计截面尺寸及确定许可载荷等三类强度计算问题。

例3-9 如图 3-38(a)所示的圆轴,轴径 $D = 50$ mm,其扭转许用剪应力$[\tau] = 60$ MPa,试校核轴的扭转强度。

解 (1) 作轴的扭矩图如图 3-38(b)所示,得

$$M_{T1} = -M_B = -955\,(\text{N·m}), \quad M_{T2} = M_C = 637\,(\text{N·m})$$

危险截面的扭矩$|M_T|_{max} = 955$ N·m。

(2) 校核轴的扭转强度:

$$\tau_{max} = \frac{M_{Tmax}}{W_P} = \frac{M_{T1}}{0.2 D^3} = \frac{955 \times 10^3}{0.2 \times 50^3} = 38.2\,(\text{MPa}) < [\tau]$$

故该轴的扭转强度足够。

例3-10 一电动机转轴所传递的功率 $P = 30$ kW,转速 $n = 1400$ r/min,转轴由 45 钢制成,其许用剪应力$[\tau] = 40$ MPa。(1) 试求满足强度条件下的直径 D_1;(2) 若改用相同材料的 $\alpha = 0.5$ 的空心轴,求 D_2;(3) 比较空心轴和实心轴的质量。

解 由强度条件式(3-28),得

$$W_P \geqslant \frac{M_{Tmax}}{[\tau]}$$

而 $M_T = 9549\,\dfrac{P}{n} = 9549 \times \dfrac{30}{1400} = 204.6\,(\text{N·m})$。

(1) 求实心圆轴直径 D_1,有

$$D_1 \geqslant \sqrt[3]{\frac{16 M_T}{\pi [\tau]}} = \sqrt[3]{\frac{16 \times 204.6 \times 10^3}{\pi \times 40}} = 29.6\,(\text{mm})$$

(2) 若改用相同材料的 $\alpha = 0.5$ 的空心轴,求空心圆轴直径 D_2,有

$$D_2 \geqslant \sqrt[3]{\frac{16 M_T}{\pi(1 - a^4)[\tau]}} = \sqrt[3]{\frac{16 \times 204.6 \times 10^3}{\pi \times (1 - 0.5^4) \times 40}} = 30.2\,(\text{mm})$$

(3) 比较空心轴和实心轴的质量。因为当二者的材料及长度都相同时,空心轴和实心轴的质量之比就是它们横截面面积之比,故有

$$\frac{A_2}{A_1} = \frac{\frac{\pi}{4}\left[D_2^2(1-a^2)\right]}{\frac{\pi}{4}D_1^2} = \frac{30.2^2 \times \frac{3}{4}}{29.6^2} = 0.78 = 78\%$$

即空心轴的质量仅为实心轴的 78%,节约材料 22%。

例 3-10 结果说明,在条件相同的情况下,采用空心轴可以节省大量材料,减轻自重,提高承载能力,因此汽车、轮船和飞机中的轴类零件大多采用空心轴。

3.3.5　圆轴扭转时的变形和刚度计算

1. 圆轴扭转时的变形

在生产中,若机器的轴在工作中产生过大扭转变形,常常会引起机器振动,以致不能正常工作;机床主轴的扭转变形过大,会降低零件的加工精度和表面质量;车床丝杠的扭转变形过大会影响螺纹的加工精度。因此,圆轴受扭转时除了应满足强度要求外,还需满足刚度要求。

圆轴扭转时的变形用两横截面绕轴线的相对扭转角 φ 来度量,φ 的单位是弧度(rad)。试验结果指出,扭转角 φ 与扭矩 M_T 及杆长 L 成正比,而与材料的剪切弹性模量 G 及杆的截面极惯性矩 I_P 成反比。对于 M_T 为常量的同材料等截面圆轴,有

$$\varphi = \frac{M_T L}{G I_P} \qquad (3-29)$$

式中,M_T 为横截面上的扭矩,单位为 N·m;L 为轴的长度,单位为 m;G 为剪切弹性模量,单位为 Pa;I_P 为极惯性矩,单位为 m⁴。

当 M_T、G、I_P 之中任意一个参数发生改变时,要先分段计算扭转角,再求出各段 φ 的代数和。

式(3-29)中,$G I_P$ 称为截面的抗扭刚度,它反映了材料和横截面的几何因素对扭转变形的抵抗能力。当 M_T 和 L 一定时,$G I_P$ 越大,则扭转角 φ 越小,说明圆轴的刚度越大。

2. 圆轴扭转时的刚度条件及其计算

在工程计算中,为保证轴的刚度,通常规定轴单位长度的扭转角 θ 不得超过许用值 $[\theta]$,故刚度条件为

$$\theta = \frac{M_T}{G I_P} \leqslant [\theta]$$

其中 θ 和 $[\theta]$ 的单位是弧度/米(rad/m)。在工程中 $[\theta]$ 的常用单位是度/米(°/m),因此将圆轴的刚度条件改写为

$$\theta = \frac{M_T}{G I_P} \times \frac{180°}{\pi} \leqslant [\theta] \qquad (3-30)$$

单位长度内的许用扭转角 $[\theta]$ 的数值应根据对机器的要求、工作条件等来确定,具体数值可从有关手册中查得。其一般范围是:精密机械、仪表的轴 $[\theta] = 0.15 \sim 0.5$ °/m,一般传

动轴$[\theta]=0.5\sim1.0\,^{\circ}/\mathrm{m}$,精度较低的轴$[\theta]=1\sim4\,^{\circ}/\mathrm{m}$。

例 3-11 汽车传动轴由无缝钢管制成,外径$D=90\ \mathrm{mm}$,壁厚$\delta=2.5\ \mathrm{mm}$,其所承受的最大外力偶矩$M=1.5\ \mathrm{kN\cdot m}$,单位长度的许用扭转角$[\theta]=2.5\,^{\circ}/\mathrm{m}$,剪切弹性模量$G=80\ \mathrm{GPa}$,试校核该轴的扭转刚度:

解 计算单位长度的最大扭转角,校核该轴的扭转刚度:

$$\theta_{max}=\frac{M_{Tmax}}{GI_P}\times\frac{180^{\circ}}{\pi}$$
$$=\frac{1.5\times10^3}{80\times10^9\times0.1\times(90\times10^{-3})^4\times[1-(0.944)^4]}\times\frac{180^{\circ}}{\pi}$$
$$=0.8\,^{\circ}/\mathrm{m}<[\theta]$$

故轴的扭转刚度足够。

例 3-12 某型自行加榴炮扭杆悬挂系统受力如图 3-42 所示,车辆悬置重量(车重减去 12 个负重轮重量及 1/3 履带重量)$G_X=40000\ \mathrm{kg}$,每侧负重轮$n=6$个,扭力轴长$L=1978.92\ \mathrm{mm}$,直径$d=50\ \mathrm{mm}$,弹性模量$G=77500\ \mathrm{MPa}$,平衡肘静倾角$\alpha=15.59^{\circ}$,平衡肘工作长度$l=320\ \mathrm{mm}$,求扭力轴的扭转角。

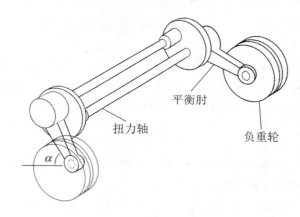

平衡肘

扭力轴

负重轮

图 3-42 某型自行加榴炮扭杆布置图

解 (1) 每个负重轮上的平均静载荷为
$$P=\frac{G_X}{2n}=\frac{40000}{2\times6}=33.3\,(\mathrm{kN})$$

(2) 车辆悬置水平地面时扭杆弹簧承受的扭矩为
$$M_T=P\times l\times\cos\alpha=10274\,(\mathrm{kN\cdot mm})$$

(3) 扭力轴静应力为
$$W_P=\frac{\pi D^3}{16}=24544\,(\mathrm{mm}^3)$$
$$\tau=\frac{M_T}{W_P}=\frac{10274}{24544}=418.61\,(\mathrm{MPa})$$

(4) 扭力轴静扭角为
$$I_P=\frac{\pi D^4}{32}=613592\,(\mathrm{mm}^4)$$
$$\varphi=\frac{M_TL}{GI_P}\times\frac{180}{\pi}=\frac{10274\times1978.92}{77500\times613592}\times\frac{180}{\pi}=24.5^{\circ}$$

3.4 梁 的 弯 曲

杆件不仅要受轴向力的作用而变形，还可能受与轴向垂直的力的作用而变形，这种变形称为弯曲，它也是影响构件性能的重要因素。

3.4.1 弯曲的概念

在实际工程中，有许多杆件受横向载荷或在杆的轴线平面内的力偶作用而产生弯曲变形，即轴线由直线变成了曲线。在材料力学中，将以弯曲变形为主的杆件称为梁，如图 3-43（a）所示的桥式吊车的横梁、如图 3-43（b）所示的制动器手柄、车辆的轮轴、桥梁等均是梁。

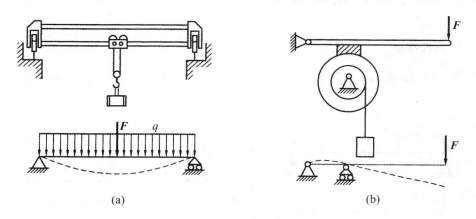

(a)   (b)

图 3-43 工程实例

当所有外载荷均作用在一通过轴线的纵向对称平面内，且变形后的轴线也在这一平面内时，这种变形称为平面弯曲变形，如图 3-44 所示，其横截面和纵向对称的交线称为纵向对称轴。本节只讨论平面弯曲变形。

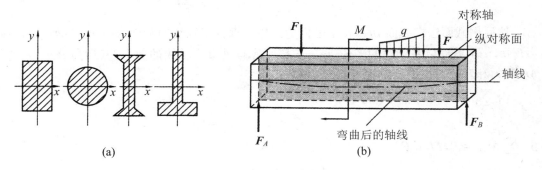

(a)   (b)

图 3-44 平面弯曲变形

梁的支承通常有固定铰支座、活动铰支座和固定端支座三种，与之相对应，梁也有三种常见的形式：

（1）简支梁，如图 3-45(a)所示，梁的一端为固定铰支座，另一端为活动铰支座。

（2）外伸梁，如图 3-45(b)所示，简支梁一端或两端外伸出支座外。

（3）悬臂梁，如图 3-45(c)所示，梁的一端为固定端，另一端自由。

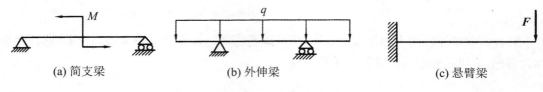

(a) 简支梁　　　　　　(b) 外伸梁　　　　　　(c) 悬臂梁

图 3-45　支承梁的分类

作用在梁上的外载荷一般有集中力 F、集中力偶 M 及分布载荷 q，其中较为常见的是 q 为常数的均布载荷。

3.4.2　梁弯曲时横截面上的内力

1. 剪力和弯矩

如图 3-46(a)所示，一简支梁受集中力 F 作用，现求距 A 点 x 处横截面 $m-n$ 上的内力。

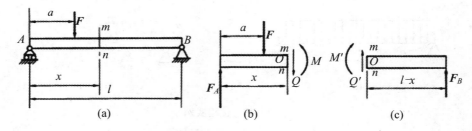

图 3-46　梁的外力和截面上的内力分析

首先求支座反力。由静力平衡方程可得

$$F_A = \left(1 - \frac{a}{l}\right)F, \quad F_B = \frac{a}{l}F$$

然后用截面法求截面 $m-n$ 上的内力。用一垂直于轴线的平面 $m-n$ 将梁截成两段，考虑 $m-n$ 截面以左梁段的平衡，$m-n$ 截面应有垂直于轴线的剪力 Q（切向分布）及弯矩 M，剪力和弯矩可用平衡方程求出。

由 $\sum F_y = 0, F_A - F - Q = 0$，得

$$Q = F_A - F$$

由 $\sum M_O = 0, M + F(x - a) - F_A x = 0$，得

$$M = F_A x - F(x - a)$$

若取 $m-n$ 截面以右梁段来分析，根据作用与反作用定理，得

$$Q = -Q', \quad M = -M'$$

为使左、右两段计算的内力有相同的正负号，规定如图 3-47 中所示 Q、M 的方向为正

方向,反之为负。

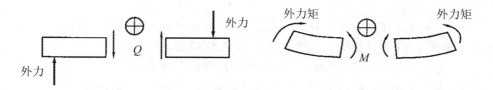

图 3 - 47 Q、M 的正方向判断

Q 和 M 的符号规定如下:

(1) 剪力对梁段内任一点形成力矩为顺时针方向时为正,即顺转剪力正。

(2) 弯矩使梁段产生下凸弯曲变形时为正,即下凸弯矩正。

从上述剪力和弯矩的计算过程中,可以得到以下规律:

(1) 横截面上的剪力在数值上等于此截面一侧梁上所有横向外力的代数和,横截面上的弯矩在数值上等于此截面一侧梁上所有外力对该截面形心力矩的代数和。

(2) 计算横截面上的内力时外载荷正负号的规定是:截面左侧的向上外力或右侧的向下外力产生正剪力,即"左上右下生正剪",截面左侧的顺时针外力矩或右侧的逆时针外力矩产生正弯矩,即"左顺右逆生正弯";反之皆为负。

例 3 - 13 求如图 3 - 48(a)所示外伸梁 1—1、2—2 横截面上的内力。已知 $F = 20 \ \text{kN}$,$a = 3 \ \text{m}$。

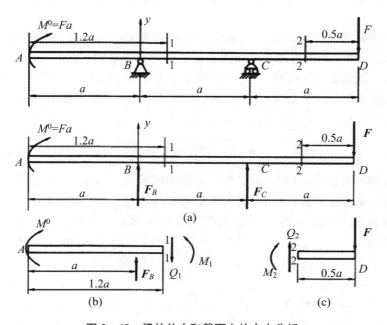

(a)

(b)   (c)

图 3 - 48 梁的外力和截面上的内力分析

解 (1) 计算支座反力。取整个梁为研究对象,其受力分析如图 3 - 48(a)所示。由平衡方程,有

$$F_C = \frac{M^0 + F \times 2a}{a} = \frac{20 \times 3 + 20 \times 2 \times 3}{3} = 60 \ (\text{kN})$$

$$\sum F_y = 0: F_B + F_C - F = 0$$

得

$$F_B = F - F_C = 20 - 60 = -40 \, (\text{kN}) \quad (\text{负号表示与假设方向相反})$$

（2）求截面1—1上的内力。选取截面1—1左侧梁段，受力分析如图3-48(b)所示，得

$$Q_1 = F_B = -40 \, (\text{kN}) \quad (\text{负号表示与假设方向相反})$$

$$M_1 = M^0 + F_B \times 0.2a = 20 \times 3 - 40 \times 0.2 \times 3 = 36 \, (\text{kN·m})$$

（3）求截面2—2上的内力。选取截面2—2右侧梁段，受力分析如图3-48(c)所示，得

$$Q_2 = F = 20 \, (\text{kN})$$

$$M_2 = -0.5Fa = -0.5 \times 20 \times 3 = -30 \, (\text{kN·m}) \quad (\text{负号表示与假设方向相反})$$

计算结果若为正值表示其指向与假设一致。弯矩 M_2 为负值说明其转向与假设的相反。取左段梁分析可得同样结果，可自行验算。

2. 剪力图与弯矩图

梁各横截面上的剪力、弯矩一般是随截面位置变化而变化的。为确定危险截面的位置，必须知道沿梁轴线各横截面上剪力和弯矩的变化规律，这种变化规律可用图形表示。取梁轴线上一点为坐标原点，梁轴线为横坐标 x 轴，纵坐标为剪力 Q 或弯矩 M，则梁任一横截面上的剪力和弯矩都可写成横截面位置坐标 x 的函数，即

$$Q = Q(x), \quad M = M(x)$$

上述这两个函数表达式称为梁的剪力方程和弯矩方程，其线图分别称为梁的剪力图与弯矩图。

利用剪力图和弯矩图可以很容易地确定出梁的最大剪力和最大弯矩，找出梁危险截面的位置。因此，正确绘制剪力图和弯矩图是梁强度计算的基础。

例3-14 如图3-49所示，一简支梁受集中力 F 作用，试绘制梁的剪力图、弯矩图。

解 （1）求支座反力。取整个梁为研究对象，其受力分析如图3-49(a)所示。根据静力平衡方程式 $\sum M_A = 0$，$\sum M_B = 0$，求得

$$F_A = \frac{Fb}{l}, \quad F_B = \frac{Fa}{l}$$

（2）分段列剪力、弯矩方程。梁受集中力作用时载荷不连续，因此必须以集中力的作用点 C 为分界点，将全梁分成两段，分段写出剪力、弯矩方程。

在 AC 段内取距原点 A 为 x_1 的任意横截面，该截面以左有向上的力 F_A，其剪力方程和弯矩方程分别为

$$Q(x_1) = F_A = \frac{Fb}{l} \quad (0 < x_1 < a) \tag{a}$$

$$M(x_1) = F_A x_1 = \frac{Fb}{l} x_1 \quad (0 \leqslant x_1 \leqslant a) \tag{b}$$

对于 C 点右边梁段 CB，取距右端 B 为 x_2 的任意横截面，该截面以右有向上的力 F_B，其剪力方程和弯矩方程分别为

$$Q(x_2) = -F_B = -\frac{Fa}{l} \quad (0 < x_2 < b) \tag{c}$$

$$M(x_2) = F_B x_2 = \frac{Fa}{l} x_2 \quad (0 \leqslant x_2 \leqslant b) \tag{d}$$

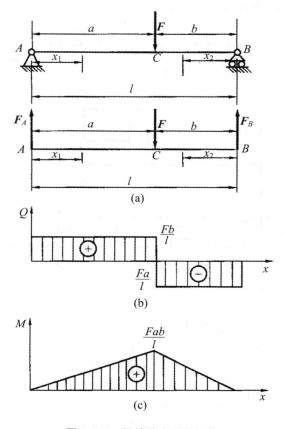

图 3-49　梁的剪力和弯矩图

（3）绘制剪力图和弯矩图。由式（a）和式（c）可知，AC 和 CB 两段梁内各截面上剪力为常量，剪力图是两条平行于 x 轴的水平线，如图 3-49（b）所示。若 $a > b$，则 CB 段的剪力值大，即

$$|Q|_{max} = \frac{Fa}{l}$$

由式（b）和式（d）可知，AC 和 CB 两段内弯矩均是 x 的一次函数，弯矩图为斜直线，已知斜直线上两点即可确定这条直线。

AC 段：$x_1 = 0$ 时，$M = 0$；$x_1 = a$ 时，$M = \dfrac{Fab}{l}$。

CB 段：$x_2 = 0$ 时，$M = 0$；$x_2 = b$ 时，$M = \dfrac{Fab}{l}$。

用直线连接各点就得到两段梁的弯矩图，如图 3-49（c）所示。

由图可见，最大弯矩在截面 C 上，为

$$M_{max} = \frac{Fab}{l}$$

可见，在集中力 F 作用的 C 截面处，剪力图发生突变，突变量等于集中力 F 之值，弯矩图有一折角。

例 3-15　一横梁 A 点、B 点受集中力 F_A 和 F_B 作用，方向如图 3-50（a）所示，在 C 点处受到力偶矩为 M_e 的集中力偶作用。作此梁的剪力图、弯矩图。

解 （1）根据力偶系平衡条件 $\sum M_i = 0$，求得

$$F_A = \frac{M_e}{l}, \quad F_B = \frac{M_e}{l}$$

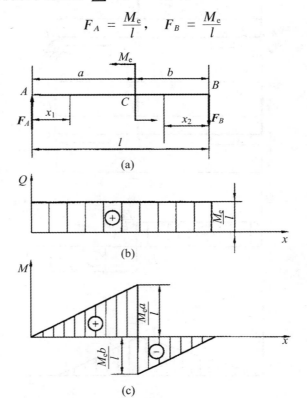

图 3-50　梁的剪力和弯矩图

（2）分段列剪力、弯矩方程。在 AC 段内取距原点 A 为 x_1 的任意横截面，该截面以左有向上的力 F_A，其剪力方程和弯矩方程分别为

$$Q(x_1) = F_A = \frac{M_e}{l} \quad (0 < x_1 \leqslant a) \tag{a}$$

$$M(x_1) = F_A x_1 = \frac{M_e}{l} x_1 \quad (0 \leqslant x_1 < a) \tag{b}$$

对于梁段 CB，取距右端 B 为 x_2 的任意横截面，该截面以右有向下的力 F_B，其剪力方程和弯矩方程分别为

$$Q(x_2) = F_B = \frac{M_e}{l} \quad (0 < x_2 \leqslant b) \tag{c}$$

$$M(x_2) = -F_B x_2 = -\frac{M_e}{l} x_2 \quad (0 \leqslant x_2 < b) \tag{d}$$

（3）绘制剪力图和弯矩图。

由式（a）和式（c）绘出的剪力图是一条平行于 x 轴的水平线，可见集中力偶对剪力无影响，梁上任意截面的剪力均为最大值，即

$$Q_{max} = \frac{M_e}{l}$$

由式（b）和式（d）可知，在 AC、CB 段内弯矩图为相互平行的斜直线，绘制方法同例 3-14，见图 3-50(c)。若 $a > b$，则最大弯矩作用在 C 截面左侧：

$$|M|_{max} = \frac{M_e a}{l}$$

由图3-50(c)可见,在集中力偶 M_e 作用的 C 截面处,弯矩图有一突然变化,突变处弯矩的数值等于集中力偶矩 M_e。

例3-16 如图3-51(a)所示,一简支梁受均布载荷 q 作用,作此梁的剪力图、弯矩图。

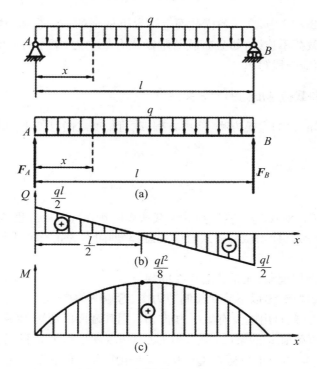

图3-51 梁的剪力和弯矩图

解 (1) 求支座反力。其受力图如图3-51(a)所示,由梁的对称关系可得

$$F_A = F_B = \frac{1}{2}ql$$

(2) 列剪力、弯矩方程。取距原点 A 为 x 的任意横截面,如图3-51(a)所示,可得剪力方程和弯矩方程分别为

$$Q(x) = F_A - qx = \frac{ql}{2} - qx \quad (0 < x < l) \tag{a}$$

$$M(x) = F_A x - qx \cdot \frac{x}{2} = \frac{ql}{2}x - \frac{qx^2}{2} \quad (0 \leqslant x \leqslant l) \tag{b}$$

(3) 绘制剪力图和弯矩图。

式(a)表示剪力图是一斜直线,斜率为 $-q$,向右下倾斜。据 $x = 0$, $x = l$ 的剪力值即可绘出剪力图,见图3-51(b)。

由式(b)可知,在 AB 段内弯矩是 x 的二次函数,弯矩图为一开口向下的抛物线。当 $x = 0$ 或 $x = l$ 时(即梁的 A、B 端截面上),$M = 0$;当 x 在 0 和 l 之间时,M 为正值。

为求抛物线极值点的位置,对式(b)求一阶导数。由 $\frac{dM(x)}{dx} = \frac{ql}{2} - qx = 0$,得 $x = \frac{l}{2}$,代入式(b),得极值为

$$M_{max} = \frac{ql}{2} \times \frac{l}{2} - q \times \frac{l}{2} \times \frac{l}{4} = \frac{ql^2}{8}$$

通过此三点可绘出弯矩图如图 3-51(c)所示。

由图可知,梁跨度中点截面上的弯矩值为最大,即

$$|M|_{max} = \frac{ql^2}{8}$$

例 3-14 至例 3-16 中,全梁各横截面上的弯矩是 x 的一个连续函数,弯矩用一个方程即可表达。若梁上载荷不连续,如分布载荷中断或有集中力、集中力偶时,弯矩就不能用一个连续函数表示,而应分段写出。

3. 剪力、弯矩和载荷集度间的微分关系

由例 3-16 可知,梁的弯矩方程、剪力方程、载荷集度之间有如下的微分关系,即

$$\frac{dQ(x)}{dx} = q(x)$$

$$\frac{dM(x)}{dx} = Q(x)$$

即剪力方程 $Q(x)$ 对 x 的一阶导数等于载荷集度 $q(x)$;弯矩方程 $M(x)$ 对 x 的一阶导数等于剪力方程 $Q(x)$。使用微分公式时应注意:x 轴向右为正;$q(x)$ 向上为正;弯矩、剪力符号规定同前。

上述关系不是偶然现象,而是普遍存在的规律。

通过上述讨论可归纳出以下简捷绘制剪力图、弯矩图的规律:

(1) 若梁的铰支端、自由端没有集中力偶 M_e,则其截面的弯矩为零。

(2) 在没有分布载荷 q 的梁段,剪力图为水平线,弯矩图为斜直线。剪力 $Q>0$ 时,弯矩图为一上斜直线(斜率为正);剪力 $Q<0$ 时,弯矩图为一右下斜直线(斜率为负);剪力 $Q=0$ 时,弯矩图为水平线。

(3) 在有均布载荷 q 的梁段,剪力图为斜直线,弯矩图为抛物线。均布载荷 $q>0$(q 向上为正),剪力图为一上斜直线,弯矩图为凹抛物线(开口向上);均布载荷 $q<0$,剪力图为一下斜直线,弯矩图为凸抛物线(开口向下)。

(4) 在有集中力偶 M_e 作用的截面两侧,剪力图无变化,弯矩图发生突变,变化量即为 M_e 的大小。逆时针集中力偶引起的弯矩图突变向下,反之则向上突变,简称"逆者下,顺者上"。

(5) 在有集中力 F 作用的截面两侧,弯矩图发生转折,剪力图发生突变,变化量即为 F 的大小,突变方向与集中力 F 的方向一致。

(6) 在有均布载荷 q 的梁段,在 $Q=0$ 的截面两侧,若 Q 有正负号变化,则弯矩有极值。

例 3-17 利用 M、Q、q 之间的关系,作图 3-52(a)所示梁的剪力图、弯矩图。

解 (1) 求支座反力。

由 $\sum M_A = 0$,$F_B \times 4 - q \times 2 \times 1 - M_e - F \times 3 = 0$,得

$$F_B = 3 \text{ (kN)}$$

由 $\sum F_y = 0$,$F_A + F_B - q \times 2 - F = 0$,得

$$F_A = 4 \text{ (kN)}$$

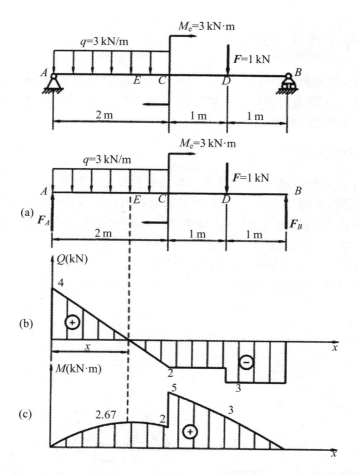

图 3-52 梁的剪力图和弯矩图

（2）梁分 AC、CD、DB 三段。计算 A、C、D、B（分段点）各处截面的剪力与弯矩（从左到右），列于表 3-3 中。

表 3-3 A、C、D、B 处截面剪力与弯矩

截面	$A_右$	$C_左$	$C_右$	$D_左$	$D_右$	$B_左$
Q	4	-2	-2	-2	-3	-3
M	0	2	5	3	3	0

（3）绘制出剪力图、弯矩图。结合规律先作剪力图，后作弯矩图。其中，AC 段中有 $Q=0$ 处 E，为 M 图的极值点，可设 ΔE 为 x，按照比例关系，$x:(2-x)=4:2$，求出 $x=1.33$ m，对应的弯矩 $M_E=F_A x-\dfrac{qx^2}{2}=2.67$（kN·m）。弯矩图在 AC 段内为上凸的抛物线，其他段内为右下倾斜直线。剪力图、弯矩图分别如图 3-52(b)、(c) 所示。

作图时，应注意梁上有集中力、集中力偶、支承点的截面和分布载荷的起始、终止点的截面（控制截面）剪力和弯矩的变化。

3.4.3　梁纯弯曲时的正应力

在一般情况下,梁的截面上既有弯矩又有剪力,剪力由横截面上的剪(切)应力而形成,而弯矩由横截面上的正应力而形成。实验表明,当梁细长时,正应力是决定梁会否被破环的主要因素,剪(切)应力是次要因素。

1. 正应力的分布规律

若梁横截面上只有弯矩没有剪力,则所产生的弯曲称为纯弯曲。

取一矩形截面梁,如图3-53(a)所示,在其表面画出横向线1—1、2—2(视为横截面)和纵向线 a—b、c—d(视为纵向纤维)。在梁两端的纵向对称平面内,加一对等值反向的力偶,使梁发生纯弯曲。可观察到如下变形:

(1)横向线仍为垂直于梁轴的直线,只是相对转动了一个角度。

(2)纵向线弯成弧线,靠凸边的纵向线 cd 伸长,梁宽减小;靠凹边的纵向线 ab 缩短,梁宽增大。

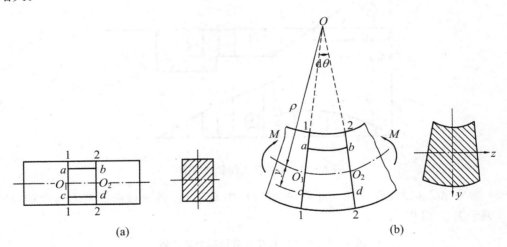

图3-53　纯弯曲变形

由以上实验结果可对纯弯曲的梁做出如下假设:

(1)变形前的横截面为平面,变形后仍为平面且垂直于变形后梁的轴线,仅绕某轴转过一微小的角度。这一假设称为平面假设。

(2)梁可视为由无数的纵向纤维组成,各纤维的变形为拉伸或压缩。

根据上述假设,梁纯弯曲后,各横截面仍垂直于轴线,无相对错动,故横截面上没有剪应力。截面上靠近顶部的各层纤维缩短,靠近底部的各层纤维伸长,可见各层纤维只受到正应力。由于变形的连续性,沿梁的高度必有一层纵向纤维既不伸长也不缩短,这一纤维层称为中性层,中性层与横截面的交线称为中性轴,如图3-54所示。

将代表相邻两横截面的线段1—1和2—2延长相交于 O 点,如图3-53(b)所示,该点就是变形后梁轴线的曲率中心。用 $\mathrm{d}\theta$ 表示这两个横截面的夹角,ρ 表示中性层的曲率半径,y 轴为横截面的对称轴,z 轴为中性轴,距中性层 y 处的纵向纤维 c—d 的原长为 $d=$

$\rho\mathrm{d}\theta$,则其伸长量为

$$(\rho + y)\mathrm{d}\theta - \rho\mathrm{d}\theta = y\mathrm{d}\theta$$

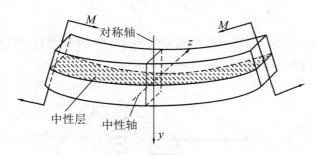

图 3 - 54 中性层与中性轴

其线应变为

$$\varepsilon = \frac{y\mathrm{d}\theta}{\rho\mathrm{d}\theta} = \frac{y}{\rho} \tag{3-31}$$

这说明梁内任一层纵向纤维的线应变 ε 与该层到中性层的距离 y 成正比,与中性层的曲率半径 ρ 成反比。

根据胡克定律,当应力没有超过材料的比例极限时,应力与应变规律为

$$\sigma = E\varepsilon = E\frac{y}{\rho} \tag{3-32}$$

这表明,当梁外力矩一定,E、ρ 为常量时,横截面上任一点的正应力与该点到中性轴的距离成正比。显然,中性轴上各点的正应力为零,离中性轴越远的点的正应力绝对值越大。

由静力平衡可得到(推导省略):中性轴 z 通过截面形心且与纵向对称轴垂直,中性层的曲率为

$$\frac{1}{\rho} = \frac{M}{EI} \tag{3-33}$$

曲率 $\frac{1}{\rho}$ 与弯矩 M 成正比,与 EI 成反比。EI 称为梁的抗弯刚度,其数值表示梁抵抗弯曲变形能力的大小。

将 $\frac{1}{\rho} = \frac{M}{EI}$ 代入 $\sigma = E\frac{y}{\rho}$,可得到梁纯弯曲时横截面上任意一点的正应力计算公式:

$$\sigma = \frac{My}{I} \tag{3-34}$$

式中,M 为所在截面的弯矩;I 为截面对中性轴的惯性矩,简称轴惯矩,其单位为长度的四次方;y 为点到中性轴的距离。

式(3-34)表明,正应力与所在截面的弯矩 M 成正比,与截面轴惯矩 I 成反比。σ 沿截面高度呈线性分布,如图 3-55 所示。在中性轴($y=0$)处正应力为零,上、下边缘处最大。

应用式(3-34)时,M、y 均可用绝对值代入。所求点的应力 σ 是拉应力(正)还是压应力(负),则可根据梁变形情况,判断纤维的伸缩而定。以中性轴为界,凸边的应力为拉应力,凹边的应力为压应力。

2. 最大正应力的计算公式

根据应力分布规律,正应力在离中性轴最远的上、下边缘部分分别达到拉应力和压应力

的最大值,设其坐标为 $y = y_{max}$,则有

$$\sigma_{max} = \frac{My_{max}}{I} = \frac{M}{\dfrac{I}{y_{max}}} = \frac{M}{W} \tag{3-35}$$

式中,σ_{max} 为截面上最大正应力;M 为所在截面的弯矩;W 为截面对中性轴 z 的抗弯截面模量,单位为 mm^3;y_{max} 为截面最远点到中性轴的距离。

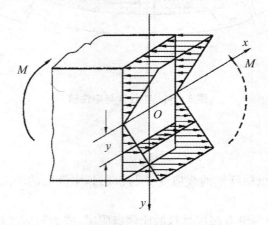

图 3 - 55　弯曲正应力分布规律

应注意,若中性轴 z 不是截面的对称轴,则计算最大拉、压应力时,需将中性轴两侧不同的 y 值代入。

抗弯截面模量 W 只与截面的形状和大小有关,可用 $W = \dfrac{I}{y_{max}} = \dfrac{\int y^2 \mathrm{d}A}{y_{max}}$ 求得。

对于高为 h、宽为 b 的矩形截面,有

$$W = \frac{I}{y_{max}} = \frac{bh^3}{12} \bigg/ \frac{h}{2} = \frac{bh^2}{6} \tag{3-36}$$

对于直径为 d 的圆形截面,有

$$W = \frac{\pi d^4}{64} \bigg/ \frac{d}{2} = \frac{\pi d^3}{32} \approx 0.1 d^3 \tag{3-37}$$

对空心圆截面(D 为外径,d 为内径,$a = d/D$ 为内、外径比值),有

$$W = \frac{\pi D^3}{32}(1 - a^4) \approx 0.1 D^3(1 - a^4) \tag{3-38}$$

在工程实践中,各种型钢的抗弯截面模量可从型钢表中查得。

3.4.3　梁弯曲时正应力的强度计算

为保证梁能安全工作,必须使梁具备足够的强度。在一般情况下,正应力是支配梁强度的主要因素,通常按照弯曲正应力强度进行计算即可满足工程要求。

1. 强度计算

等截面直梁弯曲时,弯矩绝对值最大的横截面是梁的危险截面。最大正应力 σ_{max} 发生

在危险截面上离中性轴最远处。为保证梁能正常工作,必须使其最大工作应力即 σ_{max} 不超过材料的许用弯曲应力 $[\sigma]$。所以梁弯曲的强度条件为

$$\sigma_{max} = \frac{M_{max}}{W} \leqslant [\sigma] \tag{3-39}$$

式中,M_{max} 为横截面上的最大弯矩,单位为 N·mm;W 为抗弯截面模量,单位为 mm^3;$[\sigma]$ 为许用弯曲正应力,单位为 MPa。

运用式(3-39)可以解决工程中强度校核、截面尺寸设计和确定梁的许可载荷三个方面的强度计算问题。

对于低碳钢等抗拉和抗压强度相同的塑性材料,为使横截面上最大拉应力和最大压应力同时达到许用应力,通常使梁的截面对称于中性轴,如工字形、圆环形、圆形、矩形等。对于抗压强度远高于其抗拉强度的铸铁等脆性材料制成的梁,为充分利用材料,梁的截面常做成与中性轴不对称的形状,如 T 形截面等,此时其强度条件为

$$\sigma_{tmax} \leqslant [\sigma_t], \quad \sigma_{cmax} \leqslant [\sigma_c] \tag{3-40}$$

对阶梯轴等变截面梁,应用式(3-39)时应注意,W 不是常量,σ_{max} 可能发生在弯矩绝对值最大的截面上,也可能发生在截面较小的截面上。确定梁的危险截面位置和最大正应力 σ_{max} 时,应综合考虑 M 和 W 两个因素。

例 3-18 图 3-56(a)所示为一车轴受力简图,$F = 20$ kN,$a = 150$ mm。材料的许用应力 $[\sigma] = 100$ MPa。试确定车轴的直径 d。

解 (1)绘弯矩图和求最大弯矩。弯矩图如图 3-56(b)所示,最大弯矩为

$$M_{max} = -Fa = -20000 \times 150 = -3 \times 10^6 (\text{N} \cdot \text{mm}^3)$$

(2)确定车轴直径。有

$$W = \frac{\pi D^3}{32} \geqslant \frac{|M|_{max}}{[\sigma]} = \frac{3 \times 10^6}{100} = 3 \times 10^4 (\text{mm}^3)$$

故 $d \geqslant \sqrt[3]{\dfrac{32 \times 3 \times 10^4}{\pi}} = 67$ (mm)。

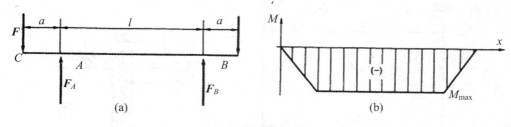

图 3-56 车轴的受力图和弯矩图

例 3-19 如图 3-57(a)所示由 45a 工字钢制成的吊车梁,其跨度 $l = 10.5$ mm,材料的许用应力 $[\sigma] = 140$ MPa,小车自重 $G = 15$ kN,起重量为 F,梁的自重不计,求许用载荷 F。

解 (1)绘弯矩图并求最大弯矩。吊车梁可简化为简支梁,见图 3-57(b)。当小车行驶到梁中点 C 时引起的弯矩最大,这时的弯矩图如图 3-57(c)所示,最大弯矩为

$$M_{max} = \frac{(G + F)l}{4}$$

(2)确定许可载荷 F。查型钢表,45a 工字钢的抗弯截面模量 $W = 1430$ cm^2。由式(3-39)可得梁允许的最大弯矩为

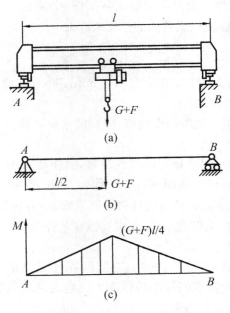

图 3－57　吊车梁的受力、弯矩图

$$M_{\max} \leqslant [\sigma]W = 140 \times 1430 \times 10^3 \approx 2 \times 10^8 (\text{N} \cdot \text{mm}) = 200 (\text{kN} \cdot \text{m})$$

故 $F \leqslant \dfrac{4M_{\max}}{l} - G = \dfrac{4 \times 200}{10.5} - 15 = 61.3 (\text{kN})$。

例 3－20　一铸铁梁如图 3－58 所示。材料的许用拉应力 $[\sigma_t] = 30\,\text{MPa}$，许用压应力 $[\sigma_c] = 60\,\text{MPa}$。已知截面对中性轴的惯性矩 $I = 763 \times 10^4\,\text{mm}^4$，试校核此梁的强度。

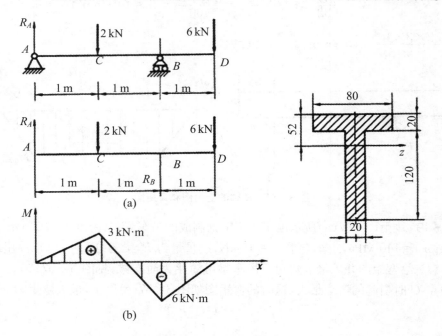

图 3－58　铸铁梁的受力图和弯矩图

解　(1) 绘弯矩图,判断危险截面。

求支反力,受力如图 3-58(a)所示,得 $R_A = 3$ kN, $R_B = 15$ kN。

弯矩图如图 3-58(b)所示,在截面 C、B 上有最大正弯矩 $M_C = 3$ kN·m 和最大负弯矩 $M_B = -6$ kN·m,因此截面 C、B 均可能是危险截面。

(2) 校核强度。

B 截面:最大拉应力(上边缘)为

$$\sigma_{tmax} = \frac{M_B}{I} \times 52 = 40.9 \text{(MPa)} > [\sigma_t]$$

最大压应力(下边缘)为

$$\sigma_{cmax} = \frac{M_B}{I} \times (120 + 20 - 52) = 69.2 \text{(MPa)} > [\sigma_c]$$

C 截面:最大拉应力(下边缘)为

$$\sigma_{tmax} = \frac{M_C}{I} \times (120 + 20 - 52) = 3406 \text{(MPa)} > [\sigma_t]$$

由于在 C、B 截面均不满足强度条件,故此梁的强度不够。

2. 提高梁抗弯能力的措施

提高梁的抗弯能力,就是在材料消耗最低的前提下,提高梁的承载能力,满足既安全又经济的要求。由强度条件式(3-39)可知,降低最大弯矩 $|M|_{max}$ 或增大抗弯截面模量 W 均能提高强度。依据此关系,可以采用以下措施使梁的设计经济合理,提高梁的抗弯能力。

(1) 合理设计截面

梁的合理截面设计应是用较小的截面面积获得较大的抗弯截面模量或较大的轴惯矩。从梁横截面正应力的分布情况来看,应该尽可能将材料放在离中性轴较远的地方。面积远离中性轴时惯性矩和抗弯截面模量较大,因此,工程上许多受弯曲构件都采用工字形、箱形、槽形等截面形状,以提高抗弯能力。各种型材广泛采用型钢、空心钢管等也是这个道理。

此外,合理的截面形状应使截面上最大拉应力和最大压应力同时达到相应的许用应力值。对于抗拉强度和抗压强度相等的塑性材料,宜采用对称于中性轴的截面,如工字形。对于抗拉强度和抗压强度不等的材料,宜采用不对称于中性轴的截面,如铸铁等脆性材料制成的梁,其截面常做成 T 字形或槽形。

(2) 采用变截面梁

除上述材料在梁的某一截面上如何合理分布的问题外,还有一个材料沿梁的轴线如何合理安排的问题。等截面梁的截面尺寸是由最大弯矩决定的,除 M_{max} 所在的截面外,其余截面的材料均未被充分利用。为节省材料和减轻重量,可采用变截面梁,即在弯矩较大的部位采用较大的截面,在弯矩较小的部位采用较小的截面,如阶梯轴、钢筋混凝土电杆、汽车的板弹簧等。

(3) 合理的结构设计

合理地安排结构的支承位置和载荷的施加方式,可以起到降低梁上最大弯矩的作用,同时也缩小了梁的跨度,从而提高了梁的强度。工程上常见的锅炉筒体和龙门吊车大梁的支承都不在梁的两端,而向中间移动一定的距离,这都是合理安排梁的支承实例;传动轴上齿轮靠近轴承安装、运输大型设备的多轮平板车、吊车增加副梁,也都是在简支梁上合理地布置载荷、提高抗弯能力的实例。

除了上述三条措施外,还可以采用增加约束、减小跨度等措施来减小弯矩,提高梁的强度,从而提高抗弯能力。

*3.5　组 合 变 形

前面分别讨论了拉伸(或压缩)、剪切、扭转和弯曲(主要是平面弯曲)四种基本变形形式,但在工程实际中,杆件的变形往往是由两种或两种以上基本变形叠加而成的,这样的变形形式称为组合变形。

例如,图 3-59 所示的车刀工作时产生弯曲和压缩变形;图 3-60 所示钻机中的钻杆工作时产生压缩和扭转变形;图 3-61 所示的齿轮轴工作时产生弯曲和扭转变形。本节主要介绍拉伸(或压缩)和弯曲组合作用下、弯曲和扭转组合作用下构件的强度计算方法。

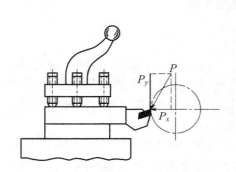

图 3-59　车刀工作时产生弯曲和压缩变形

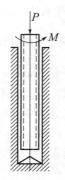

图 3-60　钻机中的钻杆工作时产生压缩和扭转变形

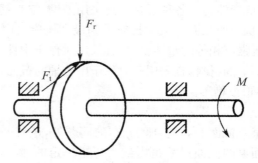

图 3-61　齿轮轴工作时产生弯曲和扭转变形

3.5.1　拉伸(或压缩)与弯曲的组合变形

如图 3-62(a)所示的矩形截面悬臂梁,在自由端 A 作用一力 F,F 位于梁的纵向对称面内,其作用线通过截面形心并与 x 轴成 φ 角。

1. 外力分析

将力 F 沿梁轴线和横截面的纵对称轴方向做等效分解，如图 3-62(b) 所示，有

$$F_x = F\cos\varphi, \quad F_y = F\sin\varphi$$

F_x 引起梁的轴向拉伸变形，F_y 使梁发生平面弯曲变形，因此梁受拉伸与弯曲的组合变形。

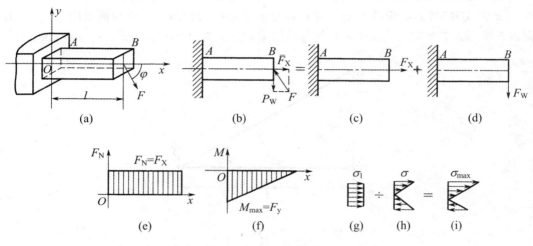

图 3-62　拉伸与弯曲组合变形

2. 内力分析

（1）F_x 使梁产生轴向拉伸变形，各横截面上产生的轴力为 $F_N = F_x$，作轴力图如图 3-62(e) 所示。

（2）F_y 使梁发生平面弯曲变形，弯矩图如图 3-62(f) 所示。由图可知，最大弯矩产生在固定端 A 处，且有 $M_{max} = Fl\sin\varphi$。

由内力图易知，固定端截面是危险截面。

3. 应力分析

在危险截面上与轴力对应的正应力分布如图 3-62(g) 所示，其值为

$$\sigma_N = \frac{F_N}{A} = \frac{F\cos\varphi}{A}$$

与弯矩对应的弯曲正应力分布如图 3-62(h) 所示，其最大值在离中性轴最远的上、下边缘处，为

$$\sigma_M = \frac{M_{max}}{W_z} = \frac{Fl\sin\varphi}{W_z}$$

由叠加原理可得该截面上各点的应力分布如图 3-62(i) 所示，可见危险点在固定端截面的上侧，其应力值为

$$\sigma_{max} = \sigma_N + \sigma_M = \frac{F_N}{A} + \frac{M_{max}}{W_z} = \frac{F\cos\varphi}{A} + \frac{Fl\sin\varphi}{W_z}$$

4. 强度计算

危险点上的应力为构件的最大应力,故其强度条件为

$$\sigma_{\max} = \sigma_N + \sigma_M = \frac{F_N}{A} + \frac{M_{\max}}{W_z} \leqslant [\sigma] \tag{3-41}$$

对于抗拉、抗压性能不同的材料,要分别考虑其抗拉强度和抗压强度。

例 3-21 如图 3-63 所示悬臂梁吊车的横梁用 25a 工字钢制成。已知:$l = 4$ m,$\alpha = 30°$,$[\sigma] = 100$ MPa,电葫芦重 $Q_1 = 4$ kN,起重量 $Q_2 = 20$ kN。试校核横梁的强度。(由型钢表查得 25a 工字钢的截面面积和抗弯截面模量分别为 $A = 48.5$ cm^2,$W_z = 402$ cm^3。)

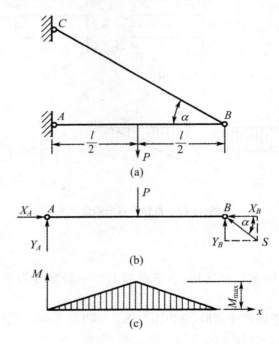

图 3-63 吊车的横梁

解 (1) 如图 3-63(b)所示,当载荷 $P = Q_1 + Q_2 = 24$ (kN) 移动至梁的中点时,可近似地认为梁处于危险状态,此时梁 AB 发生弯曲与压缩组合变形。

由 $\sum m_A = 0$,$Y_B \times l - Pl/2 = 0$,解得

$$Y_B = P/2 = 12 \text{ (kN)}$$

而

$$X_B = Y_B \cot 30° = 20.8 \text{ (kN)}$$

由 $\sum Y = 0$,$Y_A - P + Y_B = 0$,解得

$$Y_A = 12 \text{ (kN)}$$

由 $\sum X = 0$,$X_A - X_B = 0$,解得

$$X_A = 20.8 \text{ (kN)}$$

(2) 内力和应力计算。梁的弯矩图如图 3-63(c)所示。梁中点截面上的弯矩最大,其值为

$$M_{max} = Pl/4 = 24 \, (\text{kN} \cdot \text{m})$$

最大弯曲应力为

$$\sigma_{max} = \frac{M_{max}}{W_z} = \frac{24 \times 10^3}{402 \times 10^{-6}} \approx 59.7 \times 10^6 \, (\text{Pa}) = 59.7 \, (\text{MPa})$$

梁 AB 所受的轴向压力为

$$N = -X_B = -20.8 \, (\text{kN})$$

其轴向压应力为

$$\sigma_c = -\frac{N}{A} = -4.29 \, (\text{MPa})$$

梁中点横截面上、下边缘处的总正应力分别为

$$\sigma_{cmax} = -\frac{N}{A} - \frac{M_{max}}{W_z} = -64 \, (\text{MPa})$$

$$\sigma_{tmax} = -\frac{N}{A} + \frac{M_{max}}{W_z} = 55.4 \, (\text{MPa})$$

（3）强度校核。工字钢的抗拉、抗压能力相同，而 $|\sigma_{cmax}| = 64 \, \text{MPa} < 100 \, \text{MPa} = [\sigma]$，所以此悬臂吊车的横梁安全。

3.5.2　弯曲与扭转的组合变形

在工程中的许多受扭转杆件，在发生扭转变形的同时，还常会发生弯曲变形，当这种弯曲变形不能忽略时，则应按弯曲与扭转的组合变形问题来处理。本节将以圆截面杆为研究对象，介绍杆件在扭转与弯曲组合变形情况下的强度计算问题。

1. 外力分析

以带传动轴为例，如图 3 - 64(a) 所示，已知带轮紧边拉力为 F_1，松边拉力为 $F_2(F_1 > F_2)$，轴的跨距为 l，轴的直径为 d，带轮的直径为 D。按力系简化原则，将带的拉力 F_1 和 F_2 分别平移至 C 点并合成，得一个水平力 $F_C = (F_1 + F_2)$ 和附加力偶 $M_C = (F_1 - F_2)D/2$，如图 3 - 64(b) 所示。根据力的叠加原理，轴的受力可视作只受集中力 F_C 作用的图 3 - 64(c) 和只受转矩 M_A、M_C（平衡时有 $M_A = M_C$）作用的图 3 - 64(e) 两种受力情况的叠加。

2. 内力分析

作出弯矩图和转矩图分别如图 3 - 64(d)、(f) 所示。由弯矩图和转矩图可知，跨度中点 C 处为危险截面。

3. 应力分析

在水平力 F_C 作用下，轴在水平面内弯曲，其最大弯曲正应力 σ 发生在轴中间截面直径的两端（如图 3 - 65 所示的 C_1、C_2 处）；在 M_A、M_C 作用下，AC 段各截面圆周边的切应力均达最大值 τ 且相同。由此可见，C_1、C_2 处作用有最大弯曲正应力 σ 和最大扭转切应力 τ，故为危险点。σ 和 τ 由下式确定：

$$\sigma = \frac{M}{W_z}, \quad \tau = \frac{T}{W_n}$$

式中，M 是危险截面弯矩，单位为 N·mm；W_z 是危险截面弯曲截面系数，单位为 mm³；T 是危险截面扭矩，单位为 N·mm；W_n 是危险截面扭转截面系数，单位为 mm³。

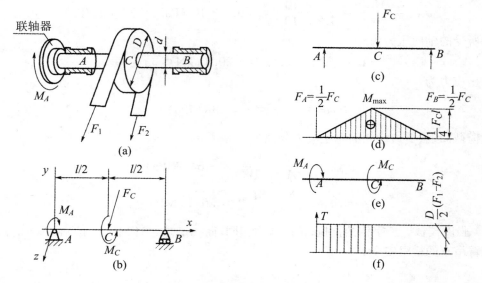

图 3-64　弯曲与扭转组合变形

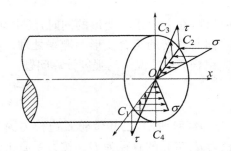

图 3-65　弯曲和扭转组合变形的应力分析

4. 强度条件

如图 3-65 所示，C_1、C_2 处同时处于既有正应力又有切应力的复杂应力状态，根据第三强度理论，C_1、C_2 处的当量应力 σ_r 为

$$\sigma_r = \sqrt{\sigma^2 + 4\tau^2} \tag{3-42}$$

其强度条件可用下式表示：

$$\sigma_r = \sqrt{\sigma^2 + 4\tau^2} \leqslant [\sigma] \tag{3-43}$$

对于圆轴 $W_z = 2W_n$，经简化可表达为

$$\sigma_r = \frac{\sqrt{M^2 + T^2}}{W_z} \leqslant [\sigma] \tag{3-44}$$

根据第四强度理论，其强度条件可用下式表示：

$$\sigma_r = \sqrt{\sigma^2 + 3\tau^2} \leqslant [\sigma] \tag{3-45}$$

简化后可表达为

$$\sigma_r = \frac{\sqrt{M^2 + 0.75T^2}}{W_z} \leqslant [\sigma] \tag{3-46}$$

例 3-22　试根据第三强度理论确定图 3-66 中所示手摇卷扬机(辘轳)能起吊的最大许可载荷 P 的数值。已知:机轴的横截面为直径 $d = 30$ mm 的圆形,机轴材料的许用应力 $[\sigma] = 160$ MPa。

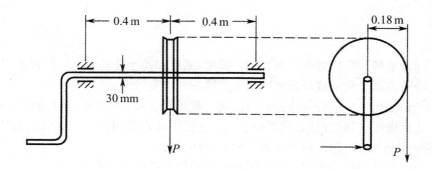

图 3-66　手摇卷扬机

解　在力 P 作用下,机轴将同时发生扭转和弯曲变形,应按扭转与弯曲组合变形问题计算。

(1) 跨中截面的内力:

扭矩 $T = P \times 0.18 = 0.18P$ (N·m)

弯矩 $M = \dfrac{P \times 0.8}{4} = 0.2P$ (N·m)

(2) 截面的几何特性:

$$W_z = \frac{\pi d^3}{32} = \frac{\pi \times 30^3}{32} = 2650 \text{ (mm}^3)$$

$$W_n = 2W_z = 5300 \text{ (mm}^3)$$

$$A = \frac{\pi d^2}{4} = \frac{\pi \times 30^2}{4} = 707 \text{ (mm}^2)$$

(3) 应力计算:

$$\tau = \frac{T}{W_n} = \frac{0.18P}{5300} = 0.034P \text{ (MPa)}$$

$$\sigma = \frac{M}{W_z} = \frac{0.2P}{2650} = 0.076P \text{ (MPa)}$$

由式(3-42)求得当量应力为

$$\sigma_r = \sqrt{\sigma^2 + 4\tau^2} = \sqrt{(0.076P)^2 + 4 \times (0.034P)^2} = 0.102P$$

(4) 根据第三强度理论求许可载荷。

由式 $\sigma_r = \sqrt{\sigma^2 + 4\tau^2} = \sqrt{(0.076P)^2 + 4 \times (0.034P)^2} = 0.102P \leqslant [\sigma] = 160$,得

$$P \leqslant \frac{160}{0.102} \approx 1569 \text{ (N)}$$

练 习 题

基本题

3-1 弹性变形与塑性变形有何区别？强度、刚度和稳定性各自反映何种能力？

3-2 分布载荷与集中载荷有何区别？有哪些基本变形形式？

3-3 何谓截面法？应力与应变有何区别？彼此间关系如何？泊松比有何用处？

3-4 比例极限与弹性极限、屈服极限与强度极限各自有何区别？低碳钢和铸铁在拉、压时强度差异情况如何？塑性材料与脆性材料如何区分？

3-5 应力与许用应力有何区别？影响拉压强度条件的因素有哪些？

3-6 剪切力与切应力有何区别？剪切强度条件如何？

3-7 何谓挤压应力？当接触面为非平面时，接触面积如何取？挤压强度条件如何？

3-8 何谓内力偶矩？其符号如何确定？扭矩图如何绘制？

3-9 何谓极惯性距、抗扭截面系数？扭转切应力如何计算？扭转强度条件如何？

3-10 何谓扭转角？何谓抗扭刚度？扭转刚度条件如何？

3-11 求如图3-67所示各杆1—1、2—2、3—3截面上的轴力，并作轴力图。

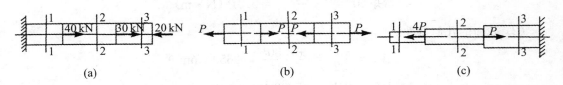

(a)　　　　　　　　　　　(b)　　　　　　　　　　　(c)

图3-67 题3-11图

3-12 阶梯杆受载荷如图3-68所示。杆左端及中段是铜的，横截面面积 $A_1 = 20\,\text{cm}^2$，$E_1 = 100\,\text{GPa}$；右段是钢的，横截面面积 $A_2 = 10\,\text{cm}^2$，$E_2 = 200\,\text{GPa}$。试画出轴力图，并计算杆长的改变量。

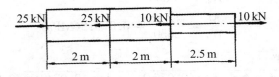

图3-68 题3-12图

3-13 用截面法求如图3-69所示各杆在截面1—1、2—2、3—3上的扭矩，并于截面上用矢量表示扭矩，指出扭矩的符号，作出各杆扭矩图。

3-14 直径 $D = 50\,\text{mm}$ 的圆轴受扭矩 $T = 2.15\,\text{kN·m}$ 的作用。试求距轴心10 mm处的切应力，并求横截面上的最大切应力。

3-15 如图3-70所示矩形截面简支梁，材料许用应力 $[\sigma] = 10\,\text{MPa}$，已知 $b = 12\,\text{cm}$，

若截面高宽比为 $h/b = 5/3$,试求梁能承受的最大荷载。

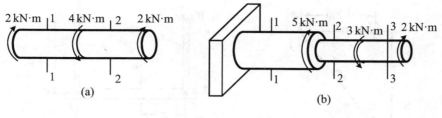

图 3 – 69　题 3 – 13 图

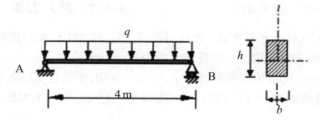

图 3 – 70　题 3 – 15 图

3 – 16　矩形截面悬臂梁如图 3 – 71 所示,已知 $l = 4\,\mathrm{m}$, $b/h = 2/3$, $q = 10\,\mathrm{kN/m}$, $[\sigma] =$ 10 MPa,试确定此梁横截面的尺寸。

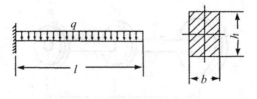

图 3 – 71　题 3 – 16 图

提高题

3 – 17　何谓梁? 其基本类型有哪些? 梁中剪力和弯矩如何确定?

3 – 18　横力弯曲与纯弯曲间有何区别? 工程问题中的梁一般都是什么弯曲? 通常以何种弯曲正应力计算?

3 – 19　何谓惯性矩、抗弯截面系数? 弯曲正应力如何计算? 弯曲强度条件如何?

3 – 20　工程中常用什么来衡量梁的弯曲变形? 其含义如何? 弯曲刚度条件如何?

3 – 21　如图 3 – 72 所示简单托架,BC 杆为圆钢,横截面直径 $d = 20\,\mathrm{mm}$。BD 杆为 8 号槽钢。若 $[\sigma] = 160\,\mathrm{MPa}$,$E = 200\,\mathrm{GPa}$,试校核托架的强度,并求出 B 点的位移。设 $P = 60\,\mathrm{kN}$。

3 – 22　如图 3 – 73 所示,设 CF 为刚体(即 CF 的弯曲变形可以忽略),BC 为铜杆,DF 为钢杆,两杆的横截面积分别为 A_1 和 A_2,弹性模量分别为 E_1 和 E_2。如要求 CF 始终保持水平位置,求 x。

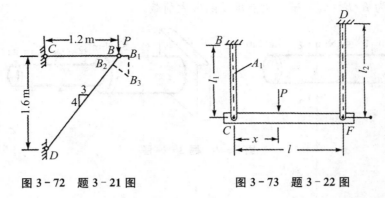

图 3-72　题 3-21 图　　　　图 3-73　题 3-22 图

3-23　直径 $D = 50$ mm 的圆轴,受到扭矩 $T = 3.15$ kN·m 的作用。求在距离轴心 10 mm 处的剪应力,并求轴横截面上的最大剪应力。

3-24　如图 3-74 所示传动轴的转速 $n = 500$ r/min,主动轮 1 输入功率 $P_1 = 368$ kW,从动轮 2、3 分别输出功率 $P_2 = 147$ kW,$P_3 = 221$ kW。已知 $[\tau] = 70$ MPa,$[\theta] = 1^{\circ}$/m,$G = 80$ GPa。

（1）确定 AB 段的直径 d_1 和 BC 段的直径 d_2;

（2）若 AB 和 BC 两段选用同一直径,试确定其数值。

（3）主动轮和从动轮的位置如可以重新安排,试问怎样安置才比较合理?

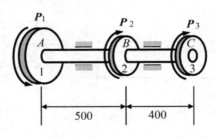

图 3-74　题 3-24 图

3-25　如图 3-75 所示为齿轮轴简图,已知齿轮 C 受径向力 $F_1 = 3$ kN,齿轮 D 受径向力 $F_2 = 6$ kN,轴的跨度 $L = 450$ mm,材料的许用应力 $[\sigma] = 100$ MPa,试确定轴的直径。（暂不考虑齿轮上所受的圆周力。）

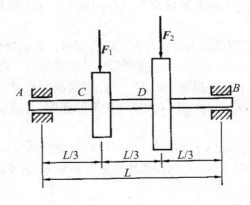

图 3-75　题 3-25 图

3-26　如图 3-76 所示的起重架,最大起重量(包括行走小车等)$P = 40$ kN,横梁 AB 由圆钢构成,直径 $d = 30$ mm,许用应力$[\sigma] = 120$ MPa。试校核横梁 AB 的强度。

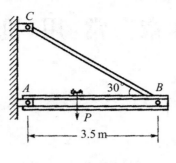

图 3-76　题 3-26 图

第4章 常用机构

导入装备案例

图 4-1 为某型火炮自动开闩机构运动简图，在开闩工作面的作用下，闩体下移，实现开闩动作，以便装填炮弹。开闩机构中每个运动构件是否有确定运动？包含哪些基本机构？这些机构有哪些运动特点？这些问题将通过本章知识来解决。本章主要学习平面机构的结构分析，以及工程上、装备中常用的机构，包括平面连杆机构、凸轮机构以及间歇运动机构。

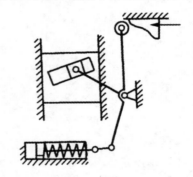

图 4-1　某型火炮自动开闩机构运动简图

4.1　平面机构的结构分析

4.1.1　机构的组成

1. 构件及其分类

构件是机构中的运动单元体，按其运动性质可分为机架、原动件和从动件。机架（固定件）是用来支承活动构件的构件。在一个机构中，必须有一个或几个原动件。机构中随着原动件的运动而运动的其余构件是从动件。如图 1-2 中的气缸体 8 就是机架，活塞 1 是原动件，连杆 2、曲轴 3 等都是从动件。

2. 运动副及其分类

两个构件直接接触形成的可动连接称为运动副。

组成运动副的两构件只能相对做平面运动的运动副称为平面运动副。按照接触特性，平面运动副可分为低副和高副。

两构件通过面接触组成的运动副称为低副。根据两构件间的相对运动形式不同，低副又分为移动副和转动副。

组成运动副的两构件只能沿某一直线相对移动时称为移动副，如图 4 - 2(a)、(c)所示，其代表符号如图 4 - 2(c)所示。

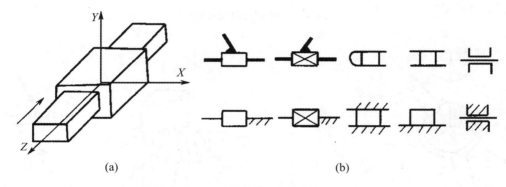

图 4 - 2　移动副及其代表符号

当组成运动副的两构件只能绕同一轴线做相对转动时称为转动副或铰链，如图 4 - 3 (a)、(b)所示，其代表符号如图 4 - 3(c)所示。

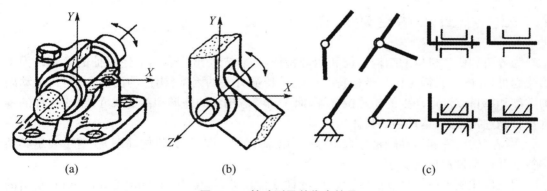

图 4 - 3　转动副及其代表符号

两构件通过点接触或线接触组成的运动副称为高副。图 4 - 4 中，凸轮副、齿轮副都是高副。

运动副的代表符号中有剖面线的构件为机架。

此外，常用的运动副还有球面副(图 4 - 5)和螺旋副(图 4 - 6)，它们都是空间运动副，本书不做详细介绍。

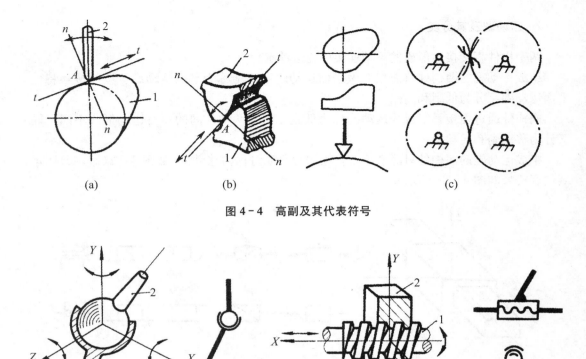

图 4-4　高副及其代表符号

图 4-5　球面副　　　　　　　　　　　　图 4-6　螺旋副

4.1.2　平面机构运动简图

　　为分析和研究机构的结构特征和运动特征,需首先绘出能表明上述特征的简图。为了简化起见,在图上只需考虑与结构特征或运动特征有关的因素:构件的类型和数目、运动副的类型和数目以及运动副的相对位置等,而无需考虑构件的外形和剖面尺寸、组成构件的零件数目和连接方式、运动副的具体构造等。

　　用特定的构件和运动副符号来表示机构的简化示意图,称为机构简图,仅着重表示其结构特征和运动传速情况。

　　用长度比例尺(μ_s＝实际线性尺寸/图样线性尺寸,单位为 m/mm 或 mm/mm)画出的机构简图称为机构运动简图。平面机构的机构运动简图称为平面机构运动简图。该简图不仅简明地反映了机构的结构特征和运动特征,还可通过图解法对机构进行运动分析和动力分析。

　　表 4-1 列出了机构运动简图中常用的规定符号。平面运动副的符号前已介绍,对于一个构件上有两个或两个以上的运动副元素的通常表示方法,分别如图 4-7、图 4-8 所示。对构件上一端的高副元素,可用如图 4-7(d)所示的方法表示。

表 4 - 1　部分常用机构运动简图符号(摘自 GB 4460—84)

名　称	基本符号	可用符号或备注	名　称	基本符号	可用符号或备注
机架			齿轮传动 圆柱齿轮		
构件组成部分的永久连接			锥齿轮		
零件与轴(杆)的固定连接			齿条传动		
凸轮从动件	尖顶　滚子 曲面　平底	在凸轮副中的相应符号	蜗轮与圆柱蜗杆		
槽轮机构			联轴器	一般符号　固定联轴器 可移式联轴器弹性联轴器	
外啮合棘轮机构			离合器	可控离合器 单向啮合式 单向摩擦式 自动离合器	单向啮合式 单向摩擦式
带传动		类型符号,标注在带的上方			
链传动		类型符号,标注在轮轴连心线的上方	制动器		注:带传动备注中的图自左至右分别为V带、同步齿形带、圆带和平带;链传动备注中分别相应为滚子链、无声链、环形链
轴承	向心轴承	普通轴承	滚动轴承	原动器 通用符号 装在支架上的电动机	
	推力轴承	单向推力　双向推力	推力滚动轴承		
	向心推力轴承	单向向心推力轴承　双向向心推力轴承	向心推力滚动轴承		

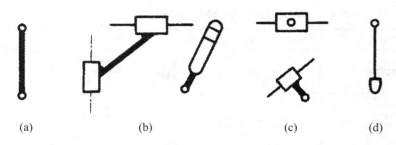

(a)　　　　　　(b)　　　　　　(c)　　　　　(d)

图 4 - 7　一个构件有两个运动副元素

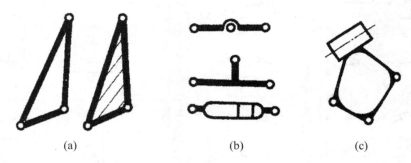

(a)　　　　　　　　(b)　　　　　　　(c)

图 4 - 8　一个构件有两个以上运动副元素

下面用一个例子说明机构运动简图的绘制方法和一般步骤。

例 4 - 1　试绘制如图 4 - 9(a)所示颚式破碎机的机构运动简图。

解　(1) 分析机构的运动，明确构件的类型和数目。

电动机通过 V 带传动(图中未给出)中的带轮 5 带动颚式破碎机的偏心轴 1 转动，动颚板 2 通过轴板 3 与机架 4 相连，并在偏心轴 1 的带动下做平面运动，继而挤搓装在它与定颚板 6(与机架 4 固联)之间的物料，达到破碎的目的。构件 4 为机架，运动件有偏心轴 1、动颚板 2、轴板 3，其中偏心轴 1 为主动件。图 4 - 9(b)为偏心轴的示意图。

(2) 分析各构件之间相对运动的性质，确定运动副的类型、位置和数目。

从输入构件开始，按运动传递顺序知，偏心轴 1 与机架 4、偏心轴 1 与动颚板 2、动颚板 2 与轴板 3、轴板 3 与机架 4 之间的相对运动都是转动。因此，机构中的四个构件共组成四个转动副。偏心轴 1 的转动中心为 A，偏心轴曲拐的几何中心 B 是动颚板 2 的转动中心，A、B 间的距离为偏心距，用 e 表示。

(3) 选择视图。

选择平行于构件运动的平面为视图平面，如图 4 - 9(c)所示。

(4) 定比例，画简图。

选定长度比例尺 μ_s，将各运动副中心之间的尺寸换算成图上长度，先画出机架 4 与偏心轴组成的转动副中心 A；再画出偏心轴 1 曲拐和动颚板 2 组成的转动副中心 B，B 点位置应在以 $AB = e/\mu_s$ 为半径所作的圆周上。同样，根据运动副的相对位置画出轴板 3 与机架 4 的转动副中心 D，分别以 B、D 为圆心，以 BC/μ_s、CD/μ_s 为半径作圆交于点 C，即动颚板 2 与轴板 3 所组成的转动中心。最后，用机构简图符号将各点连接起来，并在原动件上用箭头标明运动方向，所绘成的图形就是颚式破碎机的机构运动简图(图 4 - 9(c))。

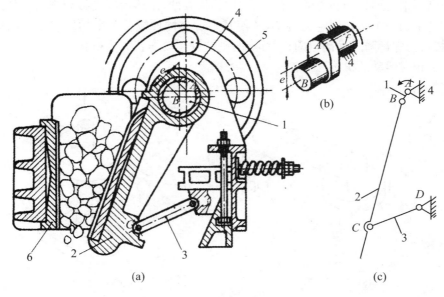

图4-9 颚式破碎机

应当指出,在绘制机构运动简图时,选择机构的瞬时位置不同,所给出的机构运动简图也不同。若选择不当,则会出现构件相互重叠或交叉的现象,使得简图既不易绘制,也不易辨认。因此,要想清楚地表示各构件间的相互关系,还需恰当地选择机构运动的瞬时位置。

4.1.3　平面机构自由度

为了使机构能产生确定的相对运动,有必要探讨机构的自由度和机构具有确定运动的条件。

1. 运动链与机构

用运动副连接而成的相对可动的构件系统称为运动链。所有构件都在同一平面或平行平面内运动的运动链称为平面运动链。

在每个构件上至少有两个以上运动副元素,并且各构件用运动副连接起来组成的闭环的运动链,称为闭式运动链,简称闭链,如图4-10(a)、(b)所示;否则称为开式运动链,简称开链,如图4-10(c)所示。开链主要应用于机械手(图4-11)、挖掘机等空间机构中;闭链广泛应用于多种机械中。

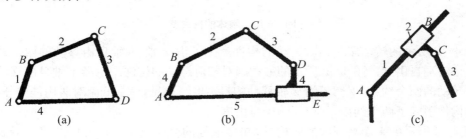

图4-10 运动链

机构是用来传递运动和力的、有一个构件为机架的、用运动副连接起来的构件系统。如果将运动链中的一个构件固定为机架，并使其中一个构件或若干个构件按给定的运动规律运动，而其余构件都随之做确定的相对运动，则这种运动链就成为机构。本章仅研究各构件间具有确定相对运动的机构。

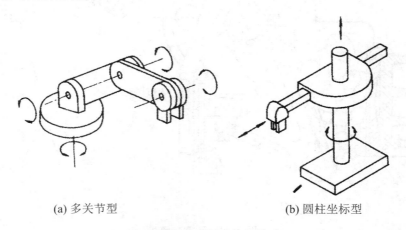

(a) 多关节型　　　　　　　　　　　　　(b) 圆柱坐标型

图 4-11　开式运动链机械手

2. 构件的自由度与运动副的约束

构件相对于定参考系所能有的独立运动的数目称为构件的自由度。如图 4-12(a) 所示，一个做平面运动的自由构件(刚体)具有 3 个自由度，即沿 x 轴和沿 y 轴的移动，以及绕任一垂直于 xOy 平面的轴线 A 的转动；同理，如图 4-12(b) 所示，一个做空间运动的自由构件具有 6 个自由度。两构件组成运动副后，它们之间的某些相对运动将不能实现，对于相对运动的这种限制称为运动副的约束。运动副的约束数目和约束特点取决于运动副的型式。

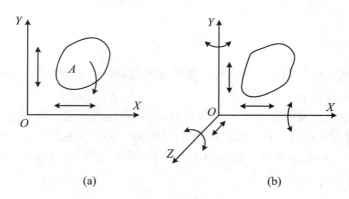

(a)　　　　　　　　　　　　　　　(b)

图 4-12　刚体的自由度

图 4-3 所示的转动副对相对运动的构件产生了沿 x 轴、y 轴自由移动的两个约束，保留了一个转动自由度。图 4-2 所示的移动副对相对运动的构件产生沿 y 轴自由移动和绕 z 轴自由转动的两个约束，保留了沿 z 轴移动的自由度。可见，一个低副对两构件中任一相对运动的构件引入了两个约束，保留了一个自由度。

图 4-4 所示的平面高副中的两构件，在接触处的公法线 $n—n$ 方向的移动受到约束，保留了沿公切线 $t—t$ 方向的移动和绕 A 点的转动。所以高副对两构件中任一相对运动的

构件引入了一个约束,保留了两个自由度。

3. 机构的自由度

机构中各构件相对于机架的所能有的独立运动的数目称为机构的自由度。

一个平面机构中若有 N 个构件,其中必然有一个构件为机架,则运动构件数 $n = N-1$ 个。在未用运动副连接之前,n 个自由构件共有 $3n$ 个自由度,用运动副连接后便引入了约束。一个低副引入两个约束,一个高副引入一个约束。若机构中共有 P_L 个低副、P_H 个高副,则机构的自由度 F 应为

$$F = 3n - 2P_L - P_H \tag{4-1}$$

该式称为机构结构公式,表达了机构的构件数目、各种运动副的数目与机构自由度之间的关系。

例 4-2　试计算如图 4-9(c)所示颚式破碎机的机构自由度。

解　由图可见,该机构有 3 个运动构件,$n=3$;有 4 个转动副,$P_L=4$。由式(4-1)知,该机构的自由度为

$$F = 3n - 2P_L - P_H = 3×3 - 2×4 - 0 = 1$$

例 4-3　试计算如图 4-13 所示凸轮机构的机构自由度。

解　由图可见,该机构有 2 个运动构件,$n=2$;1 个转动副 A,1 个移动副 B,$P_L=2$;1 个高副 C,$P_H=1$。

由式(4-1)知,该机构的自由度为

$$F = 3n - 2P_L - P_H = 3×2 - 2×2 - 1 = 1$$

图 4-14(a)所示的构件系统中,构件 3 为机架,$n=2$,$P_L=3$,$P_H=0$,则此构件系统的自由度 $F=0$,形成一静定桁架,各构件的全部自由度将失去,构件间不会有相对运动,不是由运动链形成的机构,仅应视为一个构件。图 4-14(b)所示的构件系统中,$n=3$,$P_L=5$,$P_H=0$,则 $F=-1$,约束过多,该构件系统已成为一超静定桁架,也仅可视为一个构件。

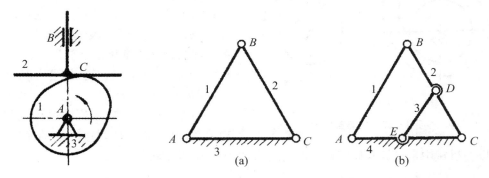

图 4-13　平底从动件凸轮机构　　　　图 4-14　静定桁架和超静定桁架

4. 平面机构自由度计算的注意事项

根据机构运动简图计算机构自由度时,应注意下列几个问题:

(1) 复合铰链

三个或更多个构件组成的两个或更多个共轴线的转动副称为复合铰链。如图 4-15 所示,由 m 个构件组成的复合铰链,应含有 $(m-1)$ 个转动副。计算时应注意不要漏掉转动副

的个数。

如图 4-16 所示夹紧机构简图中,应注意到 C 处有两个转动副重合在一起的复合铰链。所以该机构中, $n=5$, $P_L=7$, $P_H=0$,其机构自由度为

$$F=3n-2P_L-P_H=3\times5-2\times7-0=1$$

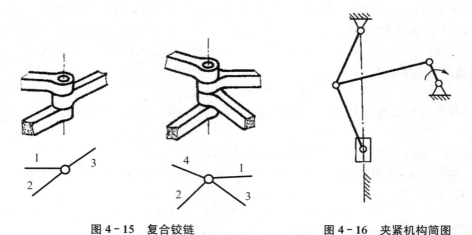

图 4-15　复合铰链　　　　　　　图 4-16　夹紧机构简图

（2）局部自由度

机构中不影响其输出与输入运动关系的个别构件的独立运动自由度称为局部自由度。计算机构自由度时,局部自由度不应计入。

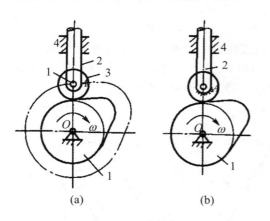

图 4-17　局部自由度

如图 4-17(a)所示为一滚子从动件的凸轮机构。凸轮 1 以顺时针绕 O 轴转动时,通过滚子 3 迫使从动件 2 在导路中往复移动。显然,滚子 3 绕 A 点如何转动,完全不会影响从动件 2 的运动。故计算该机构自由度时,可假想滚子 3 与从动件 2 焊在一起,如图 4-17(b)所示,这样便可把滚子的局部自由度除去不计,此法通称"刚化滚子法"。这时该机构中 $n=2$, $P_L=2$, $P_H=1$,其机构自由度为

$$F=3n-2P_L-P_H=3\times2-2\times2-1=1$$

局部自由度虽然不影响输出与输入的运动关系,但可减少高副接触处的摩擦和磨损。

所以在机械中常见具有局部自由度的结构,如滚动轴承、滚轮等。

（3）虚约束

在机构中与其他约束重复而不起限制运动作用的约束称为虚约束。计算机构自由度时,虚约束应除去不计。虚约束常出现于下列情况:

① 两构件在同一轴线上形成多个转动副。如图 4-18(a)所示,轮轴 1 与机架 2 在 A、B 两处构成两个转动副,从运动关系看,只有一个转动副起约束作用,余下一个为虚约束。

② 两构件在同一导路或平行导路上形成多个移动副。如图 4-18(b)所示,构件 1 与机架 2 组成三个移动副 A、B、C,从运动关系看,只有一个移动副起约束作用,其余都是虚约束。采用三个移动副可使压板导向稳定可靠。

③ 图 4-19 所示行星轮系中,在行星架 H 上对称安装了三个行星轮 2、2′、2″,以改善齿轮的受力状况。从运动关系看,只有一个行星轮起约束作用,其余都是虚约束。

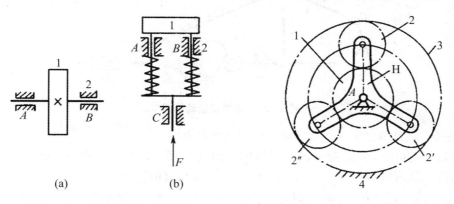

图 4-18　构件构成多个运动副　　　图 4-19　具有三个行星轮的行星轮系

④ 图 4-20(a)所示为一平行四边形机构,当杆 1 转动时,连杆 2 做平动,其上任意一点的轨迹都是一个圆心在机架 AD 直线上、半径为 AB 的圆弧。由运动简图可知,n = 3,P_L = 4,P_H = 0,其机构自由度为

$$F = 3n - 2P_L - P_H = 3 \times 3 - 2 \times 4 - 0 = 1$$

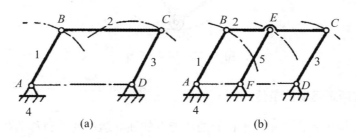

图 4-20　平行四边形机构

现如在此机构中再增加一个构件 5——EF,使其与 AB、CD 平行且相等,如图 4-20(b)所示。显然,这对该机构的运动并不产生任何影响,但此时若直接应用式(4-1),则其机构自由度 F = 3n - 2P_L - P_H = 3 × 4 - 2 × 6 = 0,各构件间却没有了相对运动,此计算结果与实际不符。其原因是加入杆 5 带进了 2 个转动副,即引入了 3 个自由度、4 个约束,而多了一个约束所致,这个约束是虚约束。在计算机构自由度时,应把产生虚约束的构件连同它带入的运动副一起除去不计,化为图 4-20(a)所示的形式计算。

在计算机构自由度时,只有正确处理好上述问题,才能得到与实际情况完全符合的计算结果。下面举两个相关的例子。

例 4-4　试计算如图 4-21 所示筛料机的机构自由度。

解　图中 C 处为复合铰链,E 处的滚子存在局部自由度,移动副 F、F′之一为虚约束。所以,该机构中 $n = 7$,$P_L = 9$,$P_H = 1$,其机构自由度为

$$F = 3n - 2P_L - P_H = 3 \times 7 - 2 \times 9 - 1 = 2$$

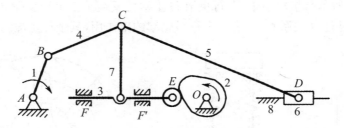

图 4-21 筛料机运动简图

例 4-5 试计算如图 4-22 所示机构的机构自由度。

解 经分析可知，D、E 处的滚子有局部自由度，三角形 DEF 结构为一静定桁架，可看作一个构件。故该机构中 $n=3$，$P_L=3$，$P_H=2$，其机构自由度为

$$F = 3n - 2P_L - P_H = 3 \times 3 - 2 \times 3 - 2 = 1$$

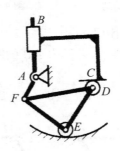

图 4-22 例 4-5 图

5. 机构具有确定运动的条件

前已指出，机构中各构件相对于机架的所能有的独立运动的数目称为机构的自由度，若给机构输入的独立运动数目与机构的自由度数相等，则该机构就有确定的运动。在绝大多数情况下，主动件是与机架相连的，对这样的主动件一般只能给定一个独立的位置（或运动）参数（转动或往复移动）。因此，在上述情况下，机构具有确定运动的条件是：机构中的主动件数目等于机构的自由度。若主动件数比自由度数多，可能导致机构在最薄弱环节处损坏；反之，若主动件数比自由度数少，则各构件运动将不确定。

如图 4-23 所示的 5 构件组成的机构中，构件 5 为机架，则 $n=4$，$P_L=5$，$P_H=0$，故该机构的自由度为

$$F = 3n - 2P_L - P_H = 3 \times 4 - 2 \times 5 - 0 = 2$$

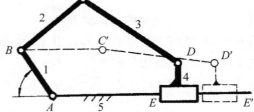

图 4-23 5 构件组成的平面机构

　　不难看出,如果仅给定构件 1 的角位移规律 $\varphi_1 = \varphi_1(t)$,即只有 1 个主动件,则其余构件的运动尚不能确定;但若再给定该机构一个构件,如构件 4 的位移规律 $S_4 = S_4(t)$,即同时给定两个独立的运动规律,那么该机构中各构件就能有确定的相对运动。

　　在分析现有机器或设计新机器时,需考虑所画出的机构简图应满足机构具有确定运动的条件,否则将导致组成原理上的错误。如图 4 – 24(a) 所示结构的 $F = 0$,主动件凸轮 1 的转动不可能实现所预期的从动件 3 的移动;图 4 – 24(b)、(c) 给出了两种改进方案,它们的自由度数都是 1,在运动上都能达到设计要求。

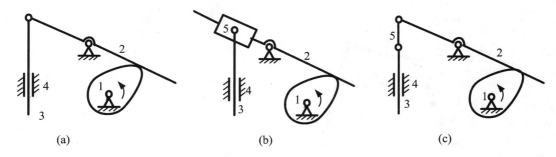

图 4 – 24　机构结构原理错误与改进

4.2　平面连杆机构

　　连杆机构是构件间只用低副连接的机构,又称低副机构。平面连杆机构是所有构件间的相对运动均为平面运动的连杆机构。

　　平面连杆机构能进行多种机械运动形式的转换,实现比较复杂的平面运动规律,构件间为面接触,压强较小,便于润滑,磨损较轻;接触面一般是平面或圆柱面,制造简单,易获得较高的精度,故在各种机械、仪器和军事装备中获得广泛应用。但其结构往往不如平面高副机构简单,设计也较之复杂;低副中的间隙会引起运动误差,较难精确地实现预期运动规律,因而在应用上受到一定限制。近年来随着电子计算机应用的推广及设计方面的改进,连杆机构的应用仍在不断扩大。

　　平面连杆机构类型很多,其构件多呈杆状,应用最广泛的是由 4 个构件组成的平面四杆机构,该机构是研究多杆机构的基础。本节着重讨论平面四杆机构。

4.2.1　铰链四杆机构的基本型式和演化

1. 铰链四杆机构的基本型式

　　如图 4 – 25 所示,所有运动副均为转动副的四杆机构称为铰链四杆机构,它是平面四杆机构最基本的形式,其他四杆机构都可看成是在它的基础上演化而来的。

　　图 4 – 25 中,构件 4 固定不动,称为机架,构件 1 和构件 3 分别以转动副与机架相连,称为连架杆。连架杆如能绕某转动副的轴线做整周转动,则称为曲柄;如果只能做往复摆动,

则称为摇杆。构件 2 以转动副分别与两连架杆 1、3 的另一端相连,故称为连杆。

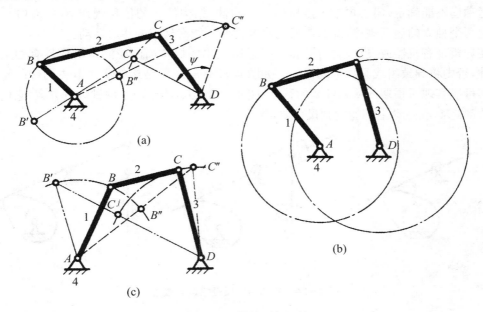

图 4-25　铰链四杆机构

在铰链四杆机构中,根据两连架杆是否为曲柄将机构分为三种基本型式:

(1) 曲柄摇杆机构

具有一个曲柄和一个摇杆的铰链四杆机构称为曲柄摇杆机构,如图 4-25(a)所示。通常曲柄为主动件,做等速转动,而摇杆为从动件,做变速运动。

图 4-26 所示为调整雷达天线俯仰角的机构。当曲柄 1 做缓慢的等速转动时,通过连杆 2 带动摇杆 3 摆动,从而使固联其上的抛物面天线在一定俯仰角范围内摆动,用以搜索目标。

图 4-27 所示为一搅拌机构。当曲柄 1 等速转动时,连杆 2 上搅拌棒的 M 点按图示连杆曲线的轨迹运动;在容器转动的同时,搅拌棒就可以对容器内的物料进行充分搅拌。

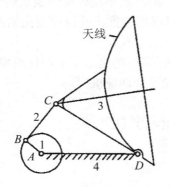

图 4-26　雷达天线俯仰角调整机构

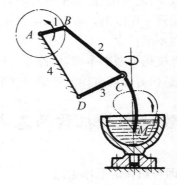

图 4-27　搅拌机构

曲柄摇杆机构中也有用摇杆作为主动件、曲柄作为从动件的机构。如图 4-28 所示的缝纫机踏板机构,当踏动踏板 1(摇杆)使之摆动时,通过连杆 2 带动曲轴 3(曲柄)转动,再由带传动驱动机头主轴转动。

（2）双曲柄机构

具有两个曲柄的铰链四杆机构称为双曲柄机构，如图 4-25(b)所示。该机构中，通常主动曲柄做等速转动，从动曲柄做变速转动。

图 4-29 所示为惯性筛机构（六杆机构），其中杆 1、2、3 和机架 4 构成双曲柄机构。当主动曲柄 1 等速转动时，从动曲柄 3 变速转动，通过杆 5 带动置于滑块 6 上的筛子使其具有所需的加速度，从而使颗粒物料因惯性达到筛分的目的。

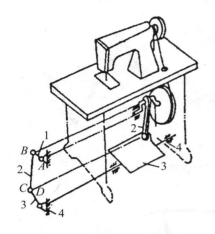

图 4-28　缝纫机踏板机构

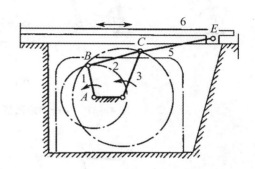

图 4-29　惯性筛机构

图 4-30(a)所示为一旋转式水泵，它由相位依次相差 90°的四个双曲柄机构组成，图 4-30(b)是其中一个双曲柄机构的机构简图。当主动曲柄 1（圆盘）做等速转动时，通过连杆 2 带动从动曲柄 3（叶片）做周期性变速转动，因此两相邻叶片间的夹角也发生周期性变化。当转到右边时，相邻两叶片间的体积逐渐增大形成负压，将水从进水口吸入；转到左边时，体积逐渐减小压力升高，将水从出水口排出，达到泵水的目的。

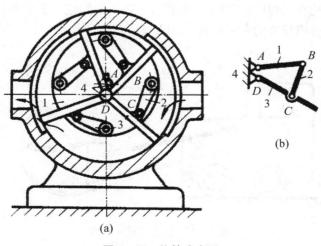

图 4-30　旋转式水泵

在双曲柄机构中，如果对边两构件长度分别相等，可根据曲柄相对位置不同，分别形成图 4-31(a)和图 4-31(c)所示的平行四边形机构和逆平行四边形机构。前者两曲柄转向相同且瞬时角速度相等，连杆做平动。后者两曲柄转向相反且角速度不等，主动曲柄等速转动时,从动曲柄做变速转动。在平行四边形机构中,若以长边为机架,主动曲柄每转一圈,将有两次与从动曲柄和连杆共线,即四杆处于同一直线上,如图 4-31(b)中 $AB'C'D$ 所示。当主动曲柄再转动时,从动曲柄可能发生变向转动,即变为逆平行四边形机构,如图 4-31(b)中 $AB''C''D$ 所示,使机构出现运动不确定现象。同理,逆平行四边形机构运动时,也会变成平行四边形机构。为了消除这种现象,除可利用从动曲柄本身的质量或附加质量的惯性导向外,还可在机构中加装辅助曲柄(图 4-32(a))或采用组合机构(图 4-32(b))等。

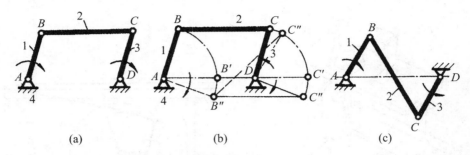

(a)　　　　　(b)　　　　　(c)

图 4-31　平行四边形机构和逆平行四边形机构

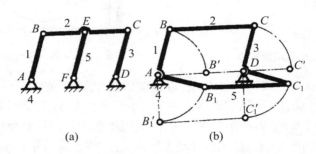

(a)　　　　　(b)

图 4-32　防止平行四边形机构运动不确定的结构措施

　　平行四边形机构在工程中应用很广,如图 4-33 所示的挖土机铲斗机构,图 4-34 所示的某型自行加榴炮开启机中的连杆机构①,均属此类机构。

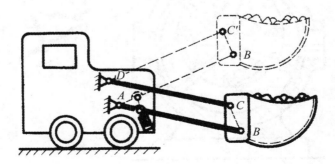

图 4-33　挖土机铲斗机构

---

①曲柄、连杆、杠杆以及火炮后座组成了开启机中的连杆机构。它为平行四边形机构,其工作过程为:套上开闩手柄,用力逆时针转动手柄,通过开闩杠杆、连杆、曲柄带动曲臂轴、曲臂转动,从而迫使闩体下移,实现开闩动作。

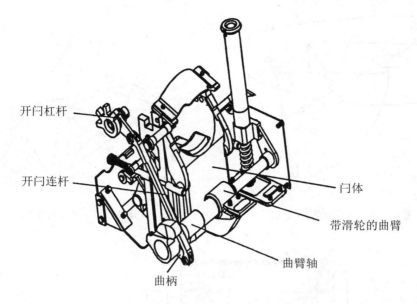

图 4-34　火炮开启机中的连杆机构

图 4-35 所示的车门启闭机构是逆平行四边形机构的应用实例。当主动曲柄 1 转动时,通过连杆 2 使从动曲柄 3 向曲柄 1 转动的反方向转动,从而使两扇门同时开启或关闭。

(3) 双摇杆机构

具有两个摇杆的铰链四杆机构称为双摇杆机构,如图 4-25(c)所示。该机构常用于操纵机构、仪表机构及其他机构组合等。

图 4-36 所示为飞机起落架机构。飞机将要着陆时需放下起落架(粗实线位置),起飞后为减小空气阻力又需将起落架收入机身(细实线位置)。这些要求可用双摇杆机构 ABCD 来完成,杆 1 为主动摇杆,杆 3 为从动摇杆。

图 4-37 所示为港口起重机,其四杆机构

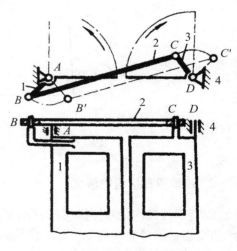

图 4-35　车门闭启机构

ABCD 为一双摇杆机构。当主动摇杆 1 摆动时,可使连杆 2 上 M 点处的吊钩沿近似水平直线运动。这样可避免重物平移时因不必要的升降而消耗能量。

两摇杆长度相等的双摇杆机构称为等腰梯形机构,此机构的特点是两摇杆的摆角不等。图 4-38 为轮式车辆的前轮转向机构。当车辆转弯时,为保证轮胎与地面之间的纯滚动以减小磨损,要求两前轮的转动轴线与后轮的转动轴线交于一点 P,即瞬时转动中心。为此,右转弯时右前轮摆角 α 应大于左前轮摆角 β,左转弯时则相反。采用等腰梯形机构来操纵两前轮的摆动,只要正确选择各杆尺寸,便可近似满足这一要求。

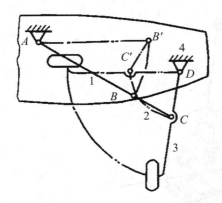

图 4 - 36　飞机起落架机构

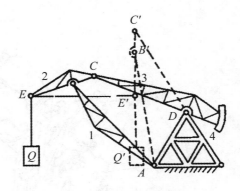

图 4 - 37　港口起重机

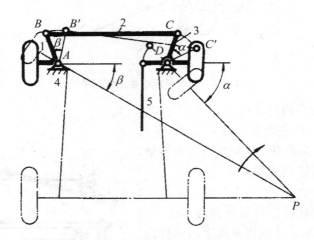

图 4 - 38　轮式车辆的前轮转向机构

2. 铰链四杆机构的演化

铰链四杆机构是四杆机构的基本型式,可通过改变其杆的形状和长度、取不同杆为机架、改变运动副尺寸及类型等方式将其演化成其他型式的四杆机构。

(1) 转动副的扩大

在图 4 - 39(a)所示的曲柄摇杆机构中,若将转动副 B 的销轴尺寸扩大,使其半径超过曲柄 AB 的长度,如图 4 - 39(c)所示,此时曲柄 AB 变成以 B 为几何中心且绕 A 点转动的偏心轮,点 B 到转动中心 A 的距离 AB 称为偏心距,记作 e,它等于曲柄长度。将曲柄做成偏心轮形状的平面四杆机构称为偏心轮机构。图 4 - 39(c)与图 4 - 39(a)是等效机构,各构件间的相对运动关系未变。当曲柄长度很小时,通常将曲柄做成偏心轮(或偏心轴),以增大轴颈尺寸,提高曲柄的强度和刚度,并简化结构。多用于承受较大冲击载荷的机械上,如冲床、颚式破碎机(图 4 - 9)等。

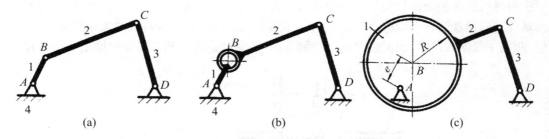

图 4 - 39 曲柄摇杆机构演化为偏心轮机构

（2）含有一个移动副的平面四杆机构的演化

① 转动副转化为移动副

在图 4 - 40(a)所示的曲柄摇杆机构中,摇杆上 C 点的运动轨迹是以 D 点为圆心、以 CD 长为半径的圆弧$\overset{\frown}{mm}$。若将转动副 D 的半径扩大,使其半径等于 CD 杆长,并在机架上做出一弧形槽,摇杆 3 做成与弧形槽相配合的弧形块(图 4 - 40(b)),这时 C 点的轨迹仍是圆弧$\overset{\frown}{mm}$。图 4 - 40(a)和图 4 - 40(b)所示两机构的构件形状虽然不同,但各构件间的相对运动关系并未改变。若将弧形槽半径增大至无穷大,即转动副 D 中心移至无穷远处,则弧形槽变成直槽,转动副 D 转化为移动副,摇杆 3 变成了与机架用移动副相连,与其他运动构件用转动副相连的构件——滑块(图 4 - 40(c)),曲柄摇杆机构则演化为具有一个曲柄和一个滑块的平面四杆机构——曲柄滑块机构。

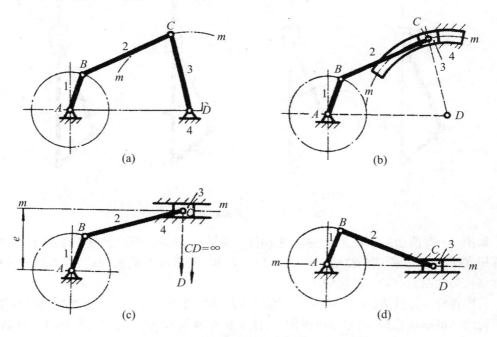

图 4 - 40 曲柄摇杆机构演化为曲柄滑块机构

滑块上转动副中心的移动方位线 mm 与曲柄回转中心 A 的距离 e 称为偏距。在这种机构中,当 $e > 0$ 时,称为偏置曲柄滑块机构;当 $e = 0$ 时,称为对心曲柄滑块机构(图 4 - 40(d))。

曲柄滑块机构在工程上应用很广,主要是将连续转动变为往复移动或者相反。图 1 - 2

所示内燃机的曲柄滑块机构为对心曲柄滑块机构,工作时活塞(滑块)在气缸内做往复移动,曲轴(曲柄)做连续转动以驱动传动机构。如图 4-41 所示自动送料机构为偏置曲柄滑块机构,曲柄 1 等速转动时,由滑块 3 推动物料 5 前进,曲柄每转一圈从料仓中推出一个物料。

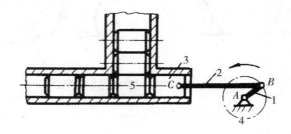

图 4-41　自动送料机构

② 取不同构件为机架

在图 4-42(a)所示曲柄滑块机构中,取不同构件为机架可演化成其他型式的平面四杆机构。若取杆 1 为机架,当杆 2 转动时,滑块 3 在杆 4 上移动,此时,杆 4 为机构中与另一运动构件 3 组成移动副的构件,称其为导杆。这种连架杆中至少有一个构件为导杆的平面四杆机构,称为导杆机构。如图 4-42(b)所示,一般取杆 2 为主动件且做整圈转动。当 $L_1 \leqslant L_2$ 时,杆 2 和导杆 4 均可做整圈转动,杆 4 为转动导杆,则称该机构为曲柄转动导杆机构。

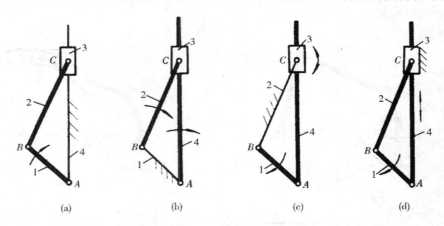

图 4-42　曲柄滑块机构的演化

如图 4-43 所示的回转式油泵,当主动件 4 转动时,构件 2 随之做整圈转动,使活塞 3 上部容积发生变化,从而起到泵油作用。当 $L_1 > L_2$ 时,导杆 4 只能做摆动,即为摆动导杆,此时称该机构为曲柄摆动导杆机构。

若取连杆 2 为机架(图 4-43(c)),当曲柄转动时,滑块 3 只能绕 C 点摆动,称为摇块,称此机构为曲柄摇块机构(简称摇块机构)。该机构在液压传动中应用广泛,图 4-44 即为其在远程火箭炮高低调炮机构中的应用,当高压油进入油缸 3 时,将使远程火箭炮定向器实现高低调整[①]。

―――――――――

①远程火箭炮高低调炮机构为曲柄摇块机构,主要由液压缸 3、活塞 4、与定向器固连的起落架 1 以及底盘 2 组成,在它的作用下,通过液压控制能自动实现远程火箭炮定向器的高低调整。

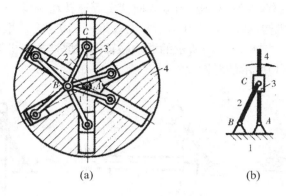

图 4-43　回转式油泵

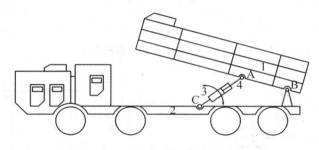

图 4-44　远程火箭炮高低调炮机构

取滑块 3 为机架(图 4-43(d)),此时杆 4 只能做往复移动,该机构因滑块固定称为移动导杆机构(简称定块机构)。如图 4-45 所示的油压千斤顶中的油泵机构,摆动手柄时活塞就在泵体中往复移动,从而达到泵油的目的,泵出的高压油经出油阀进入千斤顶中的支柱大活塞下端面顶起车辆、火炮之类重物。

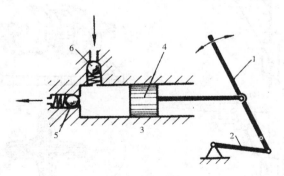

图 4-45　千斤顶中的油泵机构
1-手柄;2-摇杆;3-泵体;4-活塞;5-出油阀;6-进油阀

(3) 含有两个移动副的平面四杆机构的演化

前面讨论了铰链四杆机构中一个转动副如何转化为移动副。同理,在图 4-46(a)所示的曲柄滑块机构中,若把 BC 杆长度增至无穷大,则 B 点相对 C 点的运动轨迹 $\overset{\frown}{mm}$ 圆弧将变为 mm 直线,连杆 2 变成沿该直线移动的滑块,转动副 C 则变成移动副,滑块 3 变成移动导杆。这样,曲柄滑块机构便演化成为具有两个移动副的平面四杆机构,如图 4-46(c)所示。取该机构的不同杆为机架,可得到图 4-47 所示的三种含有两个移动副的平面四杆机构。

图 4-47(a)所示的曲柄移动导杆机构,当输入曲柄 1 等速转动时,输出导杆 3 的位移为简谐运动规律,故又称正弦机构,如图 4-47(d)所示的火炮开闩机构[①]。取杆 1 为机架则得双转块机构(图 4-47(b)),如图 4-47(e)所示的滑块联轴器。取杆 3 为机架则得双滑块机构(图 4-47(c)),如图 4-47(f)所示的椭圆仪。

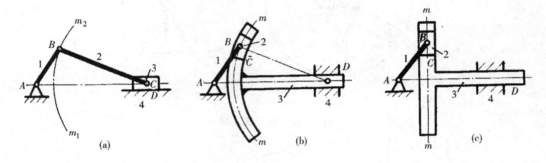

图 4-46　曲柄滑块机构的演化

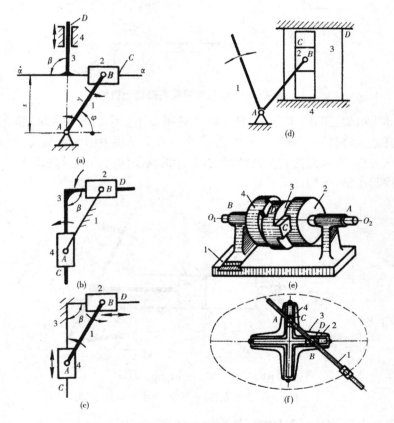

图 4-47　含有两个移动副的平面四杆机构

---

①火炮开闩机构主要由闩体 3、曲臂 1、滑轮 2 以及炮身 4 组成。其工作过程为:曲臂 1 逆时针转动,使曲臂上的滑轮 2 在闩体 3 定形槽内运动,从而带动闩体产生开闩动作。

4.2.2　平面四杆机构的基本特性

1. 曲柄存在条件

铰链四杆机构的三种基本型式之区别在于机构中是否存在曲柄或存在几个曲柄。在该机构中,判别某一连架杆能成为曲柄的条件称为曲柄存在条件。显然,曲柄存在的情况与各杆的相对长度和以哪个杆为机架有关。现分析铰链四杆机构一个曲柄存在的条件。

在图4-48所示的铰链四杆机构中,四杆杆长分别为 L_1、L_2、L_3 和 L_4。若连架杆1(或3)能绕固定铰链 A(或 D)做整圈转动,便成为曲柄。而杆1能做整圈转动,它必应能通过与杆4重叠共线和拉直共线这两个特殊位置,如图中对应的 $\triangle B''C''D$ 和 $\triangle B'C'D$ 所示。根据三角形任一边长均小于(极限情况是等于)其余两边长度之和这一关系可得:

在 $\triangle B''C''D$ 中,有

$$L_1 + L_4 \leqslant L_2 + L_3 \qquad\qquad (4-2)$$

在 $\triangle B'C'D$ 中,有

$$L_2 \leqslant (L_4 - L_1) + L_3, \quad 即 \quad L_1 + L_2 \leqslant L_3 + L_4 \qquad (4-3)$$

$$L_3 \leqslant (L_4 - L_1) + L_2, \quad 即 \quad L_1 + L_3 \leqslant L_2 + L_4 \qquad (4-4)$$

将以上三式两两相加并整理可得

$$\left.\begin{array}{l} L_1 \leqslant L_2 \\ L_1 \leqslant L_3 \\ L_1 \leqslant L_4 \end{array}\right\} \qquad\qquad (4-5)$$

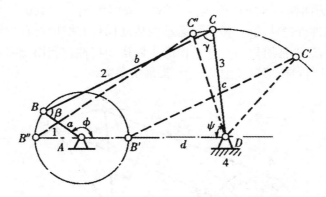

图4-48　铰链四杆机构曲柄存在条件

由式(4-2)~式(4-5)可知,铰链四杆机构一个曲柄存在的条件为:

(1) 曲柄为最短杆。

(2) 最短杆与最长杆长度之和小于或等于其余两杆长度之和。

根据曲柄存在条件还可得出如下推论:

(1) 如果最短杆与最长杆长度之和大于其余两杆长度之和,则无论以何杆为机架都无曲柄存在,这种铰链四杆机构必为双摇杆机构。

(2) 如果最短杆与最长杆长度之和小于或等于其余两杆长度之和,根据相对运动原理,

最短杆与其相邻杆均能做相对整圈转动,摇杆与其相邻杆均能做相对摆动。因此,当取不同杆为机架时,便可得到铰链四杆机构的三种基本型式:

① 若以最短杆的任一相邻杆为机架,则存在一个曲柄,该机构为曲柄摇杆机构。

② 若以最短杆为机架,则存在两个曲柄,该机构为双曲柄机构。

③ 若以最短杆对边的杆为机架,则无曲柄存在,该机构为双摇杆机构。

此外,对于两对边分别相等的铰链四杆机构,不论取哪个杆为机架均存在两个曲柄,该机构为平行四边形机构或逆平行四边形机构。

综上所述,在铰链四杆机构中,最短杆与最长杆之和小于或等于其余两杆长度之和是曲柄存在的必要条件。满足此条件的铰链四杆机构究竟有没有曲柄或有几个曲柄,还需根据取何杆为机架来判断。

2. 急回运动特性

在如图 4-49 所示的曲柄摇杆机构中,当输入构件曲柄等速转动时,输出构件摇杆 CD 做变速摆动。曲柄 AB 在转动一圈的过程中有 2 次与连杆 BC 共线,这时摇杆 CD 分别位于 C_1D、C_2D 两极限位置。输出构件摇杆处于两极限位置时,对应的输入构件曲柄在两位置间所夹的锐角 θ 称为极位夹角。机构中输出构件在两极限位置间的移动距离或摆动角度称为行程。

当曲柄从 AB_1 顺时针转过角 φ_1 至 AB_2 时,摇杆从左极限位置 C_1D 摇到右极限位置 C_2D,C 点摆动弧长为 C_1C_2,摆角为 ψ,此为摇杆的工作行程,所用时间为 t_1,其 C 点的平均速度 $v_1 = C_1C_2/t_1$;当曲柄继续从 AB_2 转过角 φ_2 至 AB_1,时,摇杆又从 C_2D 位置摆回 C_1D 位置,此为摇杆的空回行程,C 点摆动弧长和摆角不变,所用时间为 t_2,其 C 点的平均速度 $v_2 = C_1C_2/t_2$。因为曲柄做等速转动,$\varphi_1 = (180° + \theta)$ 大于 $\varphi_2 = (180° - \theta)$,故 $t_1 > t_2$,所以 $v_1 > v_2$。即主动构件等速转动时,做往复运动的从动构件在空回行程中的平均速度大于工作行程的平均速度,这一性质称为连杆机构的急回运动特性。利用急回运动特性可使机器具有快速返回的空回行程,缩短非生产时间,提高生产率。

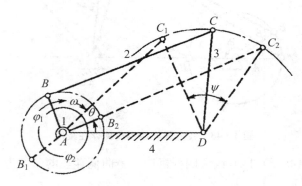

图 4-49　曲柄摇杆机构的急回运动特性

急回运动特性的程度(大小)一般用行程速度变化系数 K 表示,它是从动件空回行程的平均速度与工作行程的平均速度之比值,即

$$K = \frac{v_2}{v_1} = \frac{\overset{\frown}{C_1C_2}/t_2}{\overset{\frown}{C_1C_2}/t_1} = \frac{t_1}{t_2} = \frac{\varphi_1}{\varphi_2} = \frac{180° + \theta}{180° - \theta} \tag{4-6}$$

此式表明：机构急回运动特性程度取决于极位夹角 θ 的大小，θ 角越大，K 值越大，机构急回运动特性越显著。

如图 4-50(a)所示，对心曲柄滑块机构的极位夹角 $\theta=0°$，故无急回运动特性；而图 4-50(b)所示的偏置曲柄滑块机构的极位夹角 $\theta>0°$，故有急回特性。如图 4-51 所示，曲柄摆动导杆机构不可能出现 $\theta=0°$ 的情况，所以总具有急回特性。

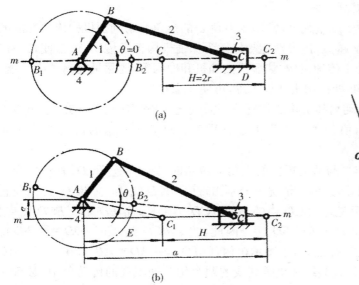

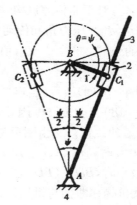

图 4-50　曲柄滑块机构的急回特性　　　　　图 4-51　导杆机构的急回特性

3. 压力角和传动角

使用中不仅要求机构能实现预期的运动规律，还希望其运转轻便、效率高，即机构具有良好的传力性能。在图 4-52(a)所示的曲柄摇杆机构中，若不考虑构件的重力、惯性力和运动副中的摩擦力等的影响，则主动曲柄 AB 通过连杆 BC 作用于从动摇杆 CD 的力 F 是沿着 BC 方向的。

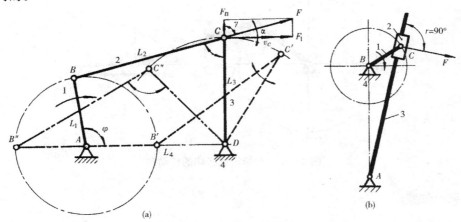

图 4-52　压力角和传动角

从动件上某点所受作用力 F 的方向与其速度 v_C 方向间所夹的锐角 α 称为压力角。力

F 沿速度 v_C 方向和摇杆杆长 CD 方向可分解为

$$\left.\begin{array}{l} F_t = F\cos\alpha \\ F_n = F\sin\alpha \end{array}\right\} \qquad\qquad (4-7)$$

式中，F_t 是驱动从动摇杆的有效分力，显然 F_t 越大越好；而 F_n 只能增大运动副的摩擦力，为有害分力，故 F_n 越小越好。由此可见压力角 α 越小，则机构的传力性能越好，所以压力角可用来判别机构传力性能的好坏。

实际应用中，为直观和便于度量起见，常用压力角 α 的余角 γ 来判别机构传力性能的好坏，称 γ 为传动角。α 越小，γ 越大，传力性能越好。为保证机构正常传动，通常使最小传动角 $\gamma_{min} \geqslant 40°\sim50°$。对于大功率传动机构，如颚式破碎机和冲床等，要尽量提高传力性能，应使 $\gamma_{min} \geqslant 50°$；对于非传力机构，如控制机和仪表等，可使 $\gamma_{min} < 40°$。

机构运转时，压力角和传动角随机构的位置不同而变化，因此需确定机构的最小传动角 γ_{min} 所在的位置，并检验 γ_{min} 值是否不小于上述许用值。对应于 γ_{min} 的机构位置可如下求得。

如图 4-52(a)所示，当连杆与从动摇杆的夹角为锐角时，则 $\gamma = \angle BCD$；若该角为钝角时，则 $\gamma = 180° - \angle BCD$。因此，这两种情况下分别出现 $(\angle BCD)_{min}$ 和 $(\angle BCD)_{max}$ 的位置均可能为 γ_{min} 的位置。又由图可见，$\triangle BCD$ 中的 BC 和 CD 为定长，而 BD 随 $\angle BCD$ 而变化，即 $\angle BCD$ 大时，BC 长；$\angle BCD$ 小时，BD 短。因此，当 $\angle BCD$ 最大时，$BD = (BD)_{max}$；$\angle BCD$ 最小时，$BD = (BD)_{min}$。显然，对于图示机构，$(BD)_{max} = AD + AB''$，$(BD)_{min} = AD - AB'$，即此机构在曲柄与机架拉直共线和重叠共线的两个位置处出现的传动角中，必有一处为最小传动角 γ_{min}。

对于导杆机构(图 4-52(b))，当曲柄为主动件时，滑块 2 对导杆 3 的作用力方向始终垂直于导杆，即压力角 α 始终为 $0°$ 而传动角 γ 始终为 $90°$，所以导杆机构的传力性能最好。这是该机构的一大特点。

曲柄滑块机构的传动角 γ 是连杆 2 与垂直于速度 v_C 方向之间的夹角，如图 4-53 所示，最小传动角 γ_{min} 出现在曲柄 1 与滑块 3 的速度 v_C 方向相垂直时的位置。

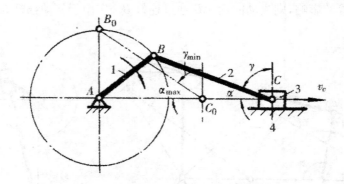

图 4-53　曲柄滑块机构的传动角

4. 死点位置

在如图 4-54 所示的曲柄摇杆机构中，若摇杆 3 为主动件，曲柄 1 为从动件，那么当主动件处于两极限位置时，连杆 2 与曲柄两次共线，如图中虚线位置所示。此时，摇杆通过连杆传给从动曲柄的力通过曲柄转动中心 A，从动曲柄上的压力角 $\alpha = 90°$，即传动角 $\gamma = 0°$，$F_t = 0$，无力矩作用，所以不能驱动从动曲柄转动。机构的这种位置称为死点位置。机构处于死点位置时，从动件会出现卡死现象。在日常生活中缝纫机有时蹬不动，便是机构处于死点位置时的缘故，如图 4-28(b) 中细实线和虚线两位置所示。

　　对机构传动而言，死点位置是有害的。为了克服死点位置，可以增加转动构件的转动惯量，如采用惯性飞轮，缝纫机、内燃机中都装有飞轮；也可以施加外力，如在缝纫机开始运转前用手转动一下飞轮；还可以采用四杆机构的组合方式错位排列使机构死点位置相互错开，如图 4-55 所示的内燃机活塞就采用了此种方式。

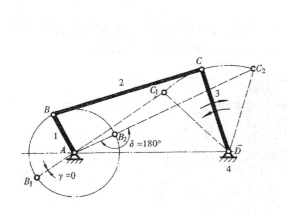

图 4-54　机构的死点位置

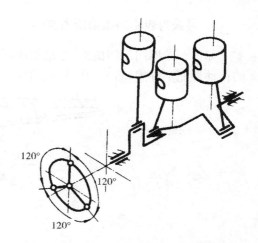

图 4-55　内燃机气缸中活塞的错位排列

　　工程上也有利用死点位置的机构。如图 4-36 所示的飞机起落架机构，当飞机着陆时着陆轮虽然受力很大，但因杆 1 与杆 2 共线（图示实线位置），机构处于死点位置，着陆轮不能折回，提高了起落架的安全性。又如图 4-56 所示的飞机弹仓开启机构，舱门在打开和关闭时均处于死点位置，从而使舱门开关可靠，其前置的控制由活塞杆上齿条与固接在曲柄 AB 上的齿轮传动来实现。再如图 4-57 所示的电气设备上开关的分合闸机构，合闸时机构处于死点位置（图示实线位置），即使触头接合力 Q 和弹簧拉力 F 对构件 CD 产生很大的力矩也不能使 AB 杆转动而分闸，当超负荷需要分闸时，只要通过控制装置给 AB 杆一个较小的力矩，机构便可脱离死点位置处于图中虚线位置，而达到分闸之目的。

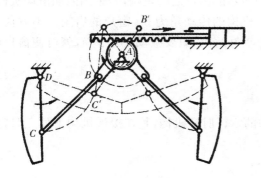

图 4-56　飞机弹舱开启机构

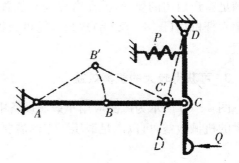

图 4-57　电气开关的分合闸机构

4.2.3　平面多杆机构

四杆机构结构简单,设计制造比较方便,但其性能有着较大的局限性。例如,对于曲柄摇杆机构,当要求保证机构的最小传动角 $\gamma_{\min} \geqslant 40°$ 时,其行程速度变化系数 K 最大不超过 1.34;无急回运动要求时,摇杆摆角 φ 最大也只能达到 $100°$。由此可见,采用四杆机构常常难以满足各方面的要求,这时就不得不借助于多杆机构。相对于四杆机构而言,使用多杆机构可以达到以下一些目的。

1. 可获得较小的运动所占空间

如汽车车库门启闭机构,当采用四杆机构时,库门运动要占据较大的空间位置,且机构的传动性能不理想,若采用六杆机构(图 4-58),上述情况就会获得很大改善。

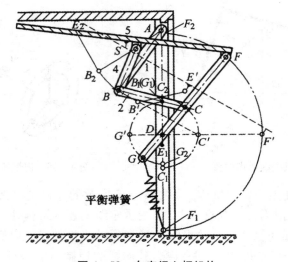

图 4-58　车库门六杆机构

2. 可取得有利的传动角

当从动件的摆角较大,或机构的外廓尺寸、铰链布置的位置受到限制时,采用四杆机构往往不能获得有利的传动角。如图 4-59(a)所示的窗户启闭机构,若采用曲柄滑块机构,虽能满足窗户启闭的要求,但在窗户全开位置,机构的传动角为 $0°$,窗户的启闭均不方便。若改用六杆机构(图 4-59(b)),则问题可获得较好解决,只要扳动小手柄 a,就可使窗户顺利启闭。

3. 可获得较大的机械效益

图 4-60 所示为广泛应用于锻压设备中的六杆肘杆机构,其在接近机构下死点时,具有很大的机械效益,可以满足锻压工作的需要。

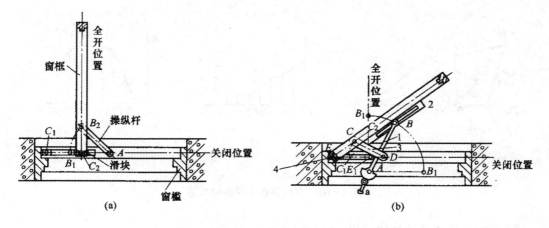

图 4-59 窗户启闭机构

4. 改变从动件的运动特性

图 4-61 所示的 Y52 插齿机构的主传动机构采用了六杆机构,不仅可满足插齿的急回运动要求,且可使插齿在工作行程中得到近似等速运动,以满足切削质量及刀具耐磨性的需要。

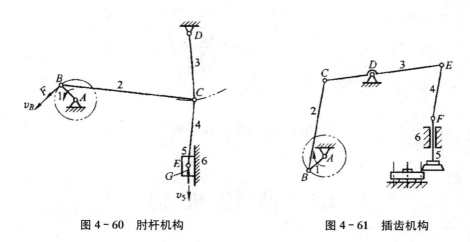

图 4-60 肘杆机构　　　　　图 4-61 插齿机构

5. 可实现机构从动件带停歇的运动

在原动件连续运转的过程中,从动件能做一段较长时间的停歇,且整个运动是连续平滑的,这可利用多杆机构来实现。

利用两个四杆机构在极位附近串接来实现近似的运动停歇。如图 4-62(a)所示,其前一级为双曲柄机构,当主动曲柄 AB 匀速转动时,从动曲柄 CD 的转速 ω_3 按图 4-62(b)所示规律变化,在 $\alpha=210°\sim280°$ 范围内 ω_3 较小。后一级为曲柄摇杆机构,当其处于极位附近时,从动摇杆 FG 的变化速度接近于零。若让曲柄摇杆机构在某一极位时与前一级机构在 ω_3 的低速区串接(图 4-62(a)为与下极位 F' 串接),就可使从动摇杆 FG 获得较长时间的近似停歇(图 4-62(c))。

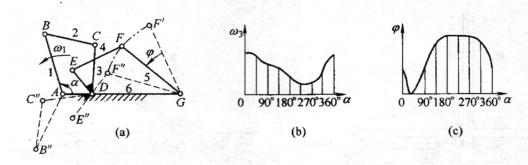

图 4 - 62　两四杆机构在极位串联

6. 可扩大机构从动件的行程

图 4 - 63 所示为一钢料推送装置的机构运动简图,采用多杆机构可使从动件 5 的行程扩大。

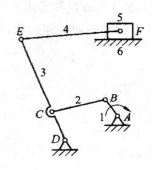

图 4 - 63　可扩大机构行程

4.3　凸　轮　机　构

4.3.1　凸轮机构的应用和类型

1. 凸轮机构的应用

凸轮机构是一种常用的高副机构,广泛用于各种机械传动和自动控制装置中。

图 4 - 64 所示为内燃机配气机构。当凸轮 1 等角速度转动时,其轮廓迫使气阀 2 往复移动,从而按预定时间打开或关闭气门,完成配气动作。

从上述实例可知,凸轮机构主要由凸轮、从动杆和机架组成。

在凸轮机构中,当凸轮转动时,借助于本身的曲线轮廓或凹槽迫使从动杆做一定的运动,即从动杆的运动规律取决于凸轮轮廓曲线或凹槽曲线的形状。若凸轮为从动件,则称为反凸轮机构,图 4 - 64 所示的勃朗宁机枪就用了反凸轮机构,它在节套后座时,使枪机加速后座,以利弹壳及时推出。

　　凸轮机构的最大优点是:只要做出适当的凸轮轮廓,就可以使从动杆得到任意预定的运动规律,并且结构比较简单、紧凑。因此,凸轮机构被广泛地应用在各种自动或半自动的机械设备中。

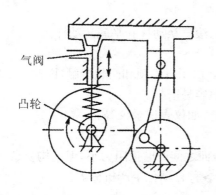

图 4 - 64　内燃机气阀机构

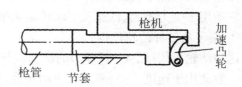

图 4 - 65　机枪加速机构

　　凸轮机构的主要缺点是:凸轮轮廓加工比较困难;凸轮轮廓与从动杆之间是点或线接触,容易磨损。所以,凸轮机构多用于传递动力不大的控制机构和调节机构中。

　　在选择凸轮和滚子的材料时,主要应考虑凸轮机构所受的冲击载荷和磨损等问题。通常用中碳钢制造,采取淬火处理。

2. 凸轮机构的类型

　　凸轮机构的种类很多,可从以下几个不同的角度进行分类。

（1）按凸轮的形状分类

按照凸轮形状不同可分为盘形凸轮、移动凸轮和圆柱凸轮。

① 盘形凸轮机构

在这种凸轮机构中,凸轮是一个绕固定轴转动且具有变化半径的盘形零件。它是凸轮中最基本的型式(图 4 - 66(a))。

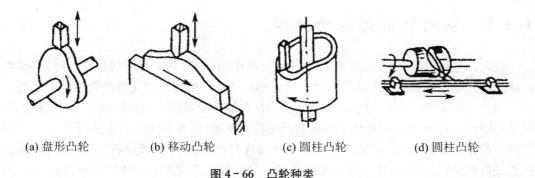

(a) 盘形凸轮　　　　(b) 移动凸轮　　　　(c) 圆柱凸轮　　　　(d) 圆柱凸轮

图 4 - 66　凸轮种类

② 移动凸轮机构

当盘形凸轮的回转中心趋于无穷远时,就成为移动凸轮。在移动凸轮机构中,凸轮做往复直线运动(图4-66(b))。

③ 圆柱凸轮机构

在这种凸轮机构中,圆柱凸轮可以看成是将移动凸轮卷在圆柱体上而得到的凸轮。圆柱凸轮机构是一个空间凸轮机构(图4-66(c)、(d))。

(2) 按从动杆的端部型式分类

按照从动杆不同的端部型式可分为尖顶从动杆、滚子从动杆和平底从动杆。

① 尖顶从动杆凸轮机构

这种凸轮机构的从动杆结构简单(图4-67(a)),由于以尖顶和凸轮接触,因此对于较复杂的凸轮轮廓也能准确地获得所需要的运动规律,但容易磨损。

它适用于受力不大、低速及要求传动灵敏的场合,如仪表记录仪等。

② 滚子从动杆凸轮机构

这种凸轮机构(图4-67(b))的从动杆与凸轮表面之间的摩擦阻力小,但结构复杂。

一般适用于速度不高、载荷较大的场合,如用于各种自动化生产机械等。

③ 平底从动杆凸轮机构

在这种凸轮机构(图4-67(c))中,从动杆的底面与凸轮轮廓表面之间容易形成楔形油膜,能减少磨损,故适用于高速传动。

但滚子从动件、平底从动杆都不能用于具有内凹轮廓曲线的凸轮机构中。

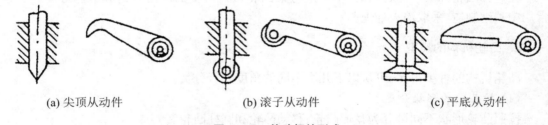

(a) 尖顶从动件　　　　　　　(b) 滚子从动件　　　　　　　(c) 平底从动件

图4-67　从动杆的形式

此外,按从动杆的运动方式分类,凸轮机构还可分为移动从动杆凸轮机构和摆动从动杆凸轮机构。

4.3.2　从动杆常用运动规律

设计凸轮机构时,首先应根据它在机械中的作用,选择其从动件的运动规律,再据此设计相应的凸轮轮廓和有关的结构尺寸。所以确定从动件的运动规律是凸轮设计的前提。

图4-68(a)所示为一对心尖顶直动从动件盘形凸轮机构。以凸轮轴心 O 为圆心、凸轮轮廓的最小向径 r_0 为半径所作的圆称为凸轮轮廓基圆(简称基圆),r_0 为基圆半径。点 B 为基圆与凸轮轮廓曲线 BC 段的连接点。当从动件与凸轮在 B 点接触时,从动件处于距凸轮轴心最近的位置,为从动件上升的起始位置。当凸轮以角速度 ω_1 逆时针转过角 δ_0 时,从动件以一定的运动规律被推到距凸轮轴心最远的位置(其尖顶与凸轮在 C 点接触)。从动件远离凸轮轴心的过程称为推程或升程,对应的凸轮转角 δ_0 称为推程运动角。当凸轮继续转

过角 δ_1 时,从动件的尖顶滑过凸轮上的以 O 为中心、OC 为半径的 CD 段圆弧,从动件在距凸轮轴心最远处停歇不动,与此对应的凸轮转角 δ_1 称为远休止角。当凸轮又继续转过角 δ_2 时,从动件以一定运动规律由最远位置回到最近位置(其尖顶与凸轮在 E 点接触)。从动件移向凸轮轴心的过程称为回程,对应的凸轮转角 δ_2 称为回程运动角。从动件在推程或回程中的最大位移称为行程,用 h 表示。当凸轮转过角 δ_3 时,从动件尖顶滑过凸轮上以 r_0 为半径的 EB 段圆弧,从动件在距凸轮轴心最近处停歇不动,对应的凸轮转角 δ_3 称为近休止角。这时,$\delta_0 + \delta_1 + \delta_2 + \delta_3 = 2\pi$,凸轮刚好转过一圈。当凸轮连续转动时,从动件重复上述的"升—停—降—停"的运动循环,其位移变化规律如图 4-68(b)所示。

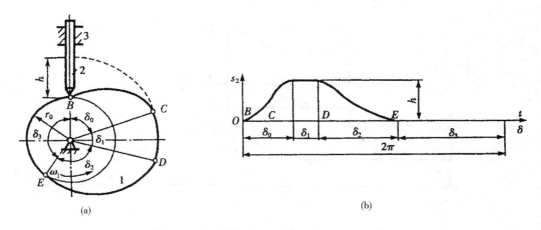

图 4-68　对心尖顶直动从动件盘形凸轮机构

从动件的运动规律是指从动件在运动过程中,其位移 s、速度 v 和加速度 a 随时间 t 的变化规律。又因凸轮一般为等速转动,其转角与时间成正比,所以从动件的运动规律也可以用从动件运动参数随凸轮转角的变化规律来表示;常取直角坐标系的纵坐标分别表示位移 s_2、速度 v_2、加速度 a_2,横坐标表示凸轮转角或时间 t,所画的曲线称为从动件运动曲线。

随着生产技术的发展及电子计算机的应用,越来越多的运动规律被用作凸轮机构的从动件运动规律,本节仅介绍从动件的几种基本运动规律。

1. 等速运动规律

当凸轮以等角速度转动时,从动件的速度为定值的运动规律称为等速运动规律。

设凸轮转过的推程运动角为 δ,从动件行程为 h,相应的推程运动时间为 t_0,则从动件在推程的位移、速度和加速度的方程为

$$\left. \begin{array}{l} v = \dfrac{h}{t_0} = 常数 \\[2mm] s = vt = \dfrac{h}{t_0}t \\[2mm] a = \dfrac{\mathrm{d}v}{\mathrm{d}t} = 0 \end{array} \right\} \qquad (4-8)$$

如图 4-69 所示为从动件做等速运动时的运动曲线(推程)。

由图可见,位移曲线为一斜直线,速度曲线为一水平直线,加速度为零。但是从动件在运动开始的瞬时,速度由零突变为常数 v,其加速度为

$$a = \lim_{\Delta t \to 0} \frac{v - 0}{\Delta t} = \infty$$

在行程终止时,速度由常数 v 突变为零,其加速度亦为无穷大。

在这两个位置上,从动件的加速度及惯性力在理论上均趋于无穷大(实际上由于材料的弹性变形,其加速度和惯性力不可能达到无穷大),致使凸轮机构受到极大的冲击,这种从动件在某瞬时速度突变,其加速度及惯性力在理论上均趋于无穷大时,所引起的冲击称为刚性冲击。刚性冲击往住会引起机械的振动,加速凸轮机构的磨损,甚至损坏构件。因此,等速运动规律只适用于低速轻载和从动件质量不大的凸轮机构。

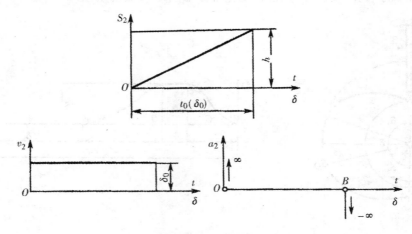

图 4 - 69　等速运动规律

2. 等加速等减速运动规律

从动件在一行程的前一阶段为等加速运动、后一阶段为等减速运动的规律称为等加速等减速运动规律。

这种运动规律可以使从动件以允许的最大加速度值做等加速运动,以便在尽可能短的时间内完成从动件行程。

为满足在行程终了时从动件的速度逐渐减少为零的要求,从动件在后半行程应做等减速运动。通常加速段与减速段的加速度绝对值相等(根据工作需要二者也可以不相等),其前半行程与后半行程所用的时间相等,各为 $t_0/2$,从动件相应位移量各为 $h/2$。故从动件做等加速运动时,加速度、速度及位移的方程为

$$\left. \begin{array}{l} a = 常数 \\ v = at \\ s = \dfrac{1}{2}at^2 \end{array} \right\} \qquad (4-9)$$

从动件在推程的运动曲线如图 4 - 70 所示,其位移曲线为抛物线,前、后两半行程的曲率方向相反。在 A、B、C 三点从动件的加速度有突变,因而产生惯性力的突变,不过这一突变为有限值,由此而引起的冲击是有限的。这种从动件在某瞬时加速度发生有限大值的突变所引起的冲击称为柔性冲击。这种运动规律也只适用于中速、轻载的场合。

图 4 - 70 中位移曲线(抛物线)的画法介绍如下:等加速段与等减速段的抛物线在推程运动角 $\delta_0/2$ 和行程 $h/2$ 处相连接。先画等加速段,将 $\delta_0/2$ 和 $h/2$ 分为相同的若干等分,

得分点 1,2,3,… 和 1′,2′,3′,…（图中为四等分），过分点 1,2,3,… 作横坐标轴的垂线，和 O 点与分点 1′,2′,3′,… 的各条连线分别对应相交，将其交点 1″,2″,3″,… 光滑连接起来便可得到等加速段的位移曲线。用类似方法可画出等减速段的位移曲线。

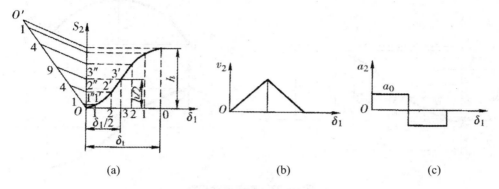

(a)　　　　　　　　　(b)　　　　　　　　　(c)

图 4 - 70　等加速等减速运动规律

3. 简谐运动规律

当一个动点 M 做等速圆周运动时，它在这个圆的直径上的投影点 m 的运动为简谐运动，如图 4 - 71 所示。其位移方程为

$$s = R(1 - \cos\theta) \tag{4-10}$$

若凸轮从动杆在推程（或回程）中做简谐运动，如图 4 - 72(a) 所示，其中 $h = 2R$，当 $t = 0$ 时，$\theta = 0$；当 $t = t_0$ 时，$\theta = \pi$，故有 $t/t_0 = \theta/\pi$，即 $\theta = \pi t/t_0$，将上述各值代入式中，可得从动杆的位移方程，再对时间求导数，可得相应的速度方程和加速度方程：

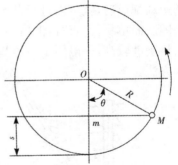

图 4 - 71　简谐运动

$$\left. \begin{aligned} s &= \frac{h}{2}\left(1 - \cos\frac{\pi}{t_0}t\right) \\ v &= \frac{\pi h}{2t_0}\sin\left(\frac{\pi}{t_0}t\right) \\ a &= \frac{\pi^2 h}{2t_0^2}\cos\left(\frac{\pi}{t_0}t\right) \end{aligned} \right\} \tag{4-11}$$

由此可看出，从动杆加速度是按余弦规律变化的，故又称为余弦加速度运动规律。从动杆运动曲线如图 4 - 72(b) 所示，由图中加速度曲线可以看出，这种运动规律只在始、末两点才有加速度的突变，引起柔性冲击，所以适用于中速、中载凸轮机构。当从动杆做无停歇升—降—升型的往复运动时，将得到连续的加速度曲线，从而在运动过程中完全消除了柔性冲击，在这种情况下可用于高速凸轮机构。

简谐运动规律位移曲线可用作图法绘出，如图 4 - 72 中位移曲线所示。先以行程 h 为直径画一半圆，将该半圆周和横坐标轴上的推程运动角 δ_0 分别对应分成相同的若干等分（图中为八等分），再过半圆周上各分点作水平线与 δ_0 角中对应等分点的垂直线一一相交，过这些交点连成光滑曲线即为推程位移曲线。

基本运动规律都是由单一的函数式表达的从动杆运动规律。除上面介绍的几种外，根据工作需要还可以选择其他的运动规律,或者将几种基本运动规律进行组合。

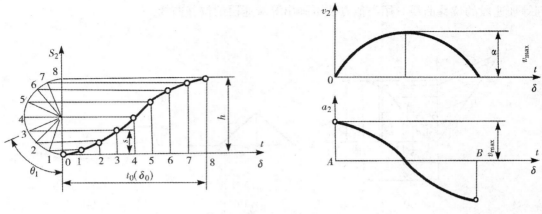

图 4 - 72   简谐运动规律

4.3.3   盘形凸轮轮廓曲线的作图设计

根据工作要求和空间位置,选定了凸轮机构的型式、凸轮的转向、基圆半径以及从动件的运动规律后,就可以进行凸轮轮廓曲线的设计了。通常的设计方法有作图法和解析法。作图法简单易行、直观,但精确度有一定限度,适用于低速或精确度要求不高的场合。解析法精确度较高,一般用于高速凸轮或要求较高的凸轮设计。本节只介绍作图法设计的原理和方法。

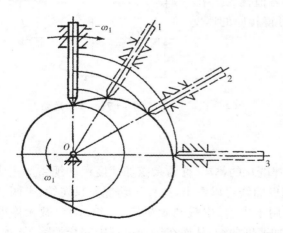

图 4 - 73   反转法设计凸轮轮廓曲线

作图法绘制凸轮轮廓曲线是利用相对运动的原理完成的。图 4 - 73 所示为一对心直动尖顶从动件盘形凸轮机构。当凸轮以等角速度逆时针方向绕轴心 O 转动时,凸轮轮廓将推动从动件相对其导路完成预期的运动。

现设想给整个凸轮机构附加一个公共角速度 $-\omega_1$,使其绕轴心 O 转动,这时凸轮与从动件的相对运动不变,但凸轮将静止不动,而从动件则在随其导路以角速度 $-\omega_1$ 绕轴心 O 做反转运动的同时,又相对于导路按原来的运动规律往复移动。由于从动件尖顶始终与凸轮轮廓接触,显然,从动件在这种复合运动中,其尖顶的运动轨迹就是凸轮轮廓曲线。这种以凸轮作为动参考系,按相对运动原理设计凸轮轮廓的方法称为"反转法"。下面举例说明用"反转法"设计凸轮轮廓曲线的步骤。

1. 对心直动尖顶从动件盘形凸轮

设已知该凸轮机构中的凸轮以等角速度 ω_1 逆时针转动,凸轮基圆半径为 r_0。从动件运动规律为:凸轮转过推程运动角 $\delta_0 = 150°$,从动件等速上升一个行程 h;凸轮转过远休止角 $\delta_1 = 30°$ 期间,从动件在最高位置停歇不动;凸轮继续转过回程运动角 $\delta_2 = 120°$,从动件以等加速等减速运动规律下降回到最低位置;最后,凸轮转过近休止角 $\delta_3 = 60°$ 期间,从动件在最低位置停歇不动,此时凸轮转动一圈。

绘制步骤如下:

(1) 选取长度比例尺 μ_s 和角度比例尺 μ_δ(实际角度/图样线性尺寸),作出从动件位移曲线,如图 4 - 74(a)所示。

(2) 将位移曲线的推程和回程所对应的转角分为若干等份(图中推程为五等份,回程为四等份)。

(3) 用同样的比例尺 μ_s,以 O 为圆心、$OC_0 = r_0/\mu_s$ 为半径作基圆(r_0 为基圆半径实际长度),从动件导路与基圆的交点 $C_0(B_0)$ 即为从动件尖顶的起始位置,如图 4 - 74(b)所示。

(4) 确定从动件在反转运动中依次占据的各个位置。自 OB_0 开始沿 $-\omega_1$ 方向量取凸轮各运动阶段的角度 $\delta_0,\delta_1,\delta_2$ 及 δ_3,并将 δ_0 和 δ_2 分别分成与图 4 - 74 中相应的等份。等分线 $01,02,03,\cdots$ 与基圆相交 $C_1,C_2,C_3,\cdots$ 等点。等分线表示从动件在反转运动中依次占据的位置线。

(5) 在等分线 $01,02,03,\cdots$ 上,过 $C_1,C_2,C_3,\cdots$ 分别向外按位移曲线量取对应位移,得点 $B_1,B_2,B_3,\cdots$,即 $C_1B_1 = 11',C_2B_2 = 22',C_3B_3 = 33',\cdots$,点 $B_1,B_2,B_3,\cdots$ 就是从动件尖顶做复合运动时各点的位置,把这些点连成一光滑曲线即为所求凸轮轮廓曲线。

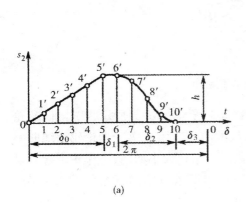

(a)

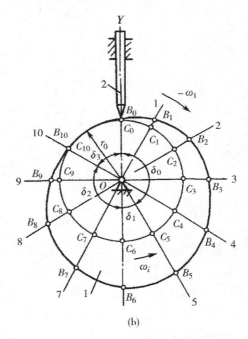

(b)

图 4 - 74　对心直动尖顶从动件盘形凸轮机构

需要说明的是:画图时,推程运动角和回程运动角的等分数要根据运动规律复杂程度和精度要求来决定。显然,分点取得密,设计精度就高。在实际设计凸轮时,应将分点取得密些(例如,每两个分点之间对凸轮转轴的夹角不超过5°)。

由于尖顶从动件磨损较快,难于保持准确的从动件运动规律,实际应用极少,工程上通常采用滚子从动件和平底从动件。

2. 对心直动滚子从动件盘形凸轮

从图4-74可以看出,滚子中心的运动规律与尖顶从动件尖顶处的运动规律相同,故可把滚子中心看成从动件的尖顶,按上述方法先求得尖顶从动件的凸轮轮廓曲线β,再以曲线β上各点为圆心,用滚子半径r_k为半径作一系列圆弧,这些圆弧的内包络线β'为与滚子从动件直接接触的凸轮轮廓,称为凸轮工作轮廓。因为β曲线在凸轮工作时并不直接与滚子接触,故称为凸轮理论轮廓。滚子从动件凸轮的基圆半径r_0是指理论轮廓的最小向径。

所以设计滚子从动件凸轮工作轮廓时,应先按尖顶从动件凸轮的设计方法作出其理论轮廓,再根据滚子半径作出理论轮廓的法向等距曲线,即为滚子从动件的凸轮工作轮廓线。

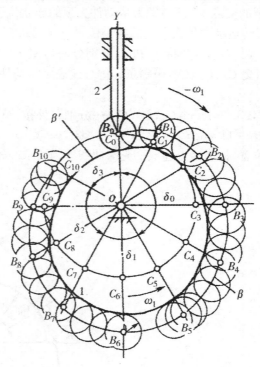

图4-75   滚子从动件盘形凸轮机构

这里应注意,滚子半径的选择对凸轮工作轮廓的影响。图4-76(a)所示为一内凹凸轮轮廓线,β'为工作轮廓线,β为理论轮廓线。工作轮廓线的曲率半径ρ_a等于理论轮廓线曲率半径ρ与滚子半径r_k之和。即$\rho_a = \rho + r_k$。这样,不论滚子半径大小如何,工作轮廓线总是可以根据理轮轮廓线作出。但对于外凸凸轮,如图4-76(b)所示,其工作轮廓线的曲率半径等于理论轮廓线的曲率半径与滚子半径之差,即$\rho_a = \rho - r_k$。

在设计时,若$\rho > r_k$,则$\rho_a > 0$,工作轮廓线为一光滑曲线,如图4-76(b)所示;$\rho = r_k$,于是工作轮廓线将出现尖点,如图4-76(c)所示,这种轮廓极易磨损,不能实用;$\rho < r_k$,则ρ_a

<0,工作轮廓线的曲率半径出现负值,而凸轮的一部分工作轮廓线将成为自交曲线,如图 4-76(d)所示,图中阴影部分在制造时将被切去,致使从动件不能完成预期的运动规律。

由此可知,对外凸凸轮应使滚子半径 r_k 小于理论轮廓的最小曲率半径 ρ_{min},通常取 $r_k \leqslant 0.8\rho_{min}$。

为了防止凸轮磨损过快,工作轮廓线上最小曲率半径不宜过小,一般取 $\rho_{amin} > 1 \sim 5$ mm。

另一方面,滚子的尺寸还要受强度、结构等的限制,因而不能做得太小,通常取 $r_k = (0.1 \sim 0.5)r_0$,其中 r_0 为凸轮基圆半径。

此外,可以用加大基圆半径 r_0 的方法使得 $\rho_a > 0$。

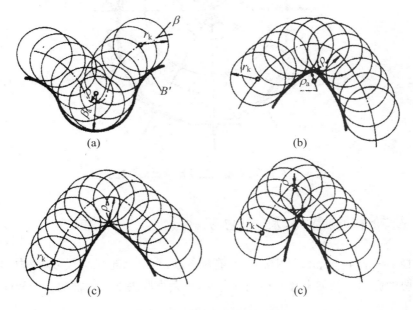

图 4-76 滚子半径的选择

3. 对心直动平底从动件盘形凸轮

图 4-77 为一对心直动平底从动件盘形凸轮机构,从动件的运动规律如图 4-77 所示。画其凸轮轮廓曲线时,把从动件的导路中心线与从动件的平底交点 B_0 看作尖顶从动件的尖顶。按照尖顶从动件盘形凸轮轮廓曲线的画法,作出平底从动件盘形凸轮理论轮廓曲线上的 B_1,B_2,B_3,…点,过这些点画一系列代表从动件平底的直线。作这些直线族的包络线,即为平底从动件凸轮的工作轮廓曲线。由图可看出,从动件平底与凸轮工作轮廓的接触点(即平底与凸轮工作轮廓曲线的切点),随从动件位于不同位置而改变。为了保证从动件平底能始终与凸轮工作轮廓曲线相切,通过作图可以找出在 B_0 左右两侧距导路最远的两个切点 B'、B'',则平底中心至左、右两侧的长度应分别大于 b' 和 b''。

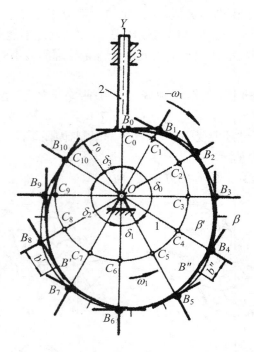

图 4 - 77　对心直动平底从动件盘形凸轮机构

4.3.4　凸轮机构基本尺寸的确定

基圆半径 r_0 是凸轮轮廓设计中的一个重要参数，它对凸轮机构尺寸、受力、磨损和效率等都有着重要的影响。基圆半径是预先选定的，其大小取决于凸轮轴的直径和许用压力角。

1. 压力角及其许用值

凸轮对从动件的法向力与从动件上该力作用点速度方向间所夹的锐角 α 称为凸轮机构的压力角，以下简称压力角。

图 4 - 78 所示为对心尖顶直动从动件凸轮机构在推程的某个位置。从动件与凸轮在 B 点接触，当凸轮逆时针方向转动时，推动从动件沿着导路向上运动。Q 为作用在从动件上的载荷（包括工作阻力、重力、弹簧力和惯性力等）。当不考虑摩擦时，凸轮给从动件的驱动力 F_n 将沿法线 $n—m$ 方向，故图中的锐角 α 即为压力角。F_n 可分解为沿从动件运动方向的有用分力 F' 和从动件对导路产生侧向压力的有害分力 F''，其大小为

$$\left.\begin{array}{l} F' = F_n\cos \alpha \\ F'' = F_n\sin \alpha \end{array}\right\} \tag{4-12}$$

由此可以看出，当 F_n 一定时，α 愈大则 F'' 愈大，机构的效率越低。当 F'' 增大到一定程度，它产生的摩擦阻力 F_f 等于或大于有用分力 F' 时，无论凸轮给从动件的驱动力有多大，从动件也无法运动。这种仅在驱动力或驱动力矩作用下，所引起的摩擦使机构不能产生运动的，称为自锁。机构开始自锁时的压力角称为极限压力角 。因此，为了保证凸轮机构能顺利地并且有一定效率地传动，必须对压力角加以限制。凸轮轮廓曲线上各点的压力角是

变化的，因此，设计凸轮机构时应使最大压力角不超过许用压力角$[\alpha]$，即 $\alpha_{max} \leqslant [\alpha]$。许用压力角远大于极限压力角，一般设计中推荐许用压力角$[\alpha]$为：在直动从动件推程中，$[\alpha] \leqslant 30°$；在摆动从动件推程中，$[\alpha] \leqslant 35° \sim 45°$。当从动件处于回程时，由于从动件实际上不是由凸轮推动，不存在自锁现象，故通常规定直动从动件和摆动从动件回程时的许用压力角$[\alpha] \leqslant 70° \sim 80°$。

以上推荐的数据，当采用滚子从动件、润滑状态比较好以及载荷不大、转速不高时，可取大值，否则应取小值。

凸轮轮廓线画好后，应检查其最大压力角是否超过许用值。较简略的办法如图4-79所示，用量角器在凸轮理论廓线比较陡的地方取若干点，使量角器3的底边与廓线分别切于这些点，量角器上90°刻线代表轮廓在该点的法线，量取过该点且平行于从动件的中心线与法线之间的夹角，即为压力角。若某点的压力角超过许用值，则应考虑修改设计，通常加大基圆半径重画廓曲线，使其 α_{max} 减小，或重新选择从动件运动规律。

对平底从动件凸轮机构，凸轮对从动件的法向力与从动件该点速度方向平行，故压力角始终为0，一般不会发生自锁。

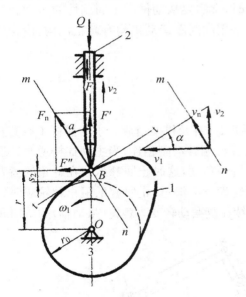

图4-78　凸轮机构的受力分析

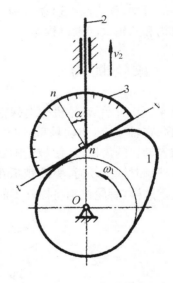

图4-79　压力角的检查

2. 压力角与基圆半径的关系

从图4-78可看出，从动件位移 s_2 与 B 点处凸轮向径r以及凸轮基圆半径r_0 的关系为

$$r = r_0 + s_2$$

通常从动件位移 s_2 已经给定，所以 r_0 增大，r 也增大，凸轮机构的尺寸就会增大，为使得凸轮机构紧凑些，r_0 应尽可能取小些。但是从凸轮机构的运动分析可知，凸轮上 B 点水平方向速度 $v_{B1} = r\omega_1$，从动件上 B 点垂直方向速度 $v_{B2} = v_2$，nn 为轮廓曲线在 B 点的法线，凸轮和从动件在运动中始终保持接触，既不能脱开，又不能相互嵌入，所以，两者在接触点（B 点）的速度在法线上的分量 v_n 应相等，即 $r\omega_1 \sin\theta = v_2 \cos\theta$，则

$$r = \frac{v_2}{\omega_1 \tan\alpha}$$

所以

$$r_0 = \frac{v_2}{\omega_1 \tan\alpha} - s_2 \qquad (4-13)$$

当给定运动规律后，ω_1、v_2、s_2 均为已知。由式(4-13)可知，基圆的半径 r_0 越小，则压力角 α 越大，基圆半径过小，则压力角将超过许用值，使得机构效率太低，甚至发生自锁。为此，在实际设计中在保证最大压力角不超过许用值的前提下减小凸轮的机构尺寸，其基圆半径一般推荐为

$$r_0 \geqslant (0.8 \sim 1)d \qquad (4-14)$$

式中，d 为凸轮轴直径。

4.4 间歇运动机构

在机器工作时，当主动件做连续运动时，常需要从动件产生周期性的运动和停歇，实现这种运动的机构，称为间歇运动机构。最常用的间歇运动机构有棘轮机构、槽轮机构、不完全齿轮机构和凸轮式间歇机构等。

4.4.1 棘轮机构

如图4-80所示，棘轮机构由棘轮、棘爪、摇杆及机架组成。主动摇杆1空套在轴4上，棘轮2固联在轴4上，驱动棘爪3与主动摇杆用转动副相连，当主动摇杆逆时针摆动时，驱动棘爪插入棘轮的齿槽内，使棘轮随之转过一角度，这时止回棘爪5在棘轮的齿背上滑过。当主动摇杆顺时针摆动时，驱动棘爪在棘轮齿背上滑过，止回棘爪阻止棘轮顺时针转动，故棘轮静止。这样，棘轮机构将摇杆1的连续往复摆动转变为棘轮(从动轴)的单向间歇转动。

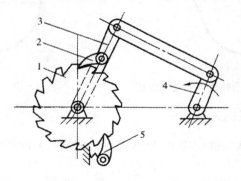

图4-80 棘轮机构

按照结构特点，棘轮机构一般可分为以下两大类：

1. 具有轮齿的棘轮机构

这种棘轮的轮齿可以分布在棘轮的外缘、内缘或端面上，它又可分为单动式棘轮机构、双动式棘轮机构、可变向棘轮机构。如图4-80所示为单动式棘轮机构，其特点是摇杆往复

摆动一次时,棘轮单向转动一次。如图 4－81 所示为双动式棘轮机构,其特点是摇杆往复摆动均能使棘轮单向转动一次。图 4－82(a)所示为可变向的棘轮机构,当棘爪在实线位置 AB 时,主动摇杆使棘轮沿逆时针方向间歇转动;而当棘爪转到虚线位置 AB' 时,主动摇杆将使棘轮沿顺时针方向间歇转动。图 4－82(b)为另一种可变向棘轮机构,当棘爪在图示位置时,棘轮将沿逆时针方向做间歇转动。若将棘爪提起并绕本身轴线转 180° 后再插入棘轮齿中,则可实现棘轮顺时针方向的间歇转动。PLZ05 式 155 毫米自行加榴炮行军固定器中的棘轮就是如图 4－82(b)所示的可变向棘轮机构[①]。

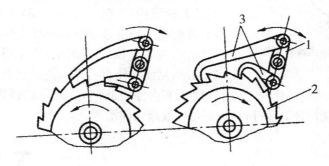

图 4－81 双动式棘轮机构

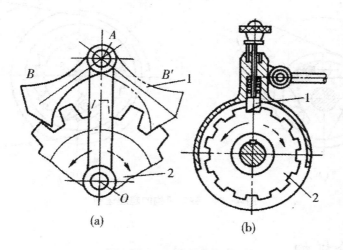

(a)   (b)

图 4－82 可变向棘轮机构

2. 摩擦式棘轮机构

在有轮齿的棘轮机构中,棘轮转角都是相邻两齿所夹中心角的整倍数,尽管转角大小可调,但转角是有级改变的。如需要无级改变棘轮转角,就需采用无棘齿的棘轮,即摩擦式棘轮机构(图 4－83)。

棘轮机构的特点是结构简单,转角大小可以调整。但因轮齿强度不高,所以传递动力不大;传动平稳性差,棘爪滑过轮齿时有噪声。因此只适用于转速不高、转角不大的场合。例

[①]行军固定器用于行军时固定炮塔,将手柄帽提起,按炮塔固定器标记转动手柄到开或锁的位置,板动手柄从而带动棘轮转动实现锁紧或打开。

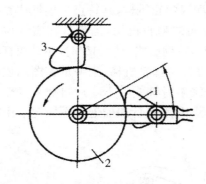

图 4-83　摩擦式棘轮机构

如可用于机床和自动机的进给机构,也常用于起重辘轳和绞盘中的制动装置,阻止鼓轮反转。

此外,棘轮机构还可实现超越运动。如图 4-84 (a)所示,当外套筒 7 逆时针转动时,因摩擦力的作用使滚子 3 楔紧在内外套筒之间,从而带动内套筒 2 一起转动。当外套筒顺时针转动时,滚子松开,内套筒静止。这种棘轮机构常用于扳钳上。再如自行车后轮轴上的棘轮机构(飞轮),如图 4-84(b)所示,当脚踩脚蹬时,经链轮 1 和链条 2 带动内圈具有棘齿的链轮 3 顺时针转动,再通过棘爪 4(两个)的作用,使后轮轴 5 顺时针转动,从而驱使自行车前进。自行车行进过程中,如停止踩脚蹬或使脚蹬逆时针转动,后轮轴 5 不会停止或倒转,而是超越轮 3 继续顺时针转动,此时棘爪 4 在棘轮背上滑过,自行车可以继续向前滑行。

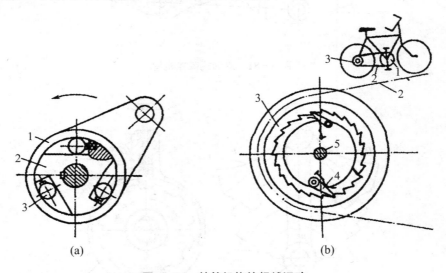

(a)　　　　　　　　　　　　　　(b)

图 4-84　棘轮机构的超越运动

4.4.2　槽轮机构

槽轮机构有外啮合和内啮合两种类型。图 4-85 所示为外啮合,它由具有径向槽的槽轮 2、具有圆销 A 的拨盘 1 和机架组成。

主动拨盘 1 做等速连续转动时,驱使槽轮 2 做反向(外啮合)或同向(内啮合)间歇转动。以外啮合槽轮机构为例,当拨盘 1 上的圆销 A 尚未进入槽轮 2 的径向槽时,由于槽轮 2 的内凹锁住弧 efg 被拨盘 1 的外凸圆弧 abc 卡住,所以槽轮静止不动。

图示位置为圆销 A 开始进入槽轮径向槽时的位置,这时锁住弧被松开,圆销 A 驱使槽轮沿相反方向转动。当圆销 A 脱出槽轮径向槽时,槽轮的另一内凹锁住弧又被拨盘的外凸圆弧卡住,使槽轮又一次静止不动,直至拨盘上的圆销再次进入槽轮的另一径向槽时,机构又重复上述运动循环。

　　槽轮机构的特点是结构简单,工作可靠,机械效率高,运动平稳。但转角大小不可调整。槽轮机构常用于只要求恒定转角的分度机构中,例如自动机床转位机构、电影放映机卷片机构等。图 4-86 所示电影放映机卷片机构能间歇地移动胶片,满足人的视觉暂留。

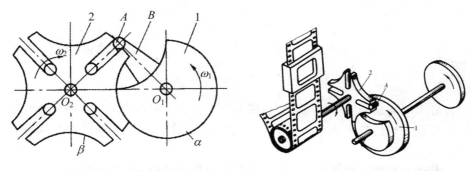

图 4-85　槽轮机构　　　　　　　　图 4-86　电影放映机卷片机构

4.4.3　不完全齿轮机构

　　图 4-87 所示为不完全齿轮机构。这种机构的主动轮 1 为只有一个齿或几个齿的不完全齿轮,从动轮 2 由正常齿和带锁止弧的厚齿彼此相间地组成。

　　当主动轮 1 的有齿部分作用时,从动轮 2 就转动;当主动轮 1 的无齿圆弧部分作用时,从动轮停止不动,因而,当主动轮连续转动时,从动轮获得时转时停的间歇运动。

　　不难看出,每当主动轮 1 连续转过一圈时,图 4-87(a)、(b)所示机构的从动轮分别间歇地转过 1/8 圈和 1/4 圈。

　　为了防止从动轮在停歇期间游动,两轮轮缘上各装有锁住弧。

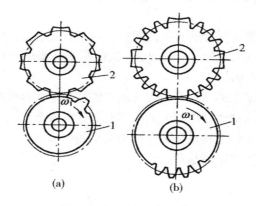

图 4-87　不完全齿轮机构

　　当主动轮匀速转动时,这种机构的从动轮在运动期间也保持匀速转动,但是当从动轮由停歇而突然到达某一转速,以及由其一转速突然停止时,都会像等速运动规律的凸轮机构那样产生刚性冲击。因此,它不宜用于主动轮转速很高的场合。

练　习　题

基本题

4-1　什么叫运动副？平面运动副有哪几种？分别说明其含义。

4-2　什么是构件的自由度？什么是运动副的约束？单个平面低副和高副各有几个约束？

4-3　什么是机构运动简图？为什么要绘制机构运动简图？如何绘制？

4-4　什么叫运动链？什么是机构的自由度？

4-5　机构和运动链有何区别？运动链成为机构的必要条件是什么？

4-6　机构具有确定运动的条件是什么？

4-7　什么是平面连杆机构？它有哪些优缺点？

4-8　在平面四杆机构中何谓曲柄、摇杆和连杆？举例说明。并试述铰链四杆机构的曲柄存在条件。

4-9　铰链四杆机构的基本型式有哪几种？如何判定？

4-10　铰链四杆机构的演化型式有哪些？如何演化的？

4-11　何谓连杆机构的压力角和传动角？它们对机构的工作各有何影响？铰链四杆机构最小传动角出现在什么位置？

4-12　何谓急回运动特性？行程速度变化系数 K 的含义是什么？能否画出 $K=1$ 的铰链四杆机构？

4-13　何谓死点位置？是否所有平面四杆机构都有死点位置？

4-14　从动件位移曲线如图 4-88 所示，试说明在一个运动循环中，从动件有哪几种运动规律。在何处产生何种冲击？

4-15　凸轮机构中常见的凸轮形状与从动件的结构形式有哪些？各有何特点？

4-16　凸轮机构中从动件常用的运动规律有哪些？各有什么特点？

4-17　棘轮机构的工作原理是什么？转角大小如何调节？

4-18　槽轮机构的工作原理是什么？

提高题

4-19　绘制如图 4-88 所示各机构的机构运动简图（均以构件 1 为主动件），并计算其机构自由度。

4-20　判断图 4-89 所示各构件系统能否运动，若不能动，在结构上应如何改进才能使其具有确定的运动？

4-21　试计算图 4-90 所示各构件系统的机构自由度，并判定它们是否具有确定的运动（图中画箭头的构件为主动件）。

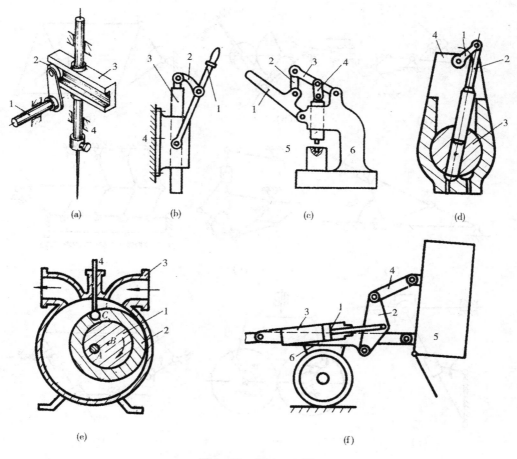

图 4-88　题 4-19 图

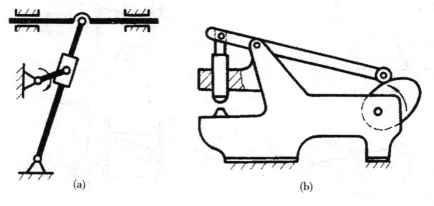

图 4-89　题 4-20 图

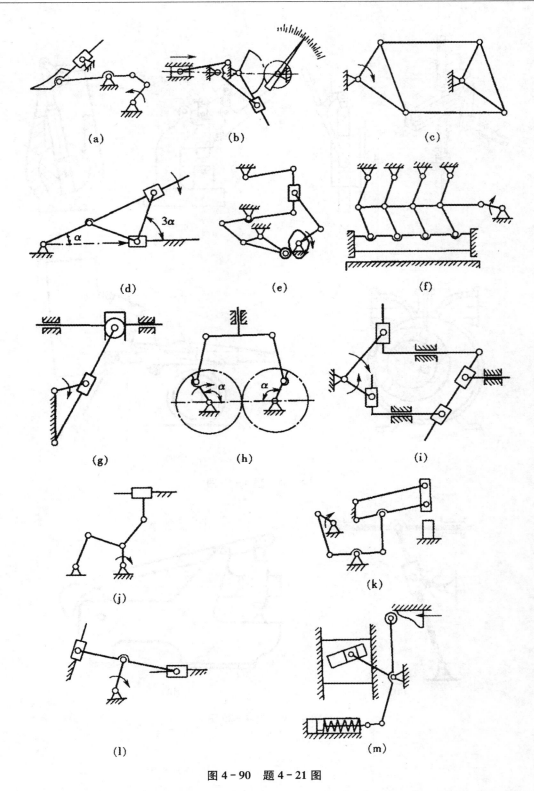

图 4-90　题 4-21 图

4-22　当冲床的冲头（滑块）进行冲压时，工作阻力骤然增加，为了得到较大的冲压力，设计冲床时应使曲柄滑块机构处在什么位置时使冲头工作？为什么？

4 - 23 判别图 4 - 91 所示各铰链四杆机构的类型。

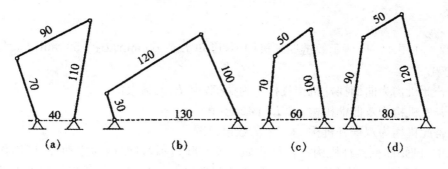

图 4 - 91 题 4 - 23 图

4 - 24 判别图 4 - 92 所示各平面四杆机构的类型。

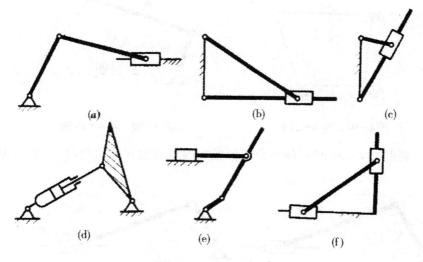

图 4 - 92 题 4 - 24 图

4 - 25 某外啮合槽轮的槽数 $z = 6$,圆销数目 $n = 1$,若槽轮的静止时间 $t_1 = 2s/r$,求主动拨盘的转速。

4 - 26 试设计一对心直动尖顶从动件盘形凸轮机构,并在绘制出的盘形凸轮上标出 δ_0、δ_1、δ_2、δ_3 和量出最大压力角。已知凸轮沿逆时针做等角速度转动,从动件的行程 $h = 32\ mm$,凸轮的基圆半径 $r_0 = 40\ mm$,从动件的位移曲线如图 4 - 93 所示。

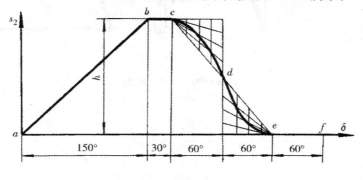

图 4 - 93 题 4 - 26 图

创新题

4-27　在图 4-94 所示铰链四杆机构中,已知 $L_2 = 60$ mm, $L_3 = 50$ mm, $L_4 = 40$ mm,杆 4 为机架。

(1) 若此机构为曲柄摇杆机构且杆 1 为曲柄,求 L_1 的最大值;

(2) 若此机构为双曲柄机构,求 L_1 的最小值;

(3) 若此机构为双摇杆机构,求 L_1 的数值范围。

4-28　已知曲柄摇杆机构各杆尺寸如图 4-95 所示,以曲柄为主动件,试用作图法画出该机构中摇杆的两极限位置,量出行程 φ 角和极位夹角 θ,并近似求出行程速度变化系数 K,用作图法作出最小传动角 γ_{min}。

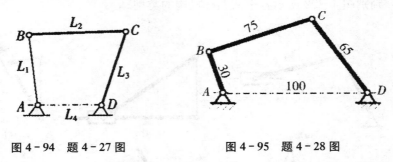

| 图 4-94　题 4-27 图 | 图 4-95　题 4-28 图 |

4-29　画出图 4-96 所示各平面四杆机构的压力角和传动角(标箭头的构件为主动件)。

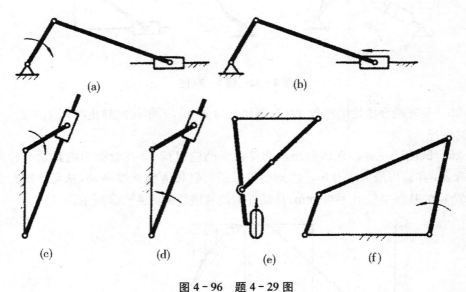

图 4-96　题 4-29 图

第5章 机械传动

导入装备案例

图5-1为某型自行加榴炮高低机结构原理图,它与瞄准装置配合进行高低瞄准,为保证工作可靠,该高低机设有手动和机动两种工作方式。高低机采用什么机械传动形式? 这种传动形式有哪些特点? 机械传动还有哪些形式? 这些问题将通过本章知识来解决。本章主要学习带传动、链传动、齿轮传动、轮系以及液气传动。

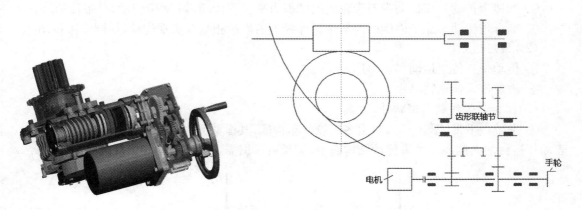

图 5-1 某型自行加榴炮高低机结构原理图

5.1 带 传 动

5.1.1 带传动的主要类型、特点和应用

如图5-2所示,带传动一般由主动轮1、从动轮2、紧套在两轮上的传动带3及机架4组成。当原动机驱动带轮1(即主动轮)转动时,带与带轮间的摩擦力将使从动轮2一起转动,从而实现运动和动力的传递。

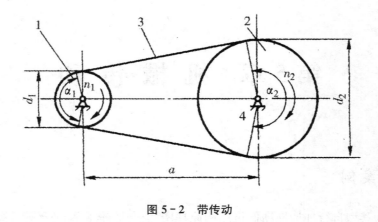

图 5 - 2   带传动

1. 带传动的类型

(1) 按传动原理分

① 摩擦带传动。靠传动带与带轮间的摩擦力来实现传动,如 V 带传动、平带传动等。

② 啮合带传动。靠带内侧凸齿与带轮外缘上的齿槽相啮合实现传动,如同步带传动。

(2) 按用途分

① 传动带。传递运动和动力用。

② 输送带。输送物品用。

(3) 按传动带的截面形状分

① 平带。平带(图 5 - 3(a))由多层胶帆布构成,其横截面为扁平矩形,工作面是与带轮表面相接触的内侧面。平带传动结构简单,带长可根据需要剪截后用接头接成封闭环形。

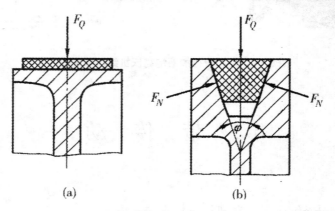

图 5 - 3   平带和 V 带

② V 带。V 带的横截面为等腰梯形(图 5 - 3(b)),其工作面是带的两侧面,带与轮槽底不接触。当带对带轮的正压力 F 和带与带轮间的摩擦系数 μ 均相同时,V 带传动产生的摩擦力要比平带的大得多。因此,V 带传动的承载能力比平带大得多,或者说在传递相同功率时,V 带传动将得到较紧凑的结构。而且 V 带传动通常是多根带并用,工作状况好,因此应用最为广泛。

③ 圆形带。圆带截面为圆形(图 5 - 4),只能用于轻载仪器装置。

④ 多楔带。多楔带相当于多条 V 带组合而成,工作面是带楔的侧面(图 5-5),兼有平带与 V 带的特点,适用于传递动力大且要求结构紧凑的场合。

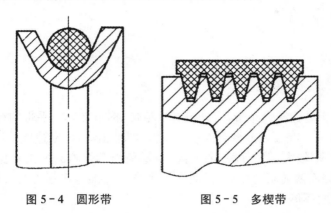

图 5-4　圆形带　　　　图 5-5　多楔带

⑤ 同步带。同步带是带齿的环形带(图 5-6),与之相配合的带轮工作表面也有相应的轮齿。工作时,带齿与轮齿互相啮合,既能缓冲、吸振,又能使主动轮和从动轮圆周速度同步,保证准确的传动比。但对制造与安装精度要求高,成本也较高。

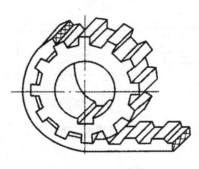

图 5-6　同步带

2. 带传动的特点和应用

带传动的主要优点是:

(1) 适用于两轴中心距较大的传动。

(2) 带具有良好的弹性,可以缓冲、吸振,尤其 V 带没有接头,传动平稳,噪声小。

(3) 当机器过载时,带就会在轮上打滑,能起到对机器的保护作用。

(4) 结构简单,制造与维护方便,成本低。

其主要缺点是:

(1) 外廓尺寸较大,不紧凑。

(2) 由于带的滑动,不能保证准确的传动比。

(3) 传动效率较低,带的寿命较短。

(4) 常需要张紧装置。

根据上述特点,带传动多用于两轴中心距较大,传动比要求不严格的机械中。一般带传动允许的传动速比 $i_{max}=7$,功率 $P\leqslant50\,kW$,带速 $v=5\sim25\,m/s$,传动效率 $\eta=0.90\sim0.96$。

生产中使用最多的是平带和 V 带。其中,平带多用于高速、远距离传动,其他场合大都使用 V 带。

5.1.2　带与带轮

1. 传动带

（1）平带

通常使用的平带是橡胶帆布带，另外还有皮革带、棉布带等。平带的接头一般应用如图 5-7 所示的几种方法。经胶合或缝合的接头，传动时冲击小，传动速度可以高一些。铰链带扣的接头，传递的功率较大，但速度不能太高，以避免引起强烈的冲击和振动。当速度超过 30 m/s 时，可应用轻而薄的高速传动带，通常是用涤纶纤维绳作强力层，外面用耐油橡胶粘合而成的没有接头的环形带。

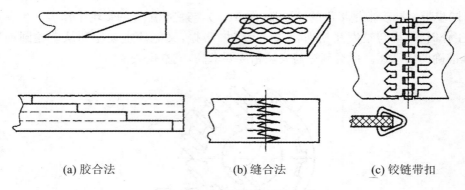

(a) 胶合法　　　　　　　(b) 缝合法　　　　　　　(c) 铰链带扣

图 5-7　平带常用的接头方法

（2）V 带

按其结构形式，V 带分为普通 V 带、窄 V 带、宽 V 带、大楔角 V 带、齿形 V 带和接头 V 带。最基本的结构形式是普通 V 带。

① 普通 V 带

普通 V 带制成无接头的环形带，其横截面呈等腰梯形，如表 5-1 所示，两侧为工作面，楔角 $\theta=40°$。普通 V 带分为帘布结构（图 5-8(a)）和线绳结构（图 5-8(b)）两种。V 带由伸张层 1（胶料）、强力层 2（胶线绳）、压缩层 3（胶料）和包布层 4（胶帆布）组成。一般用途的 V 带主要采用帘布结构。线绳结构比较柔软，弯曲疲劳性能也比较好，但拉伸强度低，通常仅适用于载荷不大、小直径轮和转速较高的场合。

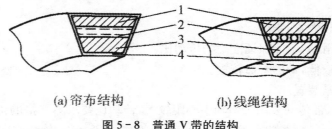

(a) 帘布结构　　　　　　(b) 线绳结构

图 5-8　普通 V 带的结构

1-伸张层；2-强力层；3-压缩层；4-包布层

　　V 带和 V 带轮有两种尺寸制,即基准宽度制和有效宽度制,本章采用基准宽度制。

　　普通 V 带的尺寸已标准化,按截面尺寸由小至大的顺序分为 Y、Z、A、B、C、D、E 七种型号(表 5-1)。在同样条件下,截面尺寸大则传递的功率就大。V 带绕在带轮上产生弯曲,外层受拉伸变长,内层受压缩变短,两层之间存在一个长度不变的中性层,称为节面。节面的宽度称为节宽 b_p。普通 V 带的截面高度 h 与其节宽 b_p 比值已标准化(为 0.7)。V 带装在带轮上,和节宽 b_p 相对应的带轮直径称为基准直径,用 d_a 表示,其基准直径系列见表 5-2。V 带在规定的张紧力下,位于带轮基准直径上的周线长度称为基准长度 L_d,它用于带传动的几何计算。V 带的基准长度 L_d 已标准化,如表 5-3 所示。

表 5-1　V 带(基准宽度制)的截面尺寸(摘自 GB/T 11544—1997)

单位:mm

带型		节宽 b_p	基本尺寸		
普通 V 型	窄 V 带		顶宽 b	带高 h	楔角 θ
Y		5.3	6	4	
Z (旧国标 O 型)	SPZ	8.5	10	6 8	
A	SPA	11.0	13	8 10	40°
B	SPB	14.0	17	11 14	
C	SPC	19.0	22	14 18	
D		27.0	32	19	
E		32.0	38	25	

表 5-2　V 带轮的基准直径系列

单位:mm

基准直径 d_a	带型						
	Y	Z SPA	A SPA	B SPB	C SPC	D	E
	外径 d_a						
20	23.2						
22.4	25.6						
25	28.2						
28	31.2						
31.5	34.7						
35.5	38.7						
40	43.2						
45	48.2						
50	53.2	+54					
56	59.2	+60					
63	66.2	67					

基准直径 d_a	带型						
	Y	Z	A	B	C	D	E
		SPA	SPA	SPB	SPC		
	外径 d_a						
71	74.2	75					
75		79	+80.5				
80	83.2	84	+85.5				
85			+90.5				
90	93.2	94	95.5				
95			100.5				
100	103.2	104	105.5				
106			111.5				
112	115.2	116	117.5				
118			123.5				
125	128.2	129	130.5	+132			
132		136	137.5	+139			
140		144	145.5	147			
150		154	155.5	157			
160		164	164.5	167			
170				177			
180		184	185.5	187			
200		204	205.5	207	+209.6		
212				219	+221.6		
224				231	233.6		
236		228	229.5	243	245.6		
250		254	255.5	257	259.6		
265					274.6		
280		284	285.5	287	289.6		
315		319	320.5	322	324.6		
355		359	360.5	362	364.6	371.2	
375						391.2	
400		404	405.5	407	409.6	416.2	
425						441.2	
450			455.5	457	459.6	466.2	
475						491.2	
500		504	505.5	507	509.6	516.2	519.2
530							549.2
560			565.5	567	569.6	576.2	579.2
630			635.5	637	639.6	646.2	649.2
710			715.5	717	719.6	726.2	729.2
800			805.5	807	809.6	816.2	819.2

续表

基准直径 d_a	带型						
	Y	Z SPA	A SPA	B SPB	C SPC	D	E
	外径 d_a						
900				907	909.6	916.2	919.2
1000				1007	1009.6	1016.2	1019.2
1120				1127	1129.6	1136.2	1139.2
1250					1259.6	1266.2	1269.2
1600						1616.2	1619.2
2000						2016.2	2019.2
2500							2519.2

注:① 有"+"号的外径只用于普通 V 带;

　　② 直径的极限偏差:基准直径按 c11,外径按 h12;

　　③ 没有外径值的基准直径不推荐采用。

表 5 - 3　V 带(基准宽度制)的基准长度系列及长度修正系数

基准 长度 L_d (mm)	K_L										
	普通 V 带							窄 V 带			
	Y	Z	A	B	C	D	E	SPZ	SPA	SPB	SPC
200											
224	0.81										
250	0.82										
280	0.84										
315	0.87										
355	0.89										
400	0.92	0.87									
450	0.96	0.89									
500	1.00	0.91									
560	1.02	0.94									
630		0.96	0.81					0.82			
710		0.99	0.82					0.84			
800		1.00	0.85					0.86	0.81		
900		1.03	0.87	0.81				0.88	0.83		
1000		1.06	0.89	0.84				0.90	0.85		
1120		1.08	0.91	0.86				0.93	0.87		
1250		1.11	0.93	0.88				0.94	0.89	0.82	
1400		1.14	0.96	0.90				0.96	0.91	0.84	
1600		1.16	0.99	0.92	0.83			1.00	0.93	0.86	
1800		1.18	1.01	0.95	0.86			1.01	0.95	0.88	
2000			1.03	0.98	0.88			1.02	0.96	0.90	0.81
2240			1.06	1.00	0.91			1.05	0.98	0.92	0.83

续表

基准长度 L_d (mm)	K_L										
	普通V带							窄V带			
	Y	Z	A	B	C	D	E	SPZ	SPA	SPB	SPC
2500			1.09	1.03	0.93			1.07	1.00	0.94	0.86
2800			1.11	1.05	0.95	0.83		1.09	1.02	0.96	0.88
3150			1.13	1.07	0.97	0.86		1.11	1.04	0.98	0.90
3550			1.17	1.09	0.99	0.89		1.13	1.06	1.00	0.92
4000			1.19	1.13	1.02	0.91			1.08	1.02	0.94
4500				1.15	1.04	0.93	0.90		1.09	1.04	0.96
5000				1.18	1.07	0.96	0.92			1.06	0.98
5600					1.09	0.98	0.95			1.08	1.00
6300					1.12	1.00	0.97			1.10	1.02
7100					1.15	1.03	1.00			1.12	1.04
8000					1.18	1.06	1.02			1.14	1.06
9000					1.21	1.08	1.05				1.08
10000					1.23	1.11	1.07				1.10

② 窄 V 带

窄 V 带是一种新型 V 带,其结构特点是相对高度(截面高度 h 与节宽 b_p 之比)为 0.9;其顶宽 b 约为同高度普通 V 带的 3/4;顶面呈拱形,受载后强力层仍处于同一平面内,受力均匀;两侧面略呈内凹,使其在带轮上弯曲变形时能与槽很好地贴合,增大摩擦力从而提高其承载能力。窄 V 带能传递的功率较同级普通 V 带提高 50%～150%,带速可达 35～40 m/s。因此适用于高速传动、传递大功率且传动装置要求紧凑的场合。

按国家标准,窄 V 带截面尺寸分为 SPZ、SPA、SPB、SPC 四个型号(表 5-1)。

2. 普通 V 带轮的结构

(1) V 带轮的设计要求

带轮应有足够的强度和刚度,无过大的铸造内应力;质量小且分布均匀,结构工艺性好,便于制造;带轮工作表面应光滑,以减少带的磨损。在 5 m/s$<$$v$$<$25 m/s 时,带轮要进行静平衡,$v$$>$25 m/s 时带轮则应进行动平衡。

(2) 带轮的材料

带轮材料常采用铸铁、钢、铝合金或工程塑料等,灰铸铁应用最广。当带速 $v$$<$25 m/s 时采用 HT150;当 $v$$=$25～30 m/s 时采用 HT200;当 $v$$\geqslant$25～45 m/s 时,则应采用球墨铸铁、铸钢或锻钢,也可采用钢板冲压后焊接带轮。小功率传动时带轮可采用铸铝或塑料等材料。

(3) 带轮的结构

带轮由轮缘、轮毂和腹板(轮辐)等三部分组成。轮缘是带轮外圈的环形部分,其上制有与 V 带根数相同的轮槽。V 带横截面的楔角均为 40°,但带在带轮上弯曲时,由于截面变形将使其楔角变小,为了使胶带仍能紧贴轮槽两侧,故将带轮轮槽楔角规定为 32°、34°、36°和 38°四种。V 带轮的轮槽截面尺寸见表 5-4。

表 5 - 4　基准宽度制 V 带轮的轮槽尺寸(摘自 GB/T 13575. 1—1992)

单位:mm

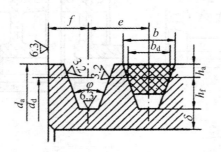

项目	符号	槽型						
		Y	Z SPZ	A SPA	B SPB	C SPC	D	E
基准宽度	b_d	5.3	8.5	11.0	14.0	19.0	27.0	32.0
基准线上槽深	h_{amin}	1.6	2.0	2.75	3.5	4.8	8.1	9.6
基准线下槽深	h_{fmin}	4.7	7.0 9.0	8.7 11.0	10.8 14.0	14.3 19.0	19.9	23.4
槽间距	e	8±0.3	12±0.3	15±0.3	19±0.4	25±0.5	37±0.6	44.5±0.7
槽边距	f_{min}	6	7	9	11.5	16	23	28
最小轮缘厚	δ_{min}	5	5.5	6	7.5	10	12	15
圆角半径	r_1	0.2~0.5						
带轮宽	B	$B=(z-1)e+2f$　　z-轮槽数						
外径	d_a	$d_a=d_d+2h_a$						
轮槽角 ϕ　32°	相应的 基准直 径 d_a	≤60	—	—	—	—	—	—
34°		—	≤80	≤118	≤190	≤315	—	—
36°		>60	—	—	—	—	≤475	≤600
38°		—	>80	>118	>190	>315	>475	>600
极限偏差		±30′						

　　轮毂是带轮内圈与轴连接的部分。轮辐是轮毂和轮缘间的连接都分。带轮按轮辐的结构不同分为实心带轮(代号为 S)、腹板带轮(代号为 P)、孔板带轮(代号为 H)和椭圆轮辐带轮(代号为 E)。相同轮辐结构的带轮按其轮缘和轮毂相对宽度和位置的不同又可分为不同类型(Ⅰ型、Ⅱ型、Ⅲ型、Ⅳ型),如图 5-9 所示。当带轮基准直径 d_d≤(2.5~3)d_0(d_0 为轴径)时,可采用实心式;d_d≤300 mm 时,采用辐板式或孔板式;d_d>300 mm 时,采用轮辐式。

　　V 带轮的结构形式及腹板(轮辐)厚度的确定可参阅有关设计手册。

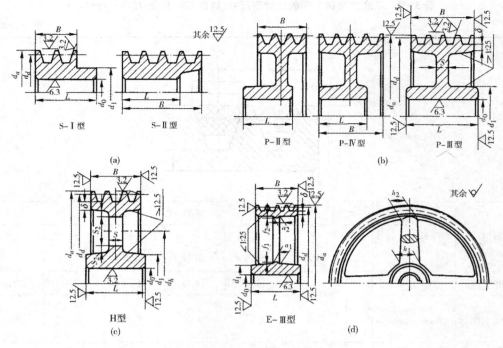

图 5 - 9　V 带轮的结构

5.1.3　带传动的工作能力分析

1. 带传动的受力分析

（1）带传动的受力情况

在带传动开始工作前，带以一定的初拉力 F_0 张紧在两带轮上（图 5 - 10(a)），带两边的抗力相等，均为 F_0。传递载荷时，由于带与带轮间产生摩擦力，带两边的拉力将发生变化。绕上主动轮的一边，拉力由 F_0 增至 F_1，称为紧边（或主动边）；离开主动轮的一边，拉力由 F_0 降至 F_2，称为松边（或从动边）（图 5 - 10(b)）。两边的拉力差称为带传动的有效拉力 F，也就是带所传递的圆周力，它是带和带轮接触面上摩擦力的总和。即

$$F = F_1 - F_2 = \sum F_f \tag{5-1}$$

圆周力 F(N)、带速 v(m/s) 和传递功率 P(kW) 之间的关系为

$$P = \frac{Fv}{1000} \tag{5-2}$$

设带的总长在工作中保持不变，则紧边拉力的增量等于松边拉力的减小量，即

$$F_1 - F_0 = F_0 - F_2$$

亦即

$$F_0 = \frac{1}{2}(F_1 + F_2) \tag{5-3}$$

将式(5-1)代入式(5-3)，可得

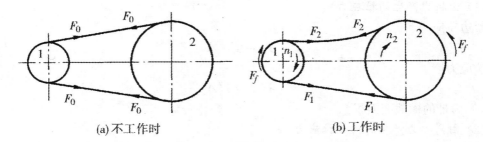

(a) 不工作时　　　　　　　　　　(b) 工作时

图 5-10　带传动的受力情况

$$F_1 = F_0 + \frac{F}{2} \atop F_0 = F_0 - \frac{F}{2} \Bigg\} \tag{5-4}$$

（2）带传动的打滑现象

由式（5-2）可知，在带传动正常工作时，若带速 v 一定，带传递的圆周力 F 随传递功率的增大而增大，这种变化，实际上反映了带与带轮接触面间摩擦力 $\sum F_f$ 的变化。但在一定条件下，这个摩擦力有一极限值，因此带传递的功率也有一相应的极限值。当带传递的功率超过此极限时，带与带轮将发生显著的相对滑动，这种现象称为打滑。打滑时，尽管主动轮还在转动，但带和从动轮不能正常转动，甚至完全不动，使传动失效。打滑还将造成带的严重磨损。因此，在带传动中应避免打滑现象的发生。

（3）影响最大圆周力的因素

当带传动出现打滑趋势时，摩擦力达到极限值，这时带传递的圆周力达到最大值 F_{max}。此时，紧边拉力 F_1 与松边拉力 F_2 间的关系由柔韧体摩擦的欧拉公式表示，即

$$\frac{F_1}{F_2} = e^{f\alpha} \tag{5-5}$$

式中，e 为自然常数，其值为 2.7183；f 为带与带轮间的摩擦系数；α 为包角。

将式（5-4）代入式（5-5）并整理，可得最大圆周力为

$$F_{max} = 2F_0 \frac{e^{f\alpha} - 1}{e^{f\alpha} + 1} \tag{5-6}$$

由上式可分析影响最大圆周力的因素：

① 初拉力 F_0。初拉力 F_0 越大，带与带轮间的压力越大，产生的摩擦力也越大，即最大圆周力越大，带越不易打滑。

② 包角 α。最大圆周力随包角 α 的增大而增大，这是因为 α 越大，带与带轮的接触面越大，因而产生的总摩擦力就越大，传动能力越高。一般情况下，因为大带轮的包角大于小带轮的包角，所以最大摩擦力的值取决于小带轮的包角 α_1。因此，设计带传动时，α_1 不能过小，对于 V 带传动，应使 $\alpha_1 \geqslant 120°$。

③ 摩擦系数 f。最大圆周力随摩擦系数的增大而增大，这是因为摩擦系数越大，摩擦力就越大，传动能力越高。而摩擦系数与带及带轮材料、摩擦表面的状况有关。不能认为带轮做得越粗糙越好，因为这样会加剧带的磨损。

2. 带传动的应力分析

带传动工作时，带中的应力由以下三部分组成：

（1）由拉力产生的拉应力

紧边拉应力

$$\sigma_1 = F_1/A \tag{5-7}$$

松边拉应力

$$\sigma_2 = F_2/A \tag{5-8}$$

式中，A 为带的横截面面积。

（2）由离心力产生的离心拉应力 σ_C

工作时，绕在带轮上的传动带随带轮做圆周运动，产生离心拉应力 F_C。F_C 的计算公式为

$$F_C = qv^2 \tag{5-9}$$

式中，q 为传动带单位长度的质量，单位为 kg/m，各种型号 V 带的 q 值见表 5-6；v 为传动带的速度，单位为 m/s。F_C 作用于带的全长上，产生的离心拉应力为

$$\sigma_C = \frac{F_C}{A} = \frac{qv^2}{A} \tag{5-10}$$

表 5-5　基准宽度制 V 带每米长的质量 q 及带轮最小基准直径 d_{dmin}

带型	Y	Z	A	B	C	D	E	SPZ	SPA	SPB	SPC
q（kg/m）	0.02	0.06	0.10	0.17	0.30	0.62	0.90	0.07	0.12	0.20	0.37
d_{dmin}（mm）	20	50	75	125	200	355	500	63	90	140	224

（3）弯曲应力 σ_b

传动带绕过带轮时发生弯曲，从而产生弯曲应力。由材料力学得带的弯曲应力为

$$\sigma_b \approx E\,\frac{h}{d} \tag{5-11}$$

式中，E 为带的弹性模量，单位为 MPa；h 为带的高度，单位为 mm；d 为带轮直径，单位为 mm，对于 V 带轮，则为其基准直径。

弯曲应力 σ_b 发生在带上包角所对的圆弧部分。h 越大，d 越小，则带的弯曲应力就越大，故一般 $\sigma_{b1} > \sigma_{b2}$（$\sigma_{b1}$ 为带在小带轮上的部分的弯曲应力，σ_{b2} 为带在大带轮上的部分的弯曲应力）。因此为避免弯曲应力过大，小带轮的直径不能过小。

带在工作时的应力分布情况如图 5-11 所示。由此可知带是在变应力情况下工作的，故易产生疲劳破坏。带的最大应力发生在带的紧边与小带轮的接触处，其值为

$$\sigma_{max} = \sigma_1 + \sigma_{b1} + \sigma_C \tag{5-12}$$

为保证带具有足够的疲劳寿命，应满足

$$\sigma_{max} = \sigma_1 + \sigma_{b1} + \sigma_C \leqslant [\sigma] \tag{5-13}$$

式中，$[\sigma]$ 为带的许用应力。

3. 带传动的弹性滑动和传动比

（1）带传动中的弹性滑动

因为带是弹性体，所以受拉力作用后会产生弹性变形。设带的材料符合变形与应力成正比的规律，由于紧边拉力大于松边拉力，所以紧边的拉应变大于松边的拉应变。如图 5-12 所示，当带从 A_1 点绕上主动轮时，其线速度与主动轮的圆周速度 v_1 相等。在带由 A_1

点转到 B_1 点的过程中,带的拉伸变形量将逐渐减小,因而带沿带轮一面绕行,一面徐徐向后收缩,致使带的速度 v 落后于主动轮的圆周速度 v_1,带相对于主动带轮的轮缘产生了相对滑动。同理,相对滑动在从动轮上也要发生,但情况恰恰相反,带的线速度 v 将超前于从动轮的圆周速度 v_2。这种由于带的弹性变形而引起的带与带轮间的滑动,称为带的弹性滑动。这是带传动正常工作时的固有特性,无法避免。

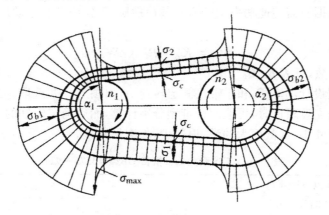

图 5 - 11 带的应力分布

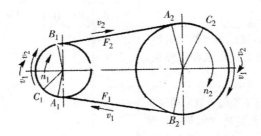

图 5 - 12 带传动的弹性滑动

(2) 带传动的传动比

由于弹性滑动的影响,将使从动轮的圆周速度 v_2 低于主动轮的圆周速度 v_1,其降低量用滑动率 ε 表示:

$$\varepsilon = \frac{v_1 - v_2}{v_1} \times 100\% \tag{5-14}$$

设主、从动轮的直径分别为 d_1、d_2(mm),转速分别为 n_1、n_2(r/min),由此,带的传动比为

$$i = \frac{n_1}{n_2} = \frac{d_2}{d_1(1-\varepsilon)} \tag{5-15}$$

V 带传动的滑动率 $\varepsilon = 1\% \sim 2\%$,在一般计算中可不予考虑。

5.1.4 普通 V 带传动的设计计算

设计普通 V 带传动时,一般已知条件为:传动的用途和工作情况,所需传动的功率(kW);主、从动带轮额定转速 n_1、n_2(r/min)或传动比;原动机的种类和对外廓尺寸的要求等。设计的主要内容是：V带的带型、长度和根数；带轮的材料、结构和尺寸；传动中心距；作用在轴上的力等。

通常设计计算的步骤为：

1. 确定设计功率，选择带型

设计功率应根据所需传递功率 $P(\mathrm{kW})$、载荷性质、工作原理和原动机类型、每天工作时间等因素确定，即

$$P_\mathrm{d} = K_\mathrm{A} \cdot P \quad (\mathrm{kW}) \tag{5-16}$$

式中，K_A 为工况系数，见表 5-6。

V带带型根据设计功率 P_d 和小带轮额定转速 n_1 由图 5-13 选取。当由 P_d 和 n_1 确定的位置在两带型的交替附近时，可取两种带型分别计算，而后确定较好的一种。选截面小的带，根数多，外廓尺寸小；选截面大的带，根数少，外廓尺寸大。

表 5-6　工况系数 K_A（摘自 GB/T 13575—92）

增速传动比，K_A 应乘以下列系数 增速比≥1.25~1.74 时为 1.05 增速比≥1.75~2.49 时为 1.11 增速比≥2.5~3.49 时为 1.18 增速比≥3.50 时为 1.25		K_A					
		空载启动			重载启动		
		每天工作小时数（h）					
		<10	10~16	>16	<10	10~16	>16
载荷变动微小	液体搅拌机，通风机和鼓风机（≤7.5 kW），离心式水泵和压缩机、轻型输送机	1.0	1.1	1.2	1.1	1.2	1.3
载荷变动小	带式输送机（不均匀负载）、通风机（>7.5 kW）、旋转式水泵和压缩机（非离心式）、发电机、金属切削机床、印刷机、旋转筛、锯木机和木工机械	1.1	1.2	1.3	1.2	1.3	1.4
载荷变动较大	制转机、斗式提升机、往复式水泵和压缩机、起重机、磨粉机、冲剪机床、橡胶机械、振动筛、纺织机械、重载输送机	1.2	1.3	1.4	1.4	1.5	1.6
载荷变动很大	破碎机（旋转式、颚式）、磨碎机（球磨、棒磨、管磨）	1.3	1.4	1.5	1.5	1.6	1.8

注：① 空、轻载启动——电动机（交流启动、三角启动、直流并励），四缸以上的内燃机，装有离心式离合器、液力联轴器的动力机。

② 重载启动——电动机（联机交流启动、直流复励或串励），四缸以下的内燃机。

③ 反复启动，正反转频繁，工作条件恶劣等场合 K_A 值应乘以 1.2。

2. 确定带轮基准直径 d_{d1}、d_{d2}，验算带速 v

如果小带轮的基准直径 d_{d1} 选得过小，则带的弯曲应力增大，单根带传递的功率减小，所需带的根数增加，故小带轮直径应尽量选大些；但 d_{d1} 过大，则传动的外廓尺寸过大。所以设

计时应根据实际情况综合考虑,其带型依表 5-2 选较大的 d_{d1},且使 $d_{d1} > d_{dmin}$。大带轮 d_{d2} $= id_{d1}$,算出后按表 5-2 取标准值。若计算值与标准值有异,考虑到滑动系数的影响,取与计算值相近且较小的标准值为宜。其带速为

$$v = \frac{\pi d_{d1} n_1}{60 \times 1000} \qquad (5-17)$$

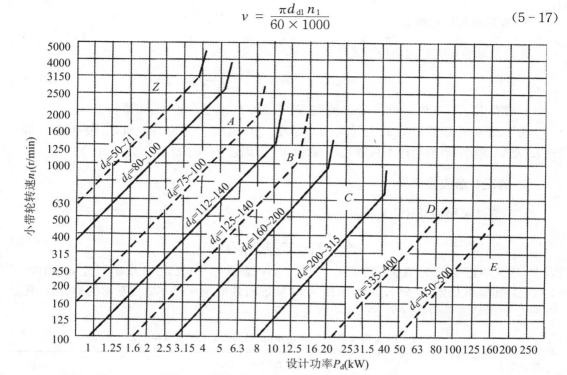

图 5-13 普通 V 带选型图

通常应使带速 $v = 5 \sim 25$ m/s,当传递的功率一定时,带速过高,单位时间内绕过带轮的次数过多而使带的使用寿命缩短,还会使离心力过大而降低摩擦力和带的工作能力;若带速过低,有效拉力 F 增大,所需 V 带根数增多。适宜的带速为 $20 \sim 25$ m/s。

3. 计算传动中心距 a 和 V 带基准长度 L_d

中心距 a 小,虽使传动紧凑,但包角减小,带长亦短,使单位时间内带绕过带轮的次数增多,降低带的传动能力和使用寿命。反之,中心距 a 过大,带长亦过大,在高速时易引起带颤振,且增大传动的外廓尺寸。所以初选中心距时,根据对传动外廓尺寸要求,一般取

$$0.7(d_{d1} + d_{d2}) \leqslant a_0 \leqslant 2(d_{d1} + d_{d2}) \qquad (5-18)$$

初选 a_0 后,按下式初算 V 带的基准长度:

$$L_{d0} = 2a_0 + \frac{\pi}{2}(d_{d1} + d_{d2}) + \frac{(d_{d2} - d_{d1})^2}{4a_0} \qquad (5-19)$$

根据初算的 L_{d0},查表 5-3 选定相近的标准基准长度 L_d。

传动的实际中心距用下式计算:

$$a = A + \sqrt{A^2 - B} \qquad (5-20)$$

式中

$$A = \frac{L_d}{4} - \frac{\pi(d_{d1} + d_{d2})}{8}, \quad B = \frac{(d_{d2} - d_{d1})^2}{8}$$

考虑安装、调整和补偿张紧力的需要,应给中心距 a 留出调节余量,其范围为

$$a_{\max} = a + 0.03L_d$$
$$a_{\min} = a - 0.015L_d \tag{5-21}$$

4. 验算小带轮包角 α_1

开口传动的小带轮包角按下式计算:

$$\alpha_1 = 180° - 57.3° \times \frac{d_{d2} - d_{d1}}{a} \tag{5-22}$$

一般要求 $\alpha_1 \geqslant 120°$。如 α_1 小于此值,则应增大中心距 a 或加设张紧轮。

由上式知,小带轮包角 α_1 与传动比 i 有关。当中心距一定时,d_{d2} 和 d_{d1} 相差越大,即 i 越大,则 α_1 越小,故传动比不宜过大,一般取 $i \leqslant 7$,而以 $i < 5$ 为宜。

5. 确定 V 带根数 Z

V 带根数可根据设计功率 P_d,按下式计算:

$$Z = \frac{P_d}{(P_1 + \Delta P_1)K_\alpha K_L} \tag{5-23}$$

式中,P_1 为单根 V 带的基本额定功率,单位为 kW,表 5-7 和表 5-8 给出了包角为 180°(i = 1)、特定基准长度、载荷平稳时,单根 A 型 V 带和 B 型 V 带基本额定功率的推荐值,其他五种 V 带的推荐值可查阅国家标准或有关手册。

表 5-7　A 型 V 带的额定功率(摘自 GB/T 13575. 1—92)

小带轮转速 n_1(r/min)	小带轮基准直径 d_{d1}(mm)								带速 v(m/s)
	75	80	90①	100①	112①	125①	140	160	
200	0.16	0.18	0.22	0.26	0.31	0.37	0.43	0.51	5
400	0.27	0.31	0.39	0.47	0.56	0.67	0.78	0.94	
730②	0.42	0.49	0.63	0.77	0.93	1.11	1.31	1.56	
800	0.45	0.52	0.68	0.83	1.00	1.19	1.41	1.69	
980②	0.52	0.61	0.79	0.97	1.18	1.40	1.66	2.00	
1200	0.60	0.71	0.93	1.14	1.39	1.66	1.96	2.36	10
1460②	0.68	0.81	1.07	1.32	1.62	1.93	2.29	2.74	
1600	0.73	0.87	1.15	1.42	1.74	2.07	2.45	2.94	
2000	0.84	1.01	1.34	1.66	2.04	2.44	2.87	3.42	15
2400	0.92	1.12	1.50	1.87	2.30	2.74	3.22	3.80	20
2800②	1.00	1.22	1.64	2.05	2.51	2.98	3.48	4.06	
3200	1.04	1.29	1.75	2.19	2.68	3.16	3.65	4.19	25
3600	1.08	1.34	1.83	2.28	2.78	3.26	3.72	—	30
4000	1.09	1.37	1.87	2.34	2.83	3.28	3.67	—	
4500	1.07	1.36	1.88	2.33	2.79	3.17	—	—	
5000	1.02	1.31	1.82	2.25	2.64	—	—	—	
5500	0.96	1.21	1.70	2.07	—	—	—	—	
6000	0.80	1.06	1.50	1.80	—	—	—	—	

注:①为优先选用的基准直径;②为常用转速。

表 5 - 8　B 型 V 带的额定功率(摘自 GB/T 13575.1—92)

小带轮转速 n_1(r/min)	小带轮基准直径 d_{d1}(mm)								带速 v(m/s)
	125	140①	160①	180①	200	224	250	280	
200	0.48	0.59	0.74	0.88	1.02	1.19	1.37	1.58	5
400	0.84	1.05	1.32	1.59	1.85	2.17	2.50	2.89	10
730②	1.34	1.69	2.16	2.61	3.06	3.59	4.14	4.77	
800	1.44	1.82	2.32	2.81	3.30	3.86	4.46	5.13	
980②	1.67	2.13	2.72	3.30	3.86	4.50	5.22	5.93	
1200	1.93	2.47	3.17	3.85	4.50	5.26	6.04	6.90	15
1460②	2.20	2.83	3.64	4.41	5.15	5.99	6.85	7.78	20
1600	2.33	3.00	3.86	4.68	5.46	6.33	7.20	8.13	
1800	2.50	3.23	4.15	5.02	5.83	6.73	7.63	8.46	25
2000	2.64	3.42	4.40	5.30	6.13	7.02	7.87	8.60	30
2200	2.76	3.58	4.60	5.52	6.35	7.19	7.97	—	
2400	2.85	3.70	4.75	5.67	6.47	7.25	—	—	
2800②	2.96	3.85	4.80	5.76	6.43	—	—	—	
3200	2.94	3.83	4.80	—	—	—	—	—	
3600	2.80	3.63	—	—	—	—	—	—	
4000	2.51	3.24	—	—	—	—	—	—	
4500	1.93	—	—	—	—	—	—	—	

注：①为优先选用的基准直径；②为常用转速。

表 5 - 9　单根普通 V 带的功率增量 ΔP_0

单位:kW

型号	传动比 i	小带轮转速 n_1(r/min)													
		400	730	800	980	1200	1460	1600	2000	2400	2800	3200	3600	4000	5000
Y	1.35~1.51	0.00	0.00	0.00	0.01	0.01	0.01	0.01	0.01	0.02	0.02	0.02	0.02	0.02	0.02
	≥2	0.00	0.00	0.00	0.01	0.01	0.01	0.01	0.02	0.02	0.02	0.02	0.03	0.03	0.03
Z	1.35~1.51	0.01	0.01	0.01	0.02	0.02	0.02	0.02	0.03	0.03	0.04	0.04	0.04	0.05	0.05
	≥2	0.01	0.02	0.02	0.02	0.03	0.03	0.03	0.04	0.04	0.04	0.05	0.05	0.06	0.06
A	1.35~1.51	0.04	0.07	0.08	0.08	0.11	0.13	0.15	0.19	0.23	0.26	0.30	0.34	0.38	0.47
	≥2	0.05	0.09	0.10	0.11	0.15	0.17	0.19	0.24	0.29	0.34	0.39	0.44	0.48	0.60
B	1.35~1.51	0.10	0.17	0.20	0.23	0.30	0.36	0.39	0.49	0.59	0.69	0.79	0.89	0.99	1.24
	≥2	0.13	0.22	0.25	0.30	0.38	0.46	0.51	0.63	0.76	0.89	1.01	1.14	1.27	1.60

型号	传动比 i	小带轮转速 $n_1(r/\min)$													
		200	300	400	500	600	730	800	980	1200	1460	1600	1800	2000	2200
C	1.35～1.51	0.14	0.21	0.27	0.34	0.41	0.48	0.55	0.65	0.82	0.99	1.10	1.23	1.37	1.51
	≥2	0.18	0.26	0.35	0.44	0.53	0.62	0.71	0.83	1.06	1.27	1.41	1.59	1.76	1.94
D	1.35～1.51	0.49	0.73	0.97	1.22	1.46	1.70	1.95	2.31	2.92	3.52	3.89	4.98	—	—
	≥2	0.63	0.94	1.25	1.56	1.88	2.19	2.50	2.97	3.75	4.53	5.00	5.62	—	—
E	1.35～1.51	0.96	1.45	1.93	2.41	2.89	3.38	3.86	4.58	5.61	6.83	—	—	—	—
	≥2	1.24	1.86	2.48	3.10	3.72	4.34	4.96	5.89	7.21	8.78	—	—	—	—

ΔP_0 为 $i\ne1$ 时单根 V 带额定功率的增量,单位为 kW。这时考虑 $i>1$ 时对单根 V 带传动能力的影响,其推荐值的确定方式同 P_1。

K_α 为包角修正系数,这是考虑 $\alpha\ne180°$ 时对单根 V 带传动能力的影响,见表 5-10。

表 5-10　包角修正系数 (K_α)(摘自 GB/T 13557—92)

小带轮包角 $\alpha(°)$	180	175	170	165	160	155	150	145	140	135	130	125	120	110	100	90
K_α	1	0.99	0.98	0.96	0.95	0.93	0.92	0.91	0.89	0.88	0.86	0.84	0.82	0.78	0.74	0.69

K_L 为带长修正系数,这是考虑带长不为特定基准长度时,对单根 V 带传动能力的影响,见表 5-11。

表 5-11　带长修正系数 K_L(摘自 GB/T 13575.1—92)

L_d	K_L					L_d	K_L				
	Y	Z	A	B	C		A	B	C	D	E
200	0.81					2000	1.03	0.98	0.88		
224	0.82					2240	1.06	1.00	0.91		
250	0.84					2500	1.09	1.03	0.93		
280	0.87					2800	1.11	1.05	0.95	0.83	
315	0.89					3150	1.13	1.07	0.97	0.83	
355	0.92					3550	1.17	1.09	0.99	0.89	
400	0.96	0.87				4000	1.19	1.13	1.02	0.91	
450	1.00	0.89				4500		1.15	1.04	0.93	0.90
500	1.02	0.91				5000		1.18	1.07	0.96	0.92
560		0.94				5600			1.09	0.98	0.95
630		0.96	0.81			6300			1.12	1.00	0.97
710		0.99	0.83			7100			1.15	1.03	1.00
800		1.00	0.85			8000			1.18	1.06	1.02

续表

L_d	K_L					L_d	K_L				
	Y	Z	A	B	C		A	B	C	D	E
900		1.03	0.87	0.82		900			1.21	1.08	1.05
1000		1.06	0.89	0.84		10000			1.23	1.11	1.07
1120		1.08	0.91	0.86		11200				1.14	1.10
1250		1.11	0.93	0.88		12500				1.17	1.12
1400		1.14	0.96	0.90		14000				1.20	1.15
1600		1.16	0.99	0.92	0.83	1600				1.22	1.18
1800		1.18	1.01	0.95	0.86						

Z 应取整数。为避免载荷不均,V 带根数不宜过多,一般取 $Z = 3 \sim 6$,$Z_{max} \leqslant 10$。如果算得的根数过多,则应改选较大带型的 V 带重新计算。

6. 确定初拉力 F_0 和作用在轴上的压力 Q

适当的初拉力是保证带传动正常工作的必要条件。单根 V 带的初拉力 F_0 按下式计算:

$$F_0 = 500 \times \frac{(2.5 - K_\alpha)P_d}{K_\alpha Z v} + mv^2 \tag{5-24}$$

式中,P_d 为设计功率,单位为 kW;Z 为 V 带根数;v 为带速,单位为 m/s;K_α 为包角修正系数,见表 5-10;m 为 V 带单位长度质量,单位为 kg/m,见表 5-12。

表 5-12　普通 V 带单位长度质量

带型	Y	Z	A	B	C	D	E
m(kg/m)	0.02	0.06	0.10	0.17	0.30	0.62	0.90

为设计支承带轮的轴和轴承,需确定带传动作用在轴上的压力 Q。通常不考虑带两边的拉力差和离心拉力的影响,则可近似地按两边初拉力 F_0 的合力来计算,如图 5-14 所示,即

$$Q = 2F_0 Z \sin \frac{\alpha_1}{2} \tag{5-25}$$

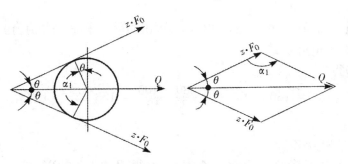

图 5-14　作用在轴上的压力

7. 确定带轮结构

带轮结构根据带轮槽型、槽数、基准直径和轴的尺寸确定。

例 5-1 设计某鼓风机的 V 带传动。已知原动机为普通鼠笼式交流电动机,其额定功率 $P = 3$ kW,主、从动轮转速分别为 $n_1 = 1450$ r/min,$n_2 = 500$ r/min,三班制连续工作。

解 (1) 确定设计功率 P_d,选择 V 带带型。

查表 5-6,得 $K_A = 1.2$。

由式(5-16),得 $P_d = K_A \cdot P = 1.2 \times 3 = 3.6$(kW)。

根据 P_d 和 n_2 查图 5-13,选择 A 型 V 带。

(2) 确定带轮基准直径 d_{d1}、d_{d2},验算带速 v。

由表 5-2 取 $d_{d1} = 100$ mm。由表 5-2 取 $d_{d2} = 280$ mm。

由式(5-17)得

$$v = \frac{\pi d_{d1} n_1}{60 \times 1000} = \frac{\pi \times 100 \times 1450}{60 \times 1000} = 7.59 \text{ m/s} < 25 \text{ (m/s)}$$

合适。

(3) 确定 V 带基准长度 L_d 和传动中心距 a。

由式(5-18),有 $0.7(d_{d1} + d_{d2}) \leqslant a_0 \leqslant 2(d_{d1} + d_{d2})$,初定中心距 a_0,即

$$0.7(100 + 280) \leqslant a_0 \leqslant 2(100 + 280)$$

得 $266 \leqslant a_0 \leqslant 760$,取 $a_0 = 400$ mm。

由式(5-19)初算基准长度 L_{d0}:

$$
\begin{aligned}
L_{d0} &= 2a_0 + \frac{\pi}{2}(d_{d1} + d_{d2}) + \frac{(d_{d2} - d_{d1})^2}{4a_0} \\
&= 2 \times 400 \times \frac{\pi}{2}(100 + 280) + \frac{(280 - 100)^2}{4 \times 400} \\
&= 1417.15 \text{ (mm)}
\end{aligned}
$$

由表 5-3 取 $L_d = 1400$ mm。

按式(5-20)计算实际中心距 a:

$$A = \frac{L_d}{4} - \frac{\pi(d_{d1} + d_{d2})}{8} = \frac{1400}{4} - \frac{\pi(100 + 280)}{8} = 200.77 \text{ (mm)}$$

$$B = \frac{(d_{d2} - d_{d1})^2}{8} = \frac{(280 - 100)^2}{8} = 4050 \text{ (mm)}$$

所以

$$a = A + \sqrt{A^2 - B} = 200.77 + \sqrt{(200.77)^2 - 4050} = 391.19 \text{ (mm)}$$

(4) 验算小带轮包角 α_1。

由式(5-22)得

$$\alpha_1 = 180° - 57.3° \times \frac{280 - 100}{391.19} = 153.63° > 120°$$

合适。

(5) 确定 V 带根数 Z。

根据选择的 A 型 V 带及 n_1 和 d_{d1},查表 5-7,得 $P_1 = 1.32$ kW。

由 $i = \dfrac{n_1}{n_2} = \dfrac{1450}{500} = 2.9$,再查表 5-7,得 $\Delta P_1 = 0.17$ kW。

由 $\alpha_1 = 153.63°$,再查表 5 - 10,得 $K_\alpha = 0.927$。

由 $L_d = 1400$ mm,查表 5 - 11 得 $K_L = 0.96$。

由式(5 - 23)得

$$Z = \frac{P_d}{(P_1 + \Delta P_1)K_\alpha K_L} = \frac{3.6}{(1.32 + 0.17) \times 0.927 \times 0.96} = 2.72$$

取 $Z = 3$。

(6) 确定初拉力 F_0 和作用在轴上的压力 Q。

由表 5 - 12 得 $m = 0.10$ kg/m。

由式(5 - 24)得

$$F_0 = 500 \times \frac{(2.5 - K_\alpha)P_d}{K_\alpha Z v} + mv^2 = 500 \times \frac{(2.5 - 0.927) \times 3.6}{0.927 \times 3 \times 7.59} + 0.10 \times 7.59^2$$

$$= 139.9 \,(\text{N})$$

由式(5 - 25)得

$$Q = 2F_0 Z \sin \frac{\alpha_1}{2} = 2 \times 139.9 \times 3 \times \sin \frac{153.63°}{2} = 817.27 \,(\text{N})$$

带轮结构设计从略。

根据以上计算,确定所选 V 带规格为 A1400 GB1171—89。

5.1.5　V 带传动的布置、使用与维护

1. 带传动的张紧装置

带传动中由于传动带长期受到拉力的作用,将会产生塑性变形,使带的长度增加,因而容易造成张紧能力减小,影响带的正常传动,为了保持带在传动中正常的传动能力,可使用张紧装置调整。通常带传动的张紧装置采用两种方法,即调整中心距和使用张紧轮。

(1) 调整中心距的方法

一般利用调整螺钉来调整中心距的距离。如图 5 - 15(a)所示,在水平传动(或接近水平)时,电动机装在滑槽上,利用调整螺钉调整中心距的距离;如图 5 - 15(b)所示为垂直传动(或接近垂直)时,电动机装在可以摆的托架座上,利用调整螺钉来调整中心距的距离。也可利用电动机自身的重量下垂,以达到自动张紧的目的,如图 5 - 15(c)所示,但这种方法多用在小功率的传动中。

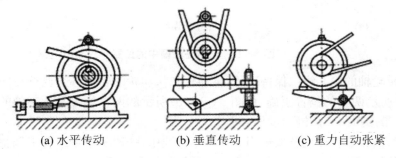

(a) 水平传动　　　　(b) 垂直传动　　　　(c) 重力自动张紧

图 5 - 15　调整中心距的方法

（2）采用张紧轮的方法

图 5-16 所示为不能调整中心距时采用的方法。如图 5-16(a)所示为平带传动时采用的张紧轮装置，它是利用重锤使张紧轮张紧平带。平带传动时的张紧轮应安放在平带松边的外侧，并要靠近小带轮处，这样小带轮的包角可以得到增大，提高了平带的传动能力。如图 5-16(b)所示为 V 带传动时采用的张紧轮装置，对于 V 带传动的张紧轮，其位置安放在V 带松边的内侧，这样可使 V 带传动时只受到单方面的弯曲，以免降低带的寿命。同时，张紧轮应尽量靠近大带轮的一边，这样可使小带轮的包角不至于过分减小。

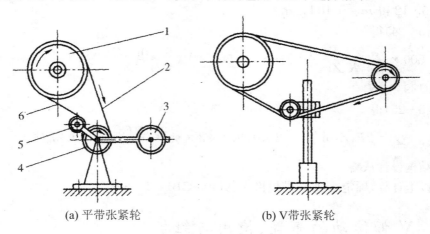

(a) 平带张紧轮　　　　　　　　　　(b) V带张紧轮

图 5-16　采用张紧轮的方法

2. 正确的调整、使用和维护

正确的调整、使用和维护是保证 V 带传动正常工作和延长寿命的有效措施。必须注意下列几点：

（1）选用的 V 带型号和计算长度要明确，以保证 V 带截面在轮槽的正确位置。V 带的外边缘应与带轮的轮缘取齐（新安装时可略高于轮缘），见图 5-17(a)，这样 V 带的工作面与轮槽的工作面才能充分地接触。

(a) 正确　　　　　　　　(b) 错误　　　　　　　　(c) 错误

图 5-17　V 带在轮槽中的位置

（2）两带轮轴的中心线应保持平行，主动轮和从动轮的轮槽必须调整在同一平面内，如图 5-18(a)所示两轮的位置正确，而图 5-18(b)所示的两轮位置是不正确的，这样将会引起传动时 V 带的扭曲和两侧面过早磨损。

（3）V 带的张紧程度调整要适当。在生产实践中，一般是根据经验来调整，在一般情况下 V 带的张紧程度以大拇指能按下 15 mm 左右为合适（图 5-18(c)）。

（4）对 V 带传动应定期检查，及时调整。多根带并用时，若其中一根带损坏应全部同时更换,以免新带短旧带长加速新带的磨损。

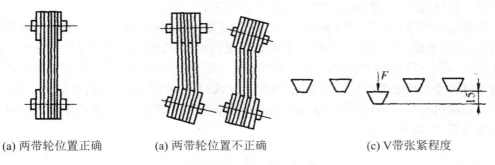

(a) 两带轮位置正确　　(a) 两带轮位置不正确　　(c) V带张紧程度

图 5 - 18　带轮位置与张紧程度

(5) 带不宜与酸、碱、油一类介质接触,工作温度一般不超过 60°,以防带的老化。

(6) V 带传动装置还必须装安全防护罩。这样既可防止绞伤人和其他杂物飞溅到 V 带上而影响传动,还可防止 V 带在露天作业下的烈日暴晒和灰尘,避免过早老化。

5.2　链　传　动

5.2.1　链传动的特点和应用

链传动由链轮和绕在链轮上的链条组成,如图 5 - 19 所示。用链作为中间挠性件,依靠链和链轮轮齿的啮合来传递运动和动力。

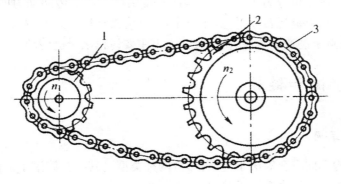

图 5 - 19　链传动简图

与带传动相比,链传动的主要优点是没有弹性滑动和打滑,能保持准确的平均传动比;传递功率较大,传动效率较高,一般可达 0.96;链条张紧力小,作用于轴上的力小;中心距适用范围大,允许包角小,能在大传动比和较小中心距情况下工作;链条由金属制成,能在温度和湿度变化很大或多尘等恶劣环境下工作;结构紧凑,装拆方便。主要缺点是传动平稳性较差,有冲击和噪音;无过载保护作用,要求安装精度高;瞬时传动比不恒定;不宜在载荷变化很大和急速反向的传动中使用;不适用于高速传动。因此,链传动常用于两轴平行、中心距大、要求平均传动比准确和环境恶劣的开式传动,如摩托车、自行车、石油钻机的链传动,挖掘机的行走链传动,内燃机的正时链传动等,应用非常广泛。

链传动在军事装备中应用也很广泛,例如链式航炮,与其他类型航炮相比,具有构件少、重量轻、动作平稳、寿命长、射速调节范围大、后坐力小、射击精度高和可靠性好等突出优点,且能满足多路、有链或无链供弹要求。链式航炮一般由炮管、炮体(箱)、传动机构(齿轮传动机构与链传动机构的组合)、进弹机构、锁膛击发机构、缓冲器、动力机构等组成。链传动机构用于传动机心组运动,主要由两条闭合的滚柱链条、四个链轮、一个机心座驱动滑块和前、后导板等组成,如图 5-20 所示。

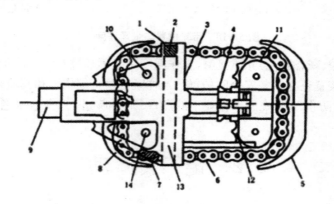

图 5-20 链传动机构

1-主链节;2-机心座驱动滑块;3-机心座;4-锁膛机;5-前引导板;6-链条;7-保险链节;

8-后引导板;9-纵向滑轨;10-主动链轮轴;11、12-从动链轮;13-T 形槽横槽;14-从动链轮轴

目前链传动参数应用范围为:传递功率 $P \leqslant 1100$ kW,传动比 $i \leqslant 8$,中心距 $a \leqslant 10$ mm,链条速度 $v = 12 \sim 15$ m/s。在专用的传动装置中,链速可达 35 m/s,功率可达几千 kW。

按用途的不同链条可分为传动链、起重链和曳引链。用于传递动力的传动链又有齿形链和滚子链两种。齿形链运转较平稳,噪声小,又称为无声链,适用于高速(40 m/s)、运动精度较高的传动,缺点是制造成本高、重量大。本书主要讨论滚子链传动。

5.2.2　滚子链和链轮

1. 滚子链的结构

传动链按结构不同有套筒滚子链、齿形链两种类型。其中套筒滚子链使用最广,齿形链使用较少。本书主要讨论套筒滚子链。

组成滚子链的基本链节为外链节(销轴链节)和内链节(滚子链节),如图 5-21 所示。外链节由销轴 1 和外链板 2 过盈连接而成;内链节由内链板 3、滚子 4 和套筒 5 组成。内链板 3 上的套筒 5 与外链板上的销轴 1 为间隙配合,可相对转动,以适应内、外链节的相对屈伸;滚子 4 活套在套筒 5 上,使滚子和链轮可形成滚动摩擦,以减少链和链轮的磨损;内、外链板均制成"8"字形,使链板各横截面的抗拉强度相近,并减轻链的质量和运动时的惯性力。链条由许多外链节和内链节以转动副交替连接,并通过接头链节形成封闭的挠性件。

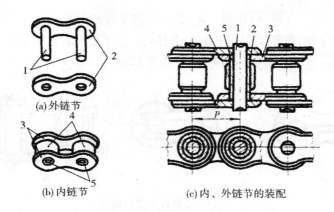

图 5 - 21 滚子链的基本链节

设计给定的链条上相邻两转动副中心间的距离 p 称为节距,它是链传动最主要的参数。节距越大,链条各零件的尺寸均相应增大,承载能力也越大,其质量也随之增加,当链轮齿数一定时,链轮的直径也随之增大。因此当传递功率较大,又要求传动外廓尺寸较小时,可以采用多排链(图 5 - 22)。但是,由于制造误差等原因,链条的排数越多,载荷分布越不均匀,因而排数一般不宜超过四排。目前双排滚子链应用较多。

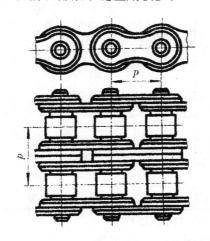

图 5 - 22 双排链

整链链节数以偶数为宜,这样形成的环形接头处正好是内、外链节相接。若链节数为奇数,则必须用过渡链节(图 5 - 23(c)),由于此链节的链板要产生附加弯曲应力,所以应当尽量避免采用。接头处的止锁件可采用钢丝锁销(图 5 - 23(a))和弹簧锁片(图 5 - 23(b))等,前者一般用于大节距链条,后者用于小节距链条。

2. 滚子链的标准

滚子链已经标准化,套筒滚子链分为 A、B 两个系列,常用的是 A 系列,其主要参数见表 5 - 13。国际上链节距均采用英制单位,我国标准中规定链节距采用米制单位(按转换关系从英制折算成米制)。对应于链节距有不同的链号,用链号乘以 25.4/16,所得的数值即为链节距 p(mm)。

滚子链的标记方法为：

链号—排数×链节数　国家标准代号

例如，A 系列滚子链，节距为 19.05 mm，双排，链节数为 100，其标记方法为

12A—2×100　GB/T 1243—2006

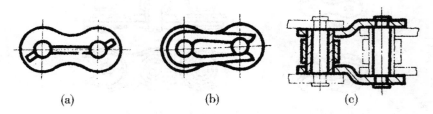

(a)　　　　　(b)　　　　　(c)

图 5 - 23　止锁件和过渡链节

表 5 - 13　A 系列滚子链的基本参数和尺寸（摘自 GB/T 1243—2006）

链号	节距 p(mm)	排距 p_t(mm)	滚子外径 d_r(mm)	内链节内宽 b_1(mm)	销轴直径 d_2(mm)	内链板高度 h_2(mm)	极限拉伸载荷（单排）F_Q(N)	每米质量（单排）q(kg/m)
08A	12.70	14.38	7.95	7.85	3.96	12.07	13800	0.60
10A	15.875	18.11	10.16	9.40	5.08	15.09	21800	1.00
12A	19.05	22.78	11.91	12.57	5.94	18.08	31100	1.50
16A	25.04	29.29	15.88	15.75	7.92	24.13	55600	2.60
20A	31.75	35.76	19.05	18.90	9.53	30.18	86700	3.80
24A	38.10	45.44	22.23	25.22	11.10	36.20	124600	5.60
28A	44.45	48.87	25.40	25.22	12.70	42.24	169000	7.50
32A	50.80	58.55	28.58	31.55	14.27	48.26	222400	10.10
40A	63.50	71.55	39.68	37.85	19.84	60.33	347000	16.10
48A	76.20	87.83	47.63	47.35	23.80	72.39	500400	22.60

注：① 多排链极限拉伸载荷按表列 q 值乘以排数计算。

② 使用过渡链节时，其极限拉伸载荷按表列数值的 80% 计算。

3. 链轮的齿形

链轮齿形应保证链节能顺利进入和退出啮合，尽可能减小啮合时的冲击和接触应力，不易脱链，便于加工和测量。GB/T 1234—97 规定了滚子链链轮的端面标准齿槽形状（图5 - 24(a)）。这种齿形的链轮在工作时，啮合处接触应力较小，因而有较高的承载能力。链轮齿廓可用标准刀具加工。

对于具有标准齿形的链轮，其最基本的参数是节距 p 和齿数 z。链轮上能被链条节距等分的圆称为链轮的分度圆。分度圆直径为

$$d = \frac{p}{\sin\frac{180°}{z}}$$

(5 - 26(a))

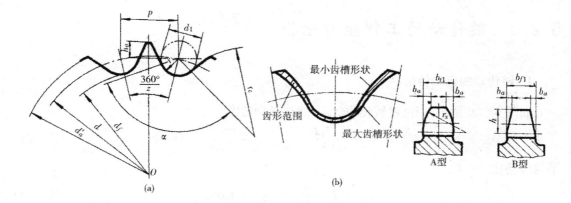

图 5 - 24　链轮的齿形

齿顶圆直径为

$$d_a = p\left(0.54 + \cot\frac{180°}{z}\right) \tag{5-26(b)}$$

齿根圆直径为

$$d_f = d - d_1 \tag{5-26(c)}$$

式中，p 为链条节距（mm）；z 为链轮齿数；d_1 为滚子直径。

链轮轴面齿形如图 5 - 24（c）所示，应符合 GB/T 1234—97 规定。

链轮结构与带轮类似，通常亦由轮缘（齿圈）、轮辐和轮毂三部分组成，如图 5 - 25 所示。小直径链轮可制成实心式（图 5 - 25（a））；中等直径链轮可制成孔板式（图 5 - 25（b））；直径大的链轮可制成组合式（图 5 - 25（c）），齿圈和轮毂用不同材料制成，用焊接、铆接或螺栓连接，将其连为一体。当轮齿磨损失效时，可更换齿圈。链轮轮毂部分的尺寸可参考带轮。

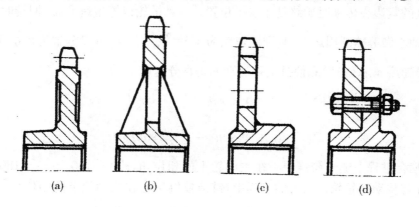

图 5 - 25　链轮结构

4. 链轮的结构和材料

链轮材料应能保证轮齿有足够的接触强度和耐磨性，故齿面多经热处理。小链轮的啮合次数比大链轮多，受冲击也较大，所用材料一般优于大链轮。常用链轮材料有碳素钢（Q235、Q275、45、ZG310～570 等）、灰铸铁（HT200）等。重要的链轮可采用合金钢（15Cr、20Gr、35SilMn、40Cr 等）。

5.2.3 链传动的工作能力分析

1. 链传动的运动特性

如图 5-26 所示,当链轮转速为 n_1、n_2 时,平均速度

$$V_m = V = \frac{Z_1 P n_1}{60 \times 1000} = \frac{Z_2 P n_2}{60 \times 1000} \quad (\text{m/s}) \tag{5-27}$$

平均传动比

$$i_m = i = \frac{n_1}{n_2} = \frac{Z_2}{Z_1} = \text{Const} \tag{5-28}$$

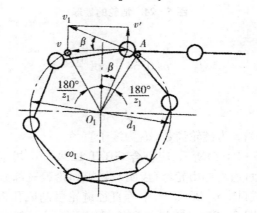

图 5-26 链传动的速度分析

假设链的紧边在传动时始终处于水平位置。主动链轮以等角速度 ω_1 回转时,链条铰链销轴 A 的轴心做等速圆周运动,其圆周速度为 $v_1 = \frac{\omega_1 d_1}{2}$。$v_1$ 可以分解为使链条沿水平方向前进的分速度 v_{x1}(链速)和使链上下运动的垂直分速度 v_{y1}:

$$v_{x1} = v_1 \cos\beta = \frac{d_1 \omega_1}{2} \cos\beta$$
$$v_{y1} = v_1 \sin\beta = \frac{d_1 \omega_1}{2} \sin\beta \tag{5-29}$$

式中,β 为啮合过程中链节铰链中心在主动轮上的相位角,$\beta = -180/z_1 \sim +180/z_1$。同样每一链节在与从动链轮轮齿啮合的过程中,链节铰链中心在从动轮上的相位角 γ 在 $\pm 180/z_1$ 范围内不断变化。紧边链条沿 x 方向的分速度为 $v_{x2} = \frac{\omega_2 d_2}{2}$,式中 ω_2 为从动链轮的角速度。不计链条变形,则有 $v_{x1} = v_{x2}$。于是得 $\omega_2 = \omega_1 d_1 \cos\beta / d_2 \cos\gamma$。瞬时传动比为 $i = \omega_1 / \omega_2 = d_2 \cos\gamma / d_1 \cos\beta$,通常 $\beta \neq \gamma$。显然,即使主动链轮以等角速度回转,瞬时链速、从动链轮的角速度和瞬时传动比等都是随 β、γ 做周期性变化。可见,由于绕在链轮上的链条形成正多边形,造成了链传动运动的不均匀性。这是链传动的固有特性,称其为多边形效应。为减少此影响,设计时应合理选择参数,如较小的节距、较多的小链轮齿数,将链传动放在机械性传动的低速级以降低链轮转速,以及采用自动张紧装置等措施。

由于链速和从动轮角速度做周期性变化,产生加速度 a,从而引起动载荷。链条垂直方向的分速度 v_y 也做周期性变化,使链条产生横向振动。这是产生动载荷的重要原因之一。在链条链节与链轮轮齿啮合的瞬间,由于具有相对速度,造成啮合冲击和动载荷。链、链轮的制造、安装误差也会引起动载荷。由于链条松驰,在启动、制动、反转、载荷突变等情况下,产生惯性冲击,引起较大的动载荷。

2. 链传动的受力分析

链传动在工作过程中,紧边和松边所受的拉力是不同的。如果不考虑动载荷,则紧边拉力 F_1 为工作拉力 F、由链条离心力所产生的离心拉力 F_C 以及由链条下垂而产生的悬拉力 F_y 之和,即

$$F_1 = F + F_C + F_y \tag{5-30}$$

而松边拉力 F_2 则为 F_C 与 F_y 之和,即

$$F_2 = F_C + F_y \tag{5-31}$$

当链速 $v < 8$ m/s 时,由离心力所引起的应力可略而不计。

由此可见在链传动过程中,链条上的每一个链节都承受着交变载荷,以及由多边形效应而引起的各种附加动载荷 F_d 等,使链条的拉力曲线如图 5-27 所示。

作用在轴上的载荷可近似地取为紧边和松边总拉力之和。

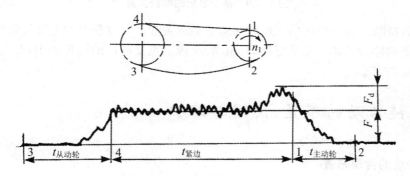

图 5-27 典型链节拉力变化曲线

3. 链传动的失效形式

链传动的失效通常是由于链条失效而引起的,其失效形式有以下几种:

(1) 链板的疲劳破坏(图 5-28(a))。这是中、低速闭式链传动(润滑和密封条件良好)的主要失效形成。

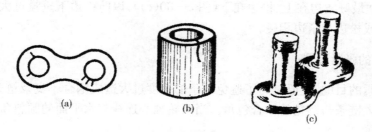

图 5-28 链条的主要失效形式

（2）滚子和套筒的冲击疲劳破坏（图5-28(b)）。这是中、高速闭式链传动的主要失效形式。主要是链条与链轮进入啮合时受冲击而产生的动载荷作用，使之出现疲劳点蚀和疲劳裂纹。

（3）销轴和套筒的胶合。润滑不良和高速链传动中，销轴和套筒工作表面的局部区域因高温、高压而相互粘着，在相对转动中将较弱的金属撕下而产生沟纹，这种现象称为胶合。

（4）链条铰链的磨损（图5-28(c)）。这是开式传动的主要失效形式。由于磨损，使链节的实际节距变长，链长增加，啮合点沿齿面向齿顶外移（图5-29），最后发生跳齿和脱链现象。同时链轮轮齿也相应磨损，加剧了这种现象。齿数越多，越易脱链，故要限制大链轮齿数（≤120）。

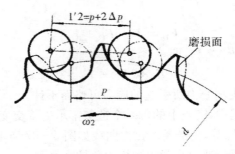

图5-29　链条磨损的啮合位置

（5）过载拉断。是在低速（$v < 0.5$ m/s）重载或突然严重过载时的主要失效形式。

（6）链条的冲击破坏。在反复起动、制动、反转或重复冲击的链传动中，其套筒、滚子和销轴等易发生破坏。

5.2.4　链传动的布置、使用与维护

1. 链传动的合理布置

链传动的布置是否合理，对传动的工作能力及使用寿命都有较大的影响。其布置要从以下几方面考虑：

（1）两链轮的回转平面应在同一平面内，否则易使链条脱离，或产生不正常磨损。

（2）两链轮中心连线最好在水平面内，若需要倾斜布置时，倾角也应小于45°（图5-30(a)）。应避免垂直布置（图5-30(b)），因为过大的下垂量会影响链轮与链条的正确啮合，降低传动能力。

（3）链传动最好紧边在上、松边在下（图5-30(c)），以防松边下垂量过大使链条与链轮轮齿发生干涉或松边与紧边相碰。

2. 链传动的张紧装置

链传动张紧的目的，主要是为了避免链条的垂度过大造成啮合不良及链条的震动现象，同时也为了增大链条与链轮的啮合包角。当两轮轴心连线与水平面的倾斜角大于60°时，通常设有张紧装置。

当链传动的中心距可调整时，常用移动链轮增大中心距的方法张紧。当中心距不可调

时,可用张紧轮定期或自动张紧(图 5 - 31(a)、(b))。张紧轮应装在靠近小链轮的松边上。张紧轮分为有齿和无齿两种,张紧轮的直径应与小链轮的直径相近。前者可用螺旋、偏心等装置调整,后者多用弹簧、吊重等装置自动张紧,另外还可用压板和托板张紧(图 5 - 31(c)),特别是中心距大的链传动,用托板控制垂度更为合理。

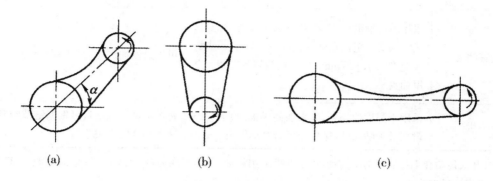

图 5 - 30　应避免的链传动布置

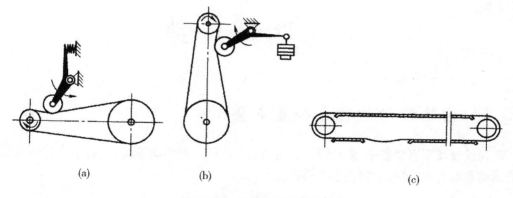

图 5 - 31　链传动的张紧装置

3. 链传动的润滑

链传动的润滑十分重要,良好的润滑可缓和冲击,减轻磨损,延长使用寿命。润滑油推荐采用 20、30 和 40 号机械油,环境温度高或载荷大时宜取黏度高者,反之黏度宜低。

套筒滚子链的润滑方法和供油量见表 5 - 14。

表 5 - 14　套筒滚子链的润滑方法和供油量

方式	润滑方法	供油量
人工润滑	用刷子或油壶定期在链条松边内、外链片间隙中注油	每班注油一次
滴油润滑	装有简单外壳,用油标滴油	单排链每分钟供油 5～20 滴,速度高时取大值

方式	润滑方法	供油量
油浴供油	采用不滴油的外壳,使链条从油槽中通过	链条浸入油面过深,搅油损失大,油易发热变质。一般浸入深度为 6~12
飞溅润滑	采用不漏油的外壳,在链条侧边安装甩油盘,飞溅润滑。甩油盘圆周速度 $v>3$ m/s。当链条宽度大于 125 mm 时,链轮两侧各安装一个甩油盘	甩油盘浸油深度为 12~35 mm
压力供油	采用不漏油的外壳,油泵强制供油,喷油管口设在链条啮入处,循环油可起冷却作用	每个喷油口供油量可根据链节距及链速大小查阅有关手册

注:开式传动和不易润滑的链传动,可定期拆下用煤油清洗,干燥后,浸入 70~80 ℃润滑油中,待铰链间隙中充满油后安装使用。

5.3 齿 轮 传 动

5.3.1 齿轮传动的特点和基本类型

现代机械及军事装备中,齿轮机构是应用最广泛的一种传动形式,主要用来传递任意轴间的运动和动力,并可改变转动速度和转动方向。

1. 齿轮传动的特点

齿轮机构主要有以下特点:瞬时传动比恒定,工作平稳性较高;传动效率高,单级传动可达 0.98~0.995;适用范围广,传递功率可从 1 瓦到十几万千瓦,圆周速度可达 300 m/s,直径可达 1 毫米到 30 多米;寿命长,工作可靠;结构紧凑,适合于近距离传动。但是,加工齿轮需专门设备和刀具,安装及加工精度要求高,成本较高;制造精度不高的齿轮在传动时,噪音、振动和冲击较大,当两轴间距离较大时,采用齿轮机构结构较为笨重。

2. 齿轮传动的分类

齿轮副是由两个啮合的齿轮组成的基本机构,是齿轮机构的最基本形式。齿轮机构的分类如图 5-32 所示。

按两齿轮轴线的相对位置,齿轮机构可分为平行轴齿轮机构(图 5-32(a)、(b)、(c)、(d)、(e))、相交轴齿轮机构(图 5-32(f)、(g)、(h))和交错轴齿轮机构(图 5-32(i)、(j)、(k))。

按齿轮轮齿方向,齿轮机构可分为直齿轮机构(图 5-32(a)、(b)、(c))、斜齿轮机构(图 5-32(d)、(g))、人字齿轮机构(图 5-32(e))和曲线齿轮机构(图 5-32(h))。

按齿轮啮合方式,齿轮机构可分为外啮合齿轮机构(图 5-32(a)、(d)、(e))、内啮合齿轮机构(图5-32(b))和齿轮齿条机构(图5-32(c))。

按常见的齿廓曲线,齿轮机构又可分为渐开线齿轮机构、摆线齿轮机构和圆弧齿轮机构。

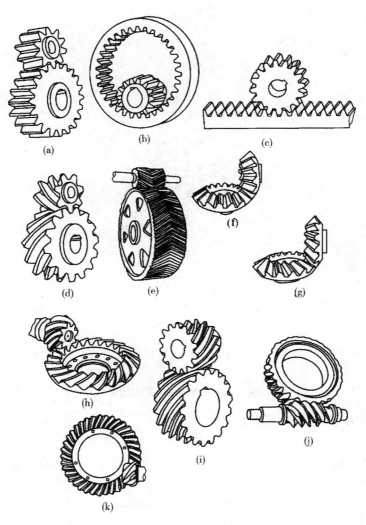

图5-32　齿轮传动的主要类型

按齿轮机构的工作环境,齿轮机构还可分为闭式齿轮机构和开式齿轮机构。闭式齿轮机构是将齿轮全部装入有良好润滑和密封性的刚性箱体内。开式齿轮机构的齿轮暴露在外,齿面易粘附灰砂,不能保证良好的润滑,轮齿易磨损,多用于低速传动。

5.3.2　齿廓啮合基本定律及渐开线齿轮

1. 齿廓啮合基本定律

一对齿轮机构是通过其两轮齿齿廓相互接触来实现的。两齿轮的瞬时角速度之比称为传动比。显然,两齿轮传动时,其传动比是否恒定与两轮齿廓曲线的形状有关。

在图 5-33 中,齿轮 1 与齿轮 2 的一对齿廓 I 和 II 在 K 点接触,两轮的角速度分别为 ω_1 和 ω_2,O_1O_2 为两轮的连心线,N_1N_2 为过 K 点两齿廓的公法线,C 为 N_1N_2 与 O_1O_2 的交点,称为啮合节点,简称节点。

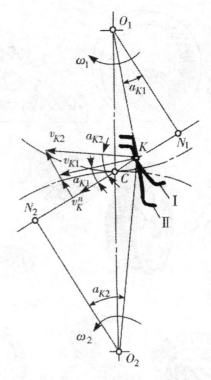

图 5-33   齿轮啮合基本定律

两轮齿廓在 K 点的速度分别为

$$v_{K1} = \omega_1 \cdot O_1K, \quad v_{K2} = \omega_2 \cdot O_2K$$

在啮合传动过程中,为保证两齿廓既不分离又不相互嵌入,v_{K1} 和 v_{K2} 在法线 N_1N_2 上的分速度必须相等,即 $v_{K1}^n = v_{K2}^n = v_K^n$,于是

$$v_{K1}\cos\alpha_{K1} = v_{K2}\cos\alpha_{K2}$$

即

$$\omega_1 \cdot O_1K\cos\alpha_{K1} = \omega_2 \cdot O_2K\cos\alpha_{K2}$$

过点 O_1、O_2 分别作 N_1N_2 的垂线 O_1N_1 和 O_2N_2,因为 $\triangle O_1N_1C \backsim \triangle O_2N_2C$,故两轮的传动比

$$i_{l2} = \frac{\omega_1}{\omega_2} = \frac{O_2K\cos\alpha_{K2}}{O_1K\cos\alpha_{K1}} = \frac{O_2N_2}{O_1N_1} = \frac{O_2C}{O_1C} \tag{5-32}$$

上式表明,两相互啮合的齿轮在任何瞬时的传动比,都与其连心线被齿廓接触点公法线所分成的两线段长度成反比,这个规律称为齿廓啮合基本定律。对圆形齿轮机构,若要实现定传动比传动,其节点 C 必为一定点。故对圆形齿轮机构,齿廓啮合基本定律可表述为:两轮齿廓不论在任何位置接触,过接触点的公法线都必与两轮连心线相交于一定点。

以 O_1 或 O_2 为圆心,过节点 C 所作的圆称为节圆。由于相互啮合的齿轮其节圆的圆周速度相等,所以一对齿轮机构可视为两节圆的纯滚动。

2. 共轭齿廓

一对相啮合的齿廓,在整个啮合过程中,若能按照预定规律运动,既保持相切而又不互相干涉,则称其为共轭齿廓。共轭齿廓都满足齿廓啮合基本定律。理论上讲,共轭齿廓有无穷多,如果给定传动比变化规律和一条齿廓曲线,便可通过作图法或解析法求得与其共轭的另一条齿廓曲线。在生产实践中,必须综合考虑设计、制造、安装和强度等因素来选择最适用的齿廓曲线。对定传动比的圆形齿轮机构,目前常用的有渐开线、摆线和圆弧等齿廓曲线,如图 5 - 34 所示。其中渐开线齿廓齿轮(图 5 - 34(a))容易制造,互换性好又便于安装,因而应用最广泛。摆线齿廓齿轮(图 5 - 34(b))传动比大、润滑不足时磨损较小,在钟表和机械式引信中应用较多。圆弧齿廓齿轮(图 5 - 34(c))承载能力大、效率高,在重型机械、高速机械中应用日益广泛。本书仅介绍渐开线齿廓的齿轮机构。

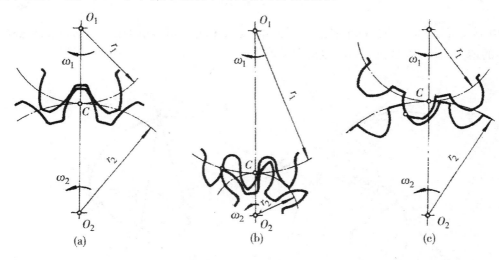

图 5 - 34 常用齿廓曲线

3. 渐开线的性质及压力角

(1) 渐开线及其性质

如图 5 - 35 所示,在平面上,一条动直线 L 沿着一个固定的圆做纯滚动时,此条直线上任一点 K 的轨迹称为圆的渐开线,简称渐开线。该圆称为渐开线的基圆,动直线 L 称为渐开线的发生线。

从渐开线的形成过程可看出,它有以下几个性质:

① 发生线在基圆上滚过的线段长度等于基圆上被滚过的圆弧长度,即 $\overline{KN} = \overset{\frown}{AN}$。

② 因为 N 点是发生线沿基圆滚动时的瞬时转动中心,所以发生线上过点 K 的速度方向与 KN 垂直,是渐开线上过点 K 的切线,可见,发生线 KN 是渐开线在 K 点的法线。由于发生线始终与基圆相切,因此,渐开线上任一点的法线切于基圆。

③ 渐开线任意点的曲率与该点距基圆的远近有关。

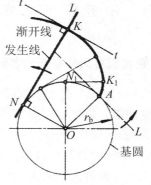

图 5 - 35 渐开线的形成

发生线 KN 与基圆的切点 N 为渐开线上点 K 的曲率中心,线段 KN 为点 K 的曲率半径。可见,渐开线离基圆越远,相应的曲率半径越大,即渐开线越平直;反之,渐开线离基圆越近,其曲率半径越小,即渐开线越弯曲。渐开线在基圆的起始点处,其曲率半径为零。

④ 渐开线的形状与基圆大小有关。基圆半径相等渐开线相同,基圆半径越小渐开线越弯曲,基圆半径越大渐开线越平直。当基圆半径无穷大时,渐开线成为垂直于发生线的直线(如图 5-36 中 KA_3),故渐开线齿条的齿廓为直线齿廓。

⑤ 因渐开线是从基圆开始向外逐渐展开的,故基圆内无渐开线。

(2) 渐开线齿廓任意点压力角

过渐开线齿廓上任意点处的径向直线 OK 与齿廓在该点处的切线 tt 所夹的锐角,称为渐开线任意点压力角,用 α_K 表示,如图 5-37 所示。其值为

$$\cos\alpha_K = \frac{r_b}{r_K} \tag{5-33}$$

由上式可知,渐开线齿廓上各点的压力角 α_K 不相等,其值随向径 r_K(点 K 到轮心 O 的距离)的增大而增大,基圆上的压力角为零。

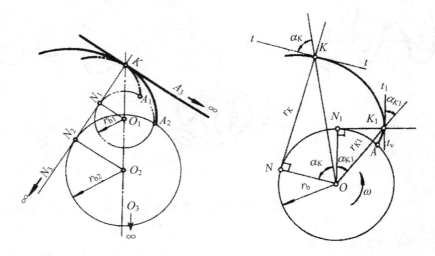

图 5-36 渐开线的形状与基圆大小的关系 图 5-37 渐开线齿廓的压力角

5.3.3 渐开线标准直齿圆柱齿轮的主要参数及几何尺寸计算

1. 直齿圆柱齿轮各部分名称及基本参数

在齿轮上约定一个假想的曲面,齿轮的轮齿尺寸均以此曲面为基准而加以确定,该曲面称为分度曲面。位于齿顶曲面和齿根曲面之间的轮齿侧表面称为齿面。齿面与分度曲面的交线称为齿线(图 5-38 中的线段 aa)。分度曲面为圆柱面的齿轮为圆柱齿轮。齿线为分度圆柱面直母线的圆柱齿轮称为直齿圆柱齿轮(简称直齿轮)。直齿轮的齿顶曲面和齿根曲面分别为齿顶圆柱面和齿根圆柱面。

如图 5-38 为直齿圆柱齿轮的一部分,每个轮齿两侧齿面是由两个形状相同、方向相反的渐开曲面组成。一个齿轮的轮齿总数称为齿数,以 z 表示。齿轮有齿部位沿分度圆柱面

的直母线方向量得的宽度称为齿宽,用 b 表示。齿轮上两相邻轮齿之间的空间称为齿槽。齿顶圆柱面与端平面(垂直于齿轮轴线的平面)的交线称为齿顶圆,简称顶圆,其直径和半径分别用 d_a 和 r_a 表示。齿根圆柱面与端平面的交线称为齿根圆,简称根圆,直径和半径分别用 d_f 和 r_f 表示。分度圆柱面与端平面的交线称为分度圆,直径和半径分别用 d 和 r 表示。一个齿的两侧端面齿廓之间的分度圆弧长称为端同齿厚,简称齿厚,用 s 表示。一个齿槽的两侧端面齿廓之间的分度圆弧长称为端面齿槽宽,简称槽宽,用 e 表示。齿轮上,两个相邻的同侧端面齿廓间的分度圆弧长称为端面齿距,简称齿距,用 p 表示。那么

$$p = s + e \tag{5-34}$$

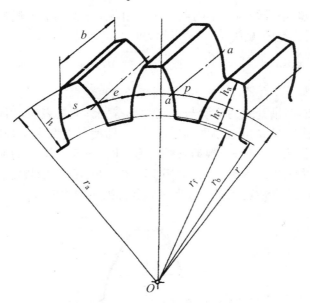

图 5 - 38 齿轮各部分名称、符号和尺寸

显然,分度圆周长为 $\pi d = pz$,故

$$p = \frac{\pi d}{z} \quad 或 \quad d = \frac{p}{\pi} z$$

式中 π 为无理数,使齿轮的计算、制造和测量都不方便,为此把比值 $\frac{p}{\pi}$ 规定为一系列简单的有理数。并把该比值,即齿距除以圆周率 π 所得的商称为模数,用 m 表示,即

$$m = \frac{p}{\pi} \tag{5-35}$$

则分度圆直径可表示为

$$d = mz \tag{5-36}$$

模数 m 是齿轮计算中的一个重要的基本参数,其单位为 mm。模数越大,齿距越大,轮齿也越大。对齿数相同的齿轮,模数大,齿轮尺寸也大,如图 5 - 39 所示。为便于设计、制

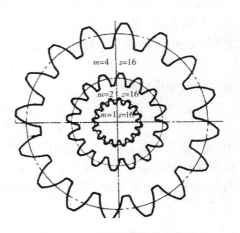

图 5 - 39 不同模数的轮齿比较

造和使用,齿轮模数已标准化,我国规定的模数标准系列见表 5-15。

表 5-15 齿轮模数系列(摘自 GB 1357—87)

第一系列(mm)	1,1.25,1.5,2,2.5,3,4,5,6,8,10,12,16,20,25,32,40,50
第二系列(mm)	1.75,2.25,2.75,(3.25),3.5,(3.75),4.5,5.5,(6.5),7,9,11,14,18,22,28,36,45

注:① 本表适用于渐开线圆柱齿轮,对斜齿轮是指法面模数。

② 选取时,优先采用第一系列,括号内的模数尽可能不用。

③ $m<1$ 的模数系列未摘入。

由式(5-33)可知,渐开线齿廓不同点的压力角 α_K 是不同的。通常说的齿轮压力角是指端面齿廓与分度圆交点的压力角,用 α 表示,故

$$\cos\alpha = \frac{r_b}{r} = \frac{d_b}{d} \quad 或 \quad d_b = d\cos\alpha = mz\cos\alpha \tag{5-37}$$

式中,r_b、d_b 为基圆半径及直径,r、d 为分度圆半径及直径。

由渐开线的性质知,渐开线的形状与基圆大小有关。上式表明,当齿轮的模数 m 和齿数 z 一定时,其分度圆直径 d 的大小即确定。然而,即使分度圆大小相同的齿轮,因其压力角 α 不同,也会使基圆大小不同,导致渐开线齿形不同(图 5-40)。为便于齿轮设计、制造、测量和互换,也把压力角规定为标准值,常用 15°、20°、30°等,我国规定标准压力角 $\alpha = 20°$。由此可见,分度圆是一个在齿轮上具有标准模数和标准压力角的圆。

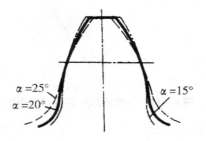

图 5-40 不同压力角的齿形

分度圆把轮齿分为齿顶和齿根两部分。轮齿上齿顶圆与分度圆之间的径向距离称为齿顶高,以 h_a 表示。齿根圆与分度圆之间的径向距离称为齿根高,以 h_f 表示。齿顶圆与齿根圆之间的径向距离称为齿高,以 h 表示。显然有

$$h = h_a + h_f \tag{5-38}$$

规定齿顶高和齿根高为

$$h_a = h_a^* m \tag{5-39}$$

$$h_f = h_a + c = (h_a^* + c^*)m \tag{5-40}$$

式中,h_a^* 为齿顶高系数;c 为顶隙。在齿轮副中,顶隙是一个齿轮的齿根圆柱圆与配对齿轮的齿顶圆柱面之间在连心线上量度的距离,其作用是防止干涉且有利于贮存润滑油,并规定 $c = c^* m$,c^* 为顶隙系数。我国基本齿廓中的 h_a^* 与 c^* 值见表 5-16。

表 5－16　　渐开线齿轮基本齿廓及其基本参数(摘自 GB 1356—76 等)

基准齿廓	基本参数名称		代　号	数　值
	齿形角(压力角)		α	20°
	齿顶高系数		h_a^*	1.0
	顶隙系数	圆柱齿轮	c^*	0.25
		锥齿轮		0.20
	齿根圆角半径	圆柱齿轮	ρ_f	$0.38m$
		锥齿轮		$0.30m$

齿顶高　$h_a = h_a^* m = m$
顶　隙　$c = c^* m = 0.25m$
工作高度　$h' = 2m$
齿　高　$h = 2.25m$

因此,齿轮的基本参数是齿数 z、模数 m、压力角 α、齿顶高系数 h_a^* 和顶隙系数 c^*。对于模数 m、压力角 α、齿顶高系数 h_a^* 和顶隙系数 c^* 均为标准值,且齿厚等于槽宽的齿轮,则称为标准齿轮。

2. 标准直齿圆柱齿轮几何尺寸计算公式

外啮合标准直齿轮机构几何尺寸计算公式见表 5－17。

表 5－17　外啮合标准直齿圆柱齿轮几何尺寸及计算公式

名　　称	代　号	公　　式
模数	m	根据轮齿承载能力和结构构定,取标准值,单位 mm
压力角	α	$\alpha = 20°$
分度圆直径	d	$d = mz$
齿顶高	h_a	$h_a = h_a^* m$
齿根高	h_f	$h_f = (h_a^* + c^*)m$
齿高	h	$h = h_a + h_f$
齿顶圆直径	d_a	$d_a = d + 2h_a = m(z + 2h_a^*)$
齿根圆直径	d_f	$d_a = d - 2h_f = m(z - 2h_a^* - 2c^*)$
基圆直径	d_b	$d_b = d\cos\alpha = mz\cos\alpha$
齿距	p	$p = \pi m$
齿厚	s	$s = \dfrac{1}{2}p = \dfrac{1}{2}\pi m$
槽宽	e	$s = \dfrac{1}{2}p = \dfrac{1}{2}\pi m$
中心距	a	$a = \dfrac{1}{2}(d_2 + d_1) = \dfrac{1}{2}m(z_1 + z_2)$

对于内齿轮(图 5 - 41),其齿顶圆小于分度圆,而齿根圆大于分度圆,即齿顶圆小于齿根圆,故齿顶圆直径 d_a、齿根圆直径 d_f 和中心距 a 的计算公式分别为

$$d_a = d - 2h_a = (z - 2h_a^*)m$$

$$d_f = d + 2h_f = (z + 2h_a^* + 2c^*)m$$

$$a = \frac{1}{2}(d_2 - d_1) = \frac{1}{2}m(z_2 - z_1)$$

内齿轮机构其他几何尺寸计算与外齿轮相同。

图 5 - 42 所示的齿条为齿轮的一种特殊形式。齿条的分度线、齿顶线和齿根线相应于齿轮的分度圆、顶圆和根圆,由于齿条的齿廓为直线,齿廓上各点的法线平行,齿条的运动为沿分度线的平动,齿廓上各点的压力角都等于齿形角,其标准值 $\alpha = 20°$,其他尺寸及其计算与齿轮相同。

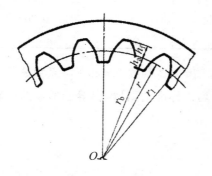

图 5 - 41　内齿轮

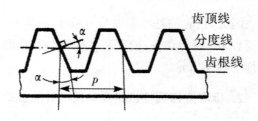

图 5 - 42　齿条

例 5 - 2　现需修配一已损坏的标准直齿圆柱齿轮。实测得齿高约为 8.96 mm,齿顶圆直径约为 211.7 mm,试确定该齿轮的主要尺寸。

解　由表 5 - 17 中公式知

$$h = h_a + h_f = m(2h_a^* + c^*)$$

由 $h_a^* = 1, c^* = 0.25$,有

$$m = \frac{h}{2h_a^* + c^*} = \frac{8.96}{2 \times 1 + 0.25} \approx 3.98$$

由表 5 - 15 知,该齿轮模数应为 $m = 4$ mm。

又据齿顶圆直径

$$d_a = m(z + 2h_a^*)$$

得

$$z = \frac{d_a}{m} - 2h_a^* = \frac{211.7}{4} - 2 \times 1 \approx 50.93$$

故该齿轮齿数为

$$z = 51$$

分度圆直径为

$$d = mz = 4 \times 51 = 204 \text{ (mm)}$$

齿项圆直径为

$$d_a = m(z + 2h_a^*) = 4 \times (51 + 2 \times 1) = 212 \text{ (mm)}$$

齿根圆直径为

$$d_f = m(z - 2h_a^* - 2c^*) = 4 \times (51 - 2 \times 1 - 2 \times 0.25) = 194\,(\text{mm})$$

基圆直径为

$$d_b = d\cos\alpha = 204 \times \cos20° = 197.70\,(\text{mm})$$

5.3.4 渐开线直齿圆柱齿轮的啮合传动

上面主要分析了单个渐开线齿轮的有关问题,本节简要讨论一对渐开线齿轮啮合传动的情况。

1. 渐开线齿轮的啮合情况

(1) 渐开线齿廓满足齿廓啮合基本定律

如图 5 - 43 所示,两渐开线齿轮的基圆半径分别为 r_{b1} 和 r_{b2},两齿廓在任一点 K 啮合时,过 K 点的公法线为 $N_1 N_2$。根据渐开线性质,公法线 $N_1 N_2$ 为两基圆的内公切线。又因在传动过程中,基圆的大小和位置都固定不变,在同一方向的内公切线只有一条,所以两齿廓无论在任何位置接触,过接触点的公法线均为定直线 $N_1 N_2$,且两轮连心线 $O_1 O_2$ 也为定直线,因此其交点 C 也必为一定点,即渐开线齿廓满足齿廓啮合基本定律中实现定传动比的条件。其传动比

$$i = \frac{\omega_1}{\omega_2} = \frac{\overline{O_2 C}}{\overline{O_1 C}} = 常数 \qquad (5-41)$$

又因为 $\triangle O_1 N_1 C \backsim \triangle O_2 N_2 C$,故传动比也可写为

$$i = \frac{\omega_1}{\omega_2} = \frac{\overline{O_2 C}}{\overline{O_1 C}} = \frac{r_2'}{r_1'} = \frac{r_{b2}}{r_{b1}} \qquad (5-42)$$

式中 r_1'、r_2' 为两轮的节圆半径,其他符号同前。

(2) 渐开线齿廓的啮合线和啮合角

在渐开线齿廓的整个啮合过程中,其瞬时接触点在端平面上的运动轨迹称为啮合线。如前所述,因为无论两渐开线齿廓在任何位置接触,过啮合点所作的公法线均与两基圆内公切线

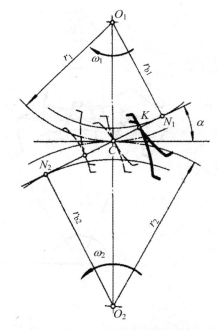

图 5 - 43 渐开线齿廓满足齿廓啮合基本定律

$N_1 N_2$ 重合,所以啮合点必在直线 $N_1 N_2$ 上,并沿 $N_1 N_2$ 移动,直线即为渐开线齿廓的啮合线。在一般情况下,两相啮轮齿的端面齿廓,在接触点处的公法线与两节圆的内公切线 tt 所夹的锐角 α,称为啮合角,对于渐开线齿轮,它等于两相啮轮齿在节点上的压力角,其齿廓间的正压力是沿接触点的公法线方向作用的。因此,渐开线齿轮机构中,其齿廓接触点的公法线、两基圆的内公切线、啮合线和齿廓间正压力作用线等四线相重合,渐开线齿轮的啮合角始终保持不变。啮合角不变,表示在啮合过程中,齿廓间正压力方向也始终不变。当齿轮传递的转矩一定时,则齿廓间正压力大小和方向都始终不变,从而使轮齿之间、轴与轴承之间作用力的大小和方向也保持不变,这是渐开线齿轮机构的主要优点之一。

（3）渐开线齿轮机构的可分性

由式(5-42)知,渐开线齿轮的传动比等于其基圆半径的反比。齿轮制成后,基圆半径为定值,尽管制造、安装误差或齿轮轴的变形、轴承磨损等原因,会使实际中心距与设计中心距产生误差,但其传动比仍保持不变。这一性质称为渐开线齿轮机构的可分性,这是渐开线齿轮的另一主要优点。它给齿轮的制造和安装带来了很大方便,具有重要的实用意义。

齿轮中心距改变后,其节圆和啮合角将随之改变,由图5-44可知两节圆半径之和恒等于实际中心距,故由

$$a' = r_1' + r_2' = \frac{r_{b1}}{\cos\alpha'} + \frac{r_{b2}}{\cos\alpha'} = \frac{r_{b1} + r_{b2}}{\cos\alpha'} \tag{5-43}$$

可得

$$\cos\alpha' = \frac{r_{b1} + r_{b2}}{a'} \tag{5-44}$$

由上式可见,啮合角 α' 随实际中心距 a 的增大而变大。

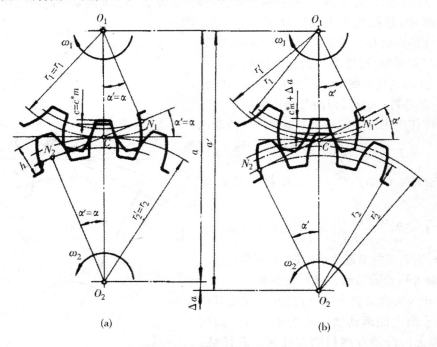

图 5-44　渐开线齿轮传动的可分性

（4）渐开线齿廓间的相对滑动

由图5-33可知,两齿廓在任一位置啮合时,其啮合点 K 处公法线上的分速度是相等的,但是在公切线方向上分速度除节点处外是不等的。所以,在啮合传动中,除节点 C 处的其他啮合位置,齿廓间都将沿公切线方向产生相对滑动。这样,在正压力作用下就必然会引起齿面的摩擦和磨损。

2. 渐开线齿轮的正确啮合条件

实现定传动比传动,必须使两轮齿廓的接触点都在啮合线上。如图5-45所示,设前一对轮齿在啮合线上的 K 点啮合时,后一对轮齿在啮合线上的 B_2 点开始进入啮合。为保证

前后两对轮齿能同时在啮合线上接触且不产生干涉,应使两齿轮任意相邻两齿同侧齿廓沿公法线上的距离相等,即都等于线段 KB_2。

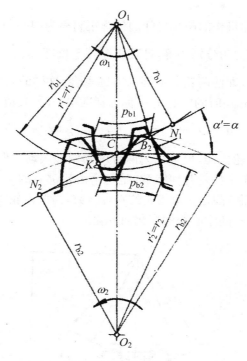

图 5-45 渐开线齿轮的正确啮合条件

在齿轮的端平面上,相邻两个同侧齿廓的渐开线起始点之间的基圆弧长,称为基圆齿距,用 p_b 表示。由渐开线性质知,基圆齿矩 p_b 恒等于两端面齿廓之间的法向距离 KB_2,即 $p_{b1} = KB_2$,$p_{b2} = KB_2$,因而,要使两齿轮正确啮合,则两齿轮的基圆齿距必须相等,即 $p_{b1} = p_{b2} = KB_2$。

根据基圆圆周长度的几何关系,以及式(5-36)、式(5-37),可得

$$p_{b1} = \frac{\pi d_{b1}}{z_1} = \frac{\pi d_1 \cos\alpha_1}{z_1} = \pi m_1 \cos\alpha_1$$

$$p_{b2} = \frac{\pi d_{b2}}{z_2} = \frac{\pi d_2 \cos\alpha_2}{z_2} = \pi m_2 \cos\alpha_2$$

所以,要使两齿轮正确啮合,必须使两齿轮满足如下条件:

$$m_1 \cos\alpha_1 = m_2 \cos\alpha_2 \tag{5-45}$$

由于齿轮的模数 m 和压力角 α 都已标准化,故一对渐开线直齿圆柱齿轮的正确啮合条件为两齿轮的模数和压力角必须分别相等,即

$$\left.\begin{array}{c} m_1 = m_2 = m \\ \alpha_1 = \alpha_2 = \alpha \end{array}\right\} \tag{5-46}$$

因为标准齿轮压力角为一定值($\alpha = 20°$),故保证一对标准直齿圆柱齿轮的正确啮合条件是两齿轮模数必须相等,且为标准模数 m,即 $m_1 = m_2 = m$。

这样,一对齿轮的传动比公式,可写为

$$i = \frac{\omega_1}{\omega_2} = \frac{d_2'}{d_1'} = \frac{d_{b2}}{d_{b1}} = \frac{d_2}{d_1} = \frac{z_2}{z_1} \tag{5-47}$$

式中 d_1'、d_2' 为两轮节圆直径,其他符号同前。

3. 标准中心距

平行轴或交错轴齿轮机构的两轴之间的最短距离称为中心距。一对正确啮合的渐开线标准直齿轮,其模数和压力角分别相等,且其齿厚等于槽宽,故 $s_2 = e_2 = s_2 = e_2 = \dfrac{\pi m}{2}$,若安装时,使两轮分度圆相切,即使两轮分度圆与节圆重合,这样的安装称为标准安装,如图 5-46 所示。两齿轮分度圆相切时的中心距 a 称为标准中心距,其值为

$$a = r_1' + r_2' = r_1 + r_2 = \frac{1}{2}(z_1 + z_2) \tag{5-48}$$

可见,一对标准安装的齿轮机构,也可视为两分度圆做纯滚动。但必须指出:分度圆和节圆有原则区别。分度圆是单个齿轮几何参数,是每个齿轮都有的、一个大小确定的圆,其大小取决于 m 和 z 的乘积;而节圆是一对齿轮的啮合参数,当两齿轮啮合传动时,有了节点才有节圆。显然,两节圆的大小随中心距的变化而变化。

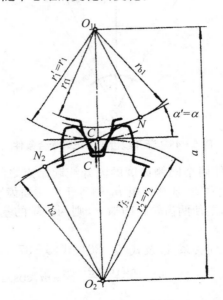

图 5-46　一对标准齿轮的标准安装

4. 渐开线齿轮的连续传动条件

图 5-47(a)为一对相互啮合的齿轮,设轮 1 为主轮动,轮 2 为从动轮。一对轮齿开始传动时,主动轮齿的齿根推动从动轮齿的齿顶,因此,啮合起始点为从动轮顶圆与啮合线的交点 $N_1 N_2$。随着两齿廓传动的进行,啮合点沿啮合线 B_2 移动,当啮合点移动到主动轮顶圆与啮合线的交点 B_1 时,该两齿廓终止啮合,线段 $B_1 B_2$ 称为实际啮合线。当两轮的顶圆增大时,实际啮合线向外延伸,但因基圆内无渐开线,线段是理论上的最长啮合线段,称为理论啮合线,N_1、N_2 点称为啮合极限点。

在两轮轮齿啮合过程中,轮齿的齿廓并非全部参加啮合,只有从齿顶到齿根的一段齿廓参加接触,实际参加接触的这一段齿廓称为齿廓工作段(图 5-47(a)中阴影段)。

　　满足正确啮合条件的一对齿轮还不能确保连续传动。如图 5-47 所示,在啮合过程中,如果前一对轮齿到达啮合终止点 B_1 时,后一对轮齿还没有进入啮合,传动将中断(图 5-47(c))。只有当前一对轮齿到达 B_1 点前,后一对轮齿已开始在 B_2 点啮合(图 5-47(a))或已在 B_2、B_1 之间的任一点 K 相啮合(图 5-47(b)),传动方能连续进行。由图 5-47(b)可见 B_1K 同是相邻两齿同侧齿廓沿公法线的距离,其值等于两齿轮的基圆齿距 p_b。所以,保证齿轮连续传动的条件是实际啮合线必须大于或至少等于基圆齿距 p_b,即

$$B_1B_2 \geqslant p_b \quad \text{或} \quad \frac{B_2B_1}{p_b} \geqslant 1 \tag{5-49}$$

实际啮合线 B_1B_2 与基圆齿距 p_b 的比值称为齿轮机构的重合度,用 ε 表示,即

$$\varepsilon = \frac{B_2B_1}{p_b} \geqslant 1 \tag{5-50}$$

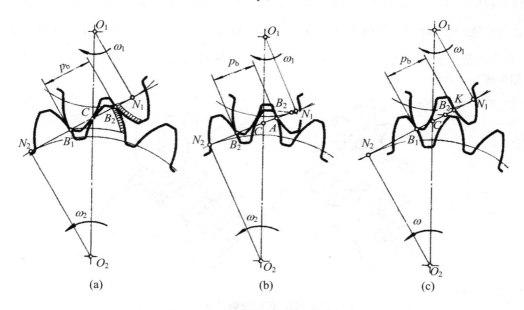

图 5-47　渐开线齿轮连续传动条件

　　从理论上讲,只要 $\varepsilon = 1$ 就能保证齿轮连续传动,但考虑齿轮制造和安装误差及传动中轮齿变形等因素的影响,实际上应使 $\varepsilon > 1$。在一般机械制造中,$\varepsilon \geqslant 1.1 \sim 1.4$。

　　根据几何关系可导出,对于标准安装的标准齿轮机构,其重合度恒大于 1。标准直齿轮的重合度 ε 与模数无关,仅随两轮齿数的增多而加大。

　　直齿轮机构的重合度 ε 介于 1 与 2 之间,这表明在啮合传动中双对轮齿啮合和单对轮齿啮合交替进行。在图 5-47(b)中,如果前一对轮齿尚未从 B_1 点退出啮合,而后一对轮齿正在啮合,此时啮合线上将有双对轮齿啮合,如果前一对轮齿从 B_1 开始脱离啮合,则啮合线上仅有单对轮齿啮合。重合度 ε 的大小表明同时参于啮合的轮齿对数的多少。重合度越大,同时啮合的轮齿对数越多,意味着多对齿参与啮合的时间所占比例越大,每对齿所承受的载荷也越小,相对提高了齿轮机构的承载能力,且传动更平稳。因此,重合度不仅是齿轮连续传动的条件,而且是衡量齿轮承载能力和传动平稳性的重要指示。

5.3.5　渐开线齿廓的加工原理和变位齿轮的概念

1. 渐开线齿轮的切齿原理

齿轮加工的基本要求是齿形准确，分齿均匀。渐开线齿轮轮齿的加工方法很多，如铸造法、冲压法、热轧法、切削法等。其中最常用的为切削法。切削法的工艺是多种多样的，但就其原理来讲可分为仿形法和范成法两种。

（1）仿形法

仿形法是最简单的切齿方法，轮齿是用轴向剖面形状与齿槽形状相同的圆盘铣刀或指状铣刀（图 5-48(a)、(b)）在普通铣床上铣出的。切齿时，铣刀转动，轮坯沿自身轴线方向移动。待铣完一个齿槽后，将轮坯退回原处并将其转过 $\frac{360°}{z}$，再铣第二个齿槽。这种方法简单，在普通铣床上就可加工。但切削不连续，生产率低，精度差，不易于大量生产，常用于修配和小批生产中。

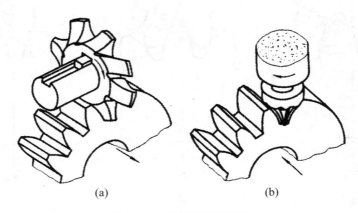

（a）　　　　　　　　　　（b）

图 5-48　仿形法切齿原理

（2）范成法

范成法是利用一对齿轮互相啮合传动时其两轮齿廓互为包络线的原理来加工齿轮的。切削可连续，精度较高，是目前轮齿加工的主要方法。范成法切齿常用刀具有齿轮插刀、齿条插刀及滚刀。

用齿轮插刀加工齿轮的情形如图 5-49 所示。刀具与轮坯间的相对运动主要有：

范成运动——齿轮插刀与轮坯以恒定传动比 $i=\dfrac{n_刀}{n_坯}=\dfrac{n_坯}{n_刀}$ 做缓慢回转运动，如同一对齿轮啮合传动。

切削运动——插刀沿轮坯轴线方向做快速的往复切削。

进给运动——为了分几次切出全齿高，插刀向轮坯中心做径向移动。

让刀运动——为防止插刀向上退刀时擦伤轮齿表面，轮坯沿径向退让一小段距离。

可见，只需改变范成运动的传动比，就可用一把插刀加工出具有相同模数与压力角而有不同齿数的齿轮。

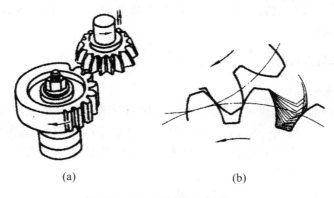

图 5－49　齿轮插刀切齿原理

　　用齿条插刀加工齿轮的情形如图 5－50 所示,其原理与齿轮插刀加工齿轮相同,只是刀具与轮坯间的范成运动相当于齿条与齿轮的啮合传动,插刀的移动速度 $v_刀 = \dfrac{1}{2} mz_坯\, \omega_坯$。

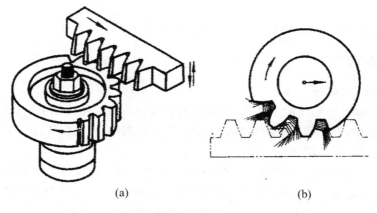

图 5－50　齿条插刀切齿原理

　　用滚刀加工齿轮的情形如图 5－51 所示。滚刀是具有刀刃的螺杆,其轴面齿形为齿条。切齿时滚刀转动相当于齿条在移动,所以滚刀切齿的原理与齿条插刀的切齿原理基本相同。滚刀加工齿轮能实现连续切削加工,为提高生产率,在生产中更广泛地采用此种加工。

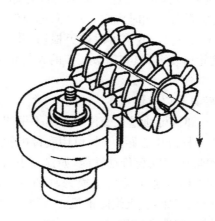

图 5－51　滚刀切齿原理

用范成法加工齿轮时,只要被加工的齿轮与刀具的模数、压力角相同,就可用一把刀具切制出不同齿数的齿轮来。

2. 根切现象和最少齿数

(1) 渐开线齿廓的根切

用范成法加工齿轮时,如果齿轮的齿数太少,则刀具的齿顶会将被切齿轮的齿根渐开线切去一部分,这种现象称为根切(图 5-52)。轮齿根切后,弯曲强度将大大减弱,重合度也将下降,使传动质量变差,因此应避免发生根切。

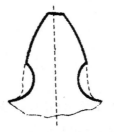

(2) 不发生根切的最少齿数

为了避免发生根切现象,标准齿轮的齿数应有一个最少的限度,这个齿数称为最少齿数,用 z_{min} 表示,即要求 $z \geqslant z_{min}$。不发生根切的最小齿数为

图 5-52　根切现象

$$z_{min} = \frac{2h_a^*}{\sin^2 \alpha} \tag{5-51}$$

当 $\alpha = 20°$ 及 $h_a^* = 1$ 时,$z_{min} = 17$;$\alpha = 20°$ 及 $h_a^* = 0.8$ 时,$z_{min} = 14$。

3. 变位齿轮简介

(1) 变位齿轮的概念

在模数和传动比已确定的条件下,为减小齿轮机构的结构尺寸和重量,设计时希望将齿轮的齿数尽量减小,但标准齿轮的齿数要受最少齿数的限制,为了加工出齿数少于最少齿数而又不根切的齿轮,可采用变位齿轮。

变位齿轮是非标准齿轮,其加工原理与标准齿轮相同。当用齿条形刀具加工标准齿轮时,刀具的中线与被加工齿轮的分度圆相切并做纯滚动。由于刀具中线上的齿厚和齿槽宽相等,所以加工出的齿轮分度圆上的齿槽宽与齿厚相等(图 5-53(a))。为了避免根切,可将刀具向远离轮坯中心方向移动一段距离 xm 至实线位置。此时齿轮分度圆不再与刀具中线相切,而是与和中线平行的另一直线(称为机床节线或加工节线)相切,由于这条节线上的齿厚和齿槽宽不等,所以加工出的齿轮的齿槽宽和齿厚不等(图 5-53(b))。这种改变刀具和轮坯相对位置的加工方法称为变位修正法,加工出来的齿轮称为变位齿轮。刀具移动的距离 xm 称为变位量,x 称为变位系数。同时规定,刀具向远离轮坯中心的方向移动称为正变位($x>0$),反之称为负变位($x<0$)。正变位可以避免根切,并可以使轮齿变厚,提高其抗弯强度。而负变位加剧根切,使轮齿变薄,只有齿数较多的大齿轮为凑配中心距时才可采用。

(2) 变位齿轮的优点

变位齿轮相对于标准齿轮具有以下优点:

① 当被切齿轮齿数 $z<z_{min}$时,可通过正变位加工出不根切的齿轮。

② 当实际中心距 a' 不等于标准中心距 a 时,可用变位齿轮来凑配中心距。

③ 变位齿轮啮合传动,可以改善啮合传动性能,如提高小齿轮的承载能力等。

变位齿轮具有的这些优点,使其加工无需更换刀具和设备,不给齿轮加工带来新的困难,所以应用广泛,在车辆和坦克变速箱、火炮瞄准机、内燃机中都有应用。但应注意变位齿轮没有互换性,通常需成对设计、制造和使用。

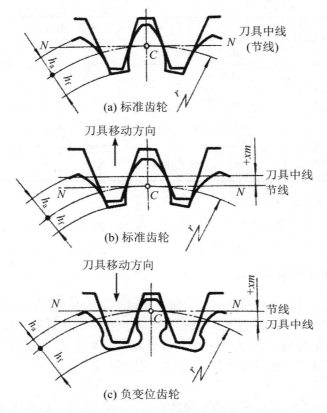

图 5-53 加工变位齿轮的原理

（3）变位齿轮的基本参数及几何尺寸

变位齿轮的基本参数多了一个变位系数 x。几何尺寸与相同参数的标准齿轮比较，它们的分度圆、基圆直径均相同；齿距相同，但齿厚、齿槽宽不同；齿顶高和齿根高不同；齿顶圆、齿根圆直径也不相同。具体的尺寸计算公式见表 5-18。

表 5-18 外啮合变位直齿圆柱齿轮的几何尺寸计算

名　称	代　号	计算公式
分度圆直径	d	$d = mz$
啮合角	α'	$\cos\alpha' = \dfrac{\alpha}{\alpha}\cos\alpha$
节圆直径	d'	$d' = d\cos\alpha$
中心距	a'	$a' = \dfrac{d_1' + d_2'}{2}$
中心距变动系数	y	$y = \dfrac{a' - a}{m}$
齿高变动系数	σ	$\sigma = x_1 + x_2 - y$
齿顶高	h_a	$h_a = (h_a^* + x - \sigma)m$
齿根高	h_f	$h_f = (h_a^* + c^* - x)m$
齿高	h	$h = (2h_a^* + c^* - \sigma)m$

名　称	代　号	计算公式
齿顶圆直径	d_a	$d_a = d + 2h_a$
齿根圆直径	d_f	$d_a = d - 2h_f$
齿距	p	$p = \pi m$
齿厚	s	$s = \dfrac{1}{2}\pi m + 2\tan\alpha$
齿槽宽	e	$s = \dfrac{1}{2}\pi m - 2\tan\alpha$

5.3.6　齿轮传动的失效形式和齿轮材料

1. 齿轮传动失效的主要形式

齿轮传动失效主要是指轮齿的失效。研究轮齿失效的目的,在于提出齿轮设计计算的理论依据,寻求防止和延缓轮齿失效以及维护保养齿轮传动装置的有效方法。轮齿失效可分为齿面损伤和轮齿折断两类,齿面损伤又可分为齿面疲劳、齿面磨损、齿面胶合和齿面塑性变形等。损伤不等于失效,但损伤超过了允许程度就是失效。

（1）轮齿折断

轮齿折断是指齿轮一个或多个齿的整体或其局部的断裂。当齿轮工作时,齿根部弯曲应力最大,加之齿根过渡部分尺寸突变、加工刀痕等引起应力集中,故折断一般发生在根部。轮齿宽度较小的直齿轮往往全齿折断,而齿宽较大的直齿轮,由于载荷沿齿宽方向分布不均匀会出现端角折断。斜齿轮和人字齿轮的接触线是倾斜的,故通常发生局部折断。

轮齿折断通常分疲劳折断和过载折断两种。

疲劳折断是指起源于齿根处的疲劳裂纹不断扩展所造或的断齿。轮齿通常受脉动循环弯曲应力(单侧工作时)或对称循环弯曲应力(双侧工作时)的作用,在其过高的交变应力的反复作用下,齿根圆角半径方向发生呈细线状的疲劳裂纹(图 5 - 54),随受载次数的增加,从齿根疲劳源开始的疲劳裂纹不断扩展,使轮齿剩余截面上的应力超过其极限应力而导致断齿,如图 5 - 55(a)所示。其断口一般分为疲劳扩展区和瞬时折断区。疲劳折断区表面通常较光滑,可看到由疲劳源开始的"贝壳纹"状的疲劳扩展迹线;瞬时折断区的表面粗糙,参差不齐。

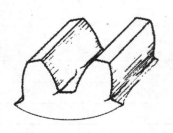 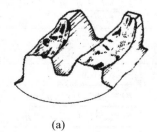 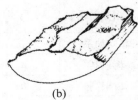

(a)　　　　　　　　　　(b)

图 5 - 54　轮齿疲劳裂纹　　　　　　图 5 - 55　轮齿折断

过载折断通常是由于轮齿意外严重过载,使应力超过其极限应力所造成的。其断口一般较粗糙,没有疲劳折断断口的典型特征。这种失效多发生在淬火钢或铸铁等脆性材料制成的齿轮中,如图 5-55(b)所示。

疲劳折断和过载折断都开始于轮齿受拉的一侧。为防止轮齿疲劳折断,应使齿根弯曲应力不超过其许用值。可采取增大齿根圆角半径、对齿根进行喷丸处理,对材料进行适当的热处理、减小齿根表面粗糙度等措施,来提高轮齿抗疲劳折断的能力;为防止轮齿过载折断,应注意避免意外的严重过载、防止硬性异物进入轮齿啮合处,或在传动装置中设置安全装置等。

(2)齿面疲劳

齿轮副在受载前为点接触或线接触,受载后因材料的弹性变形而变成小面积接触,零件通过很小的接触面传递载荷,在接触表层处产生很大的局部压应力,即表面接触应力,简称接触应力。

齿面疲劳是由表面或次表面的疲劳裂纹扩展而成的一种齿面损伤,它取决于啮合面的接触应力和应力循环次数。当齿面的接触应力超过接触疲劳极限时,齿面出现不规则的细线状疲劳裂纹,裂纹继续扩展就会使金属脱落而形成凹坑。常分为点蚀和剥落两类。

点蚀是一种齿面呈麻点状的齿面疲劳损伤,又可分为早期点蚀和破坏性点蚀。早期点蚀(图 5-56(a))并不影响使用。如果早期点蚀的点蚀坑面积在工作面上占的比例过大,就会发展成为破坏性点蚀。

破坏性点蚀(图 5-56(b))的麻点,常比早期点蚀的大而深,由于过高的接触应力和循环次数的增加,在靠近节线的齿根表面上,产生疲劳裂纹,润滑油渗入裂纹后,在压力作用下,封闭在裂缝中的润滑油形成高压油腔,促使裂纹扩展,引起金属脱落而形成麻点。麻点不断扩展,造成运转不良和噪声增大,最后导致轮齿失效,这种失效形式常见于润滑良好的软齿面闭式传动。

对于开式齿轮传动,由于齿面磨损较快,点蚀还来不及形成表面就已被磨掉,所以一般看不到点蚀现象。

剥落是齿面上的材料成片剥离的一种齿损伤。常发生在中硬(HB>350)材料的轮齿上。剥落坑的形状不规则而且比点蚀坑大些,是在过高的接触应力反复作用下,疲劳裂纹发展到一定程度后,齿面材料碎裂而形成的。

为了防止齿面点蚀,应使齿面接触应力不超过许用值。提高齿面硬度、润滑油黏度、接触精度,减少粗糙度,精心跑合,改善轮齿间的贴合状况可提高齿面的抗点蚀能力。对齿轮材料进行硬化处理,可提高抗剥落能力。

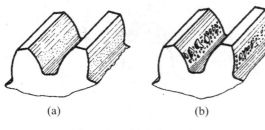

(a)　　　　　　(b)

图 5-56　齿面点蚀

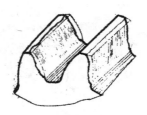

图 5-57　齿面磨损

（3）齿面磨损

齿面磨损是在啮合传动过程中，轮齿接触表面上的材料摩擦损耗的现象。齿轮啮合传动时，渐开线齿廓间存在相对滑动，在正压力作用下，必然引起齿面的摩擦和磨损，如图5-57所示。由齿面磨损造成的轮齿失效主要有过度磨损和磨粒磨损。润滑系统和密封装置不良，不能形成润滑油膜；系统有严重振动、冲击等，都会导致过渡磨损，最终使齿轮失效。落在工作齿面的外部颗粒，如灰尘、砂粒、金属屑等可引起磨粒磨损，其轮齿接触表面上沿滑动方向常有较均匀的条痕，这种多次摩擦产生的条痕一般具有重叠的特征，严重的磨损使齿廓失真，齿厚变薄，侧隙增大，从而产生噪声和冲击，甚至引起轮齿折断。磨粒磨损是开式齿轮传动的主要失效形式。

为了防止齿面磨损，除提高齿面硬度和润滑油黏度、减小粗糙度、选择齿轮副合理硬度匹配外，主要应改善润滑和密封条件。对于闭式传动应注意润滑油的清洁和更换，对于开式传动应注意采取适当的防护措施，选用合适的润滑剂以减轻这种磨损。

（4）齿面胶合

胶合是相啮合齿面的金属，在一定压力下直接接触发生的粘着，同时随齿面间的相对运动，金属从齿面上撕落而引起的一种严重粘着磨损现象，如图5-58所示。

胶合可分为热胶合与冷胶合。热胶合通常发生在高速重载齿轮传动中，由于齿面压力很大，相对滑动速度较高，啮合传动所引起的齿面瞬时高温会使润滑油变稀，润滑油膜破裂，金属表面直接发生摩擦，当散热条件不良时，啮合处局部过热，导致两接触齿面上的金属融焊而粘着。冷胶合则发生在低速重载齿轮传动中，啮合处局部压力很高、速度低，从而使两接触面间表面膜被刺破而粘着，随着齿面间的相对滑动，较软齿面的材料将被撕落而留下沿滑动方向的沟痕。

为了防止齿面胶合，主要应减少摩擦损失，采用良好的润滑方式及润滑剂（如添加抗胶合剂的合成油），选用抗胶合能力强的齿轮材料匹配和热处理方法（如氮化、磷化），控制起动过程中的载荷，进行良好跑合，加强冷却以及减少滑动速度，降低齿面压力等。

（5）齿面塑性变形

在过大的应力作用下，轮齿材料因屈服产生塑性流动而形成齿面塑性变形。它一般多发生于硬度低的齿轮上，但在重载作用下，硬度高的齿轮也会发生。当润滑不良、摩擦系数较大时，在重载作用下，齿面材料会沿滑动方向产生塑性流动，在节线附近，主动齿面上出现凹沟，从动齿面上出现脊棱，如图5-59所示。

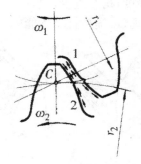

图5-58　齿面胶合　　　　　图5-59　齿面塑性变形

为了防止齿面塑性变形，除应增加硬度、润滑油黏度，降低接触应力外，还应注意防止润滑系统工作失常。

　　除上述轮齿失效外，齿轮还有其他形式的损伤，如轮坯缺陷、淬火裂纹、磨削裂纹、干涉损伤以及轮缘、辐板等损伤。

2. 齿轮的常用材料

　　齿轮的许用应力是由齿轮的材料及热处理后的硬度来决定的。对齿轮材料的基本要求是：齿面硬，齿芯韧，另外还要有良好的加工工艺性、热处理性和经济性。

　　齿轮常用材料主要是各种类型的钢，它可通过各种处理方式获得需要的综合性能。常用的是锻钢，其次是铸钢、铸铁、有色金属和非金属材料。除有色金属外，常用材料的牌号、硬度和应用举例如表5-19所示。

　　（1）锻钢

　　锻钢齿轮按齿面硬度不同，可分为以下两类。

　　① 软齿面齿轮

　　软齿面齿轮的齿面硬度≤350HBS，常用材料为中碳钢或中碳合金钢，如45钢、35SiMn、40Cr等材料，进行调质或正火的热处理方法。这类齿轮制造简便、经济。常用于对强度、速度和精度等要求不高的一般机械。

　　② 硬齿面齿轮

　　硬齿面齿轮的齿面硬度>350 HBS，这类齿轮材料为低碳钢或低碳合金钢，如20钢、20Cr、20CrMnTi等经渗碳淬火或表面淬火。中碳钢或中碳合金钢，如45、35SiMn、40Cr等经整体淬火或表面淬火。其齿面硬度一般为HRC40~65。因齿面硬度高，其最终热处理在精切齿形后进行。对精度要求高的重要齿轮，为消除热处理引起的轮齿变形，还需磨齿。这类齿轮精度高、制造较复杂。常用于高速、重载、高精度或要求结构紧凑的场合，如汽车、拖拉机、坦克和机床中的变速箱齿轮等。

表5-19　常用齿轮材料、齿轮硬度和应用举例

材料		热处理方法	轮齿硬度		应用举例
名　称	牌　号		HB	HRC（表面淬火）	
调质钢	优碳素质钢	45	正火	162~217	40~50	低速中载齿轮
				217~255		
	合金结构钢	35SiMn	调质	217~269	45~55	中、低速中载齿轮，如通用减速器和机床中一般传动的齿轮。经表面淬火后，可应用于高速中载、无剧烈冲击的场合，如机床变速箱的齿轮
		42 SiMn				
		40MnB		241~286	50~55	
		37 SiMn2MoV				
		40Cr			48~55	
		35CrMo		207~269	40~45	

材　料		热处理方法	轮齿硬度		应用举例
名　称	牌　号		HB	HRC（表面淬火）	
渗碳钢 渗氮钢	20Cr	渗碳、淬火、回火		56～62	高速中载、承受冲击载荷的齿轮，如汽车、拖拉机中的主要齿轮
	20CrMnTi			47～63	
	38CrMoAl			HV>850	
	30CrMnSiA	调质渗氮		47～51	载荷平稳、润滑良好的齿轮、内齿轮
球墨铸铁	QT500-7		147～241		可用来代替铸钢
	QT600-3		220～332		
灰铸铁	HT250		170～241		低速中载、不受冲击的齿轮，如机床操作机构的齿轮
	HT300		187～255		
	HT300		197～269		
粉末冶金材料	铁基				载荷平稳、耐磨性较高的齿轮
	铜基 含铜<2%				
	含铜 5～25%				强度较高和耐磨性高的齿轮
高分子材料			25～35		高速轻载齿轮

需要指出的是，由于硬齿面齿轮的齿面硬度较高，承载能力大，在相同条件下，其尺寸和质量均比软齿面齿轮小得多。随着硬齿面加工技术的发展，无论从节约材料或从综合经济效益考虑，硬齿面取代软齿面已成为发展趋势。

（2）铸钢

对形状复杂和直径较大（d>500 mm）的软齿面齿轮，难以锻造，可采用铸钢。因铸钢收缩率大，故应进行退火和正火处理以消除内应力、改善切削性能。必要时可进行调质处理。

（3）铸铁

常用的铸铁有灰铸铁和球墨铸铁等。

灰铸铁抗弯强度和抗冲击能力都较差，但铸造性好、易加工，抗胶合和抗点蚀的能力较强，且价格低廉。常用于低速、轻载和传动平稳的齿轮传动，开式传动中的齿轮，不重要的齿轮等。

球墨铸铁的机械性能、抗冲击性能远较灰铸铁高，高强度球墨铸铁可代替铸钢和调质钢制造大齿轮。

（4）有色金属

仅用于制造特殊要求的齿轮。青铜（如 ZCuSnlOZn2、QAl9－4）和黄铜（H62）的抗腐蚀性、耐磨性、防磁性较好，但质量大，成本较高。青铜可用于制作高抗磨性齿轮。硬铝（LC4）齿轮表面经硬质阳极氧化处理，耐磨性好、质量轻，可用于制造军用光学仪器中的小模数齿轮等。

上面介绍的各种材料及热处理方式可根据使用要求、经济性及材料供应情况等予以选择。一般配对齿轮的材料和硬度应有区别。因其中的小齿轮齿根较弱,弯曲强度较低,受载次数比大齿轮多,故其材料应比大齿轮好些、齿面硬度也应高些。实践表明,对软齿面齿轮副,小齿轮齿面要比大齿轮齿面的硬度高 20～50HB;对软、硬齿面齿轮副,其齿面硬度相差更大,齿数比越大,硬度差越大;硬齿面齿轮副中,小齿轮的硬度可以略高,也可和大齿轮大致相等。可参考表 5-20 选择应用。

表 5-20 齿轮工作面硬度组合及其应用

齿面类型	齿轮型式	热处理		轮齿工作表面硬度差	轮齿工作表面硬度举例(HB)		使用范围
		小齿轮	大齿轮		小齿轮	大齿轮	
软齿面 HB≤350	直齿	调质	调质	20～25≥ $(HB_1)_{min}$ - $(HB_2)_{max}$ >0	240～270 260～290	200～230 220～250	用于中低速重载固定式传动装置
	斜齿 人字齿	调质	正火	$(HB_1)_{min}$ - $(HB_2)_{max}$ ≥(40～50)	240～270	160～190	
			调质		260～290 270～300	180～210 200～230	
软硬齿面组合 (HB_1>350, HB_2≤350)	斜齿 人字齿	表面淬火	调质	齿面硬度差很大	HRC45～50	270～300	用于冲击和过载不大的中低速重载传动
		渗碳	调质		HRC45～50 HRC56～62	200～230 200～230	
硬齿面 (HB>350)	直齿 斜齿 人字齿	表面淬火	表面淬火	齿面硬度大致相同	HRC45～50		用于结构尺寸受限制的传动
		渗碳淬火	渗碳淬火		HRC56～62		

3. 齿轮传动润滑简介

齿轮在传动时,相啮合的齿面有相对滑动,因此会产生摩擦、磨损,增加动力消耗,降低传动效率,所以在设计齿轮传动时,必须考虑其润滑。

开式齿轮传动常采用人工定期加油润滑。可采用润滑油或润滑脂。

闭式齿轮传动的润滑方式根据齿轮圆周速度 v 的大小而定。当 $v≤12$ m/s 时多采用油浴润滑,将大齿轮浸入油池一定深度,齿轮运转时把油带到啮合区,同时也甩到箱壁上,借以散热。当 v 较大时,齿轮的浸油深度约为一个齿高,但不小于 10 mm;当 v 较小时(0.5～0.8 m/s),浸油深度可达 1/6 齿轮半径。当 $v≥12$ m/s 时,不宜采用油浴润滑,应采用喷油润滑,用油泵将润滑油直接喷到啮合区。

润滑油的黏度应根据齿轮传动的工作条件、齿轮材料及圆周速度来选择。

5.3.7　标准直齿圆柱齿轮的强度计算

1. 轮齿的受力分析和计算载荷

为了计算轮齿强度以及设计轴和轴承等,需对轮齿进行受力分析。

(1) 受力分析

图 5-60 所示为一对标准安装的直齿圆柱齿轮传动,主动轮 1 上作用 T_1(N·mm),忽略齿面间的摩擦力,则轮齿间的总作用力是沿公法线 N_1N_2 方向的法向力 F_n。为了计算方便,将 F_n 在节点 C 处分解为沿节圆切线方向的切向力 F_t 和沿径半径方向的径向力 F_r,根据齿轮 1 的力矩平衡条件,可得

$$切向力\ F_t = 2T_1/d_1 \quad (N) \tag{5-52}$$

$$径向力\ F_r = F_t \cdot \tan\alpha \quad (N) \tag{5-53}$$

$$法向力\ F_n = F_t/\cos\alpha \quad (N) \tag{5-54}$$

式中符号同前。

从动齿轮 2 上所受力与主动轮 1 上所受的力大小相等,方向相反。

若已知主动齿轮输入的名义功率为 P(kW),转速为 n_1(r/min),则主动齿轮传递的转矩为

$$T_1 = 9550 \cdot \frac{P}{n_1} \quad (N \cdot m) \tag{5-55}$$

切向力 F_t 的方向在主动轮上与其圆周速度方向相反,在从动齿轮上与其圆周速度方向相同。外齿轮的径向力 F_r 的方向指向各自轮心,内齿轮 F_r 的方向则背离轮心。

(2) 计算载荷 F_C

作用在轮齿上的力是按名义功率求得的名义载荷,并未计入各种影响因素。考虑到原动机和工作机工作特性的变化,齿轮、轴、轴承等制造和安装精度以及受载时的变形,齿宽方向载荷分布不均匀等因素引起的附加动载荷,实际载荷通常大于名义载荷。为此,在进行齿轮强度计算时,常用计算载荷代替名义载荷。计算载荷 F_C 等于名义载荷 F 乘以载荷系数 K,即

$$F_C = KF \tag{5-56}$$

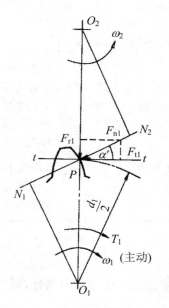

图 5-60　受力分析

载荷系数 K 由表 5-21 查取,对于中、低精度的一般齿轮传动,载荷系数常用值 $K=1.2\sim2$。当载荷平稳,齿宽系数较小,轴承对称布置,轴的刚度较大,齿轮的精度较高时取小值,反之取较大值。

表 5-21 载荷系数

原动机	工作机械的载荷特性		
	均匀、轻微冲击	中等冲击	大的冲击
电动机	1~1.2	1.2~1.6	1.6~1.8
多缸内燃机	1.2~1.6	1.6~1.8	1.9~2.1
单缸内燃机	1.6~1.8	1.8~2.0	2.2~2.4

注:斜齿、圆周速度低、精度高、齿宽系数小、齿轮在两轴承间对称布置时取小值,直齿、圆周速度高、精度低、齿宽系数大、齿轮在两轴承间对称布置时取大值。

2. 齿面接触疲劳强度计算

齿面接触疲劳强度计算是为了防止疲劳点蚀,使计算最大接触应力 σ_H 小于或等于接触疲劳极限应力接触 $[\sigma_H]$,即 $\sigma_H \leqslant [\sigma_H]$。

当两个圆柱体在法向压力 F_n 作用下相互接触时,其接触应力分布情况如图 5-61 所示。根据弹性力学中的赫兹公式,其最大接触应力为

$$\sigma_H = \sqrt{\dfrac{F_n}{\pi b\left(\dfrac{1-\mu_1^2}{E_1}+\dfrac{1-\mu_2^2}{E_2}\right)}\left(\dfrac{1}{\rho_1}\pm\dfrac{1}{\rho_2}\right)} \quad (\text{N/mm}^2)$$

式中,F_n 为法向力,单位为 N;b 为两圆柱体接触宽度,单位为 mm;ρ_1、ρ_2 分别为圆柱体的半径,单位为 mm;E_1、E_2 分别为圆柱体材料的弹性模量,单位为 N/mm^2;μ_1、μ_2 分别为圆柱体材料的泊松比;"+"号用于外接触,"−"用于内接触。

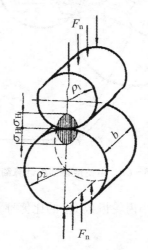

图 5-61 接触应力

令

$$Z_E = \sqrt{\dfrac{1}{\pi\left[\left(\dfrac{1-\mu_1^2}{E_1}\right)+\left(\dfrac{1-\mu_2^2}{E_2}\right)\right]}}$$

则两圆柱体接触应力公式可表示为

$$\sigma_H = Z_E \sqrt{\frac{F_n}{b}\left(\frac{1}{\rho_1} \pm \frac{1}{\rho_2}\right)} \tag{5-57}$$

式中，Z_E 为材料的弹性系数，$Z_E = \sqrt{MP_a}$，它反映了材料的弹性模量 E 和泊松比 μ 对接触应力的影响，其值可查表 5-22。

表 5-22　弹性系数 Z_E（$\sqrt{MP_a}$）

材料组合	小齿轮材料	锻钢			铸钢		灰铸铁
	大齿轮材料	锻钢	铸钢	灰铸铁	铸钢	灰铸铁	灰铸铁
Z_E		189.8	188.9	165.4	188	161.4	146

　　两齿轮轮齿的啮合，可简单看作两个圆柱体相接触。两个圆柱体的半径相当于接触点处的曲率半径。考虑到直齿圆柱齿轮在节点处啮合，相对滑动速度为零，润滑条件不良，承载能力最弱，点蚀首先在节点附近发生，故通常计算节点处的齿面接触强度。

　　由图 5-62 可知，一对标准渐开线直齿轮在节点 C 处，其齿廓曲率半径分别为

$$\rho_1 = \overline{N_1 C} = \frac{d_1}{2}\sin\alpha, \quad \rho_2 = \overline{N_2 C} = \frac{d_1}{2}\sin\alpha$$

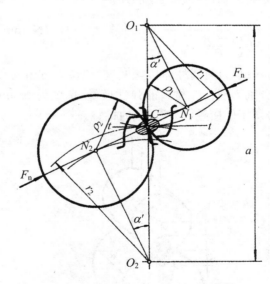

图 5-62　齿轮接触强度计算简图

　　齿轮副中，大齿轮齿数 Z_1 和小齿轮齿数 Z_2 的比值称为齿数比，即 $u = \dfrac{Z_2}{Z_1} = \dfrac{d_2}{d_1}$，由此可得

$$\frac{1}{\rho_1} \pm \frac{1}{\rho_2} = \frac{2}{d_1\sin\alpha} \cdot \frac{\mu \pm 1}{\mu}$$

　　将上式及式(5-54)代入式(5-57)，并考虑到影响齿轮载荷的各种因素，引入计算载荷 $F_{tc} = KF_t$，则得

$$\sigma_H = Z_H \cdot Z_E \sqrt{\frac{KF_t}{bd_1} \cdot \frac{\mu \pm 1}{\mu}} \tag{5-58}$$

式中 $Z_H = \sqrt{\dfrac{4}{\sin 2\alpha}}$ 为节点区域系数,它反映了节点处齿廓曲率对接触应力的影响。

对于标准直齿圆柱齿轮,$Z_H \approx 2.5$,将此值及式(5-52)代入式(5-58),经整理得齿面接触强度校核公式为

$$\sigma_H = 3.52 Z_E \sqrt{\frac{KT_1(u \pm 1)}{bd_1^2 u}} \leqslant [\sigma_H] \tag{5-59}$$

为了方便计算,引入齿宽系数 $\varphi_d = b/d_1$ 代入上式,得小齿轮分度圆直径的设计公式为

$$d_1 \geqslant \sqrt[3]{\frac{KT_1(u \pm 1)}{\varphi_d u} \cdot \left(\frac{3.52 Z_E}{[\sigma_H]}\right)^2} \tag{5-60}$$

式中,$[\sigma_H]$ 为齿轮材料的许用接触应力,单位为 MPa。

若两齿轮都选用钢时,$Z_E = 189.8$,将其分别代入式(5-59)、式(5-50),可得一对钢制齿轮的校核公式为

$$\sigma_H = 668 \sqrt{\frac{KT_1(u \pm 1)}{bd_1^2 u}} \leqslant [\sigma_H] \tag{5-61}$$

设计公式为

$$d_1 \geqslant 76.43 \sqrt[3]{\frac{KT_1(u \pm 1)}{\varphi_d u [\sigma_H]^2}} \tag{5-62}$$

由式(5-5)可知,一对相互啮合的齿轮,其接触应力是相等的,即 $\sigma_{H1} = \sigma_{H2}$。由于两齿轮的材料、齿面硬度和应力循环次数不同,致使两齿轮的许用接触应力 $[\sigma_H]$ 一般不等,故在进行齿面接触强度计算时,应代入其中的较小值计算。算出 d_1 后,按选定的齿数 z_1 求出模数 $m = d_1/z_1$,并按表 5-15 选取标准值。

3. 齿根弯曲疲劳强度计算

轮齿弯曲强度计算是为了防止轮齿疲劳折断,为此应使计算齿根应力 σ_F 等于或小于其许用齿根应力 $[\sigma_F]$,即令 $\sigma_F \leqslant [\sigma_F]$。为简化计算,假定全部载荷由一对齿轮承受,且载荷作用于齿顶时齿根部分产生的弯曲应力最大。计算时,由于齿体的刚度最大,因此可以将轮齿看作宽度为 b 的悬臂梁。

危险截面用 30°切线法来确定,即作与轮齿对称中心线成 30°角并与齿根过渡曲线相切的两条直线,连接两切点的截面即为齿根的危险截面,如图 5-63 所示。

沿啮合线作用在齿顶的正压力 F_n 可分解为相互垂直的两个分力 $F_n\cos\alpha_F$ 和 $F_n\sin\alpha_F$,前者对齿根产生弯曲应力,后者产生压应力。因压应力较小,对抗弯强度计算影响较小,故可忽略不计。

齿根危险截面的弯曲应力为

$$\sigma_F = \frac{M}{W}$$

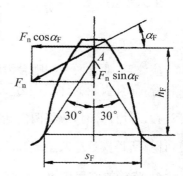

图 5-63　轮齿弯曲及危险截面

式中,M 为齿根的最大弯矩,单位为 N·mm,$M = F_n \cdot \cos\alpha_F \cdot h_F = \dfrac{F_t}{\cos\alpha} \cdot \cos\alpha_F \cdot h$;$W$ 为危险截面的弯曲截面系数,单位为 mm³,$W = \dfrac{b \times s_F^2}{6}$,$b$

为齿宽,单位为 mm。代入上式可得

$$\sigma_F = \frac{M}{W} = \frac{F_n \cdot \cos\alpha_F \cdot h_F}{\frac{1}{6} b \cdot s_F^2} = \frac{F_t}{b} \cdot \frac{6h_F \cdot \cos\alpha_F}{s_F^2 \cos\alpha}$$

将分子、分母同除以 m^2,得

$$\sigma_F = \frac{F_t}{b \cdot m} \cdot \frac{6(h_F/m) \cdot \cos\alpha_F}{(s_F/m)^2 \cdot \cos\alpha} = \frac{F_t}{b \cdot m} \cdot Y_F$$

式中,$Y_F = \dfrac{6(h_F/m) \cdot \cos\alpha_F}{(s_F/m)^2 \cdot \cos\alpha}$ 称为齿形系数,它是考虑齿形对齿根弯曲应力影响的系数。因 h_F 和 s_F 都是与 m 成正比,故 Y_F 只与齿形有关,而与模数无关,是一个无因次的系数。齿形系数取决于齿数与变位系数,对于标准齿轮则仅取决于齿数,标准外齿轮的齿形系数值 Y_F 可查表 5 - 23。

表 5 - 23　标准外齿轮的齿形系数 Y_F

z	12	14	16	17	18	19	20	22	25	28	30	35	40	45	50	60	80	100	$\geqslant$ 200
Y_F	3.47	3.22	3.03	2.97	2.91	2.85	2.81	2.75	2.65	2.58	2.54	2.47	2.41	2.37	2.35	2.30	2.25	2.18	2.14

考虑齿根圆角引起的应力集中和其他应力的影响,引入应力修正系数 Y_s,可查表5 - 24,计入载荷系数 K,即可得出轮齿齿根弯曲疲劳强度的校核公式为

$$\sigma_F = \frac{2K \cdot T_1}{b \cdot m \cdot d_1} Y_F \cdot Y_S = \frac{2K \cdot T_1}{b \cdot m^2 \cdot z_1} Y_F \cdot Y_S \leqslant [\sigma_F] \tag{5-63}$$

式中,T_1 为主动轮的转矩,单位为 N·mm;b 为轮齿的接触宽度,单位为 mm;m 为模数;z_1 为主动轮齿数;$[\sigma_F]$ 为轮齿的许用弯曲应力,单位为 MPa。

表 5 - 24　标准外齿轮的应力修正系数 Y_s

z	12	14	16	17	18	19	20	22	25	28	30	35	40	45	50	60	80	100	$\geqslant$200
Y_S	1.44	1.47	1.51	1.53	1.54	1.55	1.56	1.58	1.59	1.61	1.63	1.65	1.67	1.69	1.71	1.73	1.77	1.80	1.88

引入齿宽系数 $\varphi = \dfrac{b}{d}$ 代入式(5-63),可得出齿根弯曲疲劳强度的设计公式为

$$m \geqslant 1.26 \sqrt[3]{\frac{KT_1}{\varphi_d z_1^2} \cdot \frac{Y_F \cdot Y_S}{[\sigma]_F}} \tag{5-64}$$

应注意,通常两个相啮合齿轮的齿数是不相同的,故齿形系数 Y_F 和应力修正系数 Y_F 都不相等,而且齿轮的许用应力 $[\sigma]_F$ 也不一定相等,因此必须分别校核两齿轮的齿根弯曲强度。在设计计算时,应将两齿轮的 $\dfrac{Y_F \cdot Y_S}{[\sigma]_F}$ 值进行比较,取其中较大者代入式 (5-64) 中计算,计算所得模数应圆整成标准值。

4. 齿轮的许用应力

齿轮的许用应力是由齿轮的材料及热处理后的硬度等来决定的。

齿面接触许用接触应力为

$$[\sigma_H] = \frac{Z_N \cdot \sigma_{Hlim}}{S_H} \tag{5-65}$$

齿根弯曲疲劳许用应力为

$$[\sigma_F] = \frac{Y_N \cdot \sigma_{Flim}}{S_F} \qquad (5-66)$$

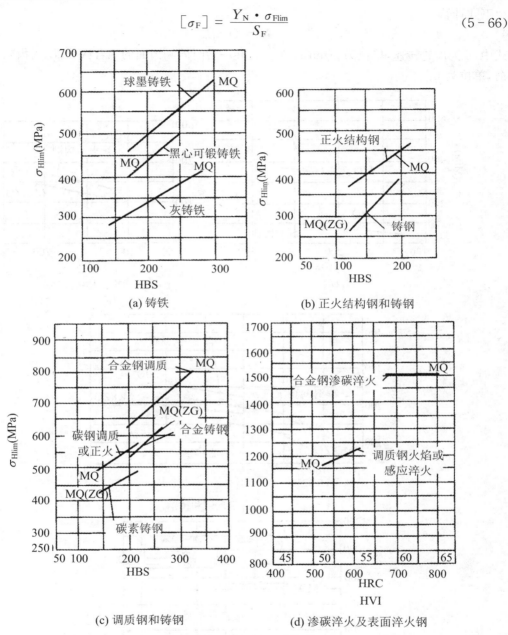

(a) 铸铁

(b) 正火结构钢和铸钢

(c) 调质钢和铸钢

(d) 渗碳淬火及表面淬火钢

图 5-64 试验齿轮的接触疲劳强度 σ_{Hlim}

式中,带 lim 下标的应力是试验齿轮在持久寿命期内失效概率为 1‰ 的疲劳极限应力。因为材料的成分、性能、热处理的结果和质量都不能均一,故这两个应力值都不是一个定值,有很大的离散区,即在图 5-64、图 5-65 所示的框图内。在一般情况下,可取框图中间值,即MQ 线。接触疲劳极限 σ_{Hlim} 查图 5-64。弯曲疲劳极限 σ_{Flim} 查图 5-65,其值已计入应力集中的影响。受对称循环弯曲应力的齿轮,应将图 5-65 中的值乘以 0.7。S_H、S_F 分别为齿面接触疲劳强度安全系数和齿根弯曲疲劳强度安全系数,可查表 5-25。Y_N、Z_N 分别为弯曲疲劳寿命系数和接触疲劳寿命系数,为考虑应力循环次数影响的寿命系数。弯曲疲劳寿命

系数 Y_N 查图5-66,接触疲劳寿命系数 Z_N 查图5-67。图中的横坐标为应力循环次数 N,由下式计算:

$$N = 60njL_h \qquad (5-67)$$

式中,n 为齿轮转速,单位为 r/min;j 为齿轮转一转时同侧齿面的啮合次数;L_h 为齿轮工作寿命,单位为 h。

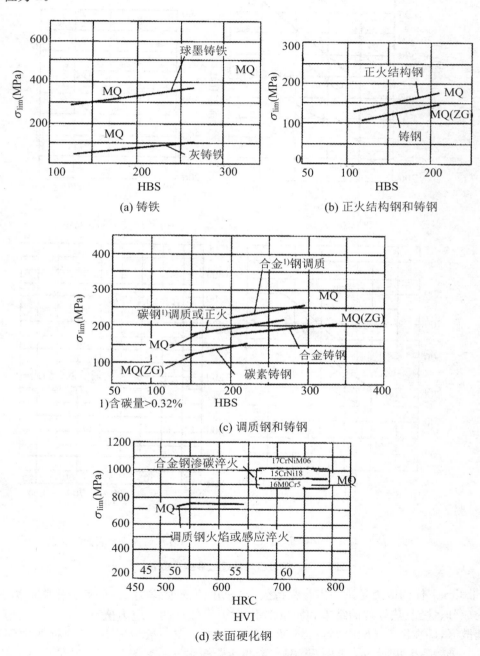

图 5-65　试验齿轮的弯曲疲劳强度 σ_{Flim}

表 5 - 25　安全系数 S_H 和 S_F

安全系数	软齿面(≤350HBS)	硬齿面(>350HBS)	重要传动、渗碳淬火齿或铸造齿轮
S_H	1.0~1.1	1.1~1.2	1.3
S_F	1.3~1.4	1.4~1.6	1.6~2.2

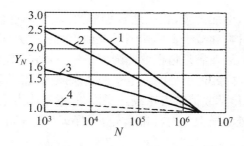

图 5 - 66　弯曲疲劳寿命系数 Y_N

1-碳钢正火、调质,球墨铸铁;2-碳钢经表面淬火、渗碳;3-氮化钢气体
氮化,灰铸铁;4-碳钢调质后液体氮化

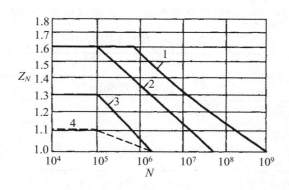

图 5 - 67　接触疲劳寿命系数 Z_N

1-碳钢正火、调质、表面淬火、渗碳,球墨铸铁(允许一定的点蚀);2-同1,不允许一定的
点蚀;3-碳钢调质后气体氮化、氮化钢气体氮化,灰铸铁;4-碳钢调质后液体氮化

5. 齿轮强度的计算准则和主要参数选择

（1）齿轮强度的计算准则

齿轮的强度计算是根据齿轮可能出现的失效形式和设计准则来进行的。对于闭式软齿面齿轮传动,齿面点蚀是主要的失效形式,应先按齿面接触疲劳强度进行设计计算,确定齿轮的主要参数和尺寸,然后再按弯曲疲劳强度校核齿根的弯曲强度。在闭式硬齿面齿轮传动中,常因齿根折断而失效,故通常先按弯曲疲劳强度确定齿轮的模数和其他尺寸,然后再按接触疲劳强度校核齿面的接触强度。对于开式齿轮传动,齿面磨损为其主要失效形式,但由于目前磨损尚无可靠的计算方法,所以通常按照齿根弯曲疲劳强度进行设计计算,确定齿轮的模数,考虑磨损原因,再将模数增大 10%~20%,而无需校核接触强度。

（2）主要参数的选择

① 传动比 i

传动比是表示齿轮传动运动特性的一个指标。$i < 8$ 时可采用一级齿轮传动。传动比过大时采用一级传动，将导致结构庞大，重量增加，制造成本加大，这种情况下要采用多级传动。一般取每对直齿圆柱齿轮的传动比 $i < 3$，最大可达 5；斜齿圆柱齿轮的传动比可大些，取 $i < 5$，最大可达 8。一般齿轮传动中实际传动比 i 与理论传动比 i_0 存在误差，允许传动比 i 相对误差在 $\pm 5\%$ 内。

② 齿数 z、模数 m

当分度圆直径一定时，增加齿数，相应地减少模数，对增加重合度，改善传动平稳性，减低每对轮齿的载荷，节约材料和减少金属切削量有利。对于软齿面闭式齿轮传动，承载能力主要取决于齿面接触强度，故在满足齿根弯曲强度条件下，适当增加齿数，以减小模数，常取 $z_1 = 20 \sim 40$。对传力齿轮，模数过小可能发生意外断齿，故模数不宜小于 $1.5 \sim 2$ mm。

对于硬齿面闭式齿轮传动或铸铁齿轮或开式传动，承载能力主要取决于齿根弯曲强度，故宜减小齿数，以保证有较大模数。对标准齿轮，为保证齿根有足够的弯曲强度，同时又避免根切，常取 $z_1 = 17 \sim 20$。

③ 齿宽系数 φ_d

在一定载荷作用下，增大齿宽系数，或增大齿宽，能减小齿轮直径，可使传动尺寸减小，质量减轻，圆周速度降低。但齿宽过大或相对于轴承不对称布置，都会加剧载荷沿齿宽分布的不均匀性。因此设计齿轮传动时应合理选择 φ_d，其值可按表 5-26 选取。

表 5-26　齿宽系数 φ_d

齿轮相对于轴承的位置	齿面硬度	
	软齿面（$\leqslant 350$HB）	硬齿面（> 350HB）
对称布置	$0.8 \sim 1.4$	$0.4 \sim 0.9$
不对称布置	$0.6 \sim 1.2$	$0.3 \sim 0.6$
悬臂布置	$0.3 \sim 0.4$	$0.2 \sim 0.25$

注：表中较大数值用于稳定或基本稳定载荷及轴和支承刚度较大的场合。直齿轮宜取小值，斜齿轮可取较大值。

为保证实际接触齿宽，确保强度要求，并便于安装和调整，通常小齿轮齿宽 b_1 比大齿轮齿宽 b_2 大 $5 \sim 10$ mm，所以轮齿的接触宽度为大齿轮的宽度。

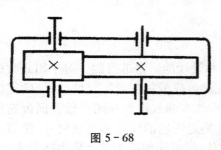

图 5-68

例 5-3　试设计带式输送机的单级直齿圆柱齿轮减速器中的齿轮传动（图 5-68），电动机驱动，齿轮传递的功率 $P = 10$ kW，小齿轮的转速 $n_1 = 955$ r/min，传动比 $i = 4.2$，单向传动，载荷平稳，使用寿命 10 年，单班制工作。

解　（1）选择齿轮材料。

因载荷平稳，速度一般，故采用软齿面齿轮，查表 5-19 可选。

小齿轮选用 45 钢调质，硬度为 $220 \sim 250$HBS。

大齿轮选用 45 钢正火，硬度为 $170 \sim 210$HBS。

（2）确定设计准则。

由于该减速器为闭式齿轮传动,且两齿轮均为齿面硬度 HBS 小于 350 的软齿面,齿面点蚀是主要的失效形式,应先按齿面接触疲劳强度进行设计计算,确定齿轮的主要参数和尺寸,然后再按弯曲疲劳强度校核齿根的弯曲强度。

(3) 按齿面接触疲劳强度设计。

因两齿轮均为钢质齿轮,可应用式(5-62)求出 d_1。

确定有关参数与系数:

① 转矩 T_1。

$$T_1 = 9550 \cdot \frac{P_1}{n_1} = 9550 \times \frac{10}{955} = 10\,(\text{N} \cdot \text{mm})$$

② 载荷系数 K。查表 5-21,取 $K = 1.1$。

③ 齿数 z_1 和齿宽系数 φ_d。

小齿轮的齿数 z_1 取为 24,则大齿轮齿数 $z_2 = i z_1 = 4.2 \times 24 = 100.8$,圆整取 $z_2 = 101$。

实际齿数比为 $u' = \frac{z_2}{z_1} = \frac{101}{24} = 4.21$。

齿数比的误差为 $\frac{|u - u'|}{u} = \frac{|4.2 - 4.21|}{4.2} = 0.24\% < \pm 5\%$。

因单级直齿圆柱齿轮为对称布置,而齿轮表面又为软齿面,由表 5-26 选取 $\varphi_d = 1$。

④ 许用接触应力

由图 5-64 查得

$$\sigma_{\text{Hlim1}} = 560\,\text{MPa}, \quad \sigma_{\text{Hlim2}} = 530\,\text{MPa}$$

由表 5-25 查得 $S_H = 1$。

$$N_1 = 60njL_h = 60 \times 955 \times 1 \times (10 \times 52 \times 40) = 1.19 \times 10^9$$

$$N_2 = N_1/i = 1.19 \times 10^9/4.21 = 2.84 \times 10^8$$

查图 5-67 得 $Z_{N1} = 1, Z_{N2} = 1.06$。

由式(5-65)可得

$$[\sigma_H]_1 = \frac{Z_{N1} \cdot \sigma_{\text{Hlim1}}}{S_H} = \frac{1 \times 560}{1} = 560\,(\text{MPa})$$

$$[\sigma_H]_2 = \frac{Z_{N2} \cdot \sigma_{\text{Hlim2}}}{S_H} = \frac{1.06 \times 530}{1} = 562\,(\text{MPa})$$

故

$$d_1 \geqslant 76.43 \sqrt[3]{\frac{KT_1(u \pm 1)}{\varphi_d u [\sigma_H]^2}} = 76.43 \sqrt[3]{\frac{1.1 \times 10^5(4.21 + 1)}{1 \times 4.21 \times 560^2}} = 57.87\,(\text{mm})$$

$$m = \frac{d_1}{z_1} = \frac{57.87}{24} = 2.41\,(\text{mm})$$

由表 5-15 取标准模数 $m = 2.5\,\text{mm}$。

(4) 主要尺寸计算:

$$d_1 = mz_1 = 2.5 \times 24 = 60\,(\text{mm})$$

$$d_2 = mz_2 = 2.5 \times 101 = 252.5\,(\text{mm})$$

$$b = \varphi_d d_1 = 1 \times 60 = 60\,(\text{mm})$$

取 $b_2 = 60\,\text{mm}$。

$$b_1 = b_2 + 5 = 65\,(\text{mm})$$

$$a = \frac{1}{2}m(z_1 + z_2) = \frac{1}{2} \times 2.5 \times (24 + 101) = 156.25 \,(\text{mm})$$

（5）按齿根弯曲疲劳强度校核。

由式（5-63）得出，如 $\sigma_F \leqslant [\sigma_F]$，则校核合格。

确定有关系数与参数：

① 齿形系数 Y_F。

查表 5-23 得 $Y_{F1} = 2.68$，$Y_{F2} = 2.18$。

② 应力修正系数 Y_S。

查表 5-24 得 $Y_{S1} = 1.59$，$Y_{S2} = 1.80$。

③ 许用弯曲应力 $[\sigma_F]$。

由图 5-65 查得 $\sigma_{Flim1} = 210 \,\text{MPa}$，$\sigma_{Flim2} = 190 \,\text{MPa}$。

由表 5-25 查得 $S_F = 1$。

由图 5-66 得 $Z_{Y1} = Z_{Y2} = 1$。

由式（5-66）可得

$$[\sigma_F]_1 = \frac{Y_{N1} \cdot \sigma_{Flim1}}{S_F} = \frac{1 \times 210}{1.3} = 162 \,(\text{MPa})$$

$$[\sigma_F]_2 = \frac{Y_{N2} \cdot \sigma_{Flim2}}{S_F} = \frac{1 \times 190}{1.3} = 146 \,(\text{MPa})$$

故

$$\sigma_{F1} = \frac{2K \cdot T_1}{b \cdot m^2 \cdot z_1} \cdot Y_F \cdot Y_S = \frac{2 \times 1.1 \times 10^5}{60 \times 2.5^2 \times 24} \times 2.68 \times 1.59$$

$$= 104 \,(\text{MPa}) < [\sigma_F]_1$$

$$\sigma_{F2} = \sigma_{F1} \cdot \frac{Y_{F2} Y_{S2}}{Y_{F1} Y_{S1}} = 104 \times \frac{2.18 \times 1.8}{2.68 \times 1.59}$$

$$= 96 \,(\text{MPa}) < [\sigma_F]_2$$

齿根弯曲强度校核合格。

（6）几何尺寸计算及绘制齿轮零件工作图。

以大齿轮为例，齿轮的齿顶圆直径为

$$d_{a2} = d_2 + 2h_a = 252.5 + 2 \times 1 \times 2.5 = 257.5 \,(\text{mm})$$

由于 200 mm $< d_{a2} <$ 500 mm，所以采用腹板式结构。齿轮零件工作图略。

5.3.8　斜齿圆柱齿轮传动

1. 斜齿轮轮廓曲面的形成和啮合特点

前面研究渐开线直齿圆柱齿轮齿廓形成时，是就其端面而言的，考虑到齿轮有宽度，基圆变成了基圆柱，发生 NK 变成了发生面 S，发生线上的点 K 变成了发生面上的一条直线 KK。当发生面在固定的基圆柱面上做纯滚动时，与基圆柱母线 NN 平行的直线 KK 在空间的运动轨迹就成了直齿圆柱齿轮的齿廓——渐开线曲面，如图 5-69(a)所示。

斜齿圆柱齿轮曲面的形成与直齿圆柱齿轮齿廓曲面不同的是，展成该齿廓曲面的直线 $K'K'$ 不与基圆柱母线 NN 平行，而偏斜了 β_b 角，是与基圆柱轴线倾斜交错的直线。如图

5-69(b)所示,当发生面沿固定的基圆柱面做纯滚动时,斜直线在空间的运动轨迹就是斜齿轮的齿廓曲面——渐开螺旋面,齿线为螺旋线的圆柱齿轮称为斜齿圆柱齿轮,简称斜齿轮。在基圆柱面上,螺旋线的切线($K'K'$)与通过切点的基圆柱面直线母线 NN)之间所夹的锐角 β_b 称为基圆螺旋角。

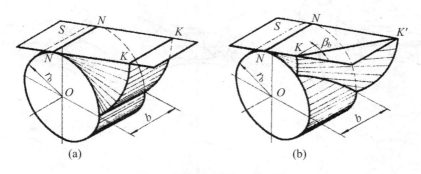

图 5-69　渐开线齿面的形成

本节介绍平行轴斜齿圆柱齿轮机构。

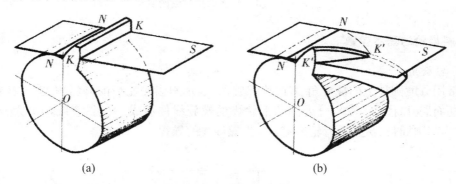

图 5-70　齿廓的接触线

　　一对直齿轮外啮合时,发生面 S 为其内公切面,发生面上的直线 KK 为其接触线,可简单地用图 5-70(a)表示;同理,一对斜齿轮啮合时,发生面上的斜直线 $K'K'$ 也为其接触线(图5-70(b))。渐开线直齿轮啮合时,由于齿廓曲面的接触线是与其轴线平行的直线,这表明齿轮啮合是沿整个齿宽突然地同时进入或同时退出啮合,因此传动平稳性差,有冲击、振动和噪音,高速传动时尤为剧烈,这使其承载能力和速度都受到较大限制。而斜齿轮机构则不同,如图 5-71 所示,在两轮齿廓前端面的点 a 开始啮合(图 5-71(a)),齿面接触线由 a 点逐渐增至最长,如图 5-71(b)的 bd 线段所示,而后又逐渐缩短,最后在后端面的点 e 脱离啮合(图 5-71(c))。可见,斜齿轮齿廓是逐渐进入和逐渐退出啮合的,当一对齿廓的前段面脱离啮合时其他部分齿廓仍在啮合中(图 5-71(b)),且轮齿为螺旋形,啮合过程长,同时参与啮合的轮齿对数比直齿轮多,重合度大。故斜齿轮机构的传动平稳,承载能力高,耐冲击和振动,噪音小,最少齿数少,使结构更紧凑。在高速和重载的齿轮机构中,它的应用十分广泛。其缺点是在传动时有轴向力。

　　由斜齿轮齿面形成知,其端面齿廓为渐开线,即一对斜齿轮机构,在端面上可看作一对直齿圆柱齿轮机构,所以斜齿轮机构满足齿廓啮合基本定律。

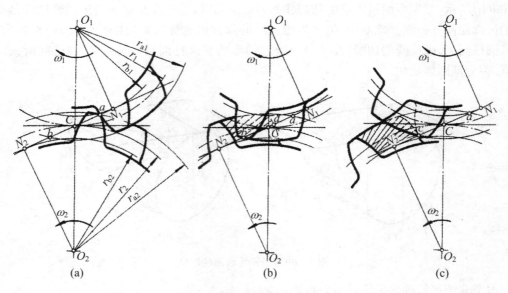

图 5 - 71　斜齿轮齿廓接触线的变化

2. 斜齿轮的基本参数

(1) 螺旋角

通常用分度圆柱上的螺旋角 β（简称螺旋角）表示斜齿轮轮齿的倾斜程度。将斜齿轮的分度圆柱面展开（图 5 - 72），分度圆柱上轮齿的螺旋线便展成一条斜直线，πd 为分度圆周长，πd_b 为基圆周长，b 为斜齿轮齿宽，p_z 为螺旋线的导程。

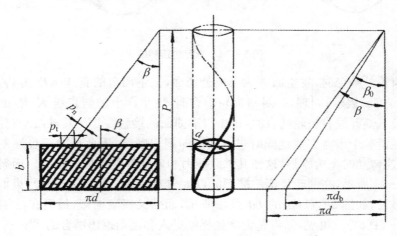

图 5 - 72　斜齿轮的展开图

分度圆柱上的螺旋角为

$$\tan\beta = \frac{\pi d}{p_z}$$

基圆柱上的螺旋角为

$$\tan\beta_b = \frac{\pi d_b}{p_z}$$

从端面上看,斜齿轮与直齿轮均为渐开线齿廓,由直齿轮几何尺寸计算公式知:

$$d_b = d\cos\alpha_t \tag{5-68}$$

式中,α_t 为斜齿轮分度圆的端面压力角。

故斜齿轮基圆上的螺旋角与分度圆上的螺旋角的关系为

$$\tan\beta_b = \tan\beta\cos\alpha_t \tag{5-69}$$

为减少斜齿轮机构的轴向分力,其螺旋角一般不宜过大,常取 $\beta = 8°\sim15°$。车辆和坦克中有时达 $20°\sim35°$。

(2) 法面参数与端面参数

由于斜齿轮的齿面为渐开螺旋面,故其齿线是一螺旋线。垂直于齿线的平面称为法平面。显然,斜齿轮的法面齿廓与端面齿廓不同,其法面参数和端面参数也不同。加工斜齿轮轮齿时,刀具沿轮齿的螺旋线方向,即垂直于法平面的方向进刀。故必须按轮齿的法面参数来选择刀具,所以规定斜齿轮的法面参数(m_n、α_n、h_{an}^* 和 c_n^*)为标准值,并与直齿轮参数的标准值相同。然而斜齿轮的几何尺寸又是按端面参数计算的,因此,必须建立法面参数与端面参数的换算关系。

图 5-72 上的阴影部分为分度圆柱上的齿厚,空白部分为槽宽,从图上可知法向齿距 p_n 与端面齿距 p_t 的关系为

$$p_t = \frac{p_n}{\cos\beta} \quad (\text{mm}) \tag{5-70}$$

因 $p_t = \pi m_t$,$p_n = \pi m_n$,故法面模数 m_n 与端面模数 m_t 的关系为

$$m_t = \frac{m_n}{\cos\beta} \quad (\text{mm}) \tag{5-71}$$

法面压力角 α_n 与端面压力角 α_t 的关系为

$$\tan\alpha_t = \frac{\tan\alpha_n}{\cos\beta} \tag{5-72}$$

斜齿轮的端面齿高与法面齿高相等,但因其端面模数与法面模数不等,故端面齿顶高系数 h_{at}^* 与法面齿顶高系数 h_{an}^*、端面顶隙系数 c_t^* 与法面顶隙系数 c_n^* 不相等。

因为 $h_a = h_{at}^* m_t = h_{an}^* m_n$,$h_f = (h_{at}^* + c_t^*) = (h_{an}^* + c_n^*)m_n$,故有

$$h_{at}^* = h_{an}^*\cos\beta \tag{5-73}$$

$$c_t^* = c_n^*\cos\beta \tag{5-74}$$

3. 斜齿圆柱齿轮机构的正确啮合条件

一对斜齿轮要正确啮合,除应像直齿轮那样保证模数和压力分别相等,即 $m_{t1} = m_{t2}$、$\alpha_{t1} = \alpha_{t2}$ 外,还应使螺旋角相配。由图 5-42 可知,对于外啮合齿轮,两轮的螺旋角应大小相等,方向相反(即一为左旋,另一为右旋);对于内啮合齿轮,两轮的螺旋角应大小相等,方向相同。由此知,斜齿轮机构的正确啮合条件为

$$\left.\begin{array}{l} m_{n1} = m_{n2} = m_n \\ \alpha_{n1} = \alpha_{n2} = \alpha_n \\ \beta_1 = -\beta_2(\text{外}),\beta_1 = \beta_2(\text{内}) \end{array}\right\} \tag{5-75}$$

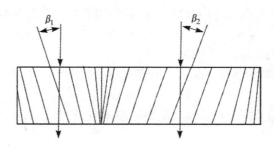

图 5 - 73　斜齿圆柱齿轮传动

4. 斜齿轮的几何尺寸计算

由于一对斜齿轮的啮合,在端平面上相当于一对直齿轮啮合,故可将斜齿轮的端面参数与法面参数的关系式(5-71)式和(5-72)式等代入表5-17中,得标准斜齿圆柱齿轮的几何尺寸计算公式,如表5-27所示。

从表中公式可知,一对斜齿轮机构的中心距、分度圆等几何尺寸与螺旋角 β 有关。故当两轮的模数和齿数一定时,可用改变 β 值的方法来配凑中心距,即按下式确定 β:

$$\cos\beta = \frac{m_n(z_1 + z_2)}{2a} \tag{5-76}$$

表 5 - 27　外啮合标准斜齿圆柱齿轮的几何尺寸计算公式

名　称	代　号	公式及说明
端面模数	m_t	$m_t = \dfrac{m_n}{\cos\beta}$,$m_n$ 为标准值,单位 mm
端面压力角	α_t	$\alpha_t = \arctan\dfrac{\tan\alpha_n}{\cos\beta}$,$\alpha_n$ 为标准值,$\alpha_n = 20°$
螺旋角	β	一般 $\beta = 8°\sim20°$
分度圆直径	d	$d_1 = m_t z_1 = \dfrac{m_n z_1}{\cos\beta}$,$d_2 = m_t z_2 = \dfrac{m_n z_2}{\cos\beta}$
齿顶高	h_a	$h_a = h_{an}^* m_n$,$h_{an}^* = 1$
齿根高	h_f	$h_f = (h_{an}^* + c_n^*)m_n = 1.25m_n$,$c_n^* = 0.25$
齿高	h	$h = h_a + h_f = 2.25m_n$
齿顶圆直径	d_a	$d_a = d + 2h_a = d + 2m_n$
齿根圆直径	d_f	$d_f = d - 2h_t = d - 2.5m_n$
中心距	a	$a = \dfrac{1}{2}(d_1 + d_1) = \dfrac{m_t}{2}(z_1 + z_2) = \dfrac{m_n(z_1 + z_2)}{2\cos\beta}$

5. 斜齿轮的当量齿轮和当量齿数

按成型法用盘铣刀加工斜齿轮时,刀刃位于轮齿的法平面内,并沿螺旋齿槽的方向切齿,故需按斜齿的法面齿形来选择铣刀的号码;然而该刀号在模数及压力角等相同的情况下,是按所能切制的直齿轮齿数来确定的,故需求出与斜齿法面齿形相当的直齿轮齿形所对应的齿数。

如图 5-74 所示的斜齿轮,在其齿线上点 C 处的法平面 nn 与分度圆柱面的交线为一椭圆。此椭圆 C 点附近的齿形与斜齿轮的法面齿形很近似。现以 C 点的曲率半径 ρ 为分度圆的半径、以斜齿轮的法面模数和法面压力角为模数和压力角作一假想的直齿轮。此假想的直齿轮称为斜齿轮的当量齿轮,其齿数 z_v 称为当量齿数,用 z_v 选取铣刀号。

由图 5-74 可知,椭圆的长半轴 $a = d/2\cos\beta$,短半轴 $a = d/2$。根据解析几何知识可知,椭圆在 C 点的曲率半径为

$$\rho = \frac{a^2}{b} = \frac{d}{2\cos^2\beta}$$

故

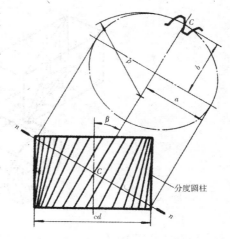

图 5-74 斜齿轮的当量齿轮

$$z_v = \frac{2\rho}{m_n} = \frac{d}{m_n\cos^2\beta} = \frac{m_t z}{m_t\cos^3\beta} = \frac{z}{\cos^3\beta} \tag{5-77}$$

式中,z 为斜齿轮的实际齿数。由于 $1/\cos^3\beta>1$,所以当量齿数必大于其实际齿数,即 $z_v>z$。

故斜齿轮的最少齿数比直齿轮少,结构紧凑。

6. 斜齿轮传动的轮齿受力分析

如图 5-75 所示为斜齿轮传动中主动轮上的受力分析图。图中 F_{n1} 作用在齿面的法面内,沿接触点 P 的齿廓公法线方向,指向齿廓工作面。忽略摩擦力的影响,F_{n1} 可分解成三个互相垂直的分力,即圆周力 F_t、径向力 F_{r1} 和轴向力 F_{a1},其值分别为

$$\left.\begin{array}{l} F_t = 2T_1/d_1 \\ F_{r1} = F_{t1} \cdot \dfrac{\tan\alpha_n}{\cos\beta} \\ F_{a1} = F_{t1} \cdot \tan\beta \end{array}\right\} \tag{5-78}$$

式中,T_1 为主动轮传递的转矩,单位为 N·mm;d_1 为主动轮分度圆直径,单位为 mm;β 为分度圆上的螺旋角;α_n 为法面压力角,即标准压力角,通常 $\alpha_n = 20°$。

主动轮上作用着的圆周力和径向力方向的判定方法与直齿圆柱齿轮相同,轴向力的方向可根据左右手法则来判定,即右旋斜齿轮用右手,左旋斜齿轮用左手判定。四指弯曲的方向表示齿轮的转向,拇指的指向即为轴向力的方向。作用于从动轮上的力可根据作用与反作用原理来判定。

由式(5-78)可以看出,螺旋角越大,斜齿轮的轴向力就越大。因此,为了减小轴向力,螺旋角不宜过大。但是,如果螺旋角太小,就不能充分显示斜齿轮传动的优点,通常取 $\beta = 8°$~$20°$。

为了克服斜齿轮有轴向力的缺点,可采用人字齿轮传动,以消除轴向力。人字齿轮传动常常用于大功率的传动装置中,但人字齿轮加工起来比较困难。

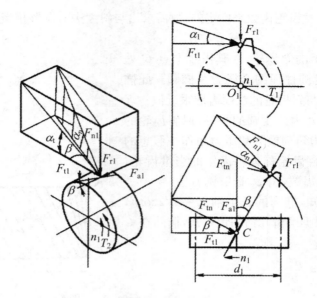

图 5 - 75　斜齿圆柱齿轮的受力分析

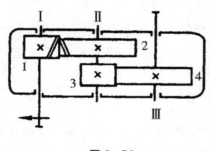

图 5 - 76

例 5 - 4　如图 5 - 76 所示为两级标准斜齿圆柱齿轮传动的减速器。已知齿轮 2 的参数 $m_n = 3$ mm, $z_2 = 51$, $\beta = 15°$, 左旋; 齿轮 3 的参数 $m_n = 5$ mm, $z_3 = 14$。试问:

（1）低速级斜齿圆柱齿轮 3 的螺旋线方向应如何选择才能使中间轴 Ⅱ 上的两齿轮的轴向力方向相反? 若轴 Ⅰ 转向如图所示, 试标明 Ⅱ 上轮 2、3 的圆周力、径向力和轴向力的方向。

（2）低速级齿轮的螺旋角应取多大值才能使轴 Ⅱ 的轴向力完全相互抵消。

解　（1）Ⅱ 轴上轮 2、3 的各分力方向如图 5 - 77 所示。由轴 Ⅰ 转向判断出轴 Ⅱ 转向为顺时针方向。要使轮 2 顺时针旋转, 其工作齿面应为左侧齿面。轴向力沿轴线方向指向工作齿面, 故轮 2 的轴向力 F_{a2} 应指向后方。也可按左（右）手定则, 轮 2 为左旋, 按左手定则, 大拇指指向前方, 但轮 2 为从动轮, 故轴向力 F_{a2} 指向后方。要使轴Ⅱ上轮 2、3 的轴向力 F_{a2} 反向, 应使轮 3 的轴向力 F_{a3} 指向前方, 顺时指旋向, 符合左手定则, 轮 3 又是主动轮, 故轮 3 的螺旋线方向为左旋。

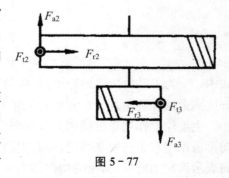

图 5 - 77

F_{r1}、F_{r2} 由啮合点沿着径线方向指向转动中心。轮 2 为从动轮, F_{t2} 与啮合点的圆周速度方向相同。轮 3 为主动轮, F_{t3} 与啮合点处的圆周速度方向相反。

（2）使轴Ⅱ上轮 2 和轮 3 的轴向力互相完全抵消, 只要满足 $|F_{a2}| = |F_{a3}|$。有

$$F_{a2} = F_{t2}\tan\beta_2, \quad F_{a3} = F_{t3}\tan\beta_3$$

因齿轮 2 和齿轮 3 传递的转矩相同, $T = F_{t2}\dfrac{d_2}{2} = F_{t3}\dfrac{d_3}{2}$, 且

$$d_2 = z_2 m_{n2}/\cos\beta_2, \quad d_3 = z_3 m_{n3}/\cos\beta_3$$

故

$$\frac{F_{t2}}{F_{t3}} = \frac{d_3}{d_2} = \frac{z_3 m_{n3}\cos\beta_2}{z_2 m_{n2}\cos\beta_3}$$

因此可得

$$\frac{\tan\beta_3}{\tan\beta_2} = \frac{F_{t2}}{F_{t3}} = \frac{d_3}{d_2} = \frac{z_3 m_{n3}\cos\beta_2}{z_2 m_{n2}\cos\beta_3}$$

所以

$$\sin\beta_3 = \frac{z_3 m_{n3}}{z_2 m_{n2}}\sin\beta_2 = \frac{5 \times 17}{3 \times 51}\sin 15° = 0.1438$$

可得

$$\beta_3 = 8°16'2''$$

表 5-28　常见机械中齿轮的精度等级

机械名称	精度等级	机械名称	精度等级
汽轮机	3～6	通用减速器	6～8
金属切削机床	3～8	锻压机床	6～9
轻型汽车	5～8	起重机	7～10
载重汽车	7～9	矿山用卷扬机	8～10
拖拉机	6～8	农业机械	8～11

表 5-29　常用精度等级齿轮的加工方法

			齿轮的精度等级			
			6级（高精度）	7级（较高精度）	8级（普通）	9级（低精度）
加工方法			用展成法在精密机床上精磨或精剃	用展成法在精密机床上精插或精滚	用展成法插齿或滚齿	用展成法或仿形法粗滚或仿形法铣削
齿面粗糙度 $R_a(\mu m)$			0.8～1.6	1.6～3.2	3.2～6.3	6.3
用途			用于分度机构或重速重载的齿轮，如机床、精密仪器、汽车、船舶、飞机中的重要齿轮	用于高、中速重载齿轮，如机床、汽车、内燃机中的重要齿轮，标准系列减速器中的齿轮	一般机械中的齿轮，不属于分度系统的机床齿轮，飞机、拖拉机中不重要的齿轮，纺织机械、农业机械中的重要齿轮	轻载传动的不重要齿轮，低速传动、对精度要求低的齿轮
圆周速度 v(m/s)	圆柱齿轮	直齿	≤15	≤10	≤5	≤3
		斜齿	≤25	≤17	≤10	≤3.5
	圆锥齿轮	直齿	≤9	≤6	≤3	≤2.5

例 5-5 试设计一对单级斜齿圆柱齿轮减速器中的齿轮。已知传动功率 $P = 10 \text{ kW}$，采用电动机驱动，小齿轮的转速 $n_1 = 955 \text{ r/min}$。传动比 $i = u = 4.2$，单向传动，载荷平稳，使用寿命 10 年，单班制工作。

解 （1）选择齿轮材料及精度等级。

按表 5-19 选择齿轮的材料：

小齿轮选用 45 钢调制，硬度为 220～250HBS。

大齿轮选用 45 钢正火，硬度为 170～210HBS。

因为是普通减速器，由表 5-28 选 8 级精度，要求齿面粗糙度 $R_a \leqslant 3.2～6.3 \text{ }\mu\text{m}$。

（2）确定设计准则。

由于该减速器为闭式齿轮转动，且两齿轮均为齿面硬度 HBS 小于等于 350 的软齿面，齿面点蚀是主要的失效形式。应先按齿面接触疲劳强度进行设计计算，确定齿轮的主要参数和尺寸，然后再按弯曲疲劳强度校核齿根的弯曲强度。

（3）按齿面接触疲劳强度设计。

因两齿轮均为钢质齿轮，可应用式（5-62）求出 d_1 值。

确定有关参数与系数：

① 转矩 T_1。

$$T_1 = 9.55 \times 10^6 \frac{P}{n_1} = 9.55 \times 10^6 \frac{10}{955} = 10^5 (\text{N} \cdot \text{mm})$$

② 载荷系数 K。

查表 5-29，取 $K = 1.1$。

③ 齿数 z_1、螺旋角 β 和尺宽系数 ψ_d。

小齿轮的齿数 z_1 取为 27，则大齿轮齿数 $z_2 = iz_1 = 4.2 \times 27 = 113.4$，圆整取 $z_2 = 113$。

实际齿数比为 $u' = \frac{z_2}{z_1} = \frac{113}{27} = 4.185$。

齿数比的误差为 $\frac{u - u'}{u} = \frac{4.2 - 4.185}{4.2} = 0.36\% < \pm 5\%$。

初选螺旋角 $\beta = 15°$。

因单级直齿圆柱齿轮为对称布置，而齿轮表面又为软齿面，由表 5-25 选取 $\psi_d = 1$。

④ 弹性系数 Z_E。

由表 5-22，查得 $Z_E = 189.823$。

⑤ 许用接触应力 $[\sigma_H]$。

查图 5-64，得 $\sigma_{Hlim1} = 560 \text{ MPa}$，$\sigma_{Hlim2} = 530 \text{ MPa}$。

由表 5-25，查得 $S_H = 1$。

$$N_1 = 60njL_H = 60 \times 955 \times 1 \times (10 \times 52 \times 40) = 1.19 \times 10^8$$

$$N_2 = N_1/i = 1.19 \times 10^9/4.185 = 2.84 \times 10^8$$

查图 5-67，得 $Z_{N1} = 1$，$Z_{N2} = 1.06$。

由式（5-65）可得

$$[\sigma_H]_1 = \frac{Z_{N1} \cdot \sigma_{Hlim1}}{S_H} = \frac{1 \times 560}{1} = 560 (\text{MPa})$$

$$[\sigma_H]_2 = \frac{Z_{N2} \cdot \sigma_{Hlim2}}{S_H} = \frac{1.06 \times 530}{1} = 562 (\text{MPa})$$

故

$$d_1 \geqslant \sqrt[3]{\frac{KT_1(u+1)}{\psi_d u}\left(\frac{3.17Z_E}{[\sigma_H]}\right)^2}$$

$$= \sqrt[3]{\frac{1.1\times10^5\times(4.185+1)}{1\times4.185}\left(\frac{3.17\times189.8}{560}\right)^2}$$

$$= 53.98\,(\text{mm})$$

有

$$m_n = \frac{d_1\cos\beta}{z_1} = \frac{53.98\times\cos15°}{27} = 1.93\,(\text{mm})$$

由表 5 - 15,取标准模数 $m_n = 2$ mm。

⑥ 确定中心距 a 和螺旋角 β。

圆整后取中心距为 $a = 145$ mm。

圆整中心距后确定的螺旋角 β 为

$$\beta = \arccos\frac{m_n(z_1+z_2)}{2a} = \arccos\frac{2\times(27+113)}{2\times145} = 15.09° = 15°5'24''$$

此值与初选螺旋角的值相差不大,所以不必重新计算。

（4）主要尺寸计算：

$$d_1 = \frac{m_n z_1}{\cos\beta} = \frac{2\times27}{\cos15.09°} = 55.929\,(\text{mm})$$

$$d_2 = \frac{m_n z_2}{\cos\beta} = \frac{2\times113}{\cos15.09°} = 234.07\,(\text{mm})$$

$$b = \psi_d d_1 = 1\times55.929 = 55.929\,(\text{mm})$$

取 $b_2 = 56$ mm, $b_1 = 60$ mm。

（5）按齿轮弯曲疲劳强度校核。

由式(5 - 63)得出,如 $\sigma_F \leqslant [\sigma_F]$,则校核合格。

确定有关系数与参数:

① 当量齿数。

$$z_{v1} = \frac{z_1}{\cos^3\beta} = \frac{27}{\cos^3 15.09°} = 30, \quad z_{v2} = \frac{z_2}{\cos^3\beta} = \frac{113}{\cos^3 15.09°} = 126$$

② 齿形系数 Y_F。

查表 5 - 23,得 $Y_{F1} = 2.54$, $Y_{F2} = 2.15$。

③ 应力修正系数 Y_S。

查表 5 - 24,得 $Y_{S1} = 1.63$, $Y_{S2} = 1.84$。

④ 许用弯曲应力 $[\sigma_F]$。

查图 5 - 65,得 $\sigma_{Flim1} = 210$ MPa, $\sigma_{Flim2} = 190$ MPa。

查表 5 - 25,得 $S_F = 1.3$。

查图 5 - 66,得 $Y_{N1} = Y_{N2} = 1$。

由式(5 - 66)可得

$$[\sigma_F]_1 = \frac{Y_{N1}\sigma_{Flim1}}{S_F} = \frac{1\times210}{1.3} = 162\,(\text{MPa})$$

$$[\sigma_F]_2 = \frac{Y_{N2}\sigma_{Flim2}}{S_F} = \frac{1\times190}{1.3} = 146\,(\text{MPa})$$

故

$$\sigma_{F1} = \frac{1.6KT_1\cos\beta}{bm_n^2 z_1}Y_F Y_S$$

$$= \frac{1.6 \times 1.1 \times 10^5 \times \cos 15.09°}{56 \times 2^2 \times 27} \times 2.54 \times 1.63$$

$$= 116\,(\text{MPa}) < [\sigma_F]_1$$

$$\sigma_{F2} = \sigma_{F1}\frac{Y_{F2}Y_{S2}}{Y_{F1}Y_{S1}} = 116 \times \frac{2.15 \times 1.84}{2.54 \times 1.63} = 111\,(\text{MPa}) < [\sigma_F]_2$$

齿根弯曲强度校核合格。

（6）验算齿轮的圆周速度。

$$v = \frac{\pi d_1 n_1}{60 \times 1000} = \frac{\pi \times 55.929 \times 955}{60 \times 1000} = 2.8\,(\text{m/s})$$

由表 5 - 29 可知，选 8 级精度是合适的。

（7）几何尺寸计算及绘制齿轮零件工作图。

以齿轮为例，齿轮的齿顶圆直径为

$$d_{a2} = d_2 + 2h_a = 234.071 + 2 \times 1 \times 2 = 238.071\,(\text{mm})$$

由于 200 mm $< d_{a2} <$ 500 mm，所以采用腹板式结构。齿轮零件工作图略。

5.3.9　直齿圆锥齿轮传动

1. 锥齿轮机构的特点和传动比

锥齿轮用于两组相交轴之间的传动，按齿线形状主要分直齿和曲线齿两种。直齿锥齿轮比曲线齿锥齿轮的设计、制造、安装和测量简便，应用较广。但其承载能力较弱，常用于低速轻载的稳定传动（$v < 5$ m/s）。曲线齿锥齿轮机构平稳，承载能力较高，常用于高速重载的传动。本节只讨论两轴线交角 $\Sigma = 90°$ 的直齿锥齿轮机构。

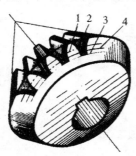

图 5 - 78　直齿锥齿轮

锥齿轮的轮齿均匀布在截锥面上，轮齿尺寸向锥顶方向逐渐缩小，如图 5 - 78 所示。锥齿轮有分度圆锥面（简称分锥）、齿顶圆锥面（简称顶锥）、齿根圆锥面（简称根锥）和基圆锥面，在锥齿轮大端处的各圆锥底圆分别为分度圆 1、齿顶圆 2、齿根圆 3 和基圆 4。

一对锥齿轮机构相当于一对节圆锥面（简称节锥）做纯滚动，如图 5 - 79 所示。对于一对标准安装的直齿锥齿轮，节锥与分锥相重合，其传动比可用相当于一对共顶点的分锥的摩擦轮做纯滚动来求得。图中，δ_1、δ_2 分别为两锥齿轮的轴线与分锥母线之间的夹角，称为分锥角，标准安装时与节锥角相等；r_1、r_2 和 d_1、d_2 分别为两分度圆的半径和直径，两轴线交角 $\Sigma = \delta_1 + \delta_2 = 90°$，则传动比为

$$i_{12} = \frac{\omega_1}{\omega_2} = \frac{n_1}{n_2} = \frac{d_2}{d_1} = \frac{z_2}{z_1}$$

由图 5 - 79（b）可知，其传动比还可表示为

$$i_{12} = \tan\delta_2 = \frac{d_2}{d_1} = \cot\delta_1 \qquad (5-79)$$

若已知传动比,由上式即可求得两锥齿轮的分锥角 δ_1 和 δ_2。

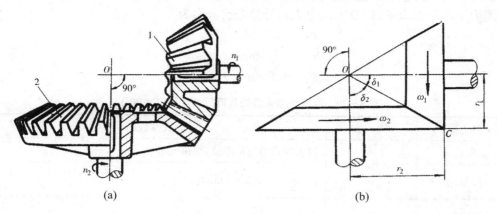

图 5-79　锥齿轮传动

2. 直齿锥齿轮的几何尺寸

因为锥齿轮的大端尺寸大,计算和测量所得尺寸的相对误差小,也便于确定其传动的外形和尺寸,所以锥齿轮的几何尺寸以大端为准,即大端模数 m 为标准模数,可按表 5-13 选取;大端压力角 α 为标准压力角,$\alpha=20°$;标准齿的齿顶高系数 $h_a^*=1$,径向间隙系数 $c^*=0.2$(适合于 $m\geqslant1$)。

分析表明,直齿锥齿轮的正确啮合条件和直齿圆柱齿轮一样,要求相啮合的锥齿轮大端模数和压力角分别相等,且为标准值。

图 5-80 表示一对两轴线交角 $\Sigma=90°$ 的标准直齿锥齿轮机构,其节锥与分锥重合。它的几何尺寸计算公式见表 5-30。

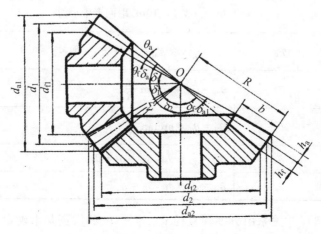

图 5-80　直齿锥齿轮传动的几何尺寸

3. 直齿锥齿轮的受力分析

如图 5-81 所示为圆锥齿轮传动主动轮(小齿轮)上的受力情况。将沿轮齿接触线上分

布载荷的合力 F_{n1} 作用在齿宽中点位置的节点 P 上,即作用在分度圆锥的平均直径 d_{m1} 处。过齿宽中点作分度圆锥的法向截面 NN,则正压力 F_n 就位于该平面内,并沿着轮齿接触点的公法线方向。若忽略接触面上摩擦力的影响,正压力 F_n 可分解成三个互相垂直的分力,即圆周力 F_{t1}、径向力 F_{r1} 以及轴向力 F_{a1},计算公式分别为

$$\left.\begin{array}{l} F_t = 2T_1/d_1 \\ F_{r1} = F_{t1}\tan\alpha \cdot \cos\delta \\ F_{a1} = F_{t1}\tan\alpha \cdot \sin\delta \end{array}\right\} \qquad (5-80)$$

表 5 - 30　　标准直齿锥齿轮几何尺寸计算($\Sigma=90°$)

名　称	代　号	公式及说明
模数	m	以大端模数为标准值,单位 mm
齿数比	u	$u = \dfrac{z_2}{z_1} = \tan\delta_2 = c\tan\delta_1$
分锥角	δ	$\delta_1 = \arctan\dfrac{z_1}{z_2}$
分度圆直径	d	$d_1 = mz_1, d_2 = mz_2$
齿顶高	h_a	$h_{a1} = h_{a2} = m$
齿根高	h_f	$h_{f1} = h_{f2} = 1.2m$
齿高	h	$h_1 = h_2 = 2.2m$
顶隙	c	$c = 0.2m$
齿顶圆直径	d_a	$d_{a1} = d_1 + 2m\cos\delta_1, d_{a2} = d_2 + 2m\cos\delta_2$
齿根圆直径	d_f	$d_{f1} = d_1 - 2.4m\cos\delta_1, d_{f2} = d_2 - 2.4m\cos\delta_2$
锥距	R	$R = \dfrac{1}{2}\sqrt{d_1^2 + d_2^2} = \dfrac{m}{2}\sqrt{z_1^2 + z_2^2} = \dfrac{d_1}{2\sin\delta_1} = \dfrac{d_2}{2\sin\delta_2}$
齿宽	b	$b \leqslant \dfrac{R}{3}$ 或 $b \leqslant 10m$,取两者中小值
齿宽系数	φ_R	$\varphi_R = \dfrac{b}{R}$,取 $\varphi_R = \dfrac{1}{4} \sim \dfrac{1}{3}$,一般 $\varphi_R = 0.3$
齿顶角	θ_a	$\theta_{a1} = \theta_{a2} = \arctan\dfrac{h_a}{R}$
齿根角	θ_f	$\theta_{f1} = \theta_{f2} = \arctan\dfrac{h_f}{R}$
顶锥角	δ_a	$\delta_{a1} = \delta_1 + \theta_{a1}, \delta_{a2} = \delta_2 + \theta_{a2}$
根锥角	δ_f	$\delta_{f1} = \delta_1 + \theta_{f1}, \delta_{f2} = \delta_2 - \theta_{f2}$

d_{m1} 可根据几何尺寸关系由分度圆直径 d_1、锥距 R 和齿宽 b 来确定,即

$$\frac{R - 0.5b}{R} = \frac{0.5d_{m1}}{0.5d_1}$$

则

$$d_{m1} = \frac{R - 0.5b}{R}d_1 = (1 - 0.5\varphi_R)d_1 \qquad (5-81)$$

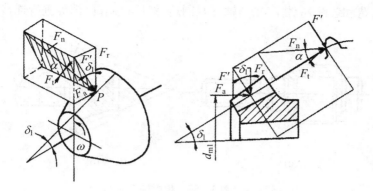

图 5 - 81 圆锥齿轮的受力分析

圆周力和径向力方向的确定与直齿轮相同,两齿轮的轴向力方向都是沿着各自的轴线方向并指向轮齿的大端。从动轮(大齿轮)上的受力可根据作用与反作用原理确定:$F_{t1} = -F_{t2}$,$F_{r1} = -F_{r2}$,$F_{a1} = -F_{a2}$,负号表示二力的方向相反。

5.3.10 齿轮结构设计

齿轮的结构一般指轮缘、轮辐、轮毂三部分。通过前面对齿轮传动的强度设计,已经确定了齿轮轮齿各部分的主要参数,如模数、齿数、压力角等,以及齿轮的主要几何尺寸,如分度圆直径、齿顶圆直径、齿宽等,而齿轮的结构形式和尺寸则需要通过结构设计来确定。

齿轮的结构形式很多,主要与齿轮的毛坯材料、尺寸大小、制造方法、生产批量以及使用要求等因素有关,常用的齿轮结构有以下几种:

1. 齿轮轴

对于直径很小的齿轮,如图 5 - 82 所示,当圆柱齿轮的齿根圆至键槽底部的距离 $x \leqslant (2 \sim 2.5)m$,或当圆锥齿轮小端的齿根圆至键槽底部的距离 $x \leqslant (1.6 \sim 2)m$ 时,如果把轴和齿轮分开制造,则当齿轮受载时,在该处常因强度不够而首先破坏。为此应将齿轮与轴制成一体,如图 5 - 83 所示。

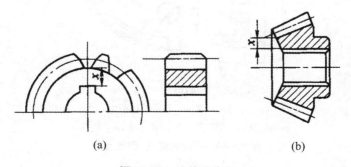

(a)　　　　　　　　　　　　　　　(b)

图 5 - 82 实体式齿轮

齿轮轴的刚度较好,但由于齿轮轴的工艺差,选材时又难以兼顾齿轮和轴的不同要求,切齿轮损坏时轴与整个齿轮将同时报废,造成浪费,因此对直径较大的齿轮,x 大于上述值时,为了便于制造和装配,应将齿轮与轴分开制造,然后再用键、销等进行连接。

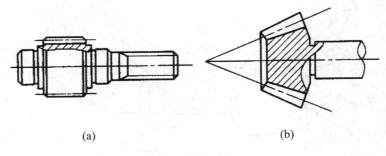

(a)　　　　　　　　　　(b)

图 5－83　齿轮轴

2. 实体式齿轮

为了简化结构,当齿轮的齿顶圆直径 $d_a \leqslant 200$ mm 时,可采用实体式结构。这种结构形式的齿轮常用锻钢制造。单件或小批量生产且直径 $d_a \leqslant 100$ mm 的齿轮,其毛坯也可以直接采用轧制圆钢。

3. 腹板式齿轮

当齿轮的齿顶圆直径 $d_a = 200 \sim 500$ mm 时,可采用腹板式结构,如图 5－84 所示。这种结构的齿轮一般多用锻钢制造,为了减轻重量、节省材料和便于搬运,在腹板上常制出圆孔,圆孔的数量按结构尺寸的大小及需要而定。齿轮各部分尺寸由图中经验公式确定。

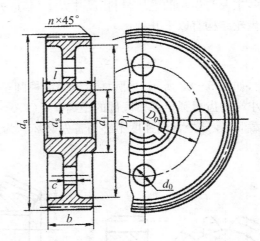

$$d_1 = 1.6 d_s (d_s \text{ 为轴}), D_0 = 0.5(D_1 + d_1)$$
$$D_1 = d_a - (10 \sim 12) m_n, d_0 = 0.25(D_1 - d_1)$$
$$c = 0.3b, L = (1.2 \sim 1.3) d_s \geqslant b, n = 0.5m$$

图 5－84　腹板式圆柱、圆锥齿轮

4. 轮腹式齿轮

为了节省材料和减轻重量,当齿轮的齿顶圆直径 $d_a > 500$ mm 时,可采用轮腹式结构,如图 5－85 所示。这种结构的齿轮常采用铸钢或铸铁制造,齿轮各部分尺寸按图中经验公式确定。

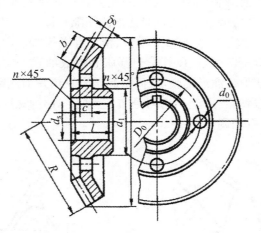

$$d_1 = 1.6d_s(d_s\text{ 铸钢}),d_1 = 1.8d_s(d_s\text{ 铸铁})$$
$$L = (1\sim1.2)d_s,c = (0.1\sim0.17)L > 10\text{ mm}$$
$$\delta = (3\sim4)m > 10\text{ mm},D_0\text{ 和 }d_0\text{ 根据结构确定}$$

图 5－85　铸造轮腹式圆柱齿轮

5.3.11　齿轮传动的使用与维护

齿轮传动在各种兵器及车辆的动力传动、运动转换中起着重要作用。汽车、飞机、舰船、坦克、自行火炮的主传动都是通过齿轮传动来实现的。齿轮传动失效将导致重大故障和损失,必须充分注意对齿轮传动装置的润滑及使用维护,其要点是加载平稳,经常监视,定期检查,注意润滑。

1. 齿轮传动的润滑

齿轮的啮合表面均以一定的速度相互滑动和滚动,且承受较大的载荷,齿轮的润滑对防止和延缓轮齿失效,保证齿轮正常工作具有重要作用。

2. 齿轮传动使用与维护注意事项

(1) 使用齿轮传动时,在加载、卸载及换档(变换啮合齿轮副)的过程中应平稳,避免产生冲击载荷,以防引起断齿等故障;尤其在启动过程中,齿轮表面尚未形成润滑油膜或压力喷油系统尚未正常工作,还有可能引起严重的磨损和胶合。

(2) 注意监视齿轮传动的工作状况,如有无齿轮异响或齿轮箱过热等。齿轮异响主要是由于齿面失效、齿体或齿轮轴变形、齿轮精度低、齿轮箱轴孔形位公差大等原因引起的,这将使齿侧间隙发生变化,齿轮不能正确啮合,轮齿间发生撞击或挤压,从而导致传动系统产生振动和异常响声。齿轮箱过热的原因,可能是由于齿侧间隙过小、油质不好引起摩擦损失过大,润滑油不足,散热不良等。出现这方面问题应及时检查,必要时应进行修理,以免酿成大的事故。

(3) 按照使用要求定期检查齿轮的完好状况。对有齿面缺陷的齿轮,如单向传动的齿轮,在可能条件下也可换向使用;对个别断齿的齿轮可采用堆焊或镶齿法进行修复,如图 5-86所示。必要时应更换新品,锥齿轮应成对更换。在对修复或检修过的齿轮进行装配时应特别注意齿轮是否能正确啮合,这主要应使齿侧间隙和接触面积在规定的范围之内。

① 齿侧间隙。根据齿轮传动中心距、模数、精度等级等要求,对相啮合的齿轮规定了一定的齿侧间隙 j_t,如图 5-87 所示,以补偿热膨胀和形成油膜。齿侧间隙过大会造成冲击,过小则会出现卡滞,不能形成润滑油膜,从而引起急剧发热并加速磨损,甚至导致故障产生。齿轮传动的齿侧间隙在齿轮圆周上不均匀分布,会使传动不平稳,产生冲击和噪音,故装配时应对齿侧间隙进行检查和调整。

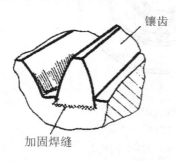

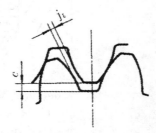

图 5-86 轮齿的修复　　　　图 5-87 齿轮传动的齿侧间隙

② 接触面积。要使两齿轮啮合位置正确,主要应使两齿轮在节圆附近及齿长的中段相接触并有一定的接触面积。啮合位置和接触面积可通过涂色法检查。如图 5-88 所示,接触面积过小或啮合位置不正确都会使载荷集中分布或偏斜,将导致轮齿失效或引起其他事故。通常这可通过刮削轴瓦、调整轴承座及齿轮轴线位置或修整齿面来修理。

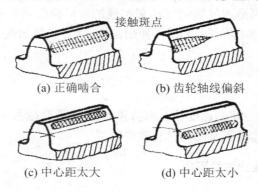

图 5-88 圆柱齿轮的接触斑点

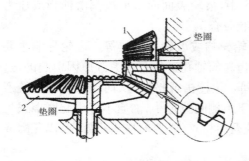

图 5-89 锥齿轮轴线偏移的调整

（4）锥齿轮对其轴线偏移特别敏感,误差大时,通常小齿轮会过早失效。当锥齿轮箱结构一定时,可通过改变垫片厚度等方法来调整其轴线偏移,如图 5-89 所示。

（5）润滑不当和装配不合要求是齿轮失效的主要原因。通常声响监测和定期检查是发现齿轮损伤的主要方法,据有关资料统计,前者约占发现齿轮损伤的 42%,后者约占 24%。

5.4 蜗杆传动

蜗杆传动由蜗杆及与之相配的蜗轮组成,用于传递交错轴间的运动和动力,通常轴交角 Σ 为 $90°$,一般蜗杆为主动件,做减速运动。

5.4.1 蜗杆传动的特点及类型

1. 蜗杆传动的特点

与齿轮相比,蜗杆传动具有下列特点:

(1) 传动比大、结构紧凑

在一般传动中,$i=10\sim80$;在分度机构中(只传递运动)i 可达 1000,因而结构紧凑。

(2) 传动平稳、噪声低

这是由于蜗杆齿连续不断地与蜗轮相啮合,且同时啮合的齿数较多。

(3) 具有自锁性

当螺旋线升角小于啮合副材料的当量摩擦角时,蜗杆传动具有自锁性,即只能蜗杆带动蜗轮,而蜗轮不能带动蜗杆。这使之能在起重装置、火炮瞄准机等处作为自锁环节。如图 5-90 所示为某型火炮方向机中的蜗杆传动,其工作原理为转动手轮,蜗杆带动蜗轮使方向机主齿轮一起转动,采用蜗轮蜗杆,结构紧凑,并能起自锁作用。

图 5-90 某型火炮方向机中的蜗杆传动

(4) 效率低

因为蜗杆蜗轮在啮合处有较大的相对滑动,因而摩擦与磨损严重,发热量大,效率低。一般传动效率为 0.7~0.8,具有自锁性的蜗杆传动传动效率低于 50%。

(5) 成本高

为减少蜗杆传动啮合处的摩擦和磨损,控制发热和防止胶合,蜗轮常需用较贵重的青铜等制造,在长期连续运动时,还需要采取散热措施等。

2. 蜗杆传动的类型

根据蜗杆的形状,蜗杆传动可分为圆柱蜗杆传动(图 5-91(a))、环面蜗杆传动(图 5-91

(b))和锥蜗杆传动(图5-91(c))。圆柱蜗杆传动制造简单,应用最广。

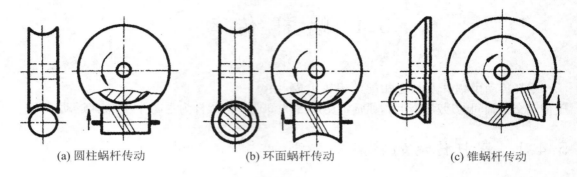

(a) 圆柱蜗杆传动　　　　　(b) 环面蜗杆传动　　　　　(c) 锥蜗杆传动

图5-91　蜗杆传动的类型

圆柱蜗杆按其螺旋面的形状可分为阿基米德蜗杆(ZA蜗杆)、渐开线蜗杆(ZI蜗杆)和圆弧圆柱蜗杆(ZC蜗杆)等。其中,除圆弧圆柱蜗杆外,均是用直线刀刃的刀具加工而成,由于刀具形状和安装的方位不同,产生的齿廓曲线形状也不同。

阿基米德蜗杆(图5-92)的齿面为阿基米德螺旋面,端面齿廓是阿基米德螺旋线,轴向齿廓为直线,因而可像梯形螺纹那样车削制成;加工简便,但难以磨削,故精度不高,常用于轻载低速或不太重要的地方。

渐开线蜗杆(图5-93)的齿面为渐开线螺旋面,端面齿廓是渐开线;可以车削,也可以像圆柱齿轮那样用齿轮滚刀加工;可磨削,故精度和传动效率均较高,适用于成批生产和大功率、高转速的传动,推荐在动力传动中应用。

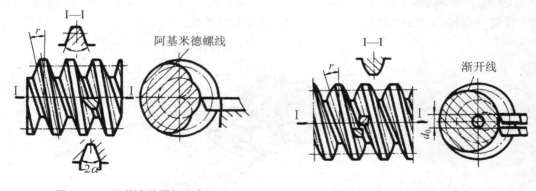

图5-92　阿基米德圆柱蜗杆　　　　**图5-93　渐开线圆柱蜗杆**

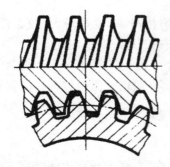

圆弧圆柱蜗杆(图5-94)的齿面为圆环面的包络曲面;圆弧圆柱蜗杆传动的综合曲率半径大,其承载能力高,约为阿基米德蜗杆传动的1.5~2.5倍,传动效率提高10%~15%;在相同条件下,使用寿命可增加一倍至两倍;但对中心距和安装误差有较高的要求,适宜高速、重载传动。

由于在工程实际中最常见的是阿基米德蜗杆传动,故本节只着重讨论阿基米德蜗杆传动。

图5-94　圆弧圆柱蜗杆

5.4.2 阿基米德蜗杆传动

如图 5-95 所示,通过蜗杆轴线且垂直于蜗轮轴线的平面称为中间平面。在中间平面上,阿基米德蜗杆的齿廓与齿条相同,两侧边为直线。于是,在中间平面内,阿基米德蜗杆和蜗轮的啮合情况,如同直齿条和渐开线齿轮的啮合情况一样。因而,在讨论阿基米德蜗杆传动的参数和尺寸计算时,以中间平面为准。

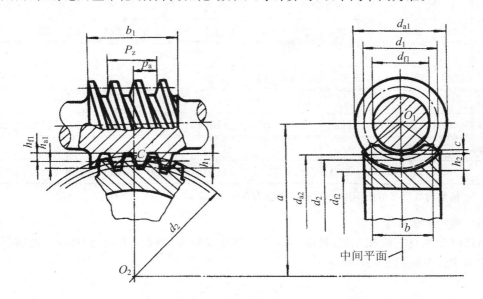

图 5-95 阿基米德蜗杆传动

1. 主要参数

（1）模数 m 和压力角 α

在中间平面上,蜗杆的轴向齿距 p_a 等于蜗轮的端面齿距 p_t,因而蜗杆的轴向模数 m_{a1} 等于蜗轮的端面模数 m_{t2},蜗杆模数 m 系指蜗杆的轴向模数,即

$$m_{a1} = m_{t2} = m \tag{5-82}$$

蜗杆模数 m 的标准系列见表 5-31。

同理,蜗杆的轴向压力角 α_{a1} 等于蜗轮的端面压力角 α_{t2},均为标准压力角 $\alpha = 20°$,即

$$\alpha_{a1} = \alpha_{t2} = \alpha \tag{5-83}$$

表 5-31 蜗杆模数 m 值(摘自 GB 10088—88)

第一系列 (mm)	0.1	0.12	0.16	0.2	0.25	0.3	0.4	0.5	0.6
	0.8	1	1.25	1.6	2	2.5	3.15	4	5
	6.3	8	10	12.5	16	20	25	31.5	40
第二系列 (mm)	0.7	0.9	1.5	3	3.5	4.5	5.5	6	7	12	14

注:优先采用第一系列,动力传动一般选 $m>1$。

（2）蜗杆分度圆直径 d_1 与蜗杆直径系数 q

当用滚刀切制蜗轮时，为了减少蜗轮滚刀的规格数目，规定蜗杆分度圆直径 d_1 为标准值，且与模数 m 有一定的搭配关系，如表 5-32 所示。d_1 与 m 的比值称为蜗杆直径系数，记作 q，即

$$q = d_1/m \quad 或 \quad d_1 = mq \tag{5-84}$$

表 5-32 动力圆柱蜗杆传动的 m 与 d_1 搭配值（摘自 GB 10085—88）

m	1	1.25		1.6		2				2.5			
d_1	18	20	22.4*	20	28*	(18)	22.4	(28)	35.5*	(22.4)	28	(35.5)	45*
m	3.15				4				5				
d_1	(28)	35.5	(45)	56*	(31.5)	40	(50)	71*	(40)	50	(63)	90*	
m	6.3				8				10				
d_1	(50)	63	(80)	112*	(63)	80	(100)	140*	(71)	90	(112)	160	
m	12.5				16				20				
d_1	(90)	112	(140)	200	(112)	140	(180)	250	(140)	160	(224)	315	

注：① 括号内数字尽可能不用。② 带 * 号者为自锁，是指 $z_1 = 1$、$\gamma < 3.5$ 时。

（3）蜗杆导程角 γ

蜗杆螺旋线有右旋和左旋，常取右旋。其螺旋线数称为蜗杆头数，记作 z_1，设蜗杆螺旋的导程为 P_z，则由图 5-96 可知

$$P_z = z_1 \cdot p_a$$

式中，p_a 为蜗杆的轴向齿距。

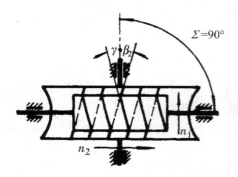

图 5-96 蜗杆导程角与齿距的关系

蜗杆分度圆柱上的导程角 γ（简称导程角）为

$$\tan\gamma = \frac{P_z}{\pi d_1} = \frac{z_1 p_a}{\pi d_1} = \frac{z_1 \pi m}{\pi m q} = \frac{z_1}{q} \tag{5-85}$$

蜗杆传动效率与导程角有关。如同对螺旋传动的分析一样，导程角大，效率高；导程角小，可能导致自锁。

蜗杆蜗轮啮合时，啮合点的齿线方向应一致。对于标准蜗杆传动，由此可得出蜗轮螺旋角 β_2 和蜗杆导程角 γ，且螺旋线方向相同，即

$$\beta_2 = \gamma \tag{5-86}$$

（4）蜗杆头数 z_1、蜗轮齿数 z_2 和传动比 i_{12}

蜗杆头数 z_1 一般可取 1~6，推荐 $z_1 = 1,2,4,6$。当要求传动比大时，z_1 取小值；要求自锁时，z_1 取 1；要求传动效率高时，z_1 取大值。

蜗轮齿数 z_2，对于动力传动，一般推荐 $z_2 = 29 \sim 80$。z_2 过小时，同时啮合的齿数少，会影响传动的平稳性，并且可能发生根切；z_2 太大时，由于蜗轮直径太大，会使蜗杆太长易于变形。对于传递运动的蜗杆传动，因模数可取小值，故 z_2 可达 200~300，甚至可达 1000。z_1、z_2 数值可参考表 5-33 的推荐值选取。

表 5-33　蜗杆头数 z_1 与蜗轮齿数 z_2 的荐用值

传动比 $i = z_1/z_2$	7~13	14~27	28~40	>40
蜗杆头数 z_1	4	2	2,1	1
蜗轮齿数 z_2	28~52	28~54	28~80	>40

蜗杆传动的传动比 i_{12} 为蜗杆(或蜗轮)的角速度 ω_1 与蜗轮(或蜗杆)的角速度 ω_2 之比值,通常蜗杆为主动件,故

$$i_{12} = \frac{\omega_1}{\omega_2} = \frac{n_1}{n_2} = \frac{z_2}{z_1} \tag{5-87}$$

但该传动比 i_{12} 不等于蜗轮与蜗杆两分度圆直径之比。

蜗杆和蜗轮的转动方向,可根据蜗杆传动具有螺旋传动的特点,用左、右手定则来确定,如图 5-97 所示,当蜗杆为右旋时,应用右手定则,见图 5-97(a),四指弯曲所指为蜗杆转向,即转速 n_1 的转向,拇指所指的反方向为啮合点处蜗轮转向,即转速 n_2 的转向;蜗杆为左旋时,用左手定则判定,如图 5-97(b)所示。另外,蜗轮的转向也和蜗杆、蜗轮的相对安装位置有关,比较图 5-97(a)和图 5-97(c)可以看出,它们同是右旋蜗杆传动,n_1 的转向也相同,但两者的 n_2 的转向却相反。

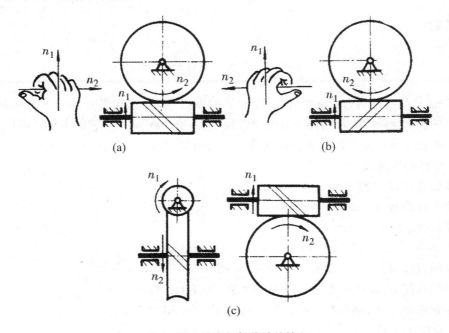

图 5-97　确定蜗杆传动的转向

2. 蜗杆传动的正确啮合条件

综上所述,阿基米德圆柱蜗杆传动在中间平面相当于直齿条和渐开线齿轮相啮合,因而,轴交角 $\Sigma = 90°$ 时,其正确啮合条件为

$$
\left.\begin{array}{l}
m_{a1} = m_{t2} = m \\
\alpha_{a1} = \alpha_{t2} = \alpha \\
\beta_2 = \gamma
\end{array}\right\} \tag{5-88}
$$

3. 蜗杆传动的几何尺寸计算

当选择和确定了蜗杆传动的主要参数后,可按表 5-34 进行蜗杆传动的几何尺寸计算。

表 5-34　标准阿基米德蜗杆传动的部分主要几何尺寸计算

名称	计算公式	
	蜗杆	蜗轮
分度圆直径	d_1(选取)	$d_2 = m z_2$
蜗杆直径系数	$q = d_1/m$	
齿顶高	$h_{a1} = m$	$h_{n2} = m$
齿根高	$h_{f1} = 1.2m$	$h_{f2} = 1.2m$
齿顶圆直径	$d_{a1} = d_1 + 2m$	$d_{a2} = m(z_2 + 2)$
齿根圆直径	$d_{f1} = d_1 - 2.4m$	$d_{f2} = m(z_2 - 2.4)$
蜗杆导程角	$\gamma = \mathrm{arctg}(z_1 m/d_1)$	
蜗轮螺旋角	$\beta_2 = \gamma$	
顶隙	$c = 0.2m$	
中心距	$a = \dfrac{1}{2}(d_1 + d_2) = \dfrac{1}{2}(d_1 + m z_2)$	

例 5-6　一传递动力的标准阿基米德(ZA)蜗杆传动,已知模数 $m = 8\ \mathrm{mm}$,蜗杆头数 $z_1 = 1$,蜗轮齿数 $z_2 = 32$,若蜗杆的分度圆直径 $d_1 = 80\ \mathrm{mm}$,试计算它的主要几何尺寸。

解　根据表 5-34 可确定蜗杆传动的主要几何尺寸。

(1) 蜗杆的主要尺寸:

分度圆直径 $d_1 = 80\ (\mathrm{mm})$。

蜗杆直径系数 $q = d_1/m = 80/8 = 10$。

齿顶高 $h_{a1} = m = 8\ (\mathrm{mm})$。

齿根高 $h_{f1} = 1.2m = 9.6\ (\mathrm{mm})$。

齿顶圆直径 $d_{a1} = d_1 + 2m = 80 + 2 \times 8 = 96$。

齿根圆直径 $d_{f1} = d_1 - 2.4m = 80 + 2 \times 8 = 60.8\ (\mathrm{mm})$。

蜗杆导程角 $\gamma = \arctan(z_1 m/d_1) = \arctan(1 \times 8/80) = 5.71$。

(2) 蜗轮的主要尺寸:

分度圆直径 $d_2 = m z_2 = 8 \times 32 = 256\ (\mathrm{mm})$。

齿顶高 $h_{a2} = m = 8\ (\mathrm{mm})$。

齿根高 $h_{f2} = 1.2m = 9.6\ (\mathrm{mm})$。

齿顶圆直径 $d_{a2} = m(z_2 + 2) = 8(32 + 2) = 272\ (\mathrm{mm})$。

齿根圆直径 $d_{f2} = m(z_2 - 2.4) = 8(32 - 2.4) = 236.8$。

蜗杆螺旋角 $\beta = \gamma = 5.71^\circ$。

(3) 中心距:

$$a = \frac{1}{2}(d_1 + d_1) = \frac{1}{2}(80 + 256) = 168\,(\mathrm{mm})$$

5.4.3 蜗杆传动的受力分析

蜗杆传动的受力分析与斜齿圆柱齿轮传动相似,如图 5-98 所示,现做假定如下:

(1) 一对齿啮合于节点 P。

(2) 不考虑啮合齿面间的摩擦力。

如图 5-98 所示为一蜗杆传动,蜗杆为主动件,旋向为右旋,故蜗杆上受力的作用面为右侧面,受力点 P 为节点。图 5-98(a) 为蜗轮对蜗杆施加的空间力系图,图 5-98(b) 为蜗杆、蜗轮的受力情况及转向图。

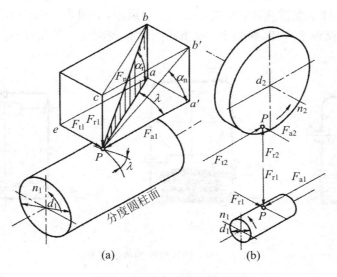

图 5-98 蜗杆传动的作用力

如图所示,作用在蜗杆齿面上的法向力 F_n 可分解为三个互相垂直的分力,即圆周力 F_{t1}、径向力 F_{r1} 和轴向力 F_{a1}。由于蜗杆与蜗轮轴交错成 90°,根据作用与反作用的原理,蜗杆的圆周力 F_{t1} 与蜗轮的轴向力 F_{a2}、蜗杆的轴向力 F_{a1} 与蜗轮的圆周力 F_{t2}、蜗杆的径向力 F_{r1} 与蜗轮的径向力 F_{r2} 分别存在着大小相等、方向相反的关系,即

$$\left.\begin{aligned} F_{t1} &= -F_{a2} = \frac{2T_1}{d_1} \\ F_{a1} &= -F_{t2} = \frac{2T_2}{d_2} \\ F_{r1} &= -F_{r2} = F_{t2} \cdot \tan\alpha \end{aligned}\right\} \tag{5-89}$$

式中,T_1、T_2 分别为作用在蜗杆和蜗轮上的转矩,单位为 N·mm,$T_2 = T_1 i\eta$,η 为蜗杆的传动效率;d_1、d_2 分别为蜗杆和蜗轮上的分度圆直径,单位为 mm;α 为压力角,通常 $\alpha = 20°$。

蜗杆蜗轮受力方向的判断方法与斜齿轮相同。当蜗杆为主动件时,圆周力 F_{t1} 的方向与蜗杆节点转向相反;径向力 F_{r1} 的方向由啮合点指向蜗杆轴心;轴向力 F_{a1} 的方向决定于螺旋线的旋向和蜗杆的转向,按"主动轮左右手法则"来判定。作用于蜗轮上的力可根据作用与反作用原理来判定。

5.4.4　蜗杆传动的使用与维护

1. 蜗杆传动的润滑与散热

蜗杆传动的滑动速度大,效率低,工作时发热量大。为了提高其传动效率,减少齿面的胶合和磨损,润滑对于蜗杆传动具有特别重要的作用。开式传动可采用黏度较高的润滑油或润滑脂,闭式传动可根据滑动速度和载荷条件选择润滑油黏度和润滑方式。

对于重载、连续工作的闭式蜗杆传动,由于发热量大,在保持良好润滑条件的同时,必须注意散热,以避免箱内过高的温升使润滑油的黏度过分降低,不能保持油膜,从而导致齿面胶合失效。一般蜗杆传动的工作油温应保持在 $70\sim80$ ℃以下,否则应采取散热措施,这些措施通常有:① 箱体上加散热片;② 蜗杆轴上安装风扇,如图 5-99(a)所示;③ 箱体油池内安装蛇形水管,用循环水冷却,如图 5-99(b)所示;④ 使润滑油外循环,通过冷却器冷却,如图 5-99(c)所示。

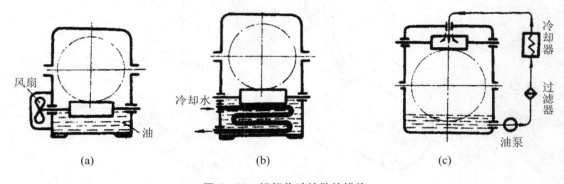

图 5-99　蜗杆传动的散热措施

2. 蜗杆传动的使用维护

蜗杆传动的使用维护除应注意与齿轮传动使用维护相同的要求外,由于蜗杆本身的特点并常用作自锁环节,还应注意以下两点:

(1) 蜗杆传动的装配。

为保证蜗杆与蜗轮的正确啮合,在装配时,应使蜗杆轴线位于中间平面上,中心距应准确,应有适量的啮合间隙,以防止运转卡滞。对于单向工作的蜗杆传动,蜗轮齿面上的接触斑点应位于其中部稍偏蜗杆旋出的方向,以确保旋入处有一定的间隙,如图 5-100(a)、(d)所示;轮齿的接触斑点应具有一定的宽度和高度。若接触斑点达不到要求,如图 5-100(b)、(c)所示那样偏至一侧,则可用适当移动蜗轮轴向位置来改善。如图 5-101 所示为通过改变调整套的长度来变更蜗轮轴向位置。若仍达不到要求,则可采取修刮等措施。

(2) 蜗杆传动的维护。

蜗杆传动在使用过程中,可能会由于蜗轮齿的磨损而使齿侧间隙过大,从而导致蜗杆传动的空回过大,甚至不能自锁,也可能会由于胶合而使蜗杆传动转动困难,这时均应认真检查修理。如果蜗轮齿的厚度由于磨损而超过允许范围,则应更换蜗轮齿圈。如果磨损尚未超过允许的极限尺寸而仍可使用时,可用如图 5-101 所示的改变调整套长度等方法来修理。

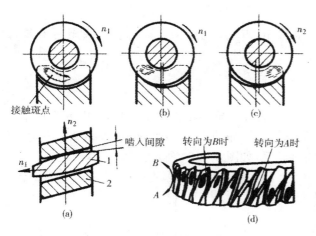

图 5 - 100　蜗轮齿面的接触点

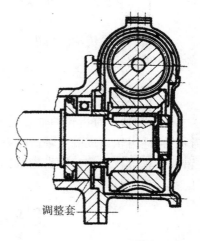

图 5 - 101　蜗轮轴向位置的调整

5.5　轮 系 传 动

　　一对齿轮组成的基本机构是齿轮传动的最简单形式,在实际机械传动中,由于工作需要常常采用一系列相互啮合的齿轮将主动轴的运动和动力传给从动轴。这种若干齿轮副的组合称为齿轮系,简称轮系。轮系传动广泛用于各种机械和武器装备中,如图 5 - 102 所示的某型火炮方向机[①]的齿轮传动就是通过轮系实现的。

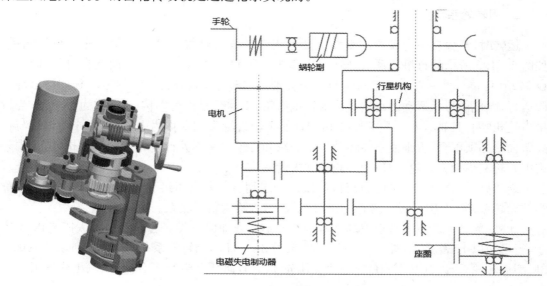

图 5 - 102　某型火炮方向机的轮系传动

---

　　①方向机通过轮系中蜗杆蜗轮、各齿轮的啮合传动,带动上架(回转部分)转动,实现方向瞄准。

5.5.1　轮系的分类

根据齿轮系传动时各齿轮轴线位置是否固定,齿轮系可分为定轴轮系、行星轮系和复合轮系三种类型。

1. 定轴轮系

运转时,所有齿轮的轴线位置都固定不动的齿轮系称为定轴轮系。其中,由轴线互相平行的圆柱齿轮组成的定轴齿轮系称为平面定轴轮系,如图 5-103 所示;包含相交轴齿轮、交错轴齿轮等在内的定轴齿轮系称为空间定轴轮系,如图 5-104 所示。

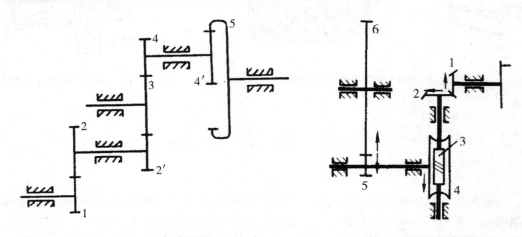

图 5-103　平面定轴齿轮系　　　　　　　　　图 5-104　空间定轴齿轮系

2. 周转轮系

运转时,至少有一个齿轮的轴线绕其他齿轮的固定轴线转动的齿轮系称为行星轮系。如图 5-105 所示的行星轮系,运转时,活套在构件 H 上的齿轮 2,一方面绕自身的轴线 $O'O'$ 转动(自转),另一方面又随构件 H 绕固定轴线 OO 转动(公转),它的运动犹如行星绕太阳运行,故把做行星运动的齿轮 2 称为行星齿轮;支承行星齿轮的构件 H 称为行星架;与行星齿轮相啮合且轴线与行星架轴线相重合的定轴齿轮 1 和 3 称为中心轮(中心轮轴线与行星架轴线必须重合,否则便不能传动),中心轮和行星架又称为行星轮系的基本构件,其中外齿中心轮又称为太阳轮,内齿中心轮又称内齿圈。

周转齿轮系根据自由度的数目,可做进一步划分。若自由度为 2(图 5-105(a)),则称为差动轮系;若自由度为 1(图 5-105(b)、(c)),则称为行星轮系。

此外,周转齿轮系还常根据其基本构件的不同来加以分类。若轮系中的太阳轮以 K 表示,行星架以 H 表示,则图 5-105 所示轮系为 2K-H 型周转轮系;图 5-106 所示轮系称为 3K 型周转轮系,因其基本构件是三个太阳轮 1、3、4,而行星架 H 不作输入、输出构件用。

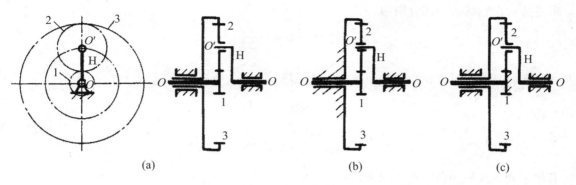

(a) (b) (c)

图 5 - 105 周转齿轮系

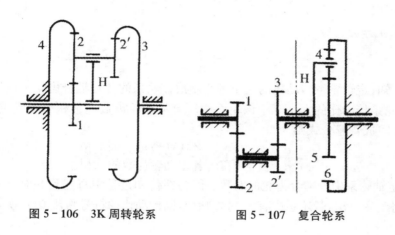

图 5 - 106 3K 周转轮系 **图 5 - 107 复合轮系**

3. 复合齿轮系

复合齿轮系是由定轴轮系与行星齿轮系组合而成的齿轮系,如图 5 - 107 所示。

5.5.2 定轴轮系传动比的计算

轮系的传动比,是指该轮系的主动轮(首轮)与从动轮(末轮)的转速之比。轮系传动比的计算,一般来说,除了要计算传动比的大小以外,还要确定从动轮的转动方向。

最简单的定轴轮系是由一对齿轮所组成的,其传动比为

$$i_{12} = \frac{n_1}{n_2} = \pm \frac{z_2}{z_1}$$

式中,n_1,n_2 分别表示主动轮(或主动轴)和从动轮(或从动轴)的转速;z_1,z_2 分别表示主动轮和从动轮的齿数。

当传动是一对外啮合齿轮时,二轮转向相反,上式取"一"号;当传动是一对内啮合齿轮时,二轮转向相同,上式取"+"号,一般可省略不写。

1. 平面定轴轮系的传动比

在图 5 - 103 所示的平面定轴齿轮系中,齿轮 1 为首轮,齿轮 5 为末轮;轮 2 和轮 2′,轮 4 和轮 4′均为由两个齿轮组成的双联齿轮。图 5 - 103 所示轮系中各齿轮的齿数为已知,则可

求得各对齿轮的传动比分别为

$$i_{12} = \frac{n_1}{n_2} = -\frac{z_2}{z_1}$$

$$i_{2'3} = \frac{n_{2'}}{n_3} = -\frac{z_3}{z_{2'}}$$

$$i_{34} = \frac{n_3}{n_4} = -\frac{z_4}{z_3}$$

$$i_{4'5} = \frac{n_{4'}}{n_5} = \frac{z_5}{z_{4'}}$$

若将上列各式中的各段连乘起来,则得

$$i_{12} i_{2'3} i_{34} i_{4'5} = \frac{n_1}{n_2} \times \frac{n_{2'}}{n_3} \times \frac{n_3}{n_4} \times \frac{n_{4'}}{n_5} = \left(-\frac{z_2}{z_1}\right)\left(-\frac{z_3}{z_{2'}}\right)\left(-\frac{z_4}{z_3}\right)\left(\frac{z_5}{z_{4'}}\right)$$

因为 $n_2 = n_{2'}$,$n_4 = n_{4'}$,故

$$i_{15} = i_{12} i_{2'3} i_{34} i_{4'5} = \frac{n_1}{n_2} = (-1)^3 \frac{z_2 z_3 z_4 z_5}{z_1 z_{2'} z_3 z_{4'}}$$

由上式可知,定轴轮系传动比的大小等于组成该轮系的各对啮合齿轮传动比的连乘积。或者说,定轴轮系传动比的大小等于该轮系中所有从动轮齿数连乘积与所有主动轮齿数连乘积的比值。写成普遍公式则为

$$i = \frac{n_主}{n_从} = (-1)^n \frac{各从动轮齿数的乘积}{各主动轮齿数的乘积} \tag{5-90}$$

指数 n 表示定轴轮系中外啮合齿轮的对数。因为在传动过程中每遇到一对外啮合齿轮,传动比的符号将改变一次,若轮系中有 n 对外啮合,则传动比的符号将改变 n 次,故以 $(-1)^n$来表示。

在图 5-103 所示的轮系中,轮 3 同时与轮 2′ 及轮 4 互相啮合。对于轮 2′ 来说,轮 3 是从动轮;对于轮 4 来说,轮 3 又是主动轮。轮 3 的齿数 z_3 同时在式(5-90)的分子和分母中出现,因此它的齿数多少并不影响轮系传动比的大小,而仅起传递运动和改变转向的作用。轮系中的这种齿轮称为惰轮或介轮。

画箭头的方法是依据下述原理进行的:一对外啮合圆柱齿轮的转向总是相反的,表示它们转向的箭头方向也就相反(相背或相向);一对内啮合圆柱齿轮的转向总是相同的,表示它们转向的箭头方向也就一致。

例 5-7　如图 5-108 所示为某汽车变速箱传动图,共四挡转速,Ⅰ为输入轴,Ⅱ为输出轴,传动路线为:第一挡,齿轮 1-2-5-6;第二挡 1-2-3-4;第三挡由离合器直接将Ⅰ、Ⅱ轴相连;第四挡 1-2-7-8-6,倒挡。$z_1 = 20$,$z_2 = 35$,$z_3 = 28$,$z_4 = 27$,$z_5 = 18$,$z_6 = 37$,$z_7 = 14$,求各挡传动比。

解　依题意,由式(5-90)可得:

第一挡传动比为

$$i_{16} = \frac{n_1}{n_6} = (-1)^2 \frac{z_2 z_6}{z_1 z_5} = \frac{35 \times 37}{20 \times 18} = 3.60$$

第二挡传动比为

$$i_{14} = \frac{n_1}{n_4} = (-1)^2 \frac{z_2 z_4}{z_1 z_3} = \frac{35 \times 27}{20 \times 18} = 1.69$$

第三挡为直接挡,故传动比为

$$i_{1H} = \frac{n_1}{n_H} = 1$$

第四挡传动比为

$$i_{16} = \frac{n_1}{n_6} = (-1)^3 \frac{z_2 z_8 z_6}{z_1 z_7 z_8} = -\frac{z_2 z_6}{z_1 z_7} = -\frac{35 \times 37}{20 \times 14} = -4.63$$

第一挡、第二挡、第三挡传动比皆为正,表示输入轴与输出轴转向相同,皆为前进挡;第四挡传动比为负,表示输入轴与输出轴转向相反,故为倒挡。

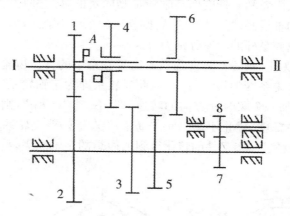

图 5-108　汽车变速箱

2. 空间定轴轮系的传动比

在空间定轴齿轮系中,由于其齿轮轴线有的不平行,不存在转动方向相同或相反的问题,故不能用正、负号表示其转向关系。空间定轴齿轮系(图 5-104),其传动比的大小仍可用式(5-90)计算,但其转向不能用 $(-1)^n$ 来求得,一般采用画箭头的方法来确定。应指出的是,若空间定轴齿轮系中的首末两轮轴线平行,则应根据画箭头所确定的转向相同或相反,在传动比数值前冠以"+"号或"-"号。

例 5-8　如图 5-104 所示为某火炮高低机的齿轮系,当转动手轮带动齿轮 1 时,末轮 6 带动火炮身管上下俯仰。已知 $z_1 = 16$, $z_2 = 16$, $z_3 = 1$(左), $z_4 = 29$, $z_5 = 13$, $z_6 = 144$。求该轮系的传动比。若需末轮 6 转过 $15°$,试问轮 1 应转过多转?

解　该轮系为空间定轴齿轮系,各轮转向如图 5-104 中箭头所示。由于首、末两轮轴线平行且转向相同,故传动比为正:

$$i_{16} = \frac{n_1}{n_6} = \frac{z_2 z_4 z_6}{z_1 z_3 z_5} = \frac{16 \times 29 \times 144}{16 \times 1 \times 13} = 321.23$$

由于在同一时间中轮 1 和轮 6 转过的角度比等于其传动比,设轮 1 转过的角度为 α_1,轮 6 转过的角度为 α_6,则有

$$\alpha_1 = i_{16} \times \frac{\alpha_6}{360°} = 321.23 \times \frac{15°}{360°} = 13.38$$

5.3.3　周转轮系传动比的计算

定轴轮系中各齿轮的运动,都是做简单的绕定轴回转。而行星轮系至少有一个齿轮的轴线是不固定的,绕着另一固定轴线回转,这个齿轮既做自转又做公转,故行星轮系各齿轮间的运动关系就和定轴轮系不同,传动比的计算方法也不一样。

在行星轮系中,太阳轮和系杆的回转轴线都是固定的,称它们为行星轮系的基本构件。应当注意,基本构件的轴线必须是共线的,否则整个轮系将不能运动。

设太阳轮、行星轮和系杆的转速分别为 n_1,n_3,n_2 和 n_H,转向均为逆时针方向。假定转动方向沿逆时针方向为正,顺时针方向为负。行星轮系中的行星齿轮做复杂运动是由系杆的回转运动造成的,如果系杆的转速 $n_H = 0$,此时轮系即为定轴轮系。根据相对运动原理,假想给整个行星轮系加一个顺时针方向的转速,即加一个"$-n_H$",则各构件之间的相对运动关系不变,而这时系杆就"静止不动"($n_H - n_H = 0$),于是行星轮系便转化成为定轴轮系(见图 5-109)。这种经过一定条件的转化得到的假想的定轴轮系,称为原行星轮系的转化机构。

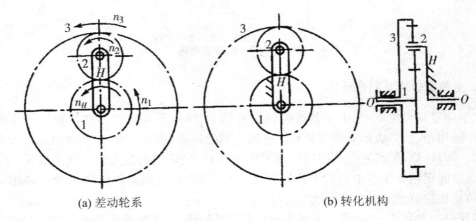

(a) 差动轮系　　　　　　　　　　　(b) 转化机构

图 5-109　周转轮系的转化

由于转化机构是一个定轴轮系,所以可用定轴轮系传动比的计算方法,求得转化机构的传动比:

$$i_{13}^H = \frac{n_1^H}{n_3^H} = \frac{n_1 - n_H}{n_3 - n_H} = -\frac{z_2 z_3}{z_1 z_2} = -\frac{z_3}{z_1}$$

式中"$-$"号表示转化机构 1 与齿轮 3 的转向相反,因为转化机构中外啮合齿轮的对数为奇数($n = 1$)。

上列式子虽表示转化机构的传动比,但式中包含了行星轮系各基本构件的转速和各齿轮齿数之间的关系。不难理解,在各齿轮齿数已知的条件下,只要给出 n_1,n_3 和 n_H 中的任意两个,则另一个即可根据上式求出。于是原周转轮系的传动比 i_{13}(或 i_{1H},i_{3H})也就可随之求出。

根据上述原理,不难求得行星轮系传动比的一般计算公式。设以 1 和 K 代表周转轮系中的两个太阳轮,以 H 代表系杆,其中轮 1 为主动轮,则其转化机构的传动比 i_{1K}^H 为

$$i_{1K}^H = \frac{n_1 - n_H}{n_K - n_H} = (-1)^n \frac{z_2 \cdots z_K}{z_1 \cdots z_{K-1}} \tag{5-91}$$

式(5-91)即为用来计算行星轮系传动比的基本公式。式中 i_{1K}^{H} 是转化机构中轮 1 和 K 的传动比,对于已知的行星轮系来说,总是可以求出的。n_1、n_K 及 n_H 为行星轮系中各基本构件的转速。对于差动轮系来说,由于两个太阳轮及系杆都是运动的,故三个转速 n_1、n_K 和 n_H 中必须有两个是已知的,才能求出第三个。对于行星轮系,由于一个太阳轮固定,其转速为零(即 n_1 或 n_K 为零),所以只要已知一个基本构件的转速就可求得另一构件的转速。

例 5-9 在如图 5-110 所示的行星轮系中,已知 $z_1 = 99, z_2 = 100, z_{2'} = 101, z_3 = 100$,齿轮 1 固定不动。试求系杆 H 与齿轮 3 之间的传动速比 $i_{\mathrm{H}3}$。

解 根据式(5-91)可得

$$i_{1K}^{\mathrm{H}} = \frac{n_1 - n_\mathrm{H}}{n_3 - n_\mathrm{H}} = (-1)^2 \frac{z_2 z_3}{z_1 z_{2'}} = \frac{100 \times 100}{99 \times 101} = \frac{10000}{9999}$$

而 $n_1 = 0$,故可计算出

$$i_{\mathrm{H}3} = \frac{n_\mathrm{H}}{n_3} = 10000$$

这就是说,当系杆 H 转 10000 转时,齿轮 3 才转 1 转。此例说明周转轮系的结构虽然很简单,但可获得很大的传动速比。

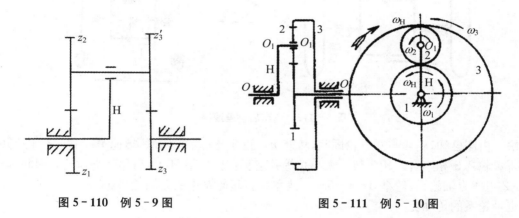

图 5-110 例 5-9 图   图 5-111 例 5-10 图

例 5-10 如图 5-111 所示,设 $z_1 = z_2 = 30, z_3 = 90$。求当构件 1、3 的转数分别为 $n_1 = 1, n_3 = -1$(设转向沿逆时针方向为正)时,n_H 及 $i_{1\mathrm{H}}$ 的值。

解 其转化轮系的传动比为

$$i_{13}^{\mathrm{H}} = \frac{n_1 - n_\mathrm{H}}{n_3 - n_\mathrm{H}} = -\frac{z_2 z_3}{z_1 z_2} = -\frac{z_3}{z_1}$$

代入已知数据,有

$$(1 - n_\mathrm{H})/(-1 - n_\mathrm{H}) = -90/30 = -3$$
$$n_\mathrm{H} = -1/2, \quad i_{1\mathrm{H}} = n_1/n_\mathrm{H} = 1/(-1/2) = -2$$

由计算结果可以看出,当轮 1 逆时针转一转,轮 3 顺时针转一转时,行星架 H 将沿顺时针转 1/2 转。

5.5.4 复合轮系传动比的计算

如前所述,在复合轮系中,或者既包含定轴轮系部分,又包含周转轮系部分;或者包含几部分周转轮系。对这样的复合轮系,其传动比的正确计算方法是将其所包含的各部分周转轮系和定轴轮系一一加以区分,分别列出其传动比计算式,再联立求解。

在计算复合轮系的传动比时,首要的问题是正确地将各组成部分加以划分,正确划分的关键是要把其中的周转轮系部分找出来。周转轮系的特点是具有行星轮和行星架,故先要找到轮系中的行星轮和行星架(注意,行星架往往可能是由轮系中具有其他功能的构件所兼任)。每一行星架,连同行星架上的行星轮和与行星轮相啮合的太阳轮就组成一个基本周转轮系。在一个复合轮系中可能包含有几个基本周转轮系(一般一个行星架就对应一个基本周转轮系),当将这些周转轮系一一找出之后,剩下的便是定轴轮系部分了。

例 5-11 如图 5-112 所示为汽车后桥差速器,发动机通过传动轴驱动齿轮 1,在齿轮 1 转速 n_1 不变的情况下,能使两后轮以不同转速转动。若 $z_4 = z_5$,试求汽车转弯时两个后轮的转速 n_4 和 n_5。

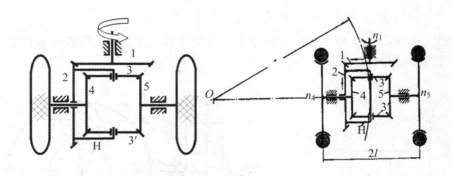

图 5-112 汽车后桥差速器

解 由图已知,轮 4 与左车轮固联,转速 n_4,轮 5 与右车轮固联,转速 n_5,中心轮 4、5 共同与行星轮 3、$3'$ 相啮合。轮 3 与 $3'$ 大小相等并空套在行星架 H 上,行星架与齿轮 2 固联,齿轮 1-2 组成定轴轮系;轮系 3-4-5-H 为单级行星轮系中的差动轮系。

定轴轮系的传动比为

$$i_{12} = \frac{n_1}{n_2} = \frac{z_2}{z_1} \quad \text{或} \quad n_2 = n_1 \frac{z_1}{z_2} \tag{1}$$

差动轮系的传动比为

$$i_{45}^H = \frac{n_4 - n_H}{n_5 - n_H} = -\frac{z_5}{z_4} = -1$$

或

$$n_2 = \frac{n_4 + n_5}{2} \tag{2}$$

图中 O 点为汽车转弯时的瞬时转动中心。左车轮行走轨迹的曲率半径为 $r - l$;右车轮行走轨迹的曲率半径为 $r + l$。所以,左、右两轮的转速不同。若车轮在地面上做纯滚动,则 n_4 与 n_5 之间应满足下列关系:

$$\frac{n_4}{n_5} = \frac{r - l}{r + l} \quad \text{或} \quad n_5 = n_4 \frac{r + l}{r - l} \tag{3}$$

联解(1)、(2)和(3),得

$$n_4 = \frac{(r - l)z_1}{r z_2} n_1, \quad n_5 = \frac{(r + l)z_1}{r z_2} n_1$$

由上述分析可知,当输入转速 n_1 后,随转弯半径 r 的不同,n_4 和 n_5 也相应变化,从而保证汽车顺利转弯。

当汽车直线行驶时,$r \to \infty$,则得 $n_4 = n_5 = n_2 = \dfrac{z_1}{z_2} n_1$,此时行星轮 3 仅有公转而无自转。

因为汽车不可能沿绝对直线行驶,所以没有差速器汽车无法行驶。

5.5.5 轮系的应用

轮系广泛应用在各种机械设备中,它的主要功能有以下几个方面:

1. 传递相距较远两轴之间的传动

两轴相距较远时,用一对齿轮传动会使两齿轮径向尺寸都很大(图 5 - 113 中点划线所示),既笨重又浪费材料,而且制造、安装都不方便,若改用轮系(图 5 - 113 中实线所示),可缩小径向尺寸,使结构紧凑。

2. 实现大传动比传动

需要较大的传动比时,若用一对齿轮传动,则会造成大、小齿轮径向尺寸相差悬殊,导致机构外廓尺寸庞大(如图 5 - 114 中点划线所示),且小齿轮容易损坏。若采用图中四个齿轮所示的定轴轮系,则可在各齿轮直径相差不大的情况下,获得大的传动比。利用少数几个齿轮构成的周转轮系还可获得很大的传动比。

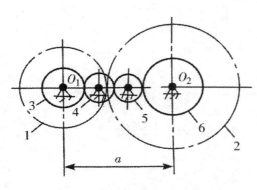

图 5 - 113　实现较远距离传动

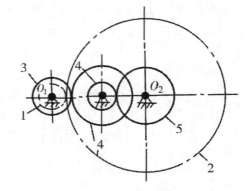

图 5 - 114　获得较大传动比

3. 实现分路传动

当主动轴的转速一定时,利用齿轮系可将主动轴的一种转速同时传到几根从动轴上去,获得所需的各种转速。如图 5 - 115 所示的钟表传动示意图中,发条盘 N 驱动齿轮 1 传动,齿轮 1—2 带动分针 m 转动的同时,通过齿轮 1—2—2′—3—3′—4 齿轮系及齿轮 1—2—2′—5′—5—6 分别带动秒针 s 和时针 h 转动,使之获得所需的时针、分针和秒针之间的转速关系。

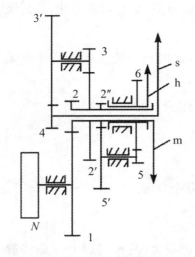

图 5 - 115　钟表传动示意图

4. 实现变速传动

在主动轴转速、转向不变情况下,利用轮系可使从动轴得到不同的转速和转向,如例5-7中的汽车变速箱。用行星齿轮系实现变速传动的实例如图5-116(a)所示的坦克行星转向器,Ⅰ轴输入动力,行星架 H 输出力并通过驱动轮 P 带动履带行走。当闭锁离合器 A 接合时,中心轮3与行星架 H 连成一体,转向器的齿轮系转化为如图5-116(b)所示,此时,行星齿轮2只做公转,完成Ⅰ轴与行星架轴的直接传动,即 $n_p = n_1$ 以实现正常行走;当制动器 B 制动时,中心轮3固定不动,转化为如图5-116(c)所示简单行星齿轮系,此时 $n_p < n_1$,以实现减速;当制动器 C 制动时,行星架 H 固定不动,即为图5-116(d)所示定轴齿轮系,此时 $n_p = 0$。因此,当操纵安装于坦克左、右两侧的行星转向器,使之按不同的制动方式工作时,左、右履带的行走速度就会不同,坦克行进中或原地左右转弯。

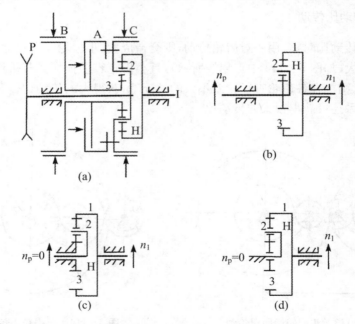

图 5 - 116　坦克行星转向器

5. 改变输出轴的转向

输入轮转向不变时,齿轮系中引入惰轮可改变输出轮的转向,而不改变传动比的大小。在如图5-117所示的机床进给丝杠的三星轮换向机构中,1 为输入轮,4 为输出轮,2 和 3 为惰轮。当搬动手柄处在图5-117(a)或图5-117(b)的不同位置时,输出轮的转向不同。

6. 实现运动的合成

在简单差动轮系中,给出中心轮和行星架中任意两个构件的转动后,第二个构件的转动

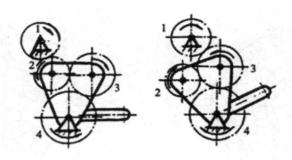

图 5 - 117　三星轮换向机构

即可确定,因而该构件的转动是上述两构件的合成。图 5 - 118 所示的船用航向指示器为一混合齿轮系,右舷发动机通过定轴齿轮系 4—1′带动中心轮 1 转动,左舷发动机通过定轴齿轮系 5—3′带动另一中心轮 3 转动。当两发动机转速发生变化时,船的航向随之变化,此时两中心轮 1 和 3 的转速也随之相应变化,带动与行星架相固接的航向指针 P,以指示船舶的航行方向。

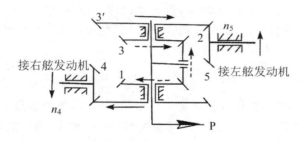

图 5 - 118　船用航向指示器

7. 实现运动的分解

简单差动轮系不仅能将两个独立的传动合成为一个转动,还可以将一个构件的转动按工作要求分解成两个构件的转动。如图 5 - 112(a)所示的汽车后桥差速器,就是将输入轮(2 或行星架 H)的转速 n_2 分解为两个后车轮的转速 n_4 和 n_5。

5.5.6　其他新型齿轮传动装置简介

1. 摆线针轮行星传动

如图 5 - 119(a)所示为摆线针轮传动机构的结构简图。它主要由与主动轴固连的偏心套 1,滚动轴承 2,齿数为 z_1 并具有摆线齿形的摆线轮 3,与壳体机架固连、数量为 z_2 的针齿销 4 及其上的针齿套 5,等速传动机构 6 及机架 7 等组成。

如图 5 - 119(b)所示为摆线针轮传动机构的啮合传动原理图。主动轴带动偏心套 1 转动,从而带动摆线轮 3 做公转,在针齿销 4、针齿套 5 的约束下,摆线轮反向做自转运动,因此摆线轮 3 可看作行星轮。针齿销 4、针齿套 5 及壳体机架可看作中心轮,称为针轮。偏心套

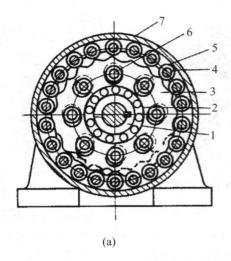

(a)

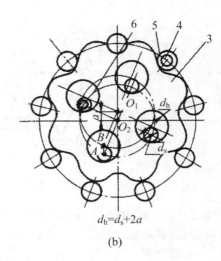

$d_h = d_s + 2a$

(b)

图 5 - 119　摆线针轮传动机构

1 可看作行星架 H。摆线轮 3 上的四个销孔与等速传动机构 6 上的 4 个销轴啮合,从而使摆线轮 3 的低速自转运动经有四个销轴的等速传动机构 6 输出。

可以证明,摆线针轮行星传动能保证传动比恒定不变,针轮销数(针轮齿数)与摆线齿轮数的齿数差$(z_2 - z_1)$只能为 1,所以其传动比为

$$i_{13} = \frac{\omega_1}{\omega_2} = \frac{z_1}{z_1 - z_2} = -z_1$$

摆线针轮行星传动机构的传动特点是传动比范围较大,单级传动的传动比为 9～87,两级传动的传动比可达 121～7569。由于同时参加啮合的齿数多(理论上有一半的齿参加传递载荷),故承载能力较强,传动平稳。又由于针齿销可加套筒,使针轮与摆线轮之间的摩擦为滚动摩擦,故轮齿磨损小,使用寿命长,传动效率较高。摆线针轮行星传动在国防、冶金、矿山等部门均得到广泛的应用。

2. 谐波齿轮传动

谐波齿轮传动是由美国的 C. W. Wusser 发明的,其工作原理不同于普通齿轮传动,它是通过波发生器所产生的连续移动变形波使柔性齿轮产生弹性变形,从而产生齿间相对位移而达到传动的目的。

如图 5 - 120 所示,谐波齿轮传动由三个基本构件组成,即具有内齿的钢轮 1(相当于中心轮)、可产生较大弹性变形的柔轮 2(相当于行星轮)及波发生器 H(其长度大于柔轮内孔直径,相当于行星架)。当波发生器装入柔轮内孔后,将使柔轮产生径向变形而成椭圆状。椭圆长轴两端的柔轮外齿与刚轮内齿啮合,短轴两端则与刚轮处于脱开状态,其他各点处于啮合与脱开的过渡阶段。一般刚轮固定不动,当波发生器回转时,柔轮产生的径向

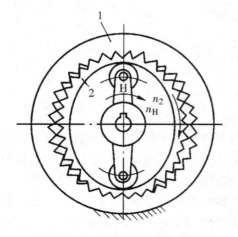

图 5 - 120　谐波齿轮传动

1-刚轮；2-柔轮

变形方向也不断变化,使柔轮与刚轮的啮合区跟着转动。由于柔轮比刚轮少$(z_1 - z_2)$个齿,故柔轮相对刚轮沿反方向转动$(z_1 - z_2)$个齿的角度,即反转$\dfrac{z_1 - z_2}{z_2}$周,所以其传动比i_{H2}为

$$i_{H2} = \frac{\omega_H}{\omega_2} = \frac{1}{(z_1 - z_2)/z_2} = -\frac{z_2}{z_1 - z_2}$$

工作时柔轮的径向变形形成一种沿圆周方向周期性前进的变形波。如果采用直角坐标系把波形沿圆周方向展开,则它近似或恰好是一条正弦曲线,故称这种传动为谐波传动。

谐波齿轮传动与摆线针轮传动都属于行星齿轮传动的范畴,二者不同的是,谐波齿轮传动借助于波发生器使柔轮产生可控的弹性变形来实现柔轮与刚轮的啮合及运动传递,取代了摆线针轮传动所需的等角速度输出机构,因而大大简化了结构,使传动机构体积小、重量轻、安装方便。同时,谐波传动传动同时啮合的齿数较多,且柔轮采用了高疲劳强度的特殊钢材,因而传动平稳,承载能力大。此外,其摩擦损失也小,故传动效率高。

谐波齿轮传动可获得较大的传动比,单级传动的传动比可达 70~320,但其缺点是使用寿命会受柔轮疲劳损伤的影响。目前,谐波齿轮传动已广泛应用于能源、造船、航空航天等部门。

练 习 题

基本题

5-1　带传动有哪几种主要类型?各有何特点?

5-2　为什么 V 带传动较平带传动应用广泛?说明 V 带传动的适用范围。

5-3　带轮的常用材料是什么?带轮结构由哪几部分组成?

5-4　带传动的主要失效形式是什么?

5-5　带传动中带为何要张紧?如何张紧?

5-6　链传动的主要失效形式有哪些?

5-7　链传动的合理布置有哪些要求?

5-8　如何确定链传动的润滑方式?

5-9　齿轮的齿廓曲线为什么必须具有适当的形状?渐开线齿轮有什么优点?渐开线是怎样形成的?渐开线性质有哪些?

5-10　齿轮的齿距和模数各表示什么意思?模数的大小对齿轮和轮齿各有什么影响?

5-11　什么是齿轮的分度圆?分度圆上的压力角和模数是否一定为标准值?

5-12　什么是节圆?什么是啮合角?节圆压力角总等于啮合角吗?

5-13　一对标准直齿圆柱齿轮的正确啮合条件是什么?

5-14　现有两个渐开线直齿圆柱齿轮,其参数分别为$m_1 = 2$ mm,$z_1 = 40$,$\alpha = 20°$;$m_2 = 2$ mm,$z_2 = 40$,$\alpha = 20°$。试问,两齿轮的齿廓渐开线形状是否相同?为什么?

5-15　与直齿圆柱齿轮相比较,斜齿轮的主要优缺点是什么?

5－16　斜齿圆柱齿轮的当量齿数的含义是什么？当量齿数有何用途？

5－17　齿轮轮齿有哪几种主要失效形式？开式传动和闭式传动的失效形式是否相同？设计时各应用什么设计准则？

5－18　在软齿面齿轮传动中，为什么小齿轮的齿面硬度比大齿轮的齿面硬度要大些？硬度差取多少为宜？

5－19　齿轮传动常采用哪些润滑方式？选择润滑方式的根据是什么？

5－20　什么叫轮系？轮系有哪些功用？

5－21　如何区分定轴轮系和周转轮系？

5－22　各种类型齿轮系的转向如何确定？$(-1)^n$的方法适用于何种类型的齿轮系？

5－23　"转化机构法"的根据何在？

5－24　谐波齿轮减速器与摆线针轮减速器相比有何特点？

5－25　如图5－121所示的时钟齿轮传动机构由4个齿轮组成，已知$z_1=8$，$z_2=60$，$z_4=64$，其中z_1齿轮固定在分针轴上，齿轮z_4固定在时针轴上，求z_3。

5－26　在如图5－122所示的轮系中，已知$z_1=20$，$z_2=40$，$z_2'=20$，$z_3=30$，$z_3'=20$，$z_4=40$，求轮系的传动比i_{14}，并确定轴O_1和轴O_4的转向是相同还是相反。

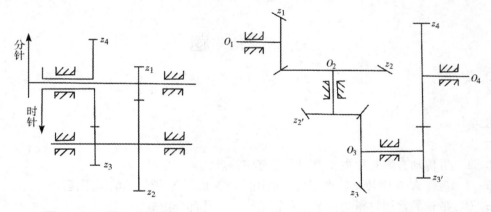

图5－121　题5－25图　　　　　　图5－122　题5－26图

5－27　在如图5－123所示的轮系中，$z_1=16$，$z_2=32$，$z_3=20$，$z_4=40$，$z_5=2$（右旋蜗杆），$z_6=40$，若$n_1=800$ r/min，求蜗轮的转速n_6并确定各轮的转向。

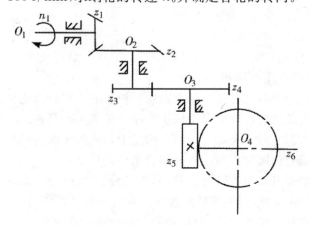

图5－123　题5－27图

提 高 题

5-28 带传动的弹性滑动和打滑是怎样产生的？它们对传动有何影响？是否可以避免？

5-29 链传动与带传动相比有哪些优缺点？

5-30 影响链传动的传动速度不均匀的主要参数是什么？为什么？

5-31 何谓链传动的多边形效应？如何减轻多边形效应的影响？

5-32 一对正确安装的外啮合标准直齿圆柱齿轮传动，其参数为：$z_1 = 20, z_2 = 80, m = 2 \, \text{mm}, \alpha = 20°, h_a^* = 1, c^* = 0.25$。试计算传动比 i 以及两轮的主要几何尺寸。

5-33 当分度圆压力角 $\alpha = 20°$，齿顶高系数 $h_a^* = 1, c^* = 0.25$ 时，若渐开线标准直齿圆柱齿轮的齿根圆和基圆重合，齿轮的齿数应是多少？如果齿数大于或小于这个数值，那么基圆和齿根圆哪个大些？

5-34 一标准齿轮需要修复，其基本参数为 $z_1 = 20, z_2 = 80, m = 3 \, \text{mm}, \alpha = 20°, h_a^* = 1, c^* = 0.25$。现要求中心距不变，而大齿轮的外径要减小 6 mm。

（1）能否采用等变位齿轮传动进行修复？

（2）计算修复后该对齿轮的几何参数。

5-35 舵机是无人机飞行控制系统的执行部件，它接收飞控机输出的控制信号，带动无人机的舵面和发动机控制机构，实现对无人机的飞行控制。其中小模数减速器主要是用来实现电机与负载的功率匹配、电机与执行机构速度的匹配。已知减速器中的一对减速齿轮：小齿轮齿数 18，大齿轮齿数 45，模数选用 0.5，压力角为 20°，试计算这对齿轮的主要尺寸。

5-36 已知一对斜齿圆柱齿轮的模数 $m_n = 2 \, \text{mm}$，齿数 $z_1 = 24, z_2 = 93$，要求中心距 $a = 120 \, \text{mm}$，试求螺旋角 β 及这对齿轮的主要几何尺寸。

5-37 试说明蜗杆传动的特点及应用范围（与齿轮比较）。

5-38 如图 5-124 所示为某高炮炮弹钟表引信的齿轮传动机构，$z_1 = 25, z_1' = 8, z_2 = 68, z_2' = z_3' = 10, z_3 = 50, z_4 = 40$，主动轮 z_1 每转过一齿需 0.0077 秒，如需中心轮 z_4 转过 330° 击发引信，试问击发一次，z_1 应转动多长时间？

5-39 如图 5-125 所示为某高炮高低机的手动传动机构。已知各轮齿数 $z_1 = 35, z_2 = 17, z_2' = 35, z_3 = 17, z_3' = 1$（右旋），$z_4 = 27, z_4' = 20, z_5 = 224$（将高低机齿弧补齐成圆柱齿轮时的齿数）。设锥齿轮 1 按图示方向转动，试求：

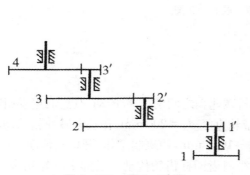

图 5-124 题 5-38 图

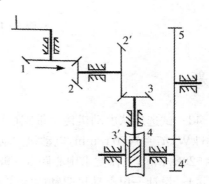

图 5-125 题 5-39 图

（1）传动比 i_{15}；

　　(2) 当锥齿轮 1 转过一圈时,高低齿弧的转角。

　　5 - 40　在如图 5 - 105 所示的行星轮系中,已知 $n_1 = 300$ r/min,齿轮 3 固定不动,$z_1 = 20$,$z_3 = 100$,试求系杆 H 的转速。

　　5 - 41　如图 5 - 126 所示为组合机床滑台的周转轮系,已知 $z_1 = 20$,$z_2 = z_{2'} = 24$,$z_3 = z_{3'} = 20$,$z_4 = 24$,蜗轮转速 $n_H = 16.5$ r/rnin。试问:

　　(1) 若 z_1 齿轮固定不动,z_4 齿轮的转速为多少?

　　(2) 若 z_1 齿轮的转速 $n_1 = 940$ r/min,当它与蜗轮同向转动或反向转动时,z_4 齿轮的转速各为多少?

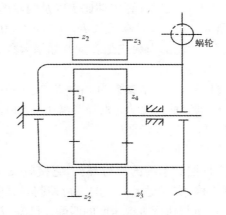

图 5 - 126　题 5 - 40 图

　　5 - 42　在如图 5 - 127 所示齿轮系中,已知 $z_1 = 22$,$z_3 = 88$,$z_3' = z_5$,试求传动比 i_{15}。

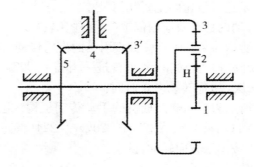

图 5 - 127　题 5 - 42 图

创新题

　　5 - 43　试选用从电动机传至带式运输机减速箱之间的 V 带传动。已知:电动机额定功率 $P = 6$ kW,$n_1 = 1456$ r/min,电动机主动带轮直径 $d_1 = 200$ mm,传动至减速箱从动轴的转速 $n_2 = 520$ r/min,工作要求中心距 $a = 900 \sim 1000$ mm,两班制工作,开口式传动。

　　5 - 44　设计一由电动机驱动的闭式单级斜齿圆柱齿轮传动。已知主动轮功率 $P_1 = 55$ kW,主动轮转速 $n_1 = 720$ r/min,传动比 $i = 3.2$,大、小齿轮做对称布置,单向转动,中等载荷冲击,每天工作 8 h,每年工作 300 d,预期寿命 15 年。

5-45　如图 5-128 所示,已知某型火炮高低机轮系中各轮齿数分别为 $z_1 = 24, z_2 = 42, z_3 = 21, z_4 = 45, z_5 = 1(右旋), z_6 = 40, z_7 = 26, z_8 = 139, z_{1'} = 19, z_{2'} = 47$,分两组求机动传动与手动传动时的传动比。

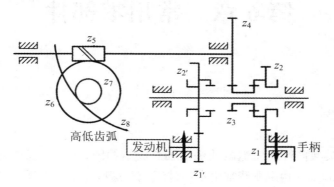

图 5-128　题 5-45 图

5-46　如图 5-129 所示为汽车式起重机主卷筒的齿轮传动系统,已知各齿轮齿数分别为 $z_1 = 20, z_2 = 30, z_6 = 33, z_7 = 57, z_3 = z_4 = z_5 = 28$,蜗杆 8 的头数 $z_8 = 2$,蜗轮 9 的齿数 $z_9 = 30$。试计算 i_{19},并说明双向离合器的作用。

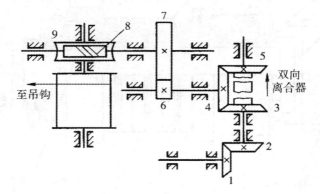

图 5-129　题 5-46 图

5-47　如图 5-130 所示为远程火箭炮千斤顶行星减速机构,试计算其轮系的传动比 i_{14}。已知:$z_1 = 12, z_2 = 40, z_3 = 93, z_4 = 90$。

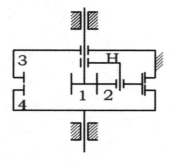

图 5-130　题 5-47 图

第6章 常用零部件

导入装备案例

如图 6-1 为某型自行加榴炮高低机主轴总成结构图,主要实现高低机蜗杆动力的传递[1]。高低机主轴总成结构由哪些常用零部件组成? 这些零部件有哪些特点? 如何使用与维护? 这些问题将通过本章知识来解决。本章主要学习螺纹连接与螺旋传动,轴和轴毂连接,轴承,联轴器、离合器、制动器,弹簧等常用零部件。

主轴 支撑圈 定向套 套筒 碟形弹簧 支撑环 螺母 套筒

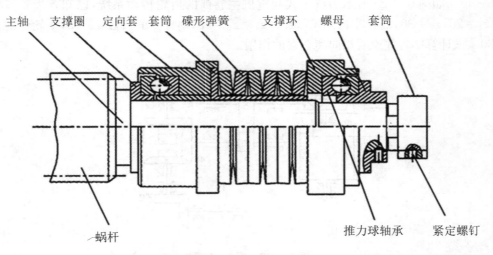

蜗杆

推力球轴承 紧定螺钉

图 6-1 某型自行加榴炮高低机主轴总成结构图

6.1 螺纹连接与螺旋传动

6.1.1 螺纹的类型和主要参数

1. 螺纹的类型

根据螺纹体母线的形状,螺纹可分为圆柱螺纹和圆锥螺纹。根据牙型,可分为三角形、梯形、锯齿形和矩形螺纹,如图 6-2 所示。三角形螺纹主要用于连接,其余则多用于传动。根据旋向,可分为左旋和右旋,如图 6-3 所示,机械中常用右旋螺纹。根据螺旋线的数目,可分为单线和多线螺纹,连接螺纹常用单线螺纹。螺纹还有米制和英制之分,我国除管螺纹外都采用米制螺纹。

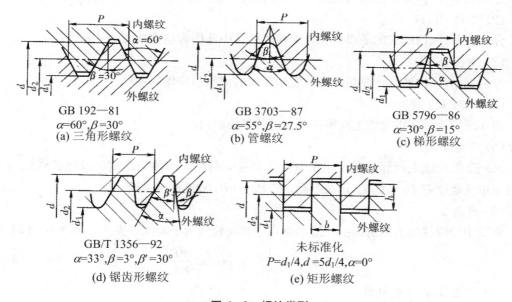

GB 192—81
$\alpha=60°,\beta=30°$
(a) 三角形螺纹

GB 3703—87
$\alpha=55°,\beta=27.5°$
(b) 管螺纹

GB 5796—86
$\alpha=30°,\beta=15°$
(c) 梯形螺纹

GB/T 1356—92
$\alpha=33°,\beta=3°,\beta'=30°$
(d) 锯齿形螺纹

未标准化
$P=d_1/4, d=5d_1/4, \alpha=0°$
(e) 矩形螺纹

图 6-2 螺纹类型

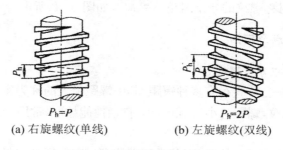

(a) 右旋螺纹(单线) (b) 左旋螺纹(双线)

图 6-3 螺纹的旋向和线数

2. 螺纹的主要参数

现以图 6-4 所示的普通螺纹为例介绍螺纹的主要参数。

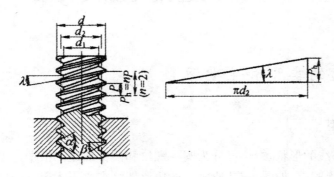

图 6-4　螺纹的主要几何参数

(1) 大径 d、D

分别表示外、内螺纹的最大直径,在螺纹标准中定为公称直径。

(2) 小径 d_1、D_1

分别表示外、内螺纹的最小直径。在强度计算中常作为危险截面的计算直径。

(3) 中径 d_2、D_2

分别表示外、内螺纹牙厚与牙槽宽度相等处的假想圆柱体的直径。

(4) 螺距 P

相邻两螺纹牙在中径线上同侧齿廓之间的轴向距离。

(5) 导程 P_h

同一条螺旋线上相邻两螺纹牙在中径线上对应两点间的轴向距离。设螺纹线数为 n,则对于单线螺纹有 $P_h = P$,对于多线螺纹有 $P_h = nP$,如图 6-3 所示。

(6) 升角 λ

螺纹中径圆柱面上螺旋线的切线与垂直于螺纹轴线的平面间的夹角。由图 6-4 可得:

$$\lambda = \arctan \frac{P_h}{\pi d_2} = \arctan \frac{nP}{\pi d_2} \tag{6-1}$$

(7) 牙型角 α、牙型斜角 β

在轴向截面内,螺纹牙两侧边的夹角为牙型角 α。牙型侧边与螺纹轴线的垂线之间的夹角为牙型斜角 β。对称螺纹的牙型斜角 $\beta = \alpha/2$,如图 6-2 所示。

3. 常用螺纹的特点及应用

(1) 三角形螺纹(即普通螺纹)

牙型角为 60°,同一公称直径有多种螺距,其中螺距最大的称为粗牙螺纹,它用于一般连接;其余都称为细牙螺纹,螺距越小,升角越小,自锁性能越好,常用于细小和薄壁零件。

(2) 管螺纹

牙型角为 55°,公称直径为管径,可分为用螺纹密封和非螺纹密封的管螺纹,用螺纹密封的管螺纹其螺纹多制作在锥面上。

（3）梯形螺纹

牙型角为30°,是应用最广泛的一种传动螺纹。当采用剖分式螺母时,还可以消除因磨损而产生的间隙,机床的丝杠多用梯形螺纹。

（4）锯齿形螺纹

两侧牙型斜角分别为 $\beta=3°$ 和 $\beta'=30°$ 。3°的侧面用于承受载荷,效率比梯形螺纹高;30°的侧面用于增加牙根强度,它仅适用承受单方向轴向载荷。

（5）矩形螺纹

牙型为正方形,牙型角为0°,是非标准螺纹。其传动效率最高,但精加工较困难,常用于传动螺纹。

6.1.2　螺纹连接的类型和应用

1. 螺纹连接的基本类型

如图6-5所示,螺纹连接的基本类型有螺栓连接(图6-5(a)、(b))、螺钉连接(图6-5(c))、双头螺柱连接(图6-5(d))、紧定螺钉连接(图6-5(e))。其中螺栓连接用于两被连接件都不太厚的情形,图6-5(a)为普通螺栓连接,其螺栓与孔之间有间隙;图6-5(b)为铰制孔用螺栓连接,其螺栓与孔之间采用过渡或过盈配合。螺钉连接和双头螺柱连接,都用于被连接件之一较厚的情形,但螺钉连接不适于经常装拆。

（1）螺栓连接

螺栓连接如图6-5(a)、(b)所示,被连接件不太厚时,用螺栓贯穿两个(或多个)被连接件的孔并拧紧螺母所形成的连接。图6-5(a)为普通螺栓连接,其螺栓与孔之间有间隙;图6-5(b)为铰制孔用螺栓连接,其螺栓与孔之间采用过渡或过盈配合。被连接件上不需加工螺纹孔,装拆方便,成本低,而且不受被连接件材料的限制。

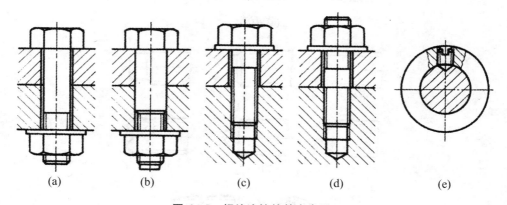

（a）　　　　（b）　　　　（c）　　　　（d）　　　　（e）

图6-5　螺纹连接的基本类型

（2）螺钉连接

螺钉连接如图6-5(c)所示,是被连接件之一较厚,不宜采用螺栓连接时所用的一种连接。不用螺母,螺钉拧入较厚的被连接件制出的螺纹孔内。螺杆不外露,外观整齐,但不适于经常装拆,否则内螺纹脱扣后将使被连接件报废或修理困难。

螺钉的头部形状较多(图6-6),广泛应用内、外六角头螺钉。内六角花形螺钉适用于高速机械化装配。开槽或十字槽螺钉传递扭矩较小,规格通常在 M10 之内。

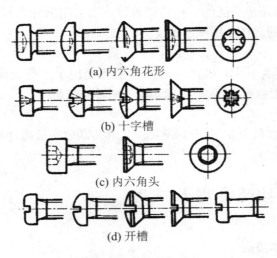

(a) 内六角花形

(b) 十字槽

(c) 内六角头

(d) 开槽

图 6-6　螺钉头部形状

（3）双头螺柱连接

双头螺柱连接如图 6-5(d)所示,用于被连接件之一较厚又需经常拆装或结构上受限制不宜采用螺栓连接的场合。其螺柱上螺纹较短的一端应旋入有螺纹孔的被连接件中。

（4）紧定螺钉连接

紧定螺钉连接如图 6-5(e)所示,用紧定螺钉拧入零件的螺纹孔,使螺钉的末端顶住另一零件表面或顶入相应的坑穴。主要用于固定两个零件的相对位置,不宜传递大的力或力矩。

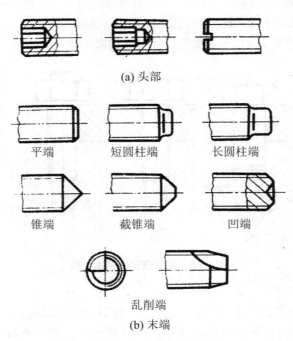

(a) 头部

平端　　　短圆柱端　　　长圆柱端

锥端　　　截锥端　　　凹端

乱削端

(b) 末端

图 6-7　紧定螺钉头部和尾部形状

紧定螺钉的头部多为开槽或内六角形,尾部为满足不同紧定及结构要求具有多种形状,如图 6-7 所示。螺钉全长制有螺纹,尾端具有足够的硬度,一般需经硬化处理。

2. 螺纹紧固件

螺纹连接中,常用的紧固件:螺栓、螺柱、螺钉、螺母、垫圈及防松零件等的品种及类型很多,如图 6-1 所示的某型自行加榴炮高低机主轴总成结构中的螺母、紧定螺钉等,均为标准件。在设计和维修使用中,应按标准选用。

螺栓、螺钉、螺柱的力学性能分为十级,如表 6-1 所示。力学性能的标记代号由隔离符 "."及其前后两部分数字组成,如力学性能 4.8 级的公称抗拉强度为 $400 \, \text{N/mm}^2$,屈强比为 8,故其公称屈服强度为 $320 \, \text{N/mm}^2$。

螺母的力学性能等级用螺栓力学性能等级标记的第一部分数字标记,1 型粗牙螺母分为五级,2 型细牙螺母分为三级,如表 6-1 表示。

表 6-1　螺栓、螺母的力学性能等级及推荐组合

	性能等级	4.6	4.8	5.6	5.8	6.8	8.8		9.8	10.9	12.9
							$d<16$ mm	$d>16$ mm	$d<16$ mm		
螺栓、螺钉、螺柱	公称强度极限 σ_b（MPa）	400		500		600	800		900	1000	1200
	公称屈服极限 σ_b（MPa）	240	320	300	400	480	640		720	900	1080
	布氏硬度（HBS）	114	124	147	152	181	245	250	286	316	380
	推荐材料及热处理	碳钢或添加元素的碳钢					碳钢或添加元素的碳钢或合金钢,淬火并回火				合金钢,淬火并回火
相配螺母的性能等级		4 或 5		5		6	8		9	10	12

注:规定性能的螺纹在图样中只标注力学性能等级,不应再标出材料。

当螺栓和螺母配套成组合件时,两者的力学性能应符合表 6-1 的推荐组合,即为同等级,此时设计已保证螺母比螺栓的破坏强度高 10% 以上,这种组合件的失效形式是螺栓断裂而不是螺纹脱扣,以便于及时发现螺纹组合件失效。

为了识别螺纹紧固件的性能等级,在螺纹直径 ≥5 mm 的紧固件头部制有相应的标志,如图 6-8、图 6-9 所示。螺母标志方法,有代号标志和时钟面法标志两种,如表 6-2 所示。

图 6-8　六角头螺栓钉标志示例

图 6-9　螺钉标志示例

表 6-2　公称高度 $\geqslant 0.8D$ 螺母的性能等级标记方法(摘自 GB 3098—82)

性能等级		4 和 5	6	8	9	10	12
供选择的标志	代号	无标志	6	8	9	10	12
	时钟符面号法	无标志	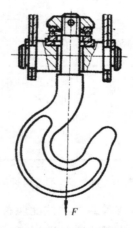				

注:代号标志用凹字标志在螺母支承面或侧面上,时钟面法的符号为螺母表面凹痕。

　　螺栓、螺钉和双头螺柱所用的材料与其力学性能等级有关,力学性能 6.8 级以下的用中碳钢或低碳钢;8.8 级至 10.9 级用中碳钢淬火并回火,或用低、中碳合金钢淬火并回火;10.9 级和 12.9 级可用合金钢。

6.1.3　螺纹连接的预紧和防松

1. 螺纹连接的预紧

　　按螺纹连接装配时是否预紧,可分为松连接和紧连接。

　　松螺栓连接装配时螺栓不预紧,螺栓只在承受工作载荷时才受到力的作用,如图 6-10 所示的起重机吊钩螺栓连接为其应用实例。

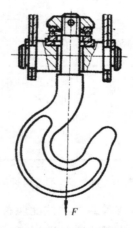

F

图 6-10　松螺栓连接

　　在实际应用中,大多为紧螺栓连接。预紧的目的在于:增加连接刚度、紧密性和提高防松能力。

　　图 6-11 为一紧螺栓连接,通过旋紧螺母时的拧紧力矩 T 产生所需预紧力 Q_0,螺栓连接的拧紧力矩用于克服螺纹副的摩擦阻力矩 T_1 和螺母环形端面与被连接件支承面间的摩擦阻力矩 T_2,其值经简化整理,可表示为

$$T = T_1 + T_2 = K_T Q_0 d$$

式中,K_T 为拧紧力矩系数,其值与螺栓尺寸、螺纹参数和配合性质、螺纹副和支承平面间的摩擦状况有关,对于标准螺纹和常见的摩擦状况,其值一般在 0.1～0.3 之间,无润滑时,一

般可取 $K_T = 0.2$。

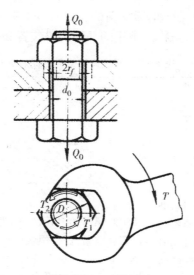

图 6 - 11　紧螺栓连接的拧紧力矩

　　对一般的紧螺栓连接,其拧紧力矩可不严格控制,而是凭工人的经验,常使用如图 6 - 12 所示的扳手。重要的螺栓连接(如内燃机气缸盖的双头螺柱连接)都应控制拧紧力矩,其大小可用测力矩扳手(图 6 - 13(a))或定力矩扳手(图 6 - 13(b))等控制,前者可读出拧紧力矩值,后者当达到所要求拧紧力矩时,弹簧受压,扳手打滑。

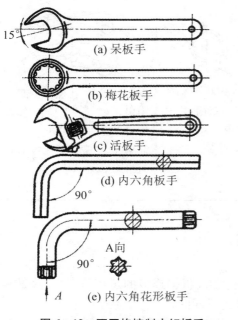

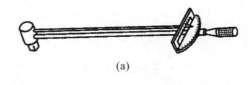

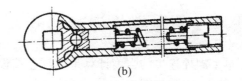

图 6 - 12　不严格控制力矩扳手　　　　　图 6 - 13　控制拧紧力矩的扳手

2. 螺纹连接的防松

连接用的普通螺纹通常满足自锁条件,但在冲击、振动或变载或高温情况下,连接则会出现松动以至松脱,导致重大事故。因此必须重视螺纹连接防松。

　　螺纹连接防松的实质就是防止螺纹副的相对转动。防松方法很多,按其工作原理可分为摩擦防松、机械防松和永久防松。常用的几种防松装置和防松方法见表6-3。

表 6-3　螺纹连接常用的防松方法

	弹簧垫圈	双螺母	尼龙圈锁紧螺母
利用摩擦力防松	弹簧垫圈的材料为弹簧钢,装配后被压平,其反弹力使螺纹间保持压紧力和摩擦力;同时切口尖角也有阻止螺母反转的作用。 结构简单,尺寸小,工作可靠,应用广泛	利用两螺母的对顶作用,把该段螺纹拉紧,保持螺纹间的压力。由于多用一个螺母,外廓尺寸大且不十分可靠,目前已很少使用	利用螺母末端的尼龙圈箍紧螺栓,横向压紧螺纹
	槽型螺母的开口销	圆螺母和止退垫圈	串联金属丝
利用机械方法防松	槽型螺母拧紧后,用开口销穿过螺栓尾部小孔的螺母槽,使螺母和螺栓不能产生相对转动。 安全可靠,应用较广泛	使垫圈内舌嵌入螺栓或轴的槽内,拧紧螺母后将外舌之一折嵌入圆螺母槽内。 常用于滚动轴承的固定	螺钉坚固后,在螺钉头部小孔中串入铁丝。但应注意串孔方向为旋紧方向。 简单安全,常用于无螺母的螺钉组连接

6.1.4　单个螺栓连接的强度计算

　　单个螺栓连接的强度计算是螺纹连接设计的基础。根据连接的工作情况,可将螺栓按受力形式分为受拉螺栓和受剪螺栓,两者失效形式是不同的。

　　设计准则:针对具体的失效形式,通过对螺栓的相应部位进行相应强度条件的设计计算(或强度校核)。螺栓连接的计算主要是确定螺纹小径 d_1,然后按照标准选定螺纹的公称直径(大径)d 等。

1. 受拉螺栓连接

（1）松螺栓连接

松螺栓连接装配时不拧紧，螺栓只在工作时受拉力，如图 6-10 所示。设最大拉力为 F（N），则螺栓强度校核计算式为

$$\sigma = \frac{F}{A_s} = \frac{4F}{\pi d_s^2} \leqslant [\sigma]$$

式中，σ 为螺栓拉应力；A_s 为螺纹应力截面积；d_s 为螺纹应力截面积的计算直径；$[\sigma]$ 为松螺栓连接的许用拉应力，见表 6-4。

表 6-4　普通螺栓连接的许用应力和安全系数

连接情况	连接的受载情况	许用应力和安全系数 S
松连接	轴向静载荷	$[\sigma] = \dfrac{\sigma_s}{S}$ $S = 1.2 \sim 1.7$（力学性能小于 8.8 级时，S 取小值）
紧连接	轴向静载荷 横向静载荷	$[\sigma] = \dfrac{\sigma_s}{S}$ 控制预紧力时，$S = 1.2 \sim 1.5$；不严格控制预紧力时，S 应查表 6-5

（2）紧螺栓连接

这种连接装配时需要预紧，故在承受工作载荷之前已受到预紧力的作用，其应用很广。现按受力和结构不同分两种情况进行研究。

① 受横向工作载荷的紧螺栓连接

图 6-14 为受横向工作载荷的普通螺栓连接，该连接靠螺栓轴向预紧力在接合面间产生的摩擦力传递工作载荷，以所连接的接合面不产生相对滑动为设计条件，即

$$zQ_0 fm \geqslant K_n F$$

式中，z 为连接螺栓的数目；f 为接合面间的摩擦系数，对于钢和铸铁的干燥加工表面，$f = 0.10 \sim 0.20$；m 为接合面数目；K_n 为可靠性系数，为了保证连接可靠，通常取 $K_n = 1.1 \sim 1.3$；F 为横向工作载荷。

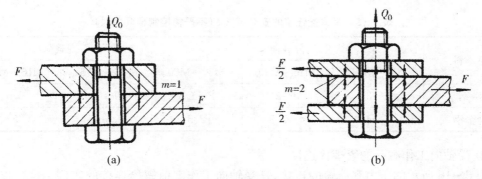

图 6-14　受横向工作载荷的普通螺栓连接

由此可得，单个螺栓所需的预紧力 Q_0 为

$$Q_0 \geqslant \frac{K_n F}{zfm} \quad \text{(N)} \tag{6-2}$$

由上式知,当 $z=1$, $f=0.15$, $m=1$, $K_n=1.2$ 时,$Q_0 \geqslant 8F$,即用普通螺栓连接时,螺栓所受到的预紧力为横向载荷的 8 倍。这不仅增大了螺栓直径,而且靠摩擦力来承担横向载荷,连接也不够可靠,因此常用各种抗剪件来传递横向载荷,螺栓仅起连接作用,如图 6-15 所示用销、衬套、键等。这种具有减载装置的连接虽然可靠,但结构较复杂。

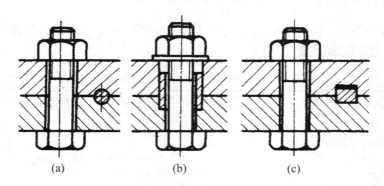

(a)　　　　　　　　(b)　　　　　　　　(c)

图 6-15　用抗剪件传递横向载荷

受横向工作荷载的普通螺栓连接,其连接螺栓受轴向预紧力 Q_0 作用而受拉,且在拧紧螺母时还受螺纹副中摩擦力矩的作用而受扭。因此,螺栓危险截面上,既存在拉应力,还存在扭剪应力。为了简化计算,根据材料力学的第四强度理论,可将预紧力增大 30%,以考虑扭剪应力对其强度的影响。故螺栓螺纹部分的强度条件为

$$\sigma_v = \frac{1.3Q_0}{A_s} = \frac{4 \times 1.3Q_0}{\pi d_s^2} \leqslant [\sigma] \quad \text{(N/mm}^2\text{)} \tag{6-3}$$

设计公式为

$$A_s \geqslant \frac{1.3Q_0}{[\sigma]} \quad \text{(mm}^2\text{)} \tag{6-4}$$

上两式中,σ_v 为螺栓的当量拉应力;$[\sigma]$ 为紧螺栓连接的许用拉应力,单位为 N/mm²,见表 6-4 和表 6-5,当不严格控制预紧力时,$[\sigma]$ 值与螺纹公称直径 d 有关,故应采取表 6-4 中公式计算;其他符号同前。

表 6-5　紧螺栓连接的安全系数 S(不严格控制预紧力时)

材　料	静载荷			变载荷	
	M6～M16	M16～M30	M30～M60	M6～M16	M16～M30
碳钢	4～3	3～2	2～1.3	10～6.5	6.5
合金钢	5～4	4～2.5	2.5	7.5～5	5

② 受轴向工作载荷的紧螺栓连接

图 6-16 所示的压力容器盖的连接,是受轴向工作载荷螺栓连接的实例。这种连接要求具有足够大的预紧力,以保证工作载荷作用时,接合面间仍有一定的紧密性。

通常连接中几个螺栓的受力情况相同,现取其中一个螺栓进行受力与变形情况分析。图6-17(a)中螺栓尚未拧紧,螺母拧到刚与盖接触,螺栓及被连接件均未发生变形;图 6-17

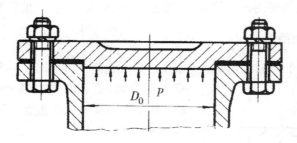

图 6 - 16　压力容器盖的连接

(b)中螺栓受到预紧力 Q_0 作用,其伸长量为 δ_1,此时被连接件受轴向压力 Q_0 作用,其总压缩量为 δ_F;图 6 - 17(c)表示当容器内部的工作压力为 P(MPa),单个螺栓承受工作载荷 F 后,被连接件间的压力由 Q_0 降至 Q_τ(即剩余预紧力),被连接件总压缩量减少 $\Delta\delta_F$,而此时螺栓受到的轴向拉力由 Q_0 增至总载荷 Q_Σ,螺柱伸长量增加 $\Delta\delta_1$。螺栓所承受的总载荷 Q_Σ 应为工作载荷 F 与剩余预紧力 Q_r 之和,即

$$Q_\Sigma = F + Q_r \tag{6-5}$$

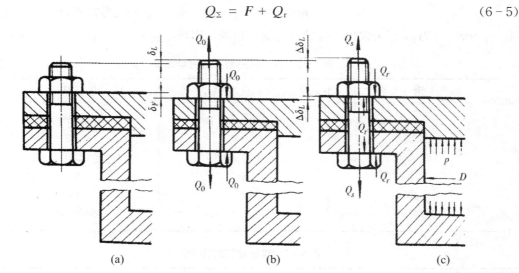

图 6 - 17　受轴向载荷的紧螺栓连接

　　为了保证压力容器连接的紧密性和防止载荷骤然消失出现冲击,剩余预紧力 Q_r 应大于零。当工作载荷无变化时,可取 $Q_r = (0.2\sim0.6)F$;工作载荷有变化时,可取 $Q_r = (0.6\sim1.0)F$;对于有紧密性要求(如压力容器的螺栓连接)的连接,可取 $Q_r = (1.5\sim1.8)F$。

　　当确定 Q_r 后,可由式(6-5)求出总载荷 Q_Σ,再进行螺栓强度计算。

　　考虑到这种连接螺栓在工作载荷的作用下可能需要补充拧紧,使螺纹部分产出附加的扭剪应力,为了安全起见,与受横向载荷的普通螺栓连接的分析相似,其螺纹部分的强度条件为

$$\sigma_v = \frac{1.3Q_\Sigma}{A_s} \leqslant [\sigma] \quad (\text{N/mm}^2) \tag{6-6}$$

设计公式为

$$A_s \geqslant \frac{1.3Q_\Sigma}{[\sigma]} \quad (\text{mm}^2) \tag{6-7}$$

上式中，$[\sigma]$为紧螺栓连接的许用拉应力，见表 6-4 和表 6-5；其他符号同前。

2. 受剪切螺栓连接

如图 6-18 所示的铰制孔用螺栓连接，在横向载荷 F_R 的作用下，螺栓杆在连接的接合面处受剪切作用，螺栓杆与被连接件孔壁相互挤压，所以，应分别按挤压及剪切强度条件进行计算。螺栓杆的剪切强度条件为

$$\tau = \frac{F_R}{m\pi d_s^2} \leqslant [\tau] \tag{6-8}$$

螺栓杆与孔壁间的挤压强度条件为

$$\sigma_p = \frac{F_R}{d_s\delta} \leqslant [\sigma_p] \tag{6-9}$$

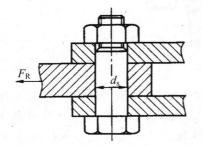

图 6-18　受横向外载荷的铰制孔用螺栓连接

式中，F_R 为横向载荷，单位为 N；d_s 为螺栓杆直径，单位为 mm；m 为螺栓受剪面的数目；δ 为螺栓杆与孔壁接触面的最小长度，单位为 mm；$[\tau]$ 为螺栓材料的许用切应力，可查表 6-7；$[\sigma_p]$ 为螺栓与孔壁中较弱材料的许用挤压应力，可查表 6-7。

表 6-6　螺栓的材料及其力学性能

钢号	抗拉强度 σ_b	屈服点 σ_s
10	340～420	210
Q215A	335～410	215
Q235A	375～460	235
35	540	320
45	650	360
40Cr	750～1000	650～900

表 6-7　螺栓连接的许用应力

连接类型及载荷性质		许用应力
受拉螺栓连接	松螺栓连接	$[\sigma] = \sigma_s/S$ $S = 1.2～1.7$
	紧螺栓连接	$[\sigma] = \sigma_s/S$ 控制预紧力时：$S = 1.2～1.5$ 不控制预紧力时：S 查表 6-5
受剪切螺栓连接	静载荷	$[\tau] = \sigma_s/2.5$ 被连接件为钢时：$[\sigma_p] = \sigma_s/1.25$ 被连接件为铸铁时：$[\sigma_p] = \sigma_s/2～2.5$
	变载荷	$[\tau] = \sigma_s/3.5～5$ $[\sigma_p]$：按静载荷的 $[\sigma_p]$ 值降低 20%～30%

3. 螺纹连接件的材料与许用应力

（1）螺纹连接件的材料

一般条件下工作的螺纹连接件的常用材料为低碳钢和中碳钢，如 Q215、Q235、15、35 和 45 钢等，受振动和变载荷作用的螺纹连接件可采用合金钢，如 15Cr、40Cr、30CrMnSi 和 15CrVB 等；对于有防腐、防磁、导电和耐高温等特殊用途的螺纹连接件，可采用 1Cr13、2Cr13、CrNi2、1Cr18Ni9Ti 和黄铜 H62、H62 防磁、HPb62、HPb62 防磁及铝合金 2B11（原 LY8）、2A10（原 LY10）等。

国家标准规定螺纹连接件按材料的力学性能分出等级，有 3.6、4.6、4.8、5.6、5.8、6.8、8.8、9.8、10.9、12.9 等等级，".”之前的数，是材料公称抗拉强度极限 σ_b 的 1/100；".”之后的数，是材料公称屈服极限 σ_s 或 $\sigma_{0.2}$ 与公称抗拉强度极限 σ_b 比值（称屈强比）的 10 倍。

螺母材料的性能等级有 4、5、6、8、9、10、12 等等级，标准又规定螺母材料的强度不得低于与之相配的螺栓材料强度，即选择螺母材料性能等级，必须大于或等于螺栓材料性能等级中在".”之前的数，这样才能保证连接的承载能力可达到螺栓或螺钉的最低屈服极限，而不致发生螺母脱扣。

普通垫圈的材料，推荐采用 Q235、15、35，弹簧垫圈用 65Mn 制造，并经热处理和表面处理。

螺栓常用材料的力学性能可查表 6-6。

（2）螺纹连接件的许用应力

螺纹连接件的许用应力与载荷性质（静、变载荷）、装配情况（松连接或紧连接）以及螺纹连接件的材料、结构尺寸等因素有关。螺纹连接件的许用拉应力和安全系数可查表 6-7 和表 6-5。

6.1.5 螺栓组连接的设计计算

大多数机器的螺纹连接都是成组使用的，其中螺栓连接最具有典型性。下面以螺栓组连接为例讨论其设计和强度计算问题。其结论对于双头螺柱组、螺钉组连接设计同样适用。

1. 螺栓组连接的结构设计

螺栓组连接的结构设计在于合理地确定连接接合面的形状和螺栓组的布置形式，使得各个螺栓受力较为均匀，并便于制造和装配。因此，设计时应考虑以下几个问题。

（1）连接接合面的几何形状通常都设计成轴对称的简单几何形状，如图 6-19 所示，这样不但便于制造，而且便于对称布置螺栓，使螺栓组的对称中心与连接接合面的形心重合，保证接合面的受力比较均匀。

（2）螺栓的布置应使螺栓的受力合理。接合面受弯矩或扭矩时，螺栓的布置适当靠近接合面的边缘，以减小螺栓的受力，如图 6-20 所示。对于铰制孔螺栓连接，不要在平行于工作载荷的方向上成排布置 8 个以上的螺栓，以避免螺栓受力不均，在图 6-21 中，螺栓 1、8 要比螺栓 4、5 受更大的力。若螺栓组同时承受轴向载荷，应采用减载零件来承受横向载荷，以减小螺栓的结构尺寸和预紧力。

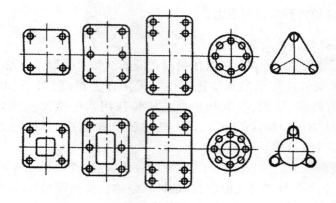

图 6 - 19　螺栓组连接接合面的形状

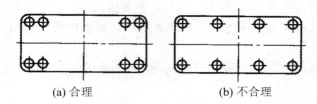

(a) 合理　　　　　　　　(b) 不合理

图 6 - 20　接合面受弯矩或扭矩时螺栓的布置

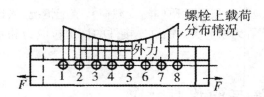

图 6 - 21　螺栓组沿剪切方向受力不均现象

（3）螺栓的排列应有合理的间距、边距。应根据扳手空间尺寸来确定各螺栓中心的间距及螺栓轴线到机体壁面间的最小距离。图 6 - 22 所示的扳手空间尺寸可查阅有关标准。对于压力容器等有紧密性要求的螺栓连接，螺栓间距不得大于表 6 - 8 所推荐值。

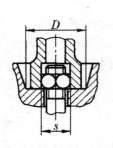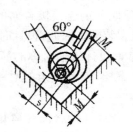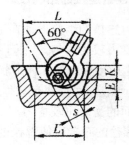

图 6 - 22　扳手空间尺寸

表 6 - 8 紧密连接的螺栓间距 t

	工作压力 1.4~4.0（MPa）					
	≤1.6	1.4~4	4~10	10~16	16~20	20~30
	t_{max}（mm）					
	7d	4.5d	4.5d	4d	3.5d	3d

d：螺纹公称直径

（4）同一螺栓组连接中各螺栓的直径、长度和材料均应相同。分布在同一圆周上的螺栓数目应取 4、6、8 等偶数。

（5）避免螺栓承受偏心载荷。由于制造和装配误差，或由于支承面的不平，使螺栓不仅受拉应力的作用，还会受到附加弯曲应力作用，降低螺栓的连接强度。为保证螺母或螺栓头部与支承面的良好接触，被连接件上应制成凸台或沉头座，如图 6 - 23 所示；在槽钢及工字钢等倾斜表面装配螺栓时应采用斜面垫圈，还可以用球面垫圈自动调位，如图 6 - 24 所示。

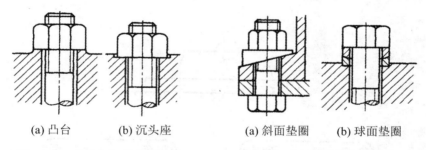

（a）凸台　（b）沉头座　　　（a）斜面垫圈　（b）球面垫圈

图 6 - 23　凸台和沉头座的应用　　图 6 - 24　斜面垫圈和球面垫圈的应用

2. 螺栓组连接的受力分析

为了简化受力分析的计算，一般做如下假设：① 同一螺栓组内各螺栓是相同的，而且所受的预紧力也相同；② 螺栓组的对称中心与连接接合面的形心重合；③ 受载后连接接合面仍保持为平面；④ 被连接件为刚体；⑤ 螺栓的变形在弹性范围内等。

下面对几种典型的受载情况进行分析。

（1）受横向载荷的螺栓组连接

如图 6 - 25 所示为一受横向载荷的螺栓组连接，（a）为普通螺栓连接，（b）为铰制孔用螺栓连接。

① 普通螺栓连接

靠连接预紧后产生的摩擦力来抵抗横向载荷，每个螺栓所需的预紧力 F_0 为

$$F_0 \geqslant \frac{K_f F_{R\Sigma}}{fzm} \qquad (6 - 10)$$

式中 z 为螺栓的个数，其他符号意义同前。

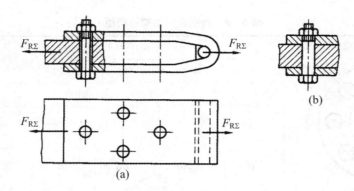

图 6 - 25 受横向载荷的螺栓组连接

② 铰制孔螺栓连接

靠螺杆受剪切和挤压来抵抗横向载荷,各螺栓所受的横向载荷为

$$F_R \geqslant \frac{F_{R\Sigma}}{z} \qquad (6-11)$$

(2) 受旋转力矩的螺栓组连接

如图 6 - 26 所示为机座底板螺栓组连接,在转矩 T 的作用下,底板有绕螺栓中心轴线 O—O 旋转的趋势。每个螺栓连接都受到横向力作用。可采用多种形式来分析连接螺栓上的受力。

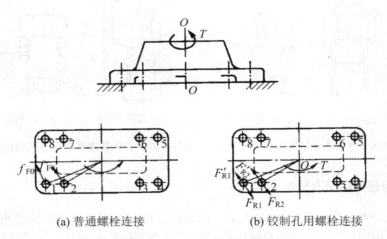

(a) 普通螺栓连接   (b) 铰制孔用螺栓连接

图 6 - 26 受旋转力矩的螺栓组连接

① 普通螺栓连接

如图 6 - 26(a)所示,设备螺栓所受的预紧力均为 F_0,接合面上的摩擦力 fF_0 集中在各螺栓的中心处,并垂直于螺栓中心与底板旋转中心 O 的连线,由底板的力矩平衡条件得

$$fF_0 r_1 + fF_0 r_2 + \cdots + fF_0 r_n \geqslant K_f T$$

$$F_0 \geqslant \frac{K_f T}{f(r_1 + r_2 + \cdots + r_n)} = \frac{K_f T}{f \sum\limits_{i=1}^{n} r_i} \qquad (6-12)$$

式中,f 为接合面间的摩擦系数;$r_i(i=1,2,\cdots,n)$ 为各螺栓轴线与底板旋转中心 O 的距离;K_f 为可靠性系数。

② 铰制孔用螺栓连接

如图 6-26(b)所示,在转矩 T 的作用下,各螺栓受到剪切和挤压作用,各螺栓受到的剪切力的方向与该螺栓中心至底板旋转中心 O 的连线相垂直。设底板为刚体,受载后仍为平面,则各螺栓的剪切变形量与螺栓轴线到螺栓组对称中心的距离成正比,若各螺栓刚度相同,则各螺栓上所受的剪切力 F_R 也与此距离成正比,即

$$\frac{F_{Rmax}}{r_{max}} = \frac{F_{Ri}}{r_i} \quad 或 \quad F_{Ri} = F_{Rmax}\frac{r_i}{r_{max}} \tag{6-13}$$

根据作用在底板上的力矩平衡条件,得

$$T = F'_{R1}r_1 + F'_{R2}r_2 + \cdots + F'_{Rn}r_n = \sum_{i=1}^{n} F'_{Ri}r_i \tag{6-14}$$

联立式(6-13)、式(6-14),并根据反作用力定律,$F_R = F'_R$,方向相反,可得出下式:

$$F_{Rmax} = \frac{Tr_{max}}{\sum_{i=1}^{n} r_i^2} \tag{6-15}$$

(3) 受轴向载荷的螺栓组连接

如图 6-27 所示为气缸盖螺栓组连接,所受轴向总载荷为 F_Q,F_Q 的作用线与螺栓轴线平行,并通过螺栓组的对称中心。设各螺栓平均受载,则每个螺栓所受的轴向工作载荷为

$$F = \frac{F_Q}{z} \tag{6-16}$$

(4) 受倾翻力矩的螺栓组连接

如图 6-28 所示为一受倾翻力矩 M 作用的底板螺栓组连接,设力矩 M 作用在过 $x-x$ 轴且垂直于连接接合面的对称平面内。刚性底板在 M 的作用下,有绕面对称轴 $O-O$ 向右倾翻的趋势,使在 $O-O$ 轴左侧的螺栓被进一步拉伸,在 $O-O$ 轴右侧的螺栓被放松。

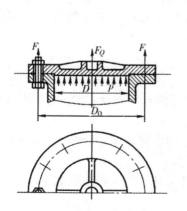

图 6-27 受轴向载荷的螺栓组

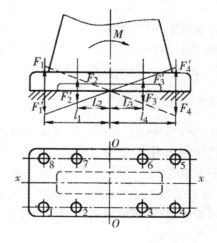

图 6-28 受倾翻力矩的螺栓组连接

显然,假定各螺栓的刚度相同,则各螺栓的拉伸变形量与其中心线至螺栓组对称轴线的距离成正比,由于螺栓是在弹性范围内变形,故螺栓所受的轴向工作载荷 F 也与其中心线至螺栓组对称轴线 $O-O$ 的距离成正比,即

$$\frac{F_1}{l_1} = \frac{F_2}{l_2} = \cdots = \frac{F_{max}}{l_{max}} \tag{6-17}$$

式中, $l_1, l_2, \cdots, l_i$ 为各螺栓中心线至螺栓组对称轴线 $O—O$ 的距离, 其中最大值为 l_{max}; $F_1, F_2, \cdots, F_i$ 为各螺栓所受的轴向工作载荷, 其中最大值为 F_{max}。

$$M = F_1' l_1 + F_2' l_2 + \cdots + F_n' l_n = \sum_{i=1}^{n} F_i l_i \tag{6-18}$$

联立式(6-17)、式(6-18), 并根据反作用力定律, $F_i = F_i'$, 方向相反, 可得

$$M = F_{max} \sum_{i=1}^{n} \frac{l_i^2}{l_{max}}$$

$$F_{max} = \frac{M l_{max}}{\sum_{i=1}^{n} l_i^2} \tag{6-19}$$

对于如图6-28所示的受倾翻力矩作用的螺栓组连接, 除了螺栓要满足强度条件, 还要保证左侧的接合面不出现缝隙, 右侧的接合面不发生压溃破坏。

接合面不出现缝隙的条件为

$$\sigma_{pmin} = \frac{zF_0}{A} - \frac{M}{W} > 0 \tag{6-20}$$

$$\sigma_{pmin} = \frac{zF_0}{A} + \frac{M}{W} \leqslant [\sigma_p] \tag{6-21}$$

式中, F_0 为每个螺栓的预紧力, 单位为 N; A 为接合面的有效接触面积, 单位为 mm^2; W 为接合面的有效抗弯截面系数, 单位为 mm^3; $[\sigma_p]$ 为连接接合面较弱材料的许用挤压应力, 单位为 MPa, 可查表6-9。

表6-9 连接接合面材料的许用挤压应力

材料	钢	铸铁	混凝土	砖(水泥浆缝)	木材
$[\sigma_p]$	$0.8\sigma_s$	$(0.4\sim0.5)\sigma_b$	$2.0\sim3.0$	$1.5\sim2.0$	$2.0\sim4.0$

在实际使用中, 螺栓组连接所受的工作载荷常常是以上四种简单受力状态的不同组合。所以, 只要分别计算出螺栓组在这些简单受力状态下每个螺栓的工作载荷, 然后将它们以向量相加, 即可得到每个螺栓总的工作载荷。

3. 螺栓组连接的设计

根据螺栓组连接的工况及载荷性质来设计合适的螺栓组连接, 也就是被连接件的结构设计和连接件的选用(类型及尺寸)。

对于不太重要的连接或有成熟实例的连接, 可采用类比法来设计螺栓组, 即只对连接做结构设计, 而对螺栓大小只做选用不进行设计计算。

对于重要的连接, 则应该进行螺栓组连接的设计与计算。一般步骤如下:

(1) 被连接件设计

被连接件设计是对连接进行结构设计, 确定出被连接件接合面的结构与形状, 选定螺栓数目和布置形式。

(2) 连接件设计

连接件设计主要是针对螺栓来进行的, 其他连接件只要根据螺栓大小来选定, 其强度总是能满足要求的, 设计内容包括以下两个部分:

1) 螺栓组的类型选择。根据连接的工况及安装、拆卸等要求选用适合的类型。

2）螺栓的尺寸选定。经计算得出 $d \times L$，d 为螺栓公称直径，L 为螺栓长度（由结构设计而定）。

① 受力分析。分析得出组内受力最大的螺栓及其载荷，然后按单个螺栓连接计算出螺栓上作用的工作载荷。

② 强度计算。以受拉螺栓连接为例，得出校核公式为

$$\sigma = \frac{1.3F}{\pi d_1^2/4} \leqslant [\sigma]$$

设计公式为

$$d_1 \geqslant \sqrt{\frac{4 \times 1.3F}{\pi[\sigma]}}$$

式中 F 为螺栓上作用的轴向载荷。

③ 选定螺栓尺寸。为了减少螺栓的规格，便于生产管理，并改善连接的结构工艺性，通常一组螺栓都采用相同的材料、公称直径和长度。

根据计算出的 d_1（小径）值，查螺栓标准，取公称直径（大径）为 d 的螺栓，又根据结构要求定出螺栓的长度 L。

螺栓标注示例：六角头螺栓 GB/T 5782—2000　M16×40。

4. 实例分析

例 6-1　如图 6-29 所示为气缸盖螺栓连接，缸体内气体压强 $p = 0.6\,\text{MPa}$，气缸内径 $D = 280\,\text{mm}$，气缸盖用 10 个 5.6 级的螺栓连接，要求紧密连接，气体不得泄露，试确定螺栓直径和螺栓分布圆直径。

分析　由题意可知，这是一个普通螺栓连接。已知连接的结构形状及螺栓组的类型，要确定螺栓直径和螺栓分布圆直径。由于缸体内压力的合力作用于螺栓组的对称中心上，故属于受轴向载荷的螺栓组连接，应用公式可求出每个螺栓所受的轴向工作载荷，然后根据各螺栓的强度计算公式求出 F_Σ，代入公式得出 d_1 值，查螺栓标准得出螺栓尺寸。

解　（1）确定每个螺栓的轴向工作载荷 F。

根据题意，螺栓为同时承受预紧力 F_0 和工作拉力 F 的紧螺栓连接，合力 F_Σ 通过螺栓组形心，则每个螺栓所受的轴向工作载荷为

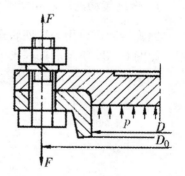

图 6-29　汽缸盖螺栓组连接

$$F = \frac{F_Q}{z} = \frac{\pi D^2 p}{4z} = \frac{\pi \times (280)^2 \times 0.6}{4 \times 10} = 3695\,(\text{N})$$

（2）确定每个螺栓的总载荷 F_Σ。

因气缸有密封要求，取残余预紧力 $F_0' = 1.8F = 1.8 \times 3695 = 6651\,(\text{N})$，则有

$$F_\Sigma = F + F_0' = 13695 + 6651 = 10346\,(\text{N})$$

（3）确定螺栓材料的许用应力 $[\sigma]$。

因螺栓材料的性能等级为 5.6 级，所以屈服极限 $\sigma_s = 500 \times 0.6 = 300\,(\text{MPa})$，若不控制预紧力，则螺栓的许用应力与直径有关。假设螺栓的直径为 M16，查表取安全系数 $S = 3$，则

$$[\sigma] = \frac{\sigma_s}{S} = \frac{300}{3} = 100\,(\text{MPa})$$

（4）确定螺栓直径。

由公式得

$$d_1 \geqslant \sqrt{\frac{4 \times 1.3F}{\pi[\sigma]}} = \sqrt{\frac{4 \times 1.3 \times 10346}{\pi \times 100}} = 13.086\,(\text{mm})$$

查螺纹标准 GB 196—81，当公称直径 $d = 16\,\text{mm}$ 时，$d_1 = 13.835\,\text{mm} > 13.086\,\text{mm}$，故取 M16 螺栓，与试选参数相符合，合适。

（5）决定螺栓分布圆直径 D_0。

设气缸壁厚为 10 mm，由图 6-29 可知，螺栓分布圆直径 D_0 为

$$D_0 = D + 2 \times 10 + 2 \times [d + (3 \sim 6)]$$
$$= 280 + 2 \times 10 + 2 \times [16 + (3 \sim 6)]$$
$$= 338 \sim 344\,(\text{mm})$$

取 D_0 为 340 mm，螺栓间距 t 为

$$t = \frac{\pi D_0}{z} = \frac{\pi \times 340}{10} = 106.8\,(\text{mm})$$

查表，当 $p \leqslant 1.6$ 时，$t_{\max} = 7d = 7 \times 16 = 112\,(\text{mm})$，$t < t_{\max}$，故 D_0 为 340 mm 合适。

常用的螺栓为六角头螺栓，螺栓规格 $d = 16\,\text{mm}$，公称长度 $l = 80\,\text{mm}$，数量为 10 个，其标注为 GB/T 5782—2000 10—M16×80。

6.1.6　螺旋传动

1. 螺旋传动的应用和特点

螺旋传动可以用来把回转运动变为直线移动，在各种机械设备和仪器中得到广泛的应用。如图 6-30 所示的远程火箭炮千斤顶机构是应用螺旋机构的一个实例。

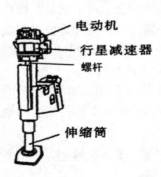

图 6-30　远程火箭炮千斤顶机构

螺旋机构的主要优点是：结构简单，制造方便，能将较小的回转力矩转变成较大的轴向力，能达到较高的传动精度，并且工作平稳，易于自锁。

螺旋机构的主要缺点是：摩擦损失大，传动效率低，因此一般不用来传递大的功率。

螺旋机构中的螺杆常用中碳钢制成，而螺母则需用耐磨性较好的材料（如青铜、耐磨铸铁等）来制造。

2. 螺旋传动的类型

（1）按用途分

螺旋传动按其用途不同,可分为调整螺旋、传导螺旋和传力螺旋三种。

① 调整螺旋

用来调整并固定零件的相对位置。如机床、仪器及测试装置中的微调机构的螺旋。调整螺旋不经常转动,一般在空载下调整。如图6-31(a)所示为量具的调整螺旋。

② 传导螺旋

以传递运动为主,有时也承受较大的轴向载荷。如机床进给机构(图6-31(b))的螺旋等。传导螺旋主要在较长的时间内连续工作,工作速度较高,因此要求具有较高的传动精度。

③ 传力螺旋

以传递动力为主,要求以较小的转矩传递较大的轴向的推力,如各种起重装置(图6-31(c))的螺旋。传力螺旋主要是承受很大的轴向力,一般为间歇性工作,每次的工作间歇较短,工作速度也不高,而且通常需要自锁能力。

（2）按螺杆和螺母的相对运动关系分

螺旋传动是利用螺杆和螺母组成的螺旋副来实现传动要求的,根据螺杆和螺母的相对运动关系,将螺旋机构的运动形式分为以下四种类型：

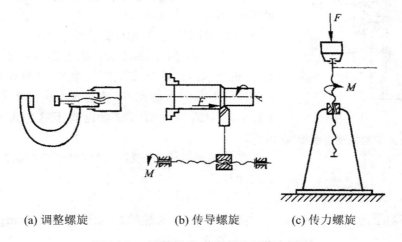

(a) 调整螺旋　　　　(b) 传导螺旋　　　　(c) 传力螺旋

图6-31　调整螺旋、传导螺旋和传力螺旋

① 螺母不动,螺杆转动并做直线运动。

如图6-32所示的台式虎钳,螺杆上装有活动钳口,螺母与固定钳口连接,并固定在工作台上。当转动螺杆时,可带动活动钳口左右移动,使之与固定钳口分离或合拢。此种机构通常还应用于千斤顶、千分尺和螺旋压力机等。

② 螺杆不动,螺母转动并做直线运动。

如图6-33所示的螺旋千斤顶,螺杆被安置在底座上静止不动,转动手柄使螺母旋转,螺母就会上升或下降,托盘上的重物就被举起或放下。此种机构还应用在插齿机刀架传动上。

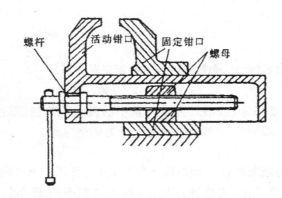

图 6 - 32　台虎钳

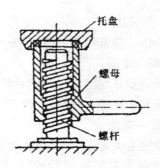

图 6 - 33　螺旋千斤顶

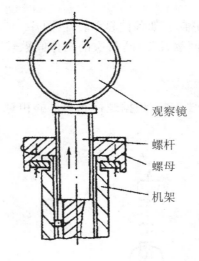

图 6 - 34　应力实验机观察镜螺旋
调整装置

③ 螺杆原位转动,螺母做直线运动。

如图 6 - 30 所示的远程火箭炮千斤顶机构,电动机接通时,电机旋转,通过行星减速器将电动机转动的扭矩以必要的转速传到螺杆上,螺杆转动带动螺母移动,从而使与螺母固连在一起的内伸缩筒伸出,使千斤顶底板与地面接触,用来产生火箭筒平衡所必须的轴向力。此外,摇臂钻床中摇臂的升降机构、牛头刨床工作台的升降机构等均属这种形式的单螺旋机构。

④ 螺母原位转动,螺杆做直线运动。

如图 6 - 34 所示应力试验机上的观察镜螺旋调整装置,由机架、螺母、螺杆和观察镜组成,当转动螺母时便可使螺杆向上或向下移动,以满足观察镜的上下调整要求。游标卡尺中的微量调节装置也属于这种形式的单螺旋机构。

在单螺旋机构中,螺杆与螺母间相对移动的距离可按下式计算:

$$L = nPz \tag{6-22}$$

式中,L 为移动距离,单位为 mm;n 为螺纹线数;P 为螺纹的螺距,单位为 mm;z 为转过的圈数。

（3）按螺旋副的数目分

螺旋传动按其螺旋副数目的不同可分为单螺旋传动和双螺旋传动。其中双螺旋机构,如图 6 - 35 所示,螺杆 3 上有两个导程分别为 P_{h1} 和 P_{h2} 的螺纹,分别与螺母 1、2 组成两个螺旋副。其中螺母 2 兼作机架,当螺杆 3 转动时,能转动的螺母 1 相对螺杆 3 移动,同时又使不能转动的螺母 1 相对螺杆 3 移动。

按两螺旋副的旋向不同,双螺旋机构又可分为差动螺旋机构和复式螺旋机构两种。

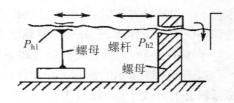

图 6 - 35　双螺旋机构

① 差动螺旋机构

两螺旋副中螺纹旋向相同的双螺旋机构,称为差动螺旋机构。差动螺旋机构可动螺母 1 相对机架移动的距离 L 可按下式计算:

$$L = (P_{h1} - P_{h2})z \tag{6-23}$$

式中,L 为可动螺母 1 相对机架移动的距离,单位为 mm;P_{h1} 为螺母 1 的导程,单位为 mm;P_{h2} 为螺母 2 的导程,单位为 mm;z 为螺杆转过的圈数。

当 P_{h1} 和 P_{h2} 相差很小时,则移动量可以很小。利用这一特性,差动螺旋常应用于测微器、计算机、分度机以及许多精密切削机床、仪器和工具中。

② 复式螺旋机构

两螺旋副中螺纹旋向相反时,该双螺旋机构称为复式螺旋机构。复式螺旋机构可动螺母 1 相对机架移动的距离 L 可按下式计算:

$$L = (P_{h1} + P_{h2})z \tag{6-24}$$

因为复式螺旋机构的移动距离 L 与两螺母导程的和($P_{h1} + P_{h2}$)成正比,所以多用于需要快速调整或移动两构件相对位置的场合。

在实际应用中,若要求两构件同步移动,则只需使 $P_{h1} = P_{h2}$ 即可。图 6-36 所示的电线杆钢索拉紧装置用的松紧螺套,就是复式螺旋机构的应用实例。

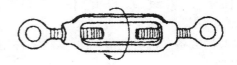

图 6-36　松紧螺套

3. 滚动螺旋传动简介

在螺杆和螺母之间封闭循环的螺旋滚道间放置若干钢球,当螺杆或螺母转动时,钢球沿螺纹滚道滚动,使螺旋面间的摩擦成为滚动摩擦,这种螺旋称为滚动螺旋。其主要特点是摩擦阻力小,摩擦系数为 $0.002\sim0.005$,且和运动速度关系不大,所以起动转矩接近于运转转矩,运转平稳、轻便,效率在 0.9 以上;但结构复杂,制造困难,不能自锁,抗冲击性能差。由于它的特点突出,因而在汽车、拖拉机的转向机构(图 6-37)和飞机机翼及起落架的控制机构中得到了较多的应用。

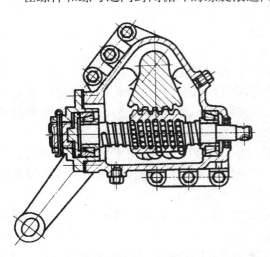

图 6-37　汽车转向机中的滚动螺旋

滚动螺旋按滚动回路型式的不同,可分为外循环(图 6-38(a))和内循环(图 6-38(b))两种。钢球在回路过程中离开螺旋表面的循环叫外循环,否则叫内循环。内循环螺母上开有侧孔,孔内镶有反向器将相邻两螺纹滚道连通起来。外循环加工方便,但径向尺寸较大。由于不能自锁,滚动螺旋传动需要采取防止反转的措施。

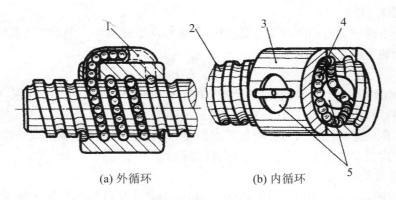

(a) 外循环　　　　　　　　(b) 内循环

图 6 - 38　滚动螺旋机构

1-导杆；2-螺杆；3-螺母；4-钢球；5-反向器

6.1.7　螺纹零件的使用与维护

　　兵器装备同机器设备一样，螺纹零件用得相当多，正确地使用、安装与维护螺纹零件十分重要。

　　由于使用、安装与维护不当，螺纹紧固件与螺纹传动件损坏的现象屡见不鲜，如螺杆头部拧坏，螺杆拉断，螺母松脱，螺纹滑扣、碰伤、锈蚀、磨损，螺旋空回量增大等等。螺纹零件失效有时还会酿成大事故，如发动机连杆螺栓断裂，会导致发动机气缸被打坏；火炮反后坐装置的重要螺母未拧到位，会导致炮身在射击时被向后抛出等等。

　　为避免螺纹零件过早失效，应注意螺纹零件的选用、安装与拆卸、检查与维护等各个环节。

1. 螺纹紧固件的选用

　　根据强度设计或类比法选用螺纹紧固件时，应注意其使用条件。

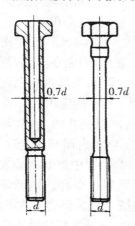

图 6 - 39　弹性螺栓

　　（1）当应用于承受交变载荷时，疲劳破坏的主要因素是应力幅，故应注意选用弹性螺栓、刚性大的垫片，以减少交变载荷的应力幅。如图 6 - 39 所示。

　　（2）普通螺栓、螺母组合件中，螺纹牙受力很不均匀。为使受力比较均匀，防止螺栓在第一圈螺纹牙断裂，可选用如图 6 - 40 所示的环槽螺母、悬置螺母等。

　　（3）对于承受交变载荷、振动大或高温情况下工作的螺栓连接，应采用机械元件防松。

　　（4）对于长期使用或有防锈蚀特殊要求的螺栓，可选用不锈钢螺栓等。

　　（5）换用螺栓或螺母时，应和被换用的螺栓、螺母的类型及其力学性能相同，切忌用力学性能低的代替。

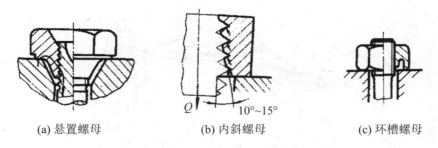

(a) 悬置螺母　　　　　　　(b) 内斜螺母　　　　　　　(c) 环槽螺母

图 6 - 40　悬置螺母、内斜螺母和环槽螺母

2. 螺纹紧固件的安装和拆卸

（1）应使螺栓的支承表面平整，否则将引起附加应力，降低螺栓的承载能力，为此常采用如图 6 - 41 所示的方法，把支承表面加工成凸台（图 6 - 41(a)）、凹坑（图 6 - 41(b)）或采用球面垫圈（图 6 - 41(c)）、斜垫圈（图 6 - 41(d)）等。

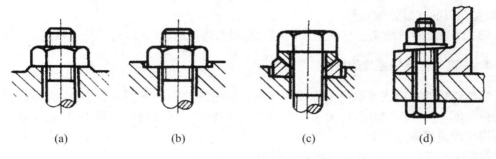

(a)　　　　　　　(b)　　　　　　　(c)　　　　　　　(d)

图 6 - 41　避免附加应力的结构

（2）正确选用扳手。对于控制预紧力的螺纹连接，一定要用控制力矩的扳手；对于不严格控制预紧力的螺纹连接，应采用梅花扳手、呆扳手等相应的固定扳手，尽量不用活扳手。

（3）按顺序拧紧。当被连接件上的螺钉数目较多时，为使载荷分布均匀，应按如图 6 - 42 所示的箭头方向或数字顺序依次拧紧。

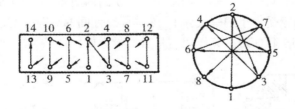

图 6 - 42　螺钉分布及拧紧次序

（4）双头螺柱的装拆。其手工装拆方法如图 6 - 43 所示。

（5）垫片更换。因长期受拧紧力的作用，紧密连接中的垫片因屈服而失去弹性，当机器重新装配时，为保证密封可靠，必须更换全部垫片。

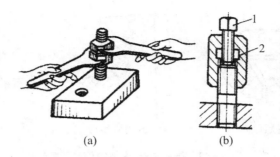

图 6-43　双头螺柱的装拆

3. 螺纹紧固件、传动件的检查与维护

（1）兵器装备在操作使用前、使用中和行军前、中、后，都要仔细检查各部位紧固件的可靠性，特别要注意检查开口销、串联钢丝等的紧固情况。

（2）兵器、车辆维修装配后，应认真检查重要螺栓的紧固和止锁情况，必要时要补充拧紧，如发动机的气缸盖螺栓等。

（3）注意及时排除由于传动螺纹的螺纹磨损而造成的空回，以确保传动精度。

4. 提高螺栓连接强度的措施

螺栓连接的强度主要取决于螺栓的强度。影响螺栓强度的因素很多，主要有螺纹牙间的载荷分配、应力变化幅度、应力集中和附加应力等。下面分析这因素，并以受拉螺栓连接为例提出改进措施。

（1）改善螺纹牙间的载荷分配

由于普通螺栓和螺母的刚度及变形性质不一样，因此各牙受力也不一样，螺母支承面上第一圈所受的力约为总载荷的 $1/3$，以后各圈递减。实验证明：到第 8~10 圈以后螺纹几乎不受载荷。为改善各牙受力分布不均的情况，可采用下述方法：

① 悬置螺母（图 6-44(a)）。使螺母的旋合部分与螺栓均受拉，从而减少两者的螺距变化差，使螺牙上的载荷分布趋于均匀，可提高螺栓疲劳强度达 40%。

② 内斜螺母（图 6-44(b)）。螺母内斜 $10°$~$15°$ 的内斜角，可减小原受力大的螺纹牙的刚度，从而把力分流到原受力小的螺纹牙上，使其螺纹牙间的载荷分配趋于均匀。

③ 环槽螺母（图 6-44(c)）。其作用与悬置螺母类似。

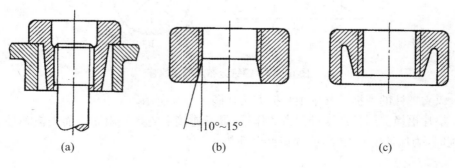

(a)　　　　　　　　　(b)　　　　　　　　　(c)

图 6-44　均载螺母结构

以上特殊构造的螺母制造工艺复杂,成本较高,仅限于重要连接使用。

(2) 减小螺栓的应力变化幅度

对于受轴向变载荷的紧螺栓连接,应力变化幅度是影响其疲劳强度的重要因素。应力变化幅度越小,疲劳强度越高。减小螺栓的刚度 k_1(图 6-45)或增大被连接件的刚度 k_2,均能使应力变化幅度减小。

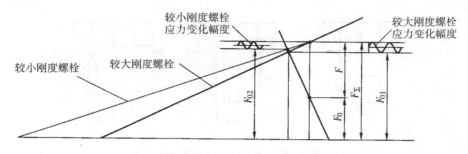

图 6-45　减小螺栓刚度

减小螺栓刚度的办法有:适当增大螺栓长度、减小螺栓光杆直径,如图 6-46 所示。也可在螺母下装弹性元件以降低螺栓刚度,如图 6-47 所示。

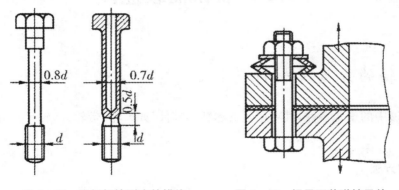

图 6-46　降低螺栓刚度的措施　　　　**图 6-47　螺母下装弹性元件**

要增大被连接件的刚度,除可以从被连装件的结构和尺寸考虑外,还可以采用刚度较大的金属垫片或不设垫片。对于有紧密性要求的气缸螺栓连接,从提高强度考虑,采用图 6-48(b)所示的 O 形密封圈比采用图 6-48(a)所示的软垫片好。

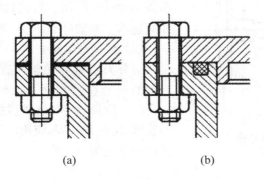

(a)　　　　　　　　　(b)

图 6-48　软垫片和密封环密封

如果同时采用上述两种方法则减小应力变化幅度的效果会更好。

（3）减少应力集中

螺纹牙根、螺纹收尾、螺栓头与螺栓杆的过渡处都有应力集中，是产生断裂危险部位。在截面过渡处采用较大的圆角或卸载结构（图6-49），螺纹收尾处用退刀槽等，可减小应力集中，提高螺栓的疲劳强度。

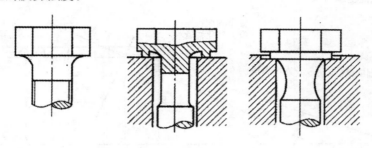

图6-49　减小螺栓应力集中的方法

6.2　轴和轴毂连接

6.2.1　轴的分类及材料

轴是机械中的重要零件，其功用是支承转动零件（如齿轮、带轮、凸轮等），并传递运动和动力。

1. 轴的分类

（1）按轴的承载情况分类

可分为心轴、传动轴和转轴三类。心轴只承受弯矩作用，既可转动如火车的车辆轴（图6-50），也可不转动如自行车前轮轴（图6-51）等；传动轴主要用来承受转矩而不承受弯矩（或很小），如汽车传动轴（图6-52）等；转轴既受弯矩又受转矩作用，如减速器中的轴（图6-53）等。

（2）按轴线形状分类

可分为直轴和曲轴。直轴又分光轴和阶梯轴。光轴的各处直径相同，阶梯轴的各段直径不同（图6-53）。阶梯轴可使各轴段的强度相近，并便于零件的装拆、定位和紧固，应用广泛，如某型自行加榴炮高低机中的主轴。

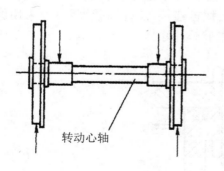

转动心轴

图6-50　转动心轴

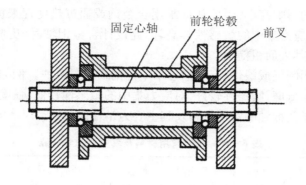

图 6-51　固定心轴

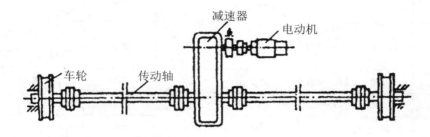

图 6-52　传动轴

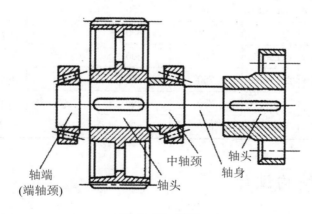

图 6-53　转轴

2. 轴的材料及其选择

轴的材料常采用碳钢和合金钢。

35、45、50 等优质碳素结构钢因具有较高的综合力学性能,应用较多,其中以 45 钢应用最为广泛。为了改善其力学性能,应进行正火或调质处理。不重要或受力较小的轴,则可采用 Q235、Q275 等碳素结构钢。

合金钢具有较高的力学性能与较好的热处理性能,但价格较高,多用于有特殊要求的轴。例如,采用滑动轴承的高速轴,常用 20Cr、20CrMnTi 等低碳合金结构钢,经渗碳淬火后可提高轴颈耐磨性;汽轮发电机转子轴在高温、高速和重载条件下工作,必须具有良好的高温力学性能,常采用 40CrNi、38CrMoAlA 等合金结构钢。值得注意的是,钢材的种类和热处理对其弹性模量的影响甚小,因此如欲采用合金钢或通过热处理来提高轴的刚度并无实效。此外,合金钢对应力集中的敏感性较高,因此设计合金钢轴时,更应从结构上避免或减小应力集中,并减小其表面粗糙度。

轴的毛坯一般用圆钢或锻件,有时也可采用铸钢或球墨铸铁。例如,用球墨铸铁制造曲轴、凸轮轴,具有成本低廉、吸振性较好、对应力集中的敏感性较低、强度较好等优点。

表 6-10 列出了几种轴的常用材料及其主要力学性能。

表 6-10　轴的常用材料及其主要力学性能

材料及热处理	毛坯直径（mm）	硬度（HBS）	强度极限 σ_b(MPa)	屈服极限 σ_s(MPa)	弯曲疲劳极限 σ_{-1}(MPa)	应用说明
Q235			400	240	170	用于不重要或载荷不大的轴
35 钢正火	≤100	149~187	520	270	250	有好的塑性和适当的强度,可做一般曲轴、转轴等
45 钢正火	≤100	170~217	600	300	275	用于较重要的轴,应用最为广泛
45 钢调质	≤200	217~255	650	360	300	
40Cr 调质	25		1000	800	500	用于载荷较大而无很大冲击的重要轴
	≤100	241~286	750	550	350	
	>100~300	241~266	700	550	340	
40MnB 调质	25		1000	800	485	性能接近于 40Cr,用于重要的轴
	≤200	241~266	700	500	335	
35CrMO 调质	≤100	207~269	750	550	390	用于重载荷的轴
20Cr 渗碳淬火回火	15	52~62HRC	850	550	375	用于要求强度、韧性及耐磨性均较高的轴
	≤60		650	400	280	

6.2.2　轴的结构设计

轴的结构设计就是使轴的各部分具有合理的形状和尺寸。其主要要求是:① 轴应便于加工,轴上零件要易于装拆(制造安装要求);② 轴和轴上零件要有准确的工作位置(定位);③ 各零件要牢固而可靠地相对固定(固定);④ 改善受力状况,减小应力集中和提高疲劳强度。

下面逐项讨论这些要求,并结合图 6-54 所示的单级齿轮减速器的高速轴加以说明。

1. 制造安装要求

为便于轴上零件的装拆,常将轴做成阶梯形。对于一般剖分式箱体中的轴,它的直径从轴端逐渐向中间增大。如图 6-54 所示,可依次将齿轮、套筒、左端滚动轴承、轴承盖和带轮从轴的左端装拆,另一滚动轴承从右端装拆。为使轴上零件易于安装,轴端及各轴段的端部应有倒角。

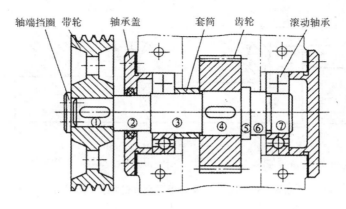

图 6-54　轴的结构

　　轴上磨削的轴段,应有砂轮越程槽(图 6-54 中⑥与⑦的交界处);车制螺纹的轴段,应有螺纹退刀槽(图 6-54 中安装双圆螺母螺纹段)。

　　在满足使用要求的情况下,轴的形状和尺寸应力求简单,以便于加工。

2. 轴上零件的定位

　　安装在轴上的零件,必须有确定的轴向定位。阶梯轴上截面尺寸变化处称为轴肩,可起轴向定位作用。在图 6-54 中,④、⑤间的轴肩使齿轮在轴上定位;①、②间的轴肩使带轮定位;⑥、⑦间的轴肩使右端滚动轴承定位。

　　有些零件依靠套筒定位,如图 6-54 中的左端滚动轴承与齿轮之间。

3. 轴上零件的固定

　　轴上零件的轴向固定,常采用轴肩、套筒、螺母或轴端挡圈(又称压板)等形式。在图 6-54 中,齿轮能实现轴向双向固定。齿轮受轴向力时,向右是通过④、⑤间的轴肩,并由⑥、⑦间的轴肩顶在滚动轴承内圈上;向左则通过套筒顶在滚动轴承内圈上。当无法采用套筒或套筒太长时,可采用圆螺母加以固定(图 6-55)。带轮的轴向固定是靠①、②间的轴肩以及轴端挡圈。图 6-56 所示是轴端挡圈的一种形式。

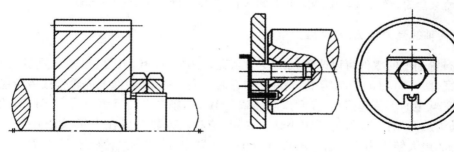

图 6-55　双圆螺母　　　　　　　图 6-56　轴端挡圈

　　为了保证轴上零件紧靠定位面(轴肩),轴肩的圆角半径 r 必须小于相配零件的倒角 C_1 或圆角半径 R,轴肩高 h 必须大于 C_1 或 R(图 6-57)。

　　轴向力较小时,零件在轴上的固定可采用弹性挡圈(图 6-58)或紧定螺钉(图 6-59)。

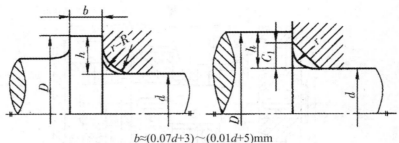

$$b\approx(0.07d+3)\sim(0.01d+5)\text{mm}$$

$b\approx1.4h$（与滚动轴承相配合处的h和b值，见滚动轴承标准）

图 6-57　轴肩圆角与相配零件的倒角（或圆角）

轴上零件的周向固定，大多采用键、花键或过盈配合等连接形式。采用键连接时，为加工方便，各轴段的键槽宜设计在同一加工直线上，并应尽可能采用同一规格的键槽截面尺寸（图 6-60）。

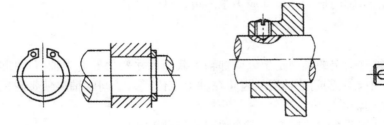

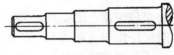

图 6-58　弹性挡圈　　　**图 6-59　紧定螺钉**　　　**图 6-60　键槽在同一加工直线上**

4. 轴的各段直径和长度的确定

凡有配合要求的轴段，如图 6-54 的①段和④段，应尽量采用标准直径。安装滚动轴承、联轴器、密封圈等标准件的轴径，如②段与⑦段，应符合各标准件内径系列的规定。套筒的内径应与相配的轴径相同，并采用过渡配合。

采用套筒、螺母、轴端挡圈做轴向固定时，应把装零件的轴段长度做得比零件轮毂短 2～3 mm，以确保套筒、螺母或轴端挡圈能靠紧零件端面（图 6-54、图 6-55）。

5. 改善轴的受力状况，减小应力集中

合理布置轴上的零件可以改善轴的受力状况。例如，图 6-61 所示为起重机卷筒的两种布置方案，图 6-61(a)的结构中，大齿轮和卷筒连成一体，转矩经大齿轮直接传给卷筒，故卷筒轴只受弯矩而不传递扭矩，在起重同样载荷 W 时，轴的直径可小于图 6-61(b)的结构。再如，当动力从两轮输出时，为了减小轴上转矩，应将输入轮布置在中间，如图 6-62(a)所示，这时轴的最大转矩为 T_1；而在图 6-62(b)的布置中，轴的最大转矩为 T_1+T_2。

改善轴的受力状况的另一重要方面就是减小应力集中。合金钢对应力集中比较敏感，尤需加以注意。

零件截面发生突然变化的地方，都会产生应力集中现象。因此对阶梯轴来说，在截面尺寸变化处应采用圆角过渡，圆角半径不宜过小，并尽量避免在轴上（特别是应力大的部位）开横孔、切口或凹槽。必须开横孔时，孔边要倒圆。在重要的结构中，可采用卸载槽（图 6-63

（a）中 B 处）、过渡肩环（图 6-63（b））或凹切圆角（图 6-63（c））增大轴肩圆角半径，以减小局部应力。在轮毂上做出卸载槽（图 6-63（d）中 B 处），也能减小过盈配合处的局部应力。

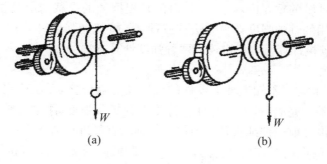

图 6-61　起重机卷筒

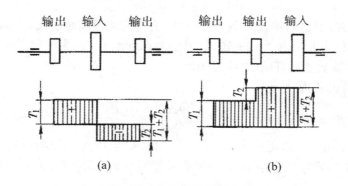

图 6-62　轴的两种布置方案

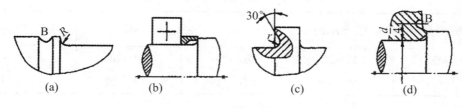

图 6-63　减小应力集中的措施

6.2.3　轴的设计计算

　　一般来说，轴的设计包括两大内容，即结构设计和设计计算。轴的结构设计和轴的设计计算需交错进行，这是由于轴上零件的轴毂尺寸（长度、孔径等）和轴承的尺寸需要根据轴的尺寸来确定，而轴的尺寸又必须先知道轴承和轴上零件的位置才能求出轴承反力和画出弯矩图、扭转图，然后才能进行轴的强度计算和确定轴的各部分尺寸。进行轴的安全系数校核时，更必须先知道轴的各部分尺寸和结构细节（如过渡圆角、键槽等），以及材料强度、热处理、表面状态等。所以，对于比较重要的轴一定要边画、边算、边修改，交错进行，逐渐使设计完善。

1. 轴的强度计算

强度计算是设计轴的重要内容之一,其目的是根据轴的受载情况及相应的强度条件来确定轴的直径。常用的轴的强度计算方法有三种:① 按扭转强度计算;② 按弯扭合成强度计算;③ 安全系数校核计算。本章讲述前两种强度计算方法。

(1) 按扭转强度计算

开始设计轴时,通常还不知道轴上零件的位置及支点位置,无法确定轴的受力情况,只有待轴的结构设计基本完成后,才能对轴进行受力分析及强度、刚度等校核计算。因此,一般在进行轴的结构设计前先按纯扭转受力情况对轴的直径进行估算。

设轴在转矩 T 的作用下,产生切应力 τ。对于圆截面的实心轴,其抗扭强度条件为

$$\tau = \frac{T}{W_\mathrm{T}} = \frac{9.55 \times 10^6 P}{0.2 d^3 n} \leqslant [\tau] \tag{6-25}$$

式中,T 为轴所传递的转矩,单位为 N·mm;W_T 为轴的抗扭截面系数,单位为 mm³;P 为轴所传递的功率,单位为 kW;n 为轴的转速,单位为 r/min;τ、$[\tau]$ 为轴的切应力、许用切应力,单位为 MPa;d 为轴的估算直径,单位为 mm。

轴的设计计算公式为

$$d \geqslant \sqrt[3]{\frac{T}{0.2[\tau]}} = \sqrt[3]{\frac{9.55 \times 10^6 P}{0.2[\tau] \cdot n}} = C \sqrt[3]{\frac{P}{n}} \tag{6-26}$$

常用材料的 $[\tau]$ 值、C 值可查表 6-11。$[\tau]$ 值、C 值的大小与轴的材料及受载情况有关。当作用在轴上的弯矩比转矩小,或轴只受转矩时,$[\tau]$ 值取较大值,C 值取较小值,否则相反。

表 6-11　常用材料的 $[\tau]$ 值和 C 值

轴的材料	Q235A,20	35	45	40Cr,35SiMn
$[\tau]$(MPa)	12~20	20~30	30~40	40~52
C	160~135	135~118	118~107	107~98

由式(6-26)求出的直径值,需圆整成标准直径,并作为轴的最小直径。如轴上有一个键槽,为了弥补轴的强度降低,则应将算得的最小直径增大 3%~5%,如有两个键槽可增大 7%~10%。

(2) 按弯扭合成强度计算

当轴的支承位置和轴所受载荷的大小、方向及作用点等均已确定,支点反力及弯矩可以求得时,可按弯扭合成强度条件进行计算。

进行强度计算时通常把轴当作置于铰链支座上的梁,作用于轴上零件的力作为集中力,其作用点取为零件轮毂宽度的中点。支点反力的作用点一般可近似地取在轴承宽度的中点上。具体的计算步骤如下:

① 画出轴的空间力系图。将轴上作用力分解为水平面分力和垂直面分力,并求出水平面和垂直面上的支点反力。

② 分别作出水平面上的弯矩(M_H)图和垂直面上的弯矩(M_V)图。

③ 计算出合成弯矩 $M = \sqrt{M_\mathrm{H}^2 + M_\mathrm{V}^2}$,绘出合成弯矩图。

④ 作出转矩(T)图。

⑤ 计算当量弯矩 $M_e = \sqrt{M^2 + (\alpha T)^2}$，绘出当量弯矩图。式中 α 为考虑弯曲应力与扭转切应力循环特性的不同而引入的修正系数。通常弯曲应力为对称循环变化应力，而扭转切应力随工作情况的变化而变化。对于不变转矩，取 $\alpha = [\sigma_{-1b}]/[\sigma_{+1b}] \approx 0.3$；对于脉动循环转矩，取 $\alpha = [\sigma_{-1b}]/[\sigma_{0b}] \approx 0.6$；对于对称循环转矩，取 $\alpha = 1$。其中 $[\sigma_{-1b}]$、$[\sigma_{+1b}]$、$[\sigma_{0b}]$ 分别为对称循环、脉动循环及静应力状态下的许用弯曲应力，其值列于表 6-12 中。

对正、反转频繁的轴，可将转矩 T 看成是对称循环变化的。当不能确切知道载荷的性质时，一般轴的转矩可按脉动循环处理。

表 6-12　轴的许用弯曲应力

单位：MPa

材料	$[\sigma_b]$	$[\sigma_{+1b}]$	$[\sigma_{0b}]$	$[\sigma_{-1b}]$
碳素钢	400	130	70	40
	500	170	75	45
	600	200	95	55
	700	230	110	65
合金钢	800	270	130	75
	900	300	140	80
	1000	330	150	90
铸钢	400	100	50	30
	500	120	70	40

⑥ 计算轴的直径。轴计算截面上的强度条件为

$$\sigma_e = \frac{M_e}{W} = \frac{\sqrt{M^2 + (\alpha T)^2}}{W} \leqslant [\sigma] \qquad (6-27)$$

式中，W 为轴计算截面的抗弯截面系数，单位为 mm^3；M、T、M_e 分别为轴计算截面上的弯矩、转矩、当量弯矩，单位为 $N \cdot mm$；σ_e 为轴计算截面上的当量弯曲应力，单位为 MPa；$[\sigma]$ 为轴的许用弯曲应力，单位为 MPa，对转轴和转动心轴，取 $[\sigma] = [\sigma_{-1b}]$，对于固定心轴，考虑启动、停止等影响，取 $[\sigma] = [\sigma_{0b}]$。

对于实心圆轴，$W = \frac{\pi}{32}d^3 \approx 0.1d^3$，其计算截面上的强度条件为

$$\sigma_e = \frac{M_e}{W} = \frac{10\sqrt{M^2 + (\alpha T)^2}}{d^3} \leqslant [\sigma] \qquad (6-28)$$

轴计算截面的直径为

$$d \geqslant \sqrt[3]{\frac{10\sqrt{M^2 + (\alpha T)^2}}{[\sigma]}} \qquad (6-29)$$

按弯扭合成强度计算，由于考虑了支承的特点、轴的跨距、轴上的载荷分布及应力性质等因素，与轴的实际情况较为接近，故与按扭转强度计算相比较为精确、可靠。此法可用于对一般用途的轴进行设计计算或强度校核。但未考虑具体结构等因素对轴强度的影

响,故仍属估算的范畴。对重要的轴和重载轴,还需进行强度的精确计算(如安全系数校核计算)。

此法作为强度校核时,其计算步骤①～⑤仍然相同,第⑥步改为校核危险截面的强度,根据当量弯矩图选择 2～3 个危险截面,进行轴的强度校核,其公式为式(6-28)。

(3) 轴的刚度计算

轴受载荷的作用后会发生弯曲、扭转变形,如变形过大会影响轴上零件的正常工作,例如装有齿轮的轴,如果变形过大会使啮合状态恶化。因此,对于有刚度要求的轴必须要进行轴的刚度校核计算。轴的刚度有弯曲刚度和扭转刚度两种,这里简单讨论弯曲刚度的计算方法。弯曲刚度可用在一定载荷作用下的挠度 y 和许用偏转角 θ 来度量。可用材料力学中计算梁弯曲变形的公式计算。计算时,当轴上有几个载荷同时作用时,可用叠加法求出轴的挠度和偏转角。如果载荷不是平面力系,则需预先分解为两互相垂直的坐标面的平面力系,分别求出各平面的变形分量,然后再几何叠加。计算得出的变形量不超过许用挠度 $[y]$ 和偏转角 $[\theta]$,才算弯曲刚度校核合格。

经验证明,在一般情况下,轴的刚度是足够的,因此,通常不必进行刚度计算,如需进行刚度计算时也一般只进行弯曲刚度计算。

2. 轴的设计方法

通常,在现场对于一般轴的设计方法有两种:类比法和设计计算法。

(1) 类比法

这种方法是根据轴的工作条件,选择与其相似的轴进行类比及结构设计,画出轴的零件图。用类比法设计轴一般不进行强度校核计算。由于完全依靠现有资料及设计者的经验进行轴的设计,其结果比较可靠、稳妥,同时又可加快设计进程,因此类比法较为常用。但这种方法也会带来一定的盲目性。

(2) 设计计算法

为了防止疲劳断裂,对一般的轴必须进行强度计算,其设计计算的一般步骤为:

1) 根据轴的工作条件选择材料,确定许用应力。

2) 按扭转强度估算出轴的最小直径。

3) 设计轴的结构,绘制出轴的结构草图。具体内容包括以下几点:

① 作出装配简图,拟定轴上零件的装配方案。

② 根据工作要求确定轴上零件的位置和固定方式。

③ 确定各轴段的直径。

④ 确定各轴段的长度。

⑤ 根据有关设计手册确定轴的结构细节,如圆角、倒角、退刀槽等的尺寸。

4) 按弯扭合成强度计算方法进行轴的强度校核。

一般在轴上选取 2～3 个危险截面进行强度校核。若危险截面强度不够或强度裕度太大,则必须重新修改轴的结构。

对于较为重要的轴,在完成轴的结构设计草图后,取 2～3 个危险截面进行安全系数强度校核。

5) 修改轴的结构后再进行校核计算。这样反复交替地进行校核和修改,直至设计出较为合理的轴的结构。

6）绘制轴的零件图。

最后指出几点：一般情况下在现场不进行轴的设计计算，而仅做轴的结构设计；只做强度计算，而不进行刚度计算；如需进行刚度计算，也只做弯曲刚度计算；以按弯扭合成强度计算方法做轴的强度校核计算，而不用安全系数强度校核。

3. 实例分析

例 6-2　设计如图 6-64 所示的斜齿圆柱齿轮减速器的输出轴（Ⅱ轴）。已知传递功率 $P = 8 \text{ kW}$，输出轴的转速 $n = 280 \text{ r/min}$，从动齿轮的分度圆直径 $d = 265 \text{ mm}$，作用在齿轮上的圆周力 $F_t = 2059 \text{ N}$，径向力 $F_r = 763.8 \text{ N}$，轴向力 $F_a = 405.7 \text{ N}$。齿轮轮毂宽度为 60 mm，工作时单向运转，轴承采用型号为 6208 的深沟球轴承。

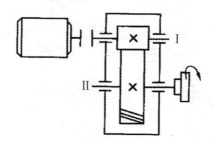

图 6-64　单级齿轮减速器简图

分析　根据题意，此轴是在一般工作条件下工作。设计步骤应为先按扭转强度初估出轴端直径 $d_{\min}$，再用类比方法确定轴的结构，然后按弯扭合成做强度校核，如校核不合格或强度裕度太大，则必须重新修改轴结构，即修改、计算交错反复进行，才能设计出较为完善的轴。安全系数校核和刚度校核均可不做。

解　（1）选择轴的材料，确定许用应力。

由已知条件可知此减速器传递的功率属中小功率，对材料无特殊要求，故选用 45 钢并经调质处理。由表 6-10 查得强度极限 $[\sigma_b] = 650 \text{ MPa}$，再由表 6-12 得许用弯曲应力 $[\sigma_{-1b}] = 60 \text{ MPa}$。

（2）按扭转强度估算轴径（最小直径）。

根据表 6-11 得 $C = 118 \sim 107$。又由式（6-26）得

$$d \geqslant C\sqrt[3]{\frac{P}{n}} = (107 \sim 118)\sqrt[3]{\frac{8}{280}} = 32.7 \sim 36.1 \text{ (mm)}$$

考虑到轴的最小直径处要安装联轴器，会有键槽存在，故需将估算直径加大 3%～5%，取为 33.68～37.91 mm。由设计手册取标准直径 $d_1 = 35 \text{ mm}$。

（3）设计轴的结构并绘制结构草图。

① 作出装配简图，拟定轴上零件的装配方案。

作图时必须以轴承（包括轴承组合）为中心，并考虑到传动件的安装与固定。图 6-65 为减速器的装配简图，图中给出了减速器主要零件的相互位置关系。轴设计时，即可按此确定轴上主要零件的安装位置（图 6-66（a））。考虑到箱体可能有铸造误差，故使齿轮距箱体内壁的距离为 a，滚动轴承内侧与箱体内壁间的距离为 s，联轴器与轴承端盖间的距离为 l（a、s 和 l 均可从手册中查到）。本例中，可将齿轮布置在箱体内部中央；轴承对称安装在齿

轮两侧;轴的轴向位置由左、右轴承盖来限制(轴承类型的选择及轴承组合设计可查阅6.3节);轴的外伸端安装半联轴器。

轴的结构形状的确定首先要确定轴上零件的装配方案。不同装配方案,得出轴的结构形状也不同。如图6-66(b)所示,齿轮等零件从右端依次装入。如图6-66(c)所示,齿轮等零件从左端依次装入。因此,在进行轴的结构设计时,必须拟订出几种不同的装配方案,分析、比较之,得出最佳装配方案。现例中,选择图6-66(b)所示的装配方案。

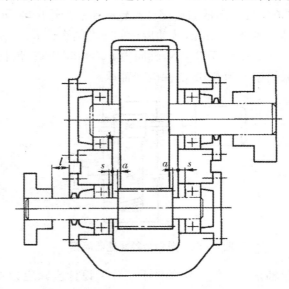

图6-65　单级圆柱齿轮减速器设计简图

② 确定轴上零件的位置和固定方式。

现已确定齿轮从轴的右端装入(图6-66(b)),齿轮的左端用轴肩(或轴环)定位,右端用套筒固定,这样齿轮在轴上的轴向位置被完全确定。齿轮的周向固定采用平键连接,同时为了保证齿轮与轴有良好的对中性,故采用H7/r6的配合。由于轴承对称安装于齿轮的两侧,则其左轴承用轴肩固定、右轴承由套筒右端面来定位,轴承的周向固定采用过盈配合。轴承的外廓位置由轴承盖顶住,这样轴组件的轴向位置即可完全固定。

③ 确定各轴段的直径。

如图6-66(b)所示,轴段①(外伸端)直径最小,$d_1 = 35$ mm;考虑到要对安装在轴段①上的联轴器进行定位,轴段②上应有轴肩,同时为能顺利地在轴段②上安装轴承,轴段②必须满足轴承内径的标准,故取轴段②的直径d_2为40 mm;用相同的方法确定轴段③、④的直径$d_3 = 45$ mm、$d_4 = 55$ mm;为了便于拆卸左轴承,可查出6208型滚动轴承的安装高度为3.5 mm,取$d_5 = 47$ mm。

④ 确定各轴段的长度。

齿轮轮毂宽度为60 mm,为保证齿轮固定可靠,轴段③的长度应略短于齿轮轮毂宽度,取为58 mm;为保证齿轮端面与箱体内壁不相碰,齿轮端面与箱体内壁间应留有一定的间距,取该间距为15 mm;为保证轴承安装在箱体轴承座孔中(轴承宽度为18 mm),并考虑轴承的润滑,取轴承端面距箱体内壁的距离为5 mm,所以轴段④的长度取为20 mm,轴承支点距离$l = 118$ mm;根据箱体结构及联轴器距轴承盖要有一定距离的要求,取$l' = 75$ mm;查阅有关的联轴器手册取l''为70 mm;在轴段①、③上分别加工出键槽,使两键槽处于轴的同一圆柱母线上,键槽的长度比相应的轮毂宽度小 5～10 mm,键槽的宽度按轴段直径查手册得到。

⑤ 选定轴的结构细节,如圆角、倒角、退刀槽等的尺寸。

按设计结果画出轴的结构草图,如图 6‑67(a)所示。

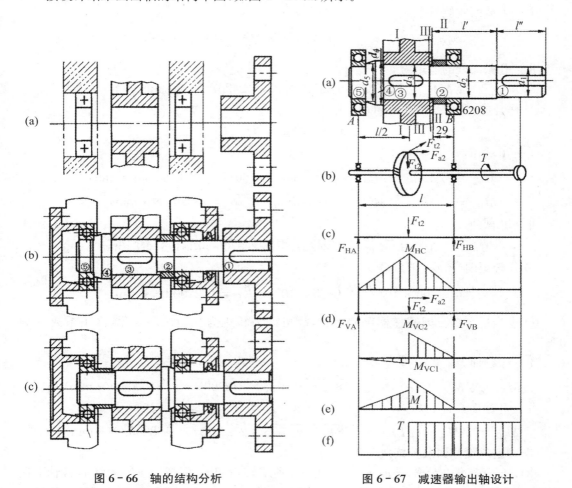

图 6‑66　轴的结构分析　　图 6‑67　减速器输出轴设计

(4) 按弯扭合成强度校核轴径。

① 画出轴的受力图如图 6‑67(b)所示。

② 作水平面内的弯矩图(图 6‑67(c)),支点反力为

$$F_{HA} = F_{HB} = \frac{F_{t2}}{2} = \frac{2059}{2} = 1030 \,(N)$$

Ⅰ—Ⅰ截面处的弯矩为

$$M_{HⅠ} = 1030 \times \frac{118}{2} = 60770 \,(N \cdot mm)$$

Ⅱ—Ⅱ截面处的弯矩为

$$M_{HⅡ} = 1030 \times 29 = 29870 \,(N \cdot mm)$$

③ 作垂直面内的弯矩图(图 6‑67(d)),支点反力为

$$F_{VA} = \frac{F_{r2}}{2} - \frac{F_{a2} \cdot d}{2l} = \frac{763.8}{2} - \frac{405.7 \times 265}{2 \times 118} = -73.65 \,(N)$$

$$F_{\text{VB}} = F_{t2} - F_{\text{VA}} = 763.8 - (-73.65) = 837.5 \, (\text{N})$$

Ⅰ—Ⅰ截面左侧弯矩为

$$M_{\text{VI左}} = F_{\text{VA}} \cdot \frac{1}{2} = -73.65 \times \frac{118}{2} = -4345 \, (\text{N} \cdot \text{mm})$$

Ⅰ—Ⅰ截面右侧弯矩为

$$M_{\text{VI右}} = F_{\text{VB}} \times \frac{1}{2} = 837.5 \times \frac{118}{2} = -49410 \, (\text{N} \cdot \text{mm})$$

Ⅱ—Ⅱ截面处的弯矩为

$$M_{\text{VII}} = F_{\text{VB}} \cdot 29 = 837.5 \times 29 = 24287.5 \, (\text{N} \cdot \text{mm})$$

④ 作合成弯矩图(图 6 - 67(e))。

$$M = \sqrt{M_{\text{H}}^2 + M_{\text{V}}^2}$$

Ⅰ—Ⅰ截面:

$$M_{\text{I左}} = \sqrt{M_{\text{VI左}}^2 + M_{\text{HI}}^2} = \sqrt{(-4345)^2 + 60770^2} = 60925 \, (\text{N} \cdot \text{mm})$$

$$M_{\text{I右}} = \sqrt{M_{\text{VI右}}^2 + M_{\text{HI}}^2} = \sqrt{49410^2 + 60770^2} = 78320 \, (\text{N} \cdot \text{mm})$$

Ⅱ—Ⅱ截面:

$$M_{\text{II}} = \sqrt{M_{\text{VII}}^2 + M_{\text{HII}}^2} = \sqrt{24287.5^2 + 29870^2} = 38498 \, (\text{N} \cdot \text{mm})$$

⑤ 作转矩图(图 6 - 67(f))

$$T = 9.55 \times 10^6 \frac{P}{n} = 9.55 \times 10^6 \times \frac{8}{280} = 272900 \, (\text{N} \cdot \text{mm})$$

⑥ 求当量弯矩。因减速器单向运转,故可认为转矩为脉动循环变化,修正系数 α 为 0.6。

Ⅰ—Ⅰ截面:

$$M_{\text{eI}} = \sqrt{M_{\text{I右}}^2 + (\alpha T)^2} = \sqrt{78320^2 + (0.6 \times 272900)^2} = 181500 \, (\text{N} \cdot \text{mm})$$

Ⅱ—Ⅱ截面:

$$M_{\text{eII}} = \sqrt{M_{\text{II}}^2 + (\alpha T)^2} = \sqrt{38498^2 + (0.6 \times 272900)^2} = 168205 \, (\text{N} \cdot \text{mm})$$

⑦ 确定危险截面及校核强度。

由图 6 - 67 可以看出,截面Ⅰ—Ⅰ、Ⅱ—Ⅱ所受转矩相同,但弯矩 $M_{\text{eI}} > M_{\text{eII}}$,且轴上还有键槽,故截面Ⅰ—Ⅰ可能为危险截面。但由于轴径 $d_3 > d_2$,故也应对截面Ⅱ—Ⅱ进行校核。

Ⅰ—Ⅰ截面:

$$\sigma_{\text{eI}} = \frac{M_{\text{eI}}}{W} = \frac{181500}{0.1 d_3^3} = \frac{181500}{0.1 \times 45^3} = 19.9 \, (\text{MPa})$$

Ⅱ—Ⅱ截面:

$$\sigma_{\text{eII}} = \frac{M_{\text{eII}}}{W} = \frac{168205}{0.1 d_2^3} = \frac{168205}{0.1 \times 40^3} = 26.3 \, (\text{MPa})$$

查表 6 - 11 得 $[\sigma_{-1b}] = 60 \, \text{MPa}$,满足 $\sigma_e \leqslant [\sigma_{-1b}]$ 的条件,故设计的轴有足够的强度,并有一定的裕度。

(5) 修改轴的结构。

因所设计轴的强度裕度不大,故此轴不必再进行结构修改。

(6) 绘制轴的零件图(略)。

从上述实例可得出：轴的设计必须要边画、边计算、边修改，交错地进行，才能设计出一个完善的轴。在现场，设计阶梯轴时总是先求出轴端 d_{min}，考虑轴上安装的传动件的孔径及轴毂宽度，结合轴承选择与减速器总体尺寸的相配，就能大体上确定轴各段的直径与长度。一般情况下，轴的强度总能满足要求。

6.2.4　轴毂连接

实现轴和轮毂零件（如齿轮、带轮、联轴器等）之间的周向固定，以传递运动和转矩的连接，称为轴毂连接。

轴毂连接的类型很多，其中最常用的为平键和花键连接。由于键和花键已标准化，因此通常只是选择键和花键。

1. 键连接的类型、结构、特点和应用

根据形状，键可分为平键、半圆键和楔键等，其中以平键最为常用。键的材料一般采用 $\sigma_b \geq 600$ MPa 的碳钢或精拔钢，最常用的是 45 钢。

（1）平键连接

平键具有矩形或正方形截面。按用途平键可分为普通平键、导向平键和滑键三种。图 6-68 所示为普通平键的结构形式，把键置于轴和轴上零件对应的键槽内，工作时靠键和键槽侧面的挤压来传递转矩，因此键的两个侧面为工作面。键的上、下面为非工作面，且键的上面与轮毂键槽的底面间留有少量间隙。普通平键连接具有装拆方便、易于制造、不影响轴与轴上零件的对中等特点，多用于传动精度要求较高的情况。但是它只能用作轴上零件的周向固定，而不能用于轴向固定，更不能承受轴向力。

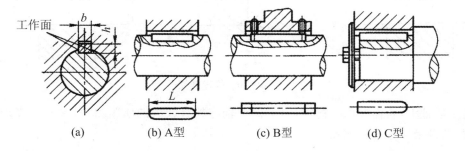

图 6-68　普通平键连接

普通平键按端部结构形状分，有圆头（A 型）、平头（B 型）和单圆头（C 型）三种，如图 6-68 所示。采用圆头和单圆头普通平键时，轴上的键槽用键槽铣刀（立铣刀）加工而成，圆头普通平键常用于轴的中部，单圆头普通平键用于轴的端部。采用平头普通平键时，轴上的键槽是用盘铣刀铣出的，应力集中较小。

（2）半圆键连接

半圆键的两侧面为半圆形，靠键的两侧面实现周向固定并传递转矩（图 6-69）。它的特点是加工和装拆方便，对中性好，键能在轴槽中绕槽底圆弧曲率中心摆动，自动适应轮毂上键槽的斜度。但轴上的键槽较深，对轴的削弱较大。主要用于轻载时圆锥面轴端的连接。

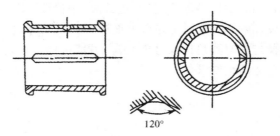

图 6 - 69 半圆键连接

通常在一个轴毂连接中只用一个键。当传递载荷较大时,可用两个键。如用两个普通平键,两键应相隔 180°,若需两个半圆键,则应将两键槽布置在同一母线上,这样既便于加工,又不会过多地削弱轴的强度。

(3) 楔键连接

楔键上、下面是工作面(图 6 - 70)。键的上表面和毂槽的底部各有 1:100 的斜度,装配时把键打入,靠键楔紧产生的摩擦力传递运动和转矩。同时还可传递单向的轴向力,对零件起到单向的轴向固定作用。楔键分普通楔键和钩头楔键两种,钩头是供装拆用的。由于楔键打入时,迫使轴的轴心与轮毂轴心分离,从而破坏了轴与毂的同心度,因此楔键连接的应用日益减少,仅用于一些转速较低、对中性要求不高的轴毂连接(如某些农业机械和建筑机械)。

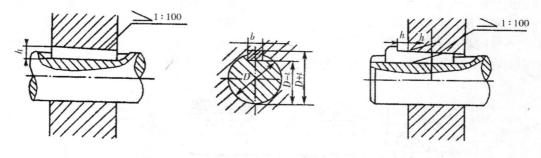

图 6 - 70 楔键连接

同一段轴上,若需装两个楔键,为了保证轴与毂有较大的压紧力,且又不过多地削弱轴的强度,两键槽位置最好相隔 90°～120°(一般为 120°)。

2. 平键的选择

平键的选择包括类型和尺寸的选择。类型的选择主要是根据连接的结构、使用要求和工作条件等选定。普通平键的主要尺寸为键宽 b、键高 h 和键长 l。设计时,根据轴径 d 从标准中选取键的剖面尺寸 $b×h$。键的长度一般可按轮毂长度选取,即键长等于或略短于轮毂长度,且应符合标准值。如果平键连接强度不够,可适当加大工作长度,也可用双键相隔 180°布置。

3. 花键连接

花键连接由带齿的花键轴和带齿槽的轮毂所组成,工作时靠齿侧的挤压传递转矩。与平键相比,花键连接的优点是:

（1）齿数多，总接触面积大，所以承载能力高。

（2）键与轴做成一体，且齿槽较浅，槽底应力集中小，故轴和毂的强度削弱较小。

（3）对中性和导向性好，具有互换性。

花键连接已标准化。按齿形的不同，分为矩形花键、渐开线花键和三角形花键三种（图6 - 71）。

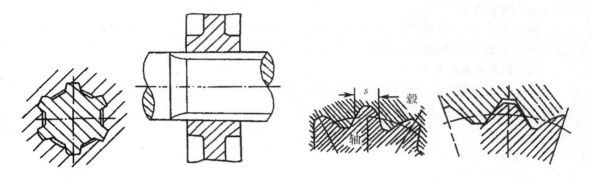

图 6 - 71　花键类型

4. 其他形式的轴毂连接

轴毂连接除采用键连接和花键连接外，还可采用过盈连接、胀紧连接套（胀套）连接、成型连接、销连接等。

6.2.5　轴的使用与维护

轴是传递运动和动力的重要零件，轴的失效会危及整部机器，故应注意对轴的使用、检查和维护。

1. 轴的使用和检查

（1）轴在使用前，应注意轴上零件的安装质量，轴和轴上零件固联应可靠；轴和轴上有相对移动或转动的零件的间隙应适当；轴颈润滑应按要求，润滑不当是使轴颈非正常磨损的重要原因。

（2）轴在使用中，切忌突加、突减负载或超载，尤其是对新配滑动轴瓦的轴和使用已久的轴更应注意，以防疲劳断裂和弯曲变形。

（3）在机器大修或中修时，通常应检验轴有无裂纹、弯曲、扭曲及轴颈磨损等，如不合要求，应进行修复和更换。

裂纹常发生在应力集中处，由此导致轴的疲劳断裂，应予以注意。曲轴的裂纹常发生在轴颈和曲臂的交界处，轴颈上的横向裂纹如在两端圆角处，应报废。汽车传动轴的管壁不允许有任何裂纹。轴上的裂纹可用放大镜和磁力探伤器等检查。轴颈的最大磨损量为测得的最小直径同公称直径之差，当超过规定值时，应进行修磨。对于液体润滑轴承中的轴颈，应检查其圆度和圆柱度，因为失圆的轴颈运转时，会使油膜压力波动，不仅加速轴瓦材料的疲劳损坏，也增加了轴瓦和轴颈的直接接触，使磨损加剧。轴上花键的磨损，可通过检查配合的齿侧间隙或用标准花键套在花键上检查。

2. 轴的维修

轴断裂后,一般难予修复,应予以更换。当出现其他损伤时,通常采用下述方法予以修复。

(1) 轴弯曲变形的校正

轴的变形过大时,可进行冷压校正或局部火焰加热校正。校正时的支承部位应正确,尤其应注意不要使阶梯轴拐角处因校正而产生应力集中,如图 6-72 所示。

(2) 轴颈磨损的修复

通常先用磨削加工消除轴的几何形状误差。然后用电镀或金属喷涂或刷镀修复;严重时可堆焊或镶套修理,镶套时套与轴为过盈配合,如图 6-73 所示。

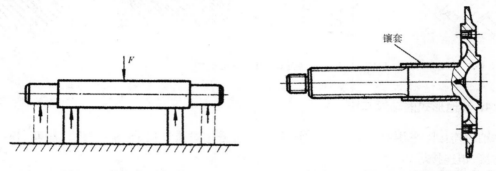

图 6-72　轴弯曲变形校正　　　　　　图 6-73　轴颈磨损的镶套修理

(3) 花键、键槽、螺纹的修复

可用气焊或堆焊法修复磨损的齿侧面,然后再以磨损的花键为基础铣出花键,如图 6-74(a)所示。

键槽损伤后,可适当加大键槽或将键槽焊堵,并配新键,如图 6-74(b)所示。轴上螺纹损坏时,可加焊一层金属重车螺纹。

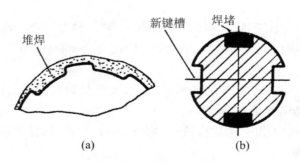

图 6-74　花键、键槽的修复

6.3　轴　　承

　　轴承是机器中用来支承轴的一种重要部件,用以保持轴线的回转精度,减少轴和支承间由于相对转动而引起的摩擦和磨损。根据轴承工作的摩擦性质,可分为滑动轴承和滚动轴承两大类。

6.3.1　滚动轴承概述

　　滚动轴承是各种机械中广泛使用的支承部件。如图 6-1 所示某型自行加榴炮高低机主轴总成结构图中的推力球轴承就是滚动轴承的一种。滚动轴承的类型很多,用量极大,其结构型式和基本尺寸均已标准化,并由轴承厂大量生产。机械设计中,只需根据工作条件,选择合适的类型和尺寸,并对轴承的安装、润滑、密封等进行合理的安排,即轴承组合设计。

1. 滚动轴承的结构、材料

　　滚动轴承一般由内圈、外圈、滚动体和保持架四部分组成(图 6-75)。内圈、外圈分别与轴颈和轴承座孔装配在一起,通常内圈随轴转动。内、外圈上一般有凹槽(称为滚道),滚动体沿凹槽滚动。凹槽起着限制滚动体的轴向移动和降低滚动体与内、外圈间接触应力的作用。滚动体是滚动轴承的核心零件。保持架用来隔开相邻滚动体,以减少其间的摩擦和磨损。保持架有冲压的和实心的两种。

　　(1) 滚动轴承的游隙

　　滚动体与内、外圈滚道之间的间隙称为轴承的游隙。将滚动轴承的一个套圈固定不动,另一个套圈沿径向(或轴向)的最大移动量,称为径向(或轴向)游隙。游隙对轴的工作寿命、温升和噪声等都有很大的影响。各级精度的轴承的游隙都有标准规定。

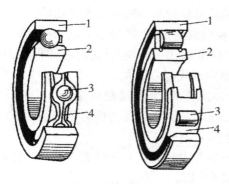

图 6-75　滚动轴承的基本构造
1-外圈;2-内圈;3-滚动体;4-保持架

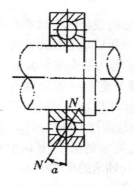

图 6-76　滚动轴承的公称接触角

　　(2) 滚动轴承的公称接触角

　　滚动体和套圈接触处的法线与轴承径向平面(垂直于轴线的平面)的夹角 α(图 6-76),

称为轴承的公称接触角。它是轴承的一个重要参数,其值的大小反映了轴承承受轴向载荷的能力。α 角越大,轴承承受轴向载荷的能力越大。

（3）滚动轴承的角偏斜

由于加工、安装误差或轴的变形,引起内、外圈相对偏转了一个角度,使内外圈的轴线不重合,这种现象称为角偏斜。轴承适应角偏斜保持正常工作的性能,称为轴承的调心性能。调心性能好的轴承,称为自动调心轴承或自位轴承。

滚动轴承的内外圈和滚动体,一般用强度高、耐磨性好的含铬合金钢制造,如 GCr-l5、GCr15SiMn 等。热处理硬度应不低于 HRC60～65。工作表面需磨削和抛光,以提高材料的接触疲劳强度和耐磨性。保持架多用软钢冲压而成,它与滚动体有较大的间隙,工作时噪声较大。实体保持架常用铜合金或塑料制成,有较好的定心作用。

与滑动轴承相比,滚动轴承摩擦阻力小,起动灵敏,效率高,润滑简便,易于互换,因此应用广泛。但抗冲击性能差,高速时噪声大,工作寿命和回转精度不及精心设计和润滑良好的滑动轴承。

2. 滚动轴承的类型

滚动轴承可按照不同的方法进行分类。按滚动体的形状（图 6-77）,可将滚动轴承分为球轴承和滚子轴承两大类。滚子轴承又分为短圆柱、长圆柱、螺旋、圆锥、球面、滚针等滚子轴承（图 6-77(b)～(h)）。轴承中的滚动体可以是单列的或双列的。

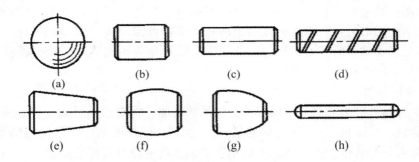

(a)　　　(b)　　　(c)　　　(d)

(e)　　　(f)　　　(g)　　　(h)

图 6-77　滚动体的形状

按承载方向或公称接触角的不同,滚动轴承可分为向心轴承和推力轴承。

向心轴承用以承受径向负荷或主要承受径向负荷,公称接触角 α 为 $0°\sim45°$。其中 $\alpha=0°$ 的向心轴承称为径向接触轴承,只能承受径向负荷;$0°<\alpha\leqslant45°$ 的向心轴承称为向心角接触轴承,主要承受径向负荷,随着 α 的增大,轴向承载能力增大。

推力轴承用以承受轴向负荷或主要承受轴向负荷,公称接触角 α 为 $45°\sim90°$。其中 $\alpha=90°$ 的称为轴向接触轴承,只承受轴向负荷;$45°<\alpha<90°$ 的称为推力角接触轴承,主要承受轴向负荷,随着 α 的减小,径向承载能力增大。

我国滚动轴承的标准中,综合以上两种分类方法和轴承工作时能否调心,将滚动轴承分为 10 类,其名称、代号、性能、特点及应用见表 6-13。

表 6 - 13 常用滚动轴承的类型、代号及特性

轴承类型		轴承类型简图	类型代号	标准号	特 性
调心球轴承			1	GB/T 281	主要承受径向载荷,也可同时承受少量的双向轴向载荷。外圈滚道为球面,具有自动调心性能,适用于弯曲刚度小的轴
调心滚子轴承			2	GB/T 288	用于承受径向载荷,其承载能力比调心球轴承大,也能承受少量的双向轴向载荷。具有调心性能,适用于弯曲刚度小的轴
圆锥滚子轴承			3	GB/T 297	能承受较大的径向载荷和轴向载荷。内外圈可分离,故轴承游隙可在安装时调整,通常成对使用,对称安装
双列深沟球轴承			4	—	主要承受径向载荷,也能承受一定的双向轴向载荷。它比深沟球轴承具有更大的承载能力
推力球轴承	单向		5(5100)	GB/T 301	只能承受单向轴向载荷,适用于轴向力大而转速较低的场合
	双向		5(5200)	GB/T 301	可承受双向轴向载荷,常用于轴向载荷大、转速不高处
深沟球轴承			6	GB/T 276	主要承受径向载荷,也可同时承受少量双向轴向载荷。摩擦阻力小,极限转速高,结构简单,价格便宜,应用最广泛

轴承类型	轴承类型简图	类型代号	标准号	特　性
角接触 球轴承		7	GB/T 292	能同时承受径向载荷与轴向载荷,接触角有 15°、25°、40° 三种。适用于转速较高、同时承受径向和轴向载荷的场合
推力圆柱 滚子轴承		8	GB/T 4663	只能承受单向轴向载荷,承载能力比推力球轴承大得多,不允许轴线偏移。适用于轴向载荷大而不需调心的场合
圆柱 滚子 轴承	外圈 无挡 边圆 柱滚 子轴 承	N	GB/T 283	只能承受径向载荷,不能承受轴向载荷。承受载荷能力比同尺寸的球轴承大,尤其是承受冲击载荷能力大

6.3.2　滚动轴承的代号

　　滚动轴承的类型和尺寸规格繁多,为了便于设计、制造和使用,国家标准规定了统一的代号,用字母加数字来表示滚动轴承的结构、尺寸、公差等级、技术性能等特征,并打印在轴承端面上。国家标准规定的轴承代号由基本代号、前置代号和后置代号构成,如表 6-14 所示。基本代号是轴承代号的基础,前置代号和后置代号都是轴承代号的补充,用于轴承结构、形状、材料、公差等级、技术要求等有特殊要求的轴承,一般情况的可部分或全部省略。

1. 基本代号

　　基本代号表示轴承的基本类型、结构和尺寸,是轴承代号的基础。主要由类型代号、尺寸系列代号和内径代号三部分组成。

　　(1) 内径代号

　　用右起第一、二位数字表示轴承内径尺寸,其表示方法见表 6-15。

表 6-14　轴承代号表示法

前置代号	基本代号				后置代号						
	五	四	三	二	一							
		尺寸系列代号		内径 代号	内部 结构	密封 与防 尘套 圈变 型	保持 架及 其材 料	特殊 轴承 材料	公差 等级	游隙	配置	其 他
成套轴承分 部件	类型 代号	宽(高) 度系 列代 号	直径 系列 代号								

表 6 - 15　滚动轴承的内径尺寸代号

内径尺寸(mm)	代号表示		举例	
	第二位	第一位	代号	内径尺寸(mm)
10	0	0	深沟球轴承 6200	10
12		1		
15		2		
17		3		
20～480 (5 的倍数)*	内径/5 的商		角接触轴承 73208	40

　*：当内径尺寸为 0.6～10、22、28、32 或≥500 时，内径代号用公称内径毫米数值表示，与尺寸系列代号间用"/"分开，如 230/500、62/22、618/2.5 表示内径分别为 500 mm、22 mm、2.5 mm。

（2）尺寸系列代号

由轴承的直径系列代号和宽(高)度系列代号组合而成，用两位数字表示。

直径系列代号用右起第三位数字表示，是指内径相同的轴承配有不同外径的尺寸系列，其代号有 7、8、9、0、1、2、3、4、5，尺寸依次递增，如表 6 - 16 所示。

表 6 - 16　滚动轴承的直径系列代号

向心轴承	超特轻	超轻	特轻	轻	中	重	推力轴承	超轻	特轻	轻	中	重
	7	8,9	0,1	2	3	4		0	1	2	3	4

宽(高)度系列代号用右起第四位数字表示，是指内径相同的轴承，对向心轴承配有不同宽度的尺寸系列，代号有 8、0、1、2、3、4、5、6，尺寸依次递增；对推力轴承配有不同高度的尺寸系列，代号有 7、9、1、2，尺寸依次递增，如表 6 - 17 所示。

表 6 - 17　滚动轴承的宽(高)度系列代号

向心轴承	特窄	窄	正常	宽	特宽	推力轴承	特低	低	正常
	8	0	1	2	3,4,5,6		7	9	1,2

注：当宽度代号为 0 时可不写出，但调心滚子轴承和圆锥滚子轴承除外。

尺寸系列表示内径相同的轴承可具有不同外径，而同样外径又有不同宽度（或高度），由此用以满足各种不同要求的承载能力。图 6 - 78 所示是内径为 50 mm 的深沟球轴承各种不同型号外径的对比。

（3）类型代号

用右起第五位数字表示轴承类型，表示方法见表 6 - 18。常用的几种滚动轴承类型如图 6 - 79 所示。

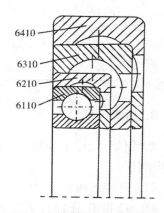

图 6 - 78　深沟球轴承尺寸系列的对比

表 6 - 18　滚动轴承的类型代号

代号	轴承类型	代号	轴承类型
0	双列角接触球轴承	6	深沟球轴承
1	调心球轴承	7	角接触球轴承
2	调心滚子轴承和推力调心滚子轴承	8	推力圆柱滚子轴承
3	圆锥滚子轴承	N	圆柱滚子轴承,双列或多列用字母 NN 表示
4	双列深沟球轴承	U	外球面球轴承
5	推力球轴承	QJ	四点接触球轴承

 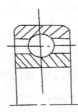 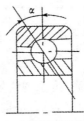 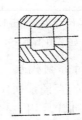

(a) 圆锥滚子轴承　　(b) 深沟球轴承　　(c) 角接触球轴承　　(d) 外圈无挡边圆柱滚子轴承

图 6 - 79　常用的几种滚动轴承类型

2. 前置代号

前置代号是用字母表示轴承的结构特点,处于基本代号的前面,表示方法见表 6 - 19。

表 6 - 19　滚动轴承的前置代号

代号	表示意义	举例
F	凸缘外圈的向心球轴承(仅适用 $d \leqslant 10$ mm)	F618/4
L	可分离轴承的可分离内圈或外圈	LNU207
R	不带可分离内圈或外圈的轴承(滚针轴承仅适用 NA 型)	RNU207
WS	推力圆柱滚子轴承轴圈	WS81107
GS	推力圆柱滚子轴承座圈	GS81107
KOW	无轴圈推力轴承	KOW51108
KIW	无座圈推力轴承	KIW51108
LR	带可分离的内圈或外圈与滚动体组件轴承	
K	滚子和保持组件	K81107

3. 后置代号

后置代号是用字母和数字等表示轴承的结构、公差及材料的特殊要求等等,下面是几种常用的代号。

(1)内部结构代号

C、AC 和 B 分别代表公称接触角 $\alpha = 15°、25°$ 和 $40°$。例如,7311AC 表示接触角为

25°角。

（2）公差等级代号

轴承按公差等级分为/P0、/P6、/P6X、/P5、/P4、/P2 级，分别表示标准规定的 0、6、6X、5、4、2 公差等级，精度由低到高。/P6X 仅适用于圆锥滚子轴承。一般的轴承是/P0，又叫普通级，在轴承代号中省略不写。代号示例如 6203、6203/P6。

轴承代号举例如下：

6308 ——表示内径为 40 mm，中窄系列深沟球轴承，0 级公差。

7211C/P5 ——表示内径为 55 mm，轻窄系列角接触球轴承，接触角 $\alpha = 15°$，5 级公差。

30312/P6X——表示内径为 60 mm，中窄系列圆锥滚子轴承，6X 级公差。

6.3.3　滚动轴承的选择计算

1. 滚动轴承的失效形式及计算准则

（1）失效形式

滚动轴承的失效形式主要有三种：疲劳点蚀、塑性变形和磨损。

① 疲劳点蚀

当轴承转速 $n > 10$ r/min 时，轴承各元件是在交变接触应力下工作的，如果制造、保管、安装、使用等条件均良好，经试验得出，各元件接触表面上可能发生疲劳点蚀，这是滚动轴承的主要失效形式。点蚀发生后，噪音和振动加剧，回转精度降低且工作温度升高，使轴承丧失正常的工作能力。

② 塑性变形

当轴承转速 $n \leqslant 1$ r/min 时，轴承各元件在整个工作时期内的应力循环次数就很少，故可近似地认为各元件是在静应力下工作。如果在过大的静载荷或冲击载荷作用下，滚动体与套圈滚道表面上出现不均匀的塑性变形凹坑，这时就会增加轴承的摩擦力矩、振动和噪声，降低旋转精度。

③ 磨损

在多尘条件下工作的轴承，虽然采用密封装置，滚动体与套圈仍有可能出现磨粒磨损，导致游隙增大，旋转精度降低。

除上述失效形式外，还可能出现内、外圈破裂，滚动体破碎，保持架损坏等失效形式，这些往往是由于安装和使用不当造成的。

（2）设计计算准则

当选择滚动轴承类型后就要确定其轴承尺寸，为此需要针对轴承的主要失效形式进行计算。其计算准则为：

① 对于一般转速的轴承（10 r/min $< n <$ n_{lim}），轴承的制造、保管、安装、使用等条件均良好时，轴承的主要失效形式为疲劳点蚀，因此应以疲劳强度计算为依据进行轴承的寿命计算。

② 对于高速轴承，除疲劳点蚀外其各元件的接触表面的过热也是重要的失效形式，因此除需进行寿命计算外还应校验其极限转速 n_{lim}。

③ 对于低转速轴承（$n < 1$ r/min），可近似认为轴承各元件是在静应力作用下工作的，

其失效形式主要为塑性变形,应进行以不发生塑性变形为准则的静强度计算。

2. 滚动轴承的类型选择

选用滚动轴承时,首先要综合考虑轴承所受负荷、轴承转速、轴承调心性能要求等,再参照各类轴承的特性和用途,正确合理地选择。其选用原则如下:

(1) 轴承负荷

轴承所受负荷的大小、方向和性质,是选择轴承类型的主要依据。

① 负荷大小。当承受较大负荷时,应选用线接触的各类滚子轴承。而点接触的球轴承只适用于轻载或中等负荷。

② 负荷方向。当承受纯径向负荷时,通常选用深沟球轴承和各类径向接触轴承。当承受纯轴向负荷时,通常选用推力球轴承或推力圆柱滚子轴承。当承受较大径向负荷和一定轴向负荷时,可选用各类向心角接触轴承;当承受的轴向负荷比径向负荷大时,可选用推力角接触轴承,或者采用向心和推力两种不同类型轴承的组合,分别承担径向和轴向负荷。

③ 负荷的性质。负荷平稳宜选用球轴承,轻微冲击时选用滚子轴承,径向冲击较大时应选用螺旋滚子轴承。

(2) 轴承的转速

各类轴承都有其适用的转速范围,一般应使所选轴承的工作转速不超过其极限转速。各种轴承的极限转速见有关手册。根据轴承转速选择轴承类型时,可参考以下几点:

① 球轴承比滚子轴承有较高的极限转速和回转精度,高速时应优先选用球轴承。

② 推力轴承的极限转速都较低,当工作转速高时,若轴向载荷不十分大,可采用角接触球轴承承受纯轴向负荷。

③ 高速时,宜选用超轻、特轻及轻系列轴承(离心惯性力小),重系列轴承只适用于低速重载的场合。

(3) 调心性能要求

当支承跨距大,轴的弯曲变形大,或两轴承座孔的同心度误差太大时,要求轴承有较好的调心性能,这时宜选用调心球轴承或调心滚子轴承,且应成对使用。各类滚子轴承对轴线的偏斜很敏感,在轴的刚度和轴承座孔的支承刚度较低的情况下,应尽量避免使用。各类轴承的工作偏斜角应控制在允许范围内,否则会降低轴承寿命。

(4) 经济性

同等规格同样公差等级的各种轴承,球轴承较滚子轴承价廉,调心滚子轴承最贵。同型号尺寸公差等级为 P0、P6、P5、P4、P2 的滚动轴承价格比约为 1:1.5:2:7:10。派生型轴承的价格一般又比基本型高。在满足使用要求的前提下,应尽量选用精度低、价格便宜的轴承。

此外,还应考虑安装尺寸和装拆等方面的要求。

3. 滚动轴承受载分析

滚动轴承在承受通过轴心线的轴向载荷 F_a 作用时,可认为载荷由各滚动体平均承受,在纯径向载荷 F_r 作用下则不然。

(1) 单列向心轴承中的径向载荷分布

如图 6-80 所示,轴承内圈受到从轴传来的纯径向载荷 F_r(方向向下)作用,并经过滚动体将载荷传给外圈,再作用到轴承座上。为了简化分析与计算,假定内外圈为刚体,不变形,滚动体为弹性体,且变形在弹性范围内。在承受 F_r 载荷时,内圈必定沿 F_r 方向下移一距离 δ,上半圈的滚动体不承载,最多也只有下半圈滚动体受载,且各滚动体的受载大小也不同,处于最下端的滚动体受到载荷为最大值 F_0。根据力的平衡条件可求出受载最大的滚动体的载荷。

对于深沟球轴承(点接触轴承):

$$F_0 = (4.37/z)F_r$$

对于圆柱滚子轴承(线接触轴承):

$$F_0 = (4.08/z)F_r$$

式中,F_r 为轴承所受的径向力;z 为滚动体个数。

若深沟球轴承同时作用着 F_r(径向力)和 F_a(轴向力),由于滚动体与滚道间存在着微量间隙(称为游隙),受轴向力时轴承内、外圈间产生轴向相对位移,这样使原来的公称接触角 $\alpha = 0°$ 改变得到一个不大的接触角 α_1(又称实际接触角),使得轴承也能承受一定的轴向载荷,如图 6-81 所示。

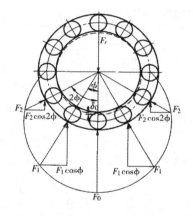
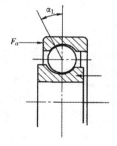

图 6-80　滚动轴承上径向载荷的分布图　　　　图 6-81　接触角的变化

(2) 向心角接触轴承中的载荷分布

① 内部轴向力

向心角接触轴承承受径向载荷 F_r 时,会产生内部轴向力或称为诱导轴向力 F_s。

当作用纯径向载荷 F_r 时,受载荷的每一个滚动体与内、外圈之间的作用力 F_i 都沿着接触点的法线方向,而与径向平面成 α 角(接触角)。以角接触球轴承为例,在纯径向载荷 F_r 作用下,最下面的一个球与内、外圈之间载荷的作用情况如图 6-82 所示。此时,作用在球上的反作用力 F_0(又称法向力)沿接触点法线方向,与径向平面成 α 角。F_0 力又可分解成径向分力 F_{r0} 和轴向分力 F_{a0}。承载区各球上 F_{ri} 的矢量和与径向载荷 F_r 相平衡;各球上 F_{ai} 的代数和构成使内圈和轴一同向左移动的力。这个力是径向载荷 F_r 作用时在轴承内派生出的轴向力,称为内部轴向力,用 F_s 表示,其方向由外圈的宽边指向窄边,会使轴承套圈产生互相分离的趋势。

计算各种向心角接触轴承内部轴向力的近似公式可查表 6-20。

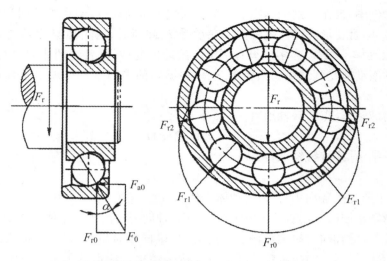

图 6-82　角接触球轴承中径向载荷所产生的轴向分力

表 6-20　向心角接触轴承内部轴向力 F_s

轴承类型	向心角接触球轴承			圆锥滚子轴承
	70000C 型($\alpha = 15°$)	70000AC 型($\alpha = 25°$)	70000B 型($\alpha = 40°$)	
F_s	$\approx 0.4 F_r$	$0.68 F_r$	$1.14 F_r$	$F_r/2Y$(Y 是 $F_a/F_r > e$ 时的轴向系数)

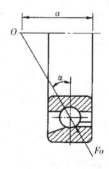

图 6-83　向心角接触轴承的载荷作用中心

由于向心角接触轴承受径向载荷后会产生内部轴向力,故应成对使用,设法抵消内部轴向力。

② 载荷作用中心

由于向心角接触轴承有接触角 α 存在,故轴承受载荷后,在承载区内,作用在滚动体上的力(即轴承反力)应沿接触点的法向,法向力与轴线交点 O 为载荷作用中心,即轴承反力作用点,如图 6-83 所示。中心到轴承外圈宽端面距离 a 可从轴承手册中查到。

在简化计算求轴承反力时,常把轴承宽度中点作为载荷作用中心,但对跨距较小的轴,则不宜做此简化。

(3) 轴承元件上的载荷及应力

轴承各元件是在交变接触应力下工作的。

① 滚动体

当承受轴向载荷时,不管什么类型的轴承,如果载荷不偏心,轴承制造得很理想,那么在理论上说可认为各滚动体均匀受载。

当承受径向载荷时,不管什么类型的轴承,滚动体上受载是不均匀的,它最多只有下半圈滚动体受载,且各滚动体上所受载的大小是不同的,如图 6-80 所示。

对于一个滚动体,其应力变化情况如图 6-84(a)所示;对于一个滚动体上的任意点,其应力变化情况如图 6-84(b)所示。

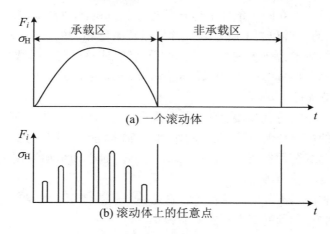

图 6-84　滚动体上的载荷及应力变化

② 内、外圈

滚动轴承工作时,通常是外圈固定,内圈转动;或内圈固定,外圈转动。固定套圈任意点上和转动套圈任意点上的应力变化情况如图 6-85 所示。

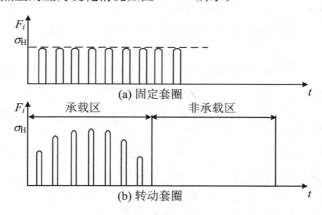

图 6-85　内外圈上的载荷及应力变化

4. 滚动轴承的基本额定寿命和基本额定载荷

轴承类型初步选定后,需进一步确定轴承代号,即轴承的尺寸等。在设计轴时,确定了轴颈的尺寸(通常要求其尾数是 0 或 5),也就决定了轴承的内径。然后再根据载荷的大小、性质和空间位置等条件,选定轴承的尺寸系列。由图 6-78 可看出,从 01 系列到 04 系列,其承载能力逐渐增大。一般初步设计时,可先选用 03 系列,以便于修改设计。对较重要的轴承,在按结构要求初选后,还应对其进行寿命计算或静强度计算,以最后确定轴承的尺寸。

（1）寿命与基本额定寿命

一套滚动轴承,其中一个套圈(或垫圈)或滚动体的材料出现第一个疲劳扩展迹象之前,一个套圈相对另一个套圈的转数,称为此轴承的寿命。寿命还可用在给定的恒定转速下的运转小时数来表示。

滚动轴承的寿命是相当离散的,即使是结构、尺寸、材料、热处理、加工方法完全相同的一批轴承,在完全相同的条件下运转,它们的寿命也可能相差很多倍。

　　一套滚动轴承或一组在同一条件下运转的近于相同的滚动轴承,其基本额定寿命是与90%的可靠度、常用的材料和加工质量以及常规运转条件相关的寿命,即在上述条件下,轴承不发生疲劳扩展的概率为90%时所能达到的总转数(或总运转小时数)。基本额定寿命用L_{10}表示,下标10指失效率,单位为10^6转;或用L_h表示,单位为小时。

　　(2) 基本额定动载荷

　　滚动轴承的寿命与载荷有关,载荷越大,其寿命越短。径向基本额定动载荷是指一套滚动轴承假想能承受的恒定径向载荷,在它的作用下,轴承的基本额定寿命为10^6转(即$L_{10} = 1$)。径向基本额定动载荷用符号C_r表示,单位为N。向心轴承均采用径向基本额定动载荷,C_r值高的轴承,承载能力强。

　　推力轴承采用轴向基本额定动载荷C_a,它是一个假想作用于滚动轴承的恒定的中心轴向载荷,在它的作用下,轴承的基本额定寿命为10^6转。

　　(3) 基本额定静载荷

　　当轴承的套圈间相对转速为零时,作用在轴承上的载荷,称为轴承的静载荷。

　　轴承的径向基本额定静载荷为一径向静载荷,在它的作用下,受载最大的滚动体与滚道接触中心处所引起的计算接触应力值,对向心球轴承(调心球轴承除外)为4200 N/mm。径向基本额定静载荷用符号C_{or}表示,单位为N。

　　对推力轴承,考查的是轴向基本额定静载荷,用符号C_{oa}表示,它是一个中心轴向静载荷。

　　表6-21列出了部分深沟球轴承的径向基本额定动载荷C_r和径向基本额定静载荷C_{or}的数值。

表 6 - 21　深沟球轴承计算用表

"相对轴向载荷" $f_0\, F_a/C_{or}$	X 和 Y 系数				
	$f_0/F_r \leqslant e$		$f_0/F_r > e$		e
	X	Y	X	Y	
0.172				2.3	0.19
0.345				1.99	0.22
0.689				1.71	0.26
1.03				1.55	0.28
1.38	1	0	0.56	1.45	0.30
2.07				1.31	0.34
3.45				1.15	0.38
5.17				1.04	0.42
6.89					0.44

$$C_r、C_{or}（kN）及 f_0$$

公称直径（mm）	01 系列			02 系列			03 系列			04 系列		
	Cr	Cor	f0	Cr	Cor	f0	Cr	Cor	f0	Cr	Cor	f0
20	9.38	5.03	13.9	12.84	6.65	13.2	15.94	7.88	12.4	30.95	15.25	11.2
25	10.06	5.85	14.5	14.02	7.88	13.9	22.38	11.49	12.4	38.25	19.22	11.1
30	13.23	8.03	14.8	19.46	11.31	13.9	27.00	15.19	13.2	47.33	24.50	11.3
35	16.21	10.42	14.8	25.67	15.30	13.8	33.36	19.21	13.2	56.89	29.60	11.4
40	17.03	11.70	15.2	29.52	18.14	14.0	40.75	24.01	13.2	65.51	37.66	12.2
45	21.09	14.77	15.2	31.67	20.68	14.4	52.86	31.83	13.0	77.38	45.38	12.3
50	22.02	16.25	15.4	35.07	23.18	14.4	61.86	37.94	13.1	92.29	55.13	12.2
55	30.26	21.93	15.0	43.38	29.22	14.3	71.57	44.76	13.1	100.67	62.45	12.2
60	31.66	24.22	15.4	47.76	32.93	14.5	81.75	51.85	13.1	109.11	70.06	12.3
65	32.06	24.89	15.5	57.21	40.00	14.4	93.87	60.44	13.1	118.14	78.57	12.3
70	38.59	30.43	15.5	60.83	45.03	14.7	104.13	68.04	13.2	139.50	99.56	12.3
75	40.18	33.18	15.7	66.11	49.50	14.8	113.42	76.97	13.2	153.78	114.32	12.3
80	47.54	39.79	15.6	71.55	54.30	14.8	122.94	86.50	13.2	163.22	124.55	12.3
85	50.75	42.89	15.6	83.21	63.96	14.8	132.67	96.58	13.3	174.90	137.49	12.3
90	58.02	49.78	15.6	95.98	71.45	14.5	144.05	108.49	13.2	192.48	157.63	12.3
100	64.46	56.13	15.7	122.14	92.72	14.4	172.98	140.39	13.2	223.08	194.61	12.3
110	81.89	72.86	15.6	144.07	117.06	14.3	204.96	178.31	13.1	225.79	236.82	12.3
120	87.69	79.35	15.7	155.32	130.99	14.4	227.59	207.40	13.1	—	—	—
140	116.33	108.50	15.7	179.14	166.91	14.8	274.79	272.14	13.2	—	—	—
160	143.42	137.81	15.8	215.34	217.83	14.9	313.24	340.57	13.8	—	—	—
180	188.86	198.69	15.6	262.32	286.71	14.8	—	—	—	—	—	—
200	204.05	225.58	15.7	288.40	331.58	14.9	—	—	—	—	—	—

5. 滚动轴承的寿命计算

根据滚动轴承的计算准则，当轴承转速 $n \geqslant 10$ r/min 时，应进行寿命计算。

（1）当量动载荷

轴承在工作过程中，经常受到径向与轴向载荷的联合作用，这两种载荷对轴承寿命的影响是不同的。为了把实际载荷与轴承的基本额定动载荷相比较，必须把它们换算成与基本额定动载荷相同类型的单纯载荷，称之为当量动载荷。对于向心轴承，为径向当量动载荷，用 P_r 表示，它是一个恒定的径向载荷，在其作用下，轴承具有与实际载荷作用时相同的寿命；同理，对于推力轴承，为轴向当量动载荷 P_a。

向心轴承在不变的径向和轴向载荷作用下,径向当量动载荷为

$$P_r = XF_r + YF_a \qquad (6-30)$$

式中,X、Y 为径向载荷系数和轴向载荷系数,深沟球轴承的 X、Y 值可由表 6-21 查得。由表可见,X、Y 的取值与 $F_a/F_r \leqslant e$ 或 $> e$ 有关,参数 e 反映了轴向载荷对轴承承载能力的影响,称为轴向载荷判断系数,其值根据"相对轴向载荷"值 $f_0 F_a/C_{or}$(f_0 为与轴承零件的几何形状和应力水平有关的系数)来确定。显然当 $F_a/F_r \leqslant e$ 时,可看作向心轴承只受径向载荷的作用,即

$$P_r = F_r \qquad (6-31)$$

（2）滚动轴承的寿命计算公式

实验求得向心轴承的基本额定寿命计算公式为

$$L_{10} = \left(\frac{C_r}{P_r}\right)^{\varepsilon} \qquad (6-32)$$

或其基本额定寿命以恒定转速下的运转小时数表示为

$$L_h = \frac{10^6 L_{10}}{60n} = \frac{10^6}{60n}\left(\frac{C_r}{P_r}\right)^{\varepsilon} \qquad (6-33)$$

式中,ε 为寿命指数,球轴承 $\varepsilon = 3$,滚子轴承 $\varepsilon = 10/3$;n 为轴承的工作转速,单位为 r/min。

各种设备上的轴承,其使用寿命参考值可见表 6-22。

表 6-22　各种设备轴承的使用寿命参考值

设备种类		使用寿命(h)
不经常使用的仪器及设备		500
航空发动机		500~2000
间断使用的机器	中断使用不致引起严重后果的手动机械、农业机械等	4000~8000
	中断使用会引起严重后果的机械设备,如升降机、输送机、吊车等	8000~12000
每天工作 8 h 的机器	利用率不高的齿轮传动、电机等	12000~20000
	利用率较高的通风设备、机床等	20000~30000
连续工作 24 h 的机器	一般可靠性的空气压缩机、电机、水泵等	50000~60000
	高可靠性的电站设备、给排水装置等	>100000

轴承手册中列出的基本额定动载荷 C_r(或 C_a)值是对正常温度($t \leqslant 120\,℃$)和平稳载荷下工作的轴承而言的。当 $t > 120\,℃$ 时,应引入温度系数 f_T,对 C_r 值进行修正,f_T 值见表 6-23。考虑到机械在工作中有冲击和振动,将使轴承寿命降低,即相当于当量动载荷值增加,故应引入载荷系数 f_F,对 P_r 值进行修正,f_F 值见表 6-24。

表 6-23　温度系数 f_T

轴承工作温度(℃)	≤120	125	150	175	200	225	250	300	350
温度系数 f_T	1	0.95	0.90	0.85	0.80	0.75	0.70	0.60	0.50

表 6 - 24　载荷系数 f_F

载荷性质	f_F	设备举例
平稳或有轻微冲击	1.0～1.2	电机、汽轮机、通风机、透平压缩机、旋转窑等
中等冲击和振动	1.2～1.8	车辆、起重机、冶金机械、选矿机械、水力机械、往复式机械、空压机、传动装置、机床等
强大冲击和振动	1.8～3.0	破碎机、轧钢机、钻探机、振动筛、橡胶辗压机、石油钻机等

经修正后,向心轴承的基本额定寿命计算公式为

$$L_h = \frac{10^6}{60n}\left(\frac{C_r f_r}{P_r f_F}\right)^\varepsilon \tag{6-34}$$

若已知轴承的基本额定寿命 L_h,则所需轴承的基本额定动载荷为

$$C_r = \frac{P_r f_F}{f_T}\left(\frac{60nL_h}{10^6}\right)^{1/\varepsilon} \tag{6-35}$$

利用以上两式可求出轴承的寿命,或通过轴承手册选取适当代号的轴承。

6. 滚动轴承的静强度计算

根据计算准则,对不转动、缓慢摆动或转速很低($n<10$ r/min)的轴承.应进行静强度计算。对于转速 $n\geqslant10$ r/min 的轴承,如载荷变化较大或受冲击载荷,也应进行静强度校核。此外,当轴承转速不高时,按式(6-35)所算出的 C_r 值很小,依此选取的轴承静强度也可能不够,亦应进行静强度校核。

(1) 当量静载荷

与当量动载荷相似.轴承在一般工作条件下常受径向载荷 F_r 和轴向载荷 F_a 的联合作用,应将之换算为当量静载荷。对于向心轴承.它为径向当量静载荷,用 P_{or} 表示,是指最大载荷滚动体与滚道接触中心处,引起与实际载荷条件下相同接触应力的径向静载荷。同样,对于推力轴承,为轴向当量静载荷 P_{oa}。

向心轴承的当量静载荷为由下列两式中计算所得之较大值:

$$\left.\begin{array}{l} P_{or} = X_0 F_r + Y_0 F_0 \\ P_{or} = F_r \end{array}\right\} \tag{6-36}$$

式中,X_0、Y_0 为径向载荷系数及轴向载荷系数,可查轴承手册。对于深沟球轴承,$X_0 = 0.6$,$Y_0 = 0.5$。

(2) 静载荷计算公式

向心轴承的径向基本额定静载荷应满足如下强度条件:

$$C_{or} \geqslant S_0 P_{or} \tag{6-37}$$

式中,S_0 为静载荷安全系数,见表 6 - 25。

表 6-25　静载荷安全系数 S_0

	使用要求、载荷性质或使用的设备	S_0
旋转的轴承	对旋转精度和运转平稳性要求较高,或承受较大冲击的载荷	1.2~2.5
	一般情况	0.8~1.2
	对旋转精度和运转平稳性要求较低,或基本上消除了冲击和振动	0.5~0.8
非旋转及摆动的轴承	水坝闸门装置	$\geqslant 1$
	吊桥	$\geqslant 1.5$
	附加动载荷很大的小型装卸起重机吊钩	> 1.6

例 6-3　一传动装置,拟选用深沟球轴承,已知轴颈直径 $d = 50$ mm,转速 $n = 96$ r/min,载荷有大的冲击和振动,工作温度正常,轴承受径向载荷 $F_r = 6000$ N,要求使用寿命(基本额定寿命)$L_h = 8000$ h,试选择轴承代号。

解　(1) 确定径向当量动载荷 P_r。

因为深沟球轴承受纯径向载荷,故由式(6-31),有

$$P_r = F_r = 6000 \text{ (N)}$$

(2) 确定所需径向基本额定动载荷 C_r。

根据式(6-35),有

$$C_r = \frac{P_r f_F}{f_T} \left(\frac{60 n L_h}{10^6} \right)^{1/\varepsilon}$$

式中 $\varepsilon = 3$。查表 6-23 与表 6-24 可得,$f_T = 1$,取 $f_F = 2.5$,所以

$$C_r = 6000 \times 2.5 \times \left(\frac{60 \times 96 \times 8000}{10^6} \right)^{1/3} = 53777 \text{ (N)}$$

(3) 选定轴承代号。

查表 6-21,轴承公称直径(内径)为 50 mm 时,03 系列的 $C_r = 61.68$ kN > 53777 N,可用。故选定此轴承,其代号为 6310。

(4) 验算静强度。

因该轴承转速不高、冲击大,为安全起见验算静强度。

由表 6-21 可查得 6310 轴承的基本额定静载荷 $C_{or} = 37.94$ kN,由表 6-25 可取静载荷安全系数 $S_0 = 2.5$,另由式(6-36)可得当量静载荷 $P_{or} = F_r = 6000$ N。

将以上各值代入式(6-37),知

$$C_{or} \geqslant S_0 P_{or} = 2.5 \times 6000 = 15 \text{ (kN)}$$

故该轴承满足静强度条件

例 6-4　一个在中等冲击载荷作用下工作的 6211 轴承,工作转速 $n = 500$ r/min,常温下工作,承受的径向载荷为 $F_r = 2400$ N,轴向载荷为 $F_a = 1200$ N,试计算该轴承的基本额定寿命是多少小时。

解　(1) 确定 C_r 与 P_r 值。

查表 6-21 得 6211 轴承(深沟球轴承,02 系列,内径 55 mm)的基本额定动载荷为 $C_r = $

43.38 kN,基本额定静载荷 $C_{or}=29.22$ kN,$f_0=14.3$。

因而,"相对轴向载荷"为

$$\frac{f_0 F_a}{C_{or}} = \frac{14.3 \times 1200}{29220} = 0.587$$

用内插法可求得 $e \approx 0.25$,因 $F_a/F_r = 1200/2400 = 0.5 > e$,查表 6-21,得 $X=0.56$,用内插法求得 $Y=1.79$。

由式(6-30)可得当量动载荷为

$$P_r = XF_r + YF_a = 0.56 \times 2400 + 1.79 \times 1200 = 3492 \text{ N}$$

(2) 计算基本额定寿命 L_h。

查表 6-23、表 6-24 得,$f_T=1.0$,取 $f_F=1.5$,由式(6-34)得

$$L_h = \frac{10^6}{60n}\left(\frac{C_r f_r}{P_r f_F}\right)^{\varepsilon} = \frac{10^6}{60 \times 500}\left(\frac{43380 \times 1}{3492 \times 1.5}\right)^3 = 18934 \text{ (h)}$$

故得该轴承的基本额定寿命为 18934 小时。

6.3.4　滚动轴承组合设计

为了保证轴承和整个轴系正常工作,除应正确地选择轴承的类型和尺寸(尺寸选择略)外,还应根据具体情况合理地设计滚动轴承的组合结构。

1. 滚动轴承的支承结构形式

为了使轴、轴承和轴上零件相对机架有确定的位置,并能承受轴向负荷和补偿因工作温度变化引起轴系自由伸缩,必须正确设计轴上轴承的支承结构。

(1) 全固式(两端固定)

图 6-86(a)所示即是全固式支承结构。这种结构适用于工作温度低于 70 ℃ 的短轴($L \leqslant 350$ mm)。在这种情况下,轴的热伸长极小,一般可以轴承外圈与轴承盖之间留有的间隙作为补偿(图 6-86(a)上半部所示),或由轴承游隙补偿(图 6-86(a)下半部所示)。间隙 a 和轴承游隙的大小可用垫片(图 6-86(a))或调整螺钉(图 6-86(b))等调节。

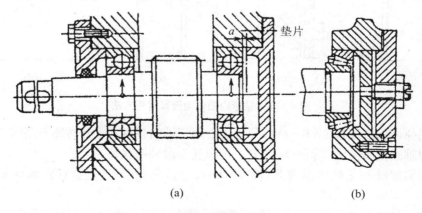

(a)　　　　　　　　　　　(b)

图 6-86　全固式支承

（2）固游式（一端固定，一端游动）

当轴较长（$L>350$ mm）或工作温度较高（$t>70$ ℃）时，应采用一端固定，一端游动的结构。固定端是把该端轴承的内、外圈均做双向固定，使轴承在座孔中的位置固定（图6-87（a）左端）。游动端支承结构，一是在轴承盖与轴承外圈间留较大的间隙（图6-87（a）右端），另一是用外圈无挡边的圆柱滚子轴承（图6-87（b））。

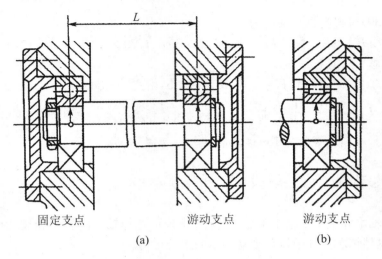

固定支点　　　　　游动支点　　　　　游动支点

（a）　　　　　　　　　　　（b）

图6-87　固游式支承

2. 轴承内、外圈的轴向固定

由前述可知，轴承内圈需与轴锁紧，外圈在轴承座孔内需做轴间固定。常用的内圈在轴上的锁紧方法有如图6-88所示的四种。

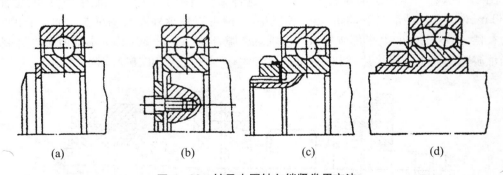

（a）　　　　　　　（b）　　　　　　　（c）　　　　　　　（d）

图6-88　轴承内圈轴向锁紧常用方法

（1）用弹性挡圈锁紧（图6-88（a））。主要用于轴向载荷不大及转速不高的场合。

（2）用轴端挡圈锁紧（图6-88（b））。可承受双向轴向载荷。

（3）用圆螺母和止动垫圈锁紧（图6-88（c））。主要用于转速较高、轴向载荷较大的场合。

（4）用开口圆锥紧定套、止动垫圈和圆螺母紧固（图6-88（d））。用于光轴上的、轴向载荷和转速都不大的调心轴承的锁紧。

轴承外圈在轴承座孔内的固定方法，常见的有如图6-89所示的四种。

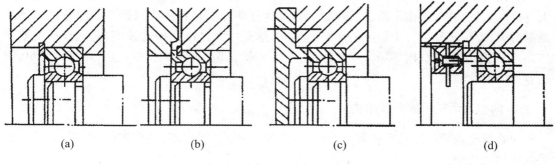

图 6 - 89　轴承外圈轴向固定方法

(1) 用嵌入座孔油槽内的孔用弹性挡圈固定(图 6 - 89(a))。这种固定方法用于当轴向力不大且需减小轴承装置尺寸的单列向心轴承。

(2) 用止动环嵌入轴承外圈的止动槽内固定(图 6 - 89(b))。用于座孔不便设置凸台，且为剖分式结构带止动槽的单列向心轴承。

(3) 用轴承盖固定(图 6 - 89(c))。适用于转速高及轴向载荷大的各类轴承。

(4) 用螺纹环固定(图 6 - 89(d))。主要用于转速高且轴向载荷大，而不宜用轴承盖固定的场合。

3. 滚动轴承的配合与装拆

滚动轴承的配合，是指内圈与轴颈、外圈与轴承座孔的配合。轴承内圈和轴颈的配合采用基孔制，外圈与轴承座孔的配合采用基轴制，以便于轴承的互换和大量生产。但应指出，滚动轴承的公差配合制度与一般轴孔公差配合制度不完全相同。普通圆柱公差标准中基准孔的公差带都在零线以上，而滚动轴承公差标准规定基准孔的公差带在零线以下。因此，轴承内径与轴颈的配合，比圆柱公差标准中规定的基孔制同类配合紧得多。

一般情况下，转动套圈(通常是内圈)的配合应紧一些，不转动的套圈(通常是外圈)应松些。当转速高、载荷大、振动大时应紧些，反之应松些。对经常拆卸的轴承应选用松一些的配合。

由于轴承内圈往往与轴配合较紧，所以设计时必须考虑轴承的安装与拆卸。如将轴承压(打)入轴颈时，为了不损伤轴承精度，应施力于内圈。安装大尺寸轴承时，可用热油(80～100 ℃)预热轴承后进行装配。为了便于使用拆卸工具，内圈在轴肩上应露出足够的高度等。

6.3.5　滑动轴承概述

1. 滑动轴承的摩擦润滑类型、特点和应用

按载荷方向，滑动轴承可分为向心滑动轴承(主要承受径向载荷)、推力滑动轴承(主要承受轴向载荷)和向心推力滑动轴承(既承受径向载荷，又承受轴向载荷)。

按工作时的润滑状态，滑动轴承可分为液体摩擦轴承和非液体摩擦轴承两类。根据工作时相对运动表面间油膜形成原理的不同，液体摩擦轴承又分为液体动压润滑轴承(简称动压轴承)和液体静压润滑轴承(简称静压轴承)。

　　滑动轴承包含零件少,工作面间一般有润滑油膜并为面接触。所以,它具有承载能力大、抗冲击、低噪声、工作平稳、回转精度高、高速性能好等独特的优点。主要缺点是起动摩擦阻力大,维护较复杂。主要应用于转速较高,承受巨大冲击和振动载荷,对回转精度要求较高,必须采用剖分结构等场合。此外,在一些要求不高的简单机械中,也应用结构简单、制造容易的滑动轴承。

2. 向心滑动轴承的典型结构

　　向心滑动轴承的结构形式甚多,此处只介绍整体式、剖分式、调心式(自位式)等几种常见的典型结构形式。

　　(1) 整体式向心滑动轴承

　　如图 6-90 所示,轴承座孔内压入用减摩擦材料制成的轴套,轴套上开有油孔,并在内表面上开油沟以输送润滑油。轴承座顶部设有装油杯的螺纹孔。安装时用螺栓与机架连接。整体式滑动轴承结构简单,制造方便,造价低廉。但轴颈只能从端部装入,安装和检修不便;轴承工作表面磨损后无法调整轴承间隙,故多用于低速轻载和间歇工作的简单机械中。

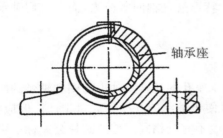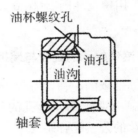

图 6-90　整体式向心滑动轴承

　　(2) 剖分式向心滑动轴承

　　如图 6-91 所示,剖分式向心滑动轴承通常由轴承座、轴承盖、剖分轴瓦、垫片和螺栓等组成。轴承座和轴承盖的剖分面做成阶梯形的配合止口,以便定位和避免螺栓承受过大的横向载荷。轴承盖顶部有螺纹孔,用以安装油杯。在剖分面间放置调整垫片,以便安装时或磨损后调整轴承的间隙。轴承座和轴承盖一般用铸铁制造,在重载或有冲击时可用铸钢制造。剖分式轴承装拆方便,易于调整间隙,应用广泛。

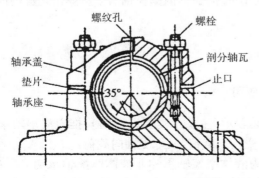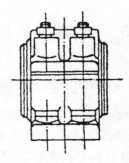

图 6-91　剖分式向心滑动轴承

（3）调心式向心滑动轴承

如图 6-92 所示，当轴颈很长（长径比 $l/d>1.5$）、变形较大或不能保证两轴承孔的轴线重合时，由于轴的偏斜，易使轴瓦（套）孔的两端严重磨损。为避免上述现象的发生，常采用调心式滑动轴承。这种轴承的轴瓦与轴承座和轴承盖之间采用球面配合，球面中心位于轴颈的轴线上。这样轴瓦可自动调位，以适应轴颈的偏斜。

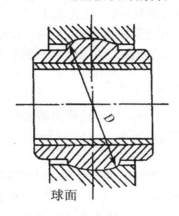

图 6-92　调心式向心滑动轴承

3. 轴承材料和轴瓦结构

（1）轴承材料

轴瓦和轴承衬的材料统称为轴承材料。轴承的主要失效形式是磨损。此外，还可能由于强度不足而出现疲劳，以及由于工艺原因而引起轴承衬脱落等现象。

常用轴承材料有金属材料、粉末冶金材料和非金属材料（塑料和橡胶等）三大类。

① 轴承合金（巴氏合金或白合金）

它是锡、锑、铅、铜的合金，又分为锡锑轴承合金和铅锑轴承合金两类。它们各以较软的锡或铅作基体，均匀夹着锑锡和铜锡的硬晶粒。硬晶粒起支承和抗磨作用，软基体则增加材料的塑性，使合金具有良好的顺应性、嵌藏性、抗胶合性和减摩性。但它们的价格贵、强度较低，不便单独做成轴瓦，只能做成轴承衬，将其贴附在钢、铸铁或青铜的瓦背上使用。主要用于重载、高速的重要轴承，如汽车、内燃机中滑动轴承的轴承衬。

轴承合金熔点低，只适用于在 150 ℃ 以下工作。采用轴承合金做轴承衬，轴颈可以不淬火。

② 铸造青铜

它也是常用的轴瓦（套）材料，其中以锡青铜和铅青铜应用普遍。中速、中载的条件下多用锡锌铅青铜；高速、重载用锡磷青铜；高速、冲击或变载时用铅青铜。

青铜轴承易使轴颈磨损，因此轴颈必须淬火磨光。

③ 铝合金

铝合金强度高、耐蚀、导热性好。它是近年来应用日渐广泛的一种轴承材料，在汽车和内燃机等机械中应用较广。使用这种轴瓦时，要求轴颈表面硬度高、表面粗糙度小，且轴颈与轴瓦的配合间隙要大一些。

④ 铸铁

铸铁内含有游离的石墨,故有良好的减摩性和工艺性,但性脆,只宜用于轻载、低速(v<1～3 m/s)和无冲击的场合。

⑤ 粉末冶金材料

它是用不同的金属粉末压制烧结而成的轴承材料。材料呈多孔结构,其孔隙占总容积的15%～30%,使用前在热油中浸渍数小时,使孔隙中充满润滑油。用这种材料制成的轴承,称为含油轴承。它具有自润滑性能,所以耐磨,且制造简单,价格便宜。但强度低,韧性差。宜用于载荷平稳、转速不高、加油困难的场合。常用的粉末冶金材料有铁-石墨和青铜-石墨两种。

(2) 轴瓦(套)的结构

轴瓦与轴颈直接接触,它的工作面既是承受载荷的表面,又是摩擦表面,所以轴瓦(套)是滑动轴承的重要零件。它的结构是否合理,对滑动轴承的性能有很大影响。

① 轴瓦的形式和构造

常用的轴瓦有整体式和剖分式两类结构。整体式轴瓦又称轴套,分为两种:光滑的和带纵向油沟的,如图6-93所示。图6-94所示为剖分式轴瓦,由上、下两个半瓦组成,下瓦承受载荷,上瓦不承受载荷。轴瓦两端凸缘用来限制轴瓦轴向窜动,并在剖分面上开有轴向油沟。

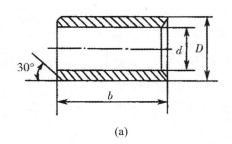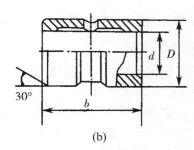

(a)　　　　　　　　　　　　　　(b)

图6-93　整体式轴瓦

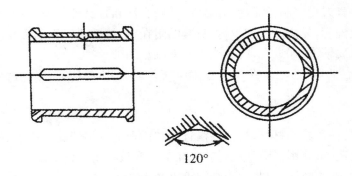

图6-94　剖分式轴瓦

为了改善和提高轴瓦的承载性能和耐磨性,节约贵重的减摩材料,常制成双金属或三金属轴瓦。为保证轴承衬贴附牢固,可在瓦背内表面预制出各种形式的沟槽。

② 轴瓦的定位与轴承座的配合

为防止轴瓦在轴承座中沿轴向和周向移动,可将其两端做出凸缘(图6-94)作为轴向定位,或用销钉、紧定螺钉将其固定在轴承座上。

为提高轴瓦的刚度、散热性能,并保证轴瓦与轴承座的同心性,轴瓦与轴承座应配合紧密,一般可采用较小过盈量的配合。

③ 油孔及油沟

在轴瓦上开设油孔用以供应润滑油,油沟则用来输送和分布润滑油。图 6-95 所示为几种常见的油孔和油沟。油孔和油沟一般应开在非承载区或压力较小的区域,以利供油。油沟的棱角应倒钝以免起刮油作用。为了减少润滑油的泄漏,油沟长度应稍短于轴瓦。

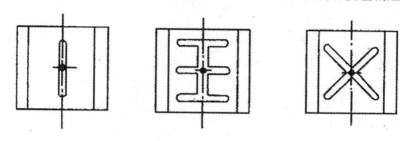

图 6-95　油孔和油沟形式

4. 液体润滑滑动轴承简介

液体润滑(摩擦)滑动轴承有动压轴承和静压轴承之分。

(1) 液体动压润滑滑动轴承

利用油的粘性和轴颈的高速转动,把润滑油带进轴承的楔形空间(图 6-96),形成压力油膜把两摩擦表面完全隔开,并承受全部外载荷,这种轴承简称液体动压轴承。适用于高速、重载、回转精度高和较重要的场合。由于油膜的压力随转速而异,故在起动和制动等低速情况下,不能建立动压油膜。同时,轴颈的偏心位置随转速和载荷等工作条件的变化而不同。因此,轴的回转精度和稳定性都有一定的限制。

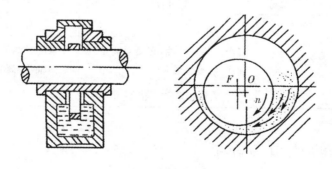

图 6-96　液体动压轴承原理

(2) 液体静压润滑滑动轴承

利用一个液压系统把高压油送到轴承间隙里,强制形成静压承载油膜,靠液体的静压平衡外载荷,这种轴承简称液体静压轴承。它回转精度高,稳定性好,效率高,使用寿命长。因此,液体静压轴承在转速极低的设备(如巨型天文望远镜)、重型机械中应用较多。但需要一套复杂的供油系统装置,轴承结构也比较复杂,成本高。

5. 滚动轴承与滑动轴承的比较

轴承的类型很多,各有一定特点,掌握这些特点是正确使用轴承所必须的。现对滚动轴承与滑动轴承中的一些性能做一比较,见表 6-25。

表 6-25 滚动轴承与滑动轴承的性能比较

项目		滚动轴承	滑动轴承	
			非液体摩擦滑动轴承	液体动压轴承
摩擦系数		0.001~0.0025	0.01~0.1	0.001~0.01
效率		0.98~0.99	0.94~0.97	0.98~0.99
承载能力		较高	较低	高
承受冲击能力		弱	较低	高
转速范围		低中速	低速	中高速
起动阻力		低	高	
频繁起动		适宜	不适宜	
旋转精度		较高	较低	高
噪声		较大	不大	工作稳定时,基本无噪声
寿命		较长,受限于点蚀	较短,受限于磨损	长,受限于轴瓦的疲劳破坏和磨损
外廓尺寸	径向	大	小	
	轴向	小	大	
安装精度要求		高	不高	更高
主要润滑剂		油或脂	液体、脂或固体	液体或气体
润滑简易程度		用脂润滑时简易	简易	通常要有循环系统
密封要求		高	一般	有密封和过滤时好
维护要求		较简单	需经常照料加油,必要时需更换轴瓦、修复轴颈	要求高。油质需洁净,必要时需更换轴瓦、修复轴颈
价格		一般	大量生产时价格不高	较高

6.3.6 轴承的使用与维护

机器中轴承的用量很大,除用于减少运动件与支承之间的摩擦与磨损外,机器中运动件所承受的力,也大都通过轴承传给机架。所以,轴承对机器的正常运转和效率有极大影响,机器修理等级的确定也与轴承的技术状况有很大关系。因而,轴承的使用维护是机器使用维护的重要内容。

1. 轴承的润滑

轴承润滑的目的是为了减少摩擦和磨损,降低功率损耗,同时还起冷却、吸振、防锈和减少噪声等作用。润滑对轴承的工作能力和使用寿命有很大影响。因此,在设计和使用轴承时,必须合理地选择润滑剂、润滑方法和润滑装置。

（1）润滑剂的种类及其性能

凡能起降低摩擦阻力作用的介质都可作为润滑剂。常用的润滑剂有润滑油、润滑脂、固体润滑剂和气体润滑剂。

① 润滑油

润滑油应用最广。目前使用的润滑油绝大部分为矿物油,其品种多、成本低、稳定性好;此外还有动、植物和合成润滑油。润滑油的主要性能指标是黏度。黏度反映了润滑油在流动时内摩擦阻力的大小。黏度越大,内摩擦阻力越大,润滑油的流动性越差,润滑油的牌号以 40 ℃时的运动黏度为准,例如,常用的 68 机械油,其 40 ℃时运动黏度的平均值为 68 mm/s(厘斯)。润滑性是润滑油的另一主要性能,是指润滑剂吸附在金属表面而减轻摩擦和磨损的性能,润滑性好的润滑油,油膜与金属表面有较大的吸附力,油膜坚韧,能减少摩擦与磨损。

② 润滑脂

润滑脂又称黄油,应用很普遍,它是在润滑油中加稠化剂后形成的胶状润滑剂。其流动性差,不易流失,故密封简单。不需经常补充,但摩擦损耗较大。根据所加稠化剂不同,分钙基润滑脂(耐水不耐热)、钠基润滑脂(耐热不耐水)和锂基润滑脂(耐热又耐水,但价格较贵)等。

润滑脂的最主要性能指标是稠度,它表示在外力作用下抵抗变形的能力,反映了润滑脂内阻力的大小。稠度用针入度表示,针入度越小,润滑脂越稠,摩擦阻力就越大。其另一性能指标是滴点,用以表示润滑脂的耐热性能。滴点是在规定条件下加热,润滑脂开始滴下第一滴时的温度。

③ 固体润滑剂

是利用固体粉末或薄膜代替润滑油膜,以隔离摩擦表面而起润滑作用。常用的固体润滑剂有石墨、二硫化钼、塑料、软金属(如铝、铟、镉)、金属氧化物和硒化物等。使用时,常将其粉末加入润滑脂中应用,也可涂覆、烧结在摩擦表面形成覆盖膜。还可与金属、塑料等混合后制成自润滑复合材料轴承。固体润滑剂适用于高温、重载以及不宜采用润滑油和润滑脂的场合,如宇航设备及卫生要求较高的机械设备中。

④ 气体润滑剂

最常用的是空气,还有氢气、氦气等。由于气体黏度小,所以摩擦系数低,而在轻载、高速时有良好的润滑性能。

（2）润滑剂的选用

① 滑动轴承润滑剂的选用

滑动轴承多采用润滑油。选用时,应按轴承的工况、润滑方式等因素选择合适的品种和牌号,关键是选择适当的黏度。原则是:低速、重载、温度高、有冲击的轴承,应选用高黏度油,反之应选低黏度油。

润滑脂主要用于低速(<1~2 m/s)、重载、不便经常加油和使用要求不高的场合,一般按针入度来选择,低速、重载宜选用针入度小的润滑脂,反之宜选针入度大的润滑脂。

② 滚动轴承润滑剂的选用

速度或工作温度较高的滚动轴承,或是轴承附近已具有润滑源时(如减速箱内有润滑齿轮的油),可采用油润滑,润滑与冷却效果均较好。在正常速度、载荷和温度范围内常用润滑脂润滑,它不易流失,密封和维护简便,一次装填后可使用较长时间。润滑脂的装填量一般不超过轴承空间的 $1/3\sim1/2$,高速时应不超过 $1/3$,润滑脂过少达不到润滑目的,过多则会引起轴承发热。

(3) 润滑方式和润滑装置

为了使轴承获得良好的润滑效果,除了正确地选用润滑剂外,还应选择适当的润滑方式和相应的润滑装置。按润滑油的供应方式,可采用分散润滑或集中润滑。按给油方式可分为间断润滑和连续润滑。

间断润滑是利用油壶或油枪,靠手工定时通过轴承油孔加油、加脂。为避免污物进入轴承,可在油孔上装压注油杯。

比较重要的轴承应采用连续润滑,常用的方式有滴油润滑、油绳润滑、油浴润滑、油环润滑、飞溅润滑、压力循环润滑、油雾润滑等。

选择润滑方式,主要考虑轴承的类型和工作状况、润滑剂类型和供油量等。低速、轻载或不连续运转的机械需油量少,可采用手工定期加油、加脂或采用滴油润滑。中速、中载和较重要的机械,要求连续润滑并起一定的冷却作用,常用油浴、油环、飞溅润滑或压力润滑。高速、轻载的滚动轴承发热大,用油雾润滑效果好。高速、重载、供油量要求大的重要部件应采用压力润滑,如内燃机、空压机、机床主轴箱中重要轴承的润滑。当机械设备中有大量润滑点时,可使用集中润滑装置;此时,轴承的润滑常常需要与机械设备中其他部位的润滑一起通盘考虑。

2. 轴承的密封

为了防止内部润滑剂的流失和外部灰尘、水分及其他杂质的侵入,密封对轴承来讲是必要的。滚动轴承滚动体间的空间大,通常必须有密封装置,要求其密封可靠,结构简单。密封装置的选择与密封处的圆周速度、润滑剂的种类、温度和工作环境等有关。常用的密封装置可分为接触式和非接触式两类。

(1) 接触式密封

在轴承盖内放置软材料,与转动轴形成摩擦接触而起密封作用。密封的有效性取决于密封材料的弹性及其对轴表面的压力。

① 毡圈密封

如图 6-97(a)、(b)所示。需将矩形剖面的毛毡装入轴承盖等的梯形槽内,或用压盖轴向压紧,使毡圈压缩,产生径向压力而起密封作用,一般只用于脂润滑、环境清洁的低速($v<$ 5 m/s)场合。

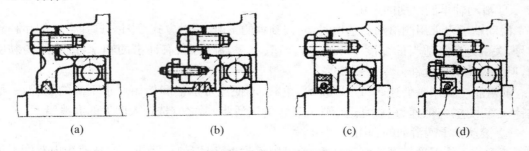

(a)　　　　　　　(b)　　　　　　　(c)　　　　　　　(d)

图 6-97　接触式密封

② 皮碗密封

如图6-97(c)、(d)所示。皮碗是标准件,用耐油橡胶等制成,有的有金属骨架,其唇部压在轴上,唇朝里时主要目的是防漏油,唇朝外时(如图)主要是防灰尘,为了增强密封效果,常用环形螺旋弹簧压在皮碗的唇部。这种密封安装方便,使用可靠,适用于 $v<10$ m/s 的脂或油润滑。缺点是接触处有较大的摩擦,易磨损,且因摩擦生热促使密封圈老化而影响其寿命。

(2) 非接触式密封

此类密封避免了轴颈与密封元件间的滑动摩擦,适用于较高转速。

① 油沟式密封

又称间隙式密封,如图6-98(a)所示。装配时,在间隙和油沟中充填润滑脂以实现密封。它结构简单,适用于 $v<5\sim6$ m/s 的脂润滑或低速的油润滑,以及环境清洁干燥、温度不高的场合。

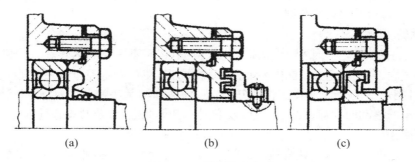

(a)　　　　　　　　　　(b)　　　　　　　　　　(c)

图6-98　非接触式密封

② 迷宫式密封

又称曲路密封,如图6-98(b)、(c)所示。在转动和固定的密封零件之间制出迂回曲折的迷宫式间隙,间隙中充填润滑脂。用于油润滑和脂润滑都很有效。适用于高速但 $v<30$ m/s 的场合。当环境较脏时,采用这种形式密封效果相当可靠。

③ 甩油环密封

又称离心式密封,如图6-99所示。甩油环随轴转动,利用离心力甩掉油和杂物。如图6-99(c)所示,在甩油环外圈开齿状沟可增强密封效果。适用于润滑油和润滑脂的密封,高速时密封效果好。常用作内密封,即将甩油环装于箱件内轴承的内侧,用于隔离轴承内的润滑脂和箱体内的润滑油。在轴承盖处,亦常与油沟式密封联合使用。

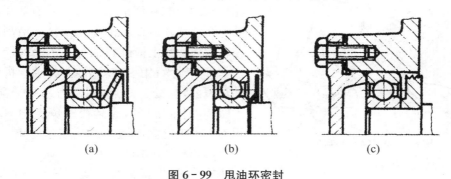

(a)　　　　　　　　　　(b)　　　　　　　　　　(c)

图6-99　甩油环密封

在机械设备上,若密封性能要求较高时,常将上述密封型式适当组合作用。

3. 轴承的使用与维护

机器中轴承的用量很大,除用于减少运动件与支承之间的摩擦与磨损外,机器中运动件所承受的力,也大都通过轴承传给机架。所以,轴承对机器的正常运转和效率有极大影响,机器修理等级的确定也与轴承的技术状况有很大关系。因而,轴承的使用维护是机器使用维护的重要内容。

(1) 轴承使用注意事项

① 轴承的润滑

必须根据季节和地区,按规定选用润滑油的油种和牌号。应定期加注润滑油(脂)。润滑油(脂)应纯净,不得有杂物。对油浴或压力润滑系统油池中的润滑油,应时常注意油量,并按规定及时更换。更换时,应清洗油池,新油经过滤后再加入池中。压力润滑系统应供油充分,如油压失常应及时检查处理。

② 轴承的工作状况

轴承损坏主要通过工作情况异常来辨别。例如,运转不平稳和运转噪音异常,可能是滑动轴承磨损过大、合金脱落,或是滚动轴承滚动面磨损,使径向游隙过大所致等;运转沉重或温升异常,可能是由于滑动轴承合金刮伤、咬粘、轴瓦和轴承座接触不良、产生干摩擦等,或者是滚动轴承的滚动面损坏、轴承过紧以及润滑不良等原因,应及时检查处理。

③ 定期维护

机器进行定期维护时,应认真检查其轴承的完好程度,轴瓦损坏或间隙超过允许极限应重新滚动修配;轴承损坏或过分松旷应更换;润滑系统的油路应清洗与保持畅通。

(2) 滑动轴承轴瓦的修配

① 轴瓦的选配

根据轴颈的尺寸,选择相应尺寸的新轴瓦。如经试配与轴颈的配合间隙过小或接触面不合要求时,可通过刮配达到正确的配合;如间隙过大,可减薄上下轴瓦间垫片或另换加大一级修理尺寸的轴瓦重配。

② 轴瓦的刮配

轴瓦安装时,一般都经过刮研工序。刮研为用刮刀刮去轴瓦表面的高点,如图6-100所示,使轴瓦与轴颈有正常的配合间隙和良好的接触,刮花也有助于贮存润滑油。已磨损的轴瓦,可通过减薄瓦间垫片后重新刮配而恢复。精刮方法为:在轴颈表面涂上薄红丹油等有色涂料,装入轴瓦中并拧紧轴承;用手转轴数圈;将轴承拆开,观察轴瓦表面,亮处为高点,用刮刀刮去。刮时,"刮大留小,刮重留轻",直到接触斑点均匀、接触面积不小于规定值,间隙也符合要求为止。

(3) 滚动轴承的检验

检验时,先将轴承彻底清洗干净,进行外观检视和空转检验,必要时测量内部游隙。

图 6-100　轴瓦的刮配

① 外观检视

若发现内、外圈滚道与滚动体因烧蚀变色、或有凹痕、擦伤、金属剥落及大量黑斑点,保持架严重损坏、滚动体自行掉出等现象,应予更换。

② 空转检验

手拿轴承内圈、旋转外圈,观察转动是否灵活,有无噪音、卡住及阻滞等现象。轴承旋转不均匀和旷动量过大,可通过手感来判断。

③ 游隙测量

轴承的磨损情况,可通过测量其径向和轴向游隙来判定。径向游隙的检查如图 6-101 所示,压住内圈而往复推动外圈,百分表指示的最大差值即为轴承径向间隙,该值一般不应超过 0.10~0.15 mm。

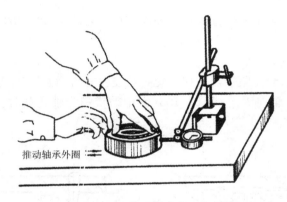

推动轴承外圈

图 6-101　检查轴承径向间隙

在维修中,如发现轴承内圈与轴颈松动或外圈与座孔松动,可采取金属喷镀(或刷镀)轴颈或轴承相应配合表面等方法来修复。

6.4　联轴器、离合器、制动器

6.4.1　联轴器

联轴器通常用来连接两轴并在其间传递运动和转矩。有时也可作为一种安全装置用来防止被连接机件承受过大载荷,起到过载保护的作用。用联轴器连接两轴时只有在机器停止运转,经过拆卸后才能使两轴分离。

联轴器所连接的主动轴与从动轴属于两个不同的机器或部件。由于制造和安装误差、零件变形、磨损、不均匀受热膨胀或基础下沉等原因,都可能使两轴的轴线产生相对位移,如图 6-102 所示。因此,设计联轴器就要从结构上采取不同的措施,使联轴器具有补偿上述偏移量的性能,否则就会在轴、联轴器、轴承中引起附加载荷,导致工作情况恶化。

根据联轴器补偿两轴相对位移能力的不同可将其分为刚性联轴器和挠性联轴器。下面介绍几种常用的联轴器。

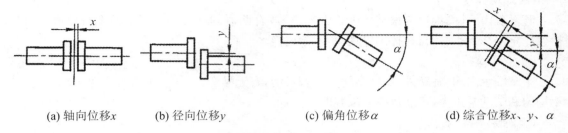

(a) 轴向位移x　　　(b) 径向位移y　　　(c) 偏角位移α　　　(d) 综合位移x、y、α

图 6 – 102　联轴器所连接两轴的偏移形式

1. 刚性联轴器

刚性联轴器是通过若干刚性零件将两轴连接在一起的。常用的刚性联轴器有套筒联轴器和凸缘联轴器。

（1）套筒联轴器

如图 6 – 103 所示，套筒联轴器是利用套筒及连接零件（键或销）将两轴连接起来。图 6 – 103(a)中的螺钉用作轴向固定，图 6 – 103(b)中的锥销当轴超载时会被剪断，可起到安全保护作用。

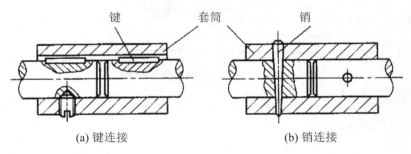

(a) 键连接　　　　　　　　　　(b) 销连接

图 6 – 103　套筒联轴器

套筒联轴器结构简单，径向尺寸小，容易制造，但缺点是装拆时因需做轴向移动而使用不太方便。适用于载荷不大、工作平稳、两轴严格对中并要求联轴器径向尺寸小的场合。此种联轴器目前尚未标准化。

（2）凸缘联轴器

如图 6 – 104 所示是凸缘联轴器。凸缘联轴器主要由两个分别装在两轴端部的凸缘盘和连接它们的螺栓所组成。为使被连接两轴的中心线对准，可在联轴器的一个凸缘盘上车出凸肩，并在另一个凸缘盘上制成相配合的凹槽。

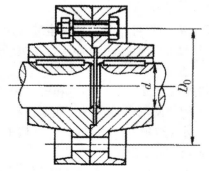

凸缘联轴器的主要特点是结构简单、成本低、传递的转矩较大，但不能缓冲减振，要求两轴的同轴度要好。适用于刚性大、振动冲击小和低速大转矩的连接场合，是应用最广的一种刚性联轴器。这种联轴器已经标准化。

图 6 – 104　凸缘联轴器

2. 弹性联轴器

弹性联轴器包含有弹性零件的组成部分,因而在工作中具有较好的缓冲与吸振能力。常用的弹性联轴器有弹性套柱销联轴器、弹性柱销联轴器等。

（1）弹性套柱销联轴器

如图 6-105 所示,弹性套柱销联轴器的构造与凸缘联轴器相似,只是用带有弹性套的柱销代替了连接螺栓,利用弹性套的弹性变形来补偿两轴的相对位移。为了补偿轴向位移,安装时应留出相应大小的间隙 S,为了更换易损元件弹性套而不必拆移机器,应留出一定的空间距离 A。

这种联轴器重量轻、结构简单,但弹性套易磨损、寿命较短,用于冲击载荷小、启动频繁的中、小功率传动中。弹性套柱销已标准化（GB/T 4323—2002）。

（2）弹性柱销联轴器

如图 6-106 所示,这种联轴器与弹性套柱销联轴器很相似,用弹性柱销 2（通常用尼龙制成）作为中间连接件,将两半联轴器 1 连接在一起。为了防止柱销由凸缘孔中滑出,在两端配置有挡板 3。安装时,要留有轴向间隙 S。

这种联轴器传递转矩的能力更大,结构更简单,耐用性好,用于轴向窜动较大、正反转或起动频繁的场合。这种联轴器也已标准化（GB/T 5014—2003）。

弹性套柱销联轴器和弹性柱销联轴器的径向偏移和角位移的许用范围不大,故安装时需注意两轴对中,否则会使柱销或弹性套迅速磨损。

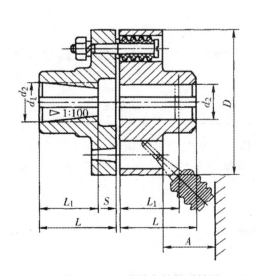

图 6-105　弹性套柱销联轴器

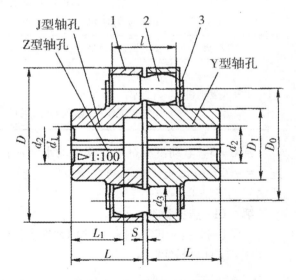

图 6-106　弹性柱销联轴器

3. 联轴器的选择

联轴器的选用主要是类型选择和尺寸选择。

根据所传递载荷的大小及性质、轴转速的高低,被连接两部件的安装精度和工作环境等,参考各类联轴器的特性,选择一种适用的联轴器类型。

一般对于低速、刚性大的短轴，或两轴能保证严格对中，载荷平稳或变动不大时，应选用固定式刚性联轴器；对于低速、刚性小的长轴，或两轴有偏斜时，则应选用可移式刚性联轴器；若经常起动、制动、频繁正反转或载荷变化较大时，应选用弹性联轴器。

类型选定后，再按轴的直径、转速及计算转矩选择联轴器的型号和尺寸。

考虑到机器起动时的惯性和过载、载荷的不均匀性等影响，选择型号时所用的转矩应是计算转矩 T_c：

$$T_c = K_A T \tag{6-38}$$

式中，T 为联轴器所传递的名义转矩($N \cdot m$)，$T = 9.55 \times 10^3 P/n$，P 为传递的功率(kW)，n 为转速(r/min)；K_A 为工作情况系数，可根据原动机和工作机的性质在由表 6-26 中选取。

在选择联轴器型号时，应同时满足下列两式：

$$T_c \leqslant T_m \tag{6-39}$$

$$n \leqslant [n] \tag{6-40}$$

式中，T_m、$[n]$ 分别为联轴器的额定转矩($N \cdot m$)和许用转速(r/min)，此二值在相关手册中可查出。

表 6-26 联轴器和离合器的工作情况系数 K_A

原动机	工作机	K_A
电动机	皮带运输机，鼓风机，连续运转的金属切削机床	1.25~1.5
	链式运输机，刮板运输机，螺旋运输机，离心泵，木工机床	1.5~2.0
	往复运动的金属切削机床	1.5~2.5
	往复式泵，往复式压缩机，球磨机，破碎机，冲剪机	2.0~3.0
	起重机，升降机，轧钢机	3.0~4.0
汽轮机	发电机，离心泵，鼓风机	1.2~1.5
往复式发动机	发电机	1.5~2.0
	离心泵	3~4
	往复式工作机(如压缩机、泵)	4~5

例 6-5 电动机经过减速器驱动水泥搅拌机工作。已知电动机的功率 $P = 11$ kW，转速 $n = 970$ r/min，电动机轴的直径和减速器输入轴的直径均为 42 mm，试选择电动机与减速器之间的联轴器。

解 (1) 选择类型。

为了缓和冲击和减轻振动，选用弹性套柱销联轴器。

(2) 求计算转矩。

$$T = 9.55 \times 10^3 P/n = 9.55 \times 10^3 \times \frac{11}{970} = 108 \,(N \cdot m)$$

由表 6-26 查得工作情况系数 $K_A = 1.9$，故计算转矩为

$$T_c = K_A T = 1.9 \times 108 = 205 \,(N \cdot m)$$

(3) 确定型号。

由标准中选取弹性套柱销联轴器 TL6。它的公称转矩(即许用转矩)为 250 $N \cdot m$，半联轴器材料为钢，许用转速为 3800 r/min，允许的轴孔直径在 32~42 mm 之间。所选联轴器

合适。

6.4.2　离合器

用离合器连接的两轴可在机器运转过程中随时进行接合或分离。

离合器按其工作原理可分为牙嵌式、摩擦式和电磁式三类。按控制方式可分为操纵式和自动式两类。操纵式离合器需要借助于人力或动力（如液压、气压、电磁等）进行操纵；自动式离合器不需要外来操纵，可在一定条件下实现自动分离和接合。

1. 牙嵌式离合器

如图 6-107 所示，牙嵌式离合器由两个端面带齿的半离合器 1、2 组成，依靠互相啮合的齿来传递转矩。半离合器 1 固装在主动轴上，半离合器 2 通过导向键连接在从动轴上，滑环 4 可操纵离合器实现分离或接合。为便于两轴对中，在半离合器 1 中装有对中环 5 用来使两轴对中，从动轴端则可在对中环中自由转动。

牙嵌式离合器的常用牙型有矩形、三角形、梯形和锯齿形等，如图 6-107(b) 所示。矩形齿结合、分离困难，齿的强度低，磨损后无法补偿，仅用于静止状态的手动接合；三角形齿接合和分离容易，但齿强度弱，多用于传递小转矩；梯形齿牙根强度高，结合容易，且能自动补偿牙的磨损和间隙，因此应用较广；锯齿形牙根强度高，可传递较大转矩，但只能单向工作，反转时由于有较大的轴向分力，会迫使离合器自动分离。各牙应精确等分，以使载荷均布。

牙嵌式离合器结构简单，两轴连接后无相对运动，但在接合时有冲击，只能在低速或停车状态下接合，否则容易将齿打坏。

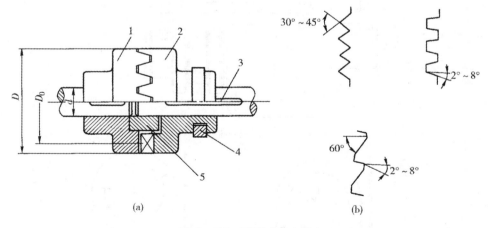

图 6-107　牙嵌式离合器

2. 摩擦离合器

摩擦离合器利用接触面间的摩擦力传递转矩。摩擦离合器可分为单片式和多片式。

（1）单片式摩擦离合器

如图 6-108 所示为单片式摩擦离合器，是利用两圆盘 1、2 压紧或松开，使摩擦力产生或消失，实现两轴的连接或分离。其中圆盘 1 紧配在主动轴上，圆盘 2 可以沿导向键在从动

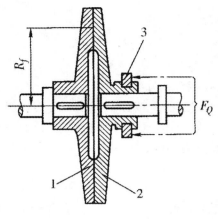

图 6 - 108　单片式摩擦离合器

轴上移动,移动滑环 3 可使两圆盘接合或分离。单片式摩擦离合器结构简单,但径向尺寸大,而且只能传递不大的转矩,多用于转矩在 2000 N·m 以下的轻型机械上。

(2) 多片式摩擦离合器

为提高传递转矩的能力,通常采用多片摩擦片。如图 6 - 109 所示为多片式摩擦离合器,它能在不停车或两轴有较大转速差时进行平稳接合,且可在过载时因摩擦片打滑而起到过载保护的作用。多片式摩擦离合器有两组间隔排列的内、外摩擦片。主动轴 1、外壳 2 与一组外摩擦片 5 组成主动部分,外摩擦片可沿外壳 2 的槽移动。从动轴 3、套筒 4 与一组内摩擦片 6 组成从动部分,内摩擦片可沿套筒 4 上的槽滑动。滑环 7 向左移动,使杠杆 8 绕支点顺时针转动,通过压板 9 将两组摩擦片压紧,于是主动轴带动从动轴转动。滑环 7 向右移动,杠杆 8 下面的弹簧的弹力将杠杆 8 绕支点反转,两组摩擦片松开,于是主动轴与从动轴脱开。双螺母 10 是调节摩擦片间距用的,借以调整摩擦面的压力。

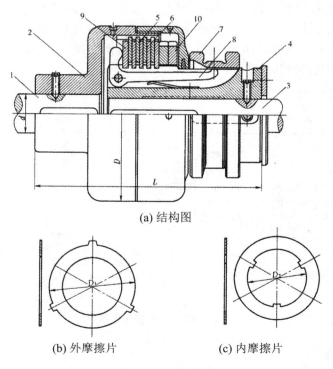

(a) 结构图

(b) 外摩擦片　　　　(c) 内摩擦片

图 6 - 109　多片式摩擦离合器

摩擦片材料常用淬火钢片或压制石棉片。摩擦片数目多,可以增大所传递的转矩。但片数过多,将使各层间压力分布不均匀,所以一般不超过 12~15 片。

与牙嵌式离合器相比,摩擦式离合器的优点为:① 在任何转速下都可接合;② 过载时摩擦面打滑,能保护其他零件,不致损坏;③ 接合平稳、冲击和振动小。缺点为:接合过程中相对滑动引起发热与磨损,损耗能量。

3. 特殊功用离合器

(1) 安全离合器

这种离合器当传递的转矩达到某一定值时就能自动分离,具有防止过载的安全保护作用。

图 6-110 所示为牙嵌式安全离合器。与一般的牙嵌离合器相比较,它的齿形倾角较大,并由弹簧压紧使牙嵌合。当传递的转矩超过某一定值(过载)时,牙间的轴向分力将克服弹簧压力使离合器分开,产生跳跃式的滑动。当转矩恢复正常时,离合器又自动地重新接合。可通过利用螺母调节弹簧压力大小的方法控制传递转矩的大小。

(2) 超越离合器

超越离合器的特点是能根据两轴角速度的相对关系自动接合和分离。当主动轴转速大于从动轴时,离合器将使两轴接合起来,把动力从主动轴传给从动轴;而当主动轴转速小于从动轴时则使两轴脱离。因此这种离合器只能传递单向转矩。

图 6-111 所示为应用最为广泛的滚柱式超越离合器。它由星轮 1、外壳 2、滚柱 3 和弹簧 4 组成。滚柱被弹簧压向楔形槽的狭窄部分,与外壳和星轮接触。当星轮 1 为主动件并沿顺时针方向转动时,滚柱 3 在摩擦力的作用下被楔紧在槽内,星轮 1 借助摩擦力带动外壳 2 同步转动,离合器处于结合状态。当星轮 1 逆时针转动时,滚柱 3 被带到楔形槽的较宽部分,星轮无法带动外壳 2 一同转动,离合器处于分离状态。如果外壳 2 为主动件并沿逆时针方向转动时,滚柱 3 被楔紧,外壳 2 将带动星轮 1 同步转动,离合器接合;当外壳 2 顺时针转动时,离合器处于分离状态。

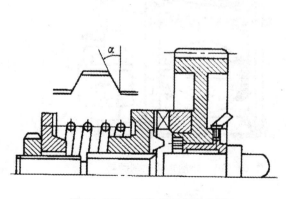

图 6-110　牙嵌式安全离合器

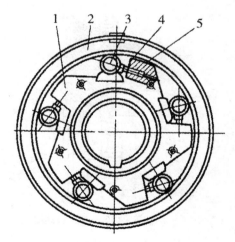

图 6-111　滚珠式超越离合器

6.4.3　制动器

制动器分直接接触式和非直接接触式。直接接触式是制动部件与运动部件(或机械)直接接触的制动器,而非直接接触式则借助磁粉、磁滞、电磁涡流、水涡流等的作用来实现制动。

对制动器的基本要求是：制动平稳、可靠，操纵灵活、方便，散热良好，体积小，重量轻，便于维修。

为减少所需制动力矩和结构尺寸，制动器通常安装在机器的高速轴上。现仅介绍几种典型的直接接触式制动器。

1. 带式制动器

带式制动器是用制动带的内侧面作为接触面的制动器。图 6-112 所示为带式制动器。它是某型自行榴弹炮中的制动器，在行驶过程中操纵制动器，来实现装备的制动和完全停车。由于制动带与制动轮的包角 α 很大，所以在相同制动力矩条件下尺寸比较小，但是制动带磨损不均匀，且易断裂，因此应用受到一定的限制。为增强制动效果，在制动带上可衬垫石棉基摩擦材料、粉末冶金材料等。履带式车辆多用带式制动器。

2. 外抱式制动器

外抱式制动器是制动部件的内表面同运动部件（或机械）的外表面构成摩擦副的制动器。图 6-113 所示为一外抱式块式制动器。1 为制动轮，2 为位于制动轮两旁的制动瓦，其上安装有用摩擦材料制成的制动衬块，制动瓦与制动臂 4 连接。拉伸弹簧 3 通过件 4、2 使制动轮经常处于制动状态。当松闸器 6 中通过电流时，电磁力通过杠杆 5 推动制动臂 4 可使制动瓦 2 松开。松闸器也可利用人力、液压、气压等操作。

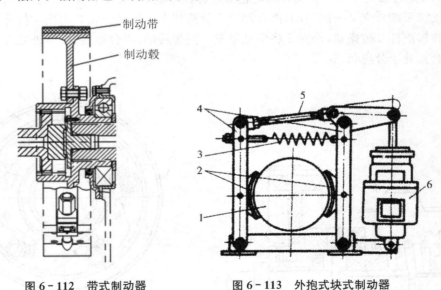

图 6-112　带式制动器　　　　　图 6-113　外抱式块式制动器

3. 内张式制动器

内张式制动器是制动部件的外表面同运动部件（或机械）的内表面构成摩擦副的制动器。图 6-114 所示为一内张式双蹄制动器，由旋转的制动鼓 9、活套在固定销 1、8 上对称布置的二个制动蹄 2、7 和制动油缸（或汽缸）4 等组成。当油缸的推力克服弹簧 5 的拉力作用使制动蹄上用摩擦材料制成的制动衬片 3、6 与制动鼓 9 相互压紧时，则产生制动作用。这种制动器由于结构紧凑,广泛应用于轮式车辆上。

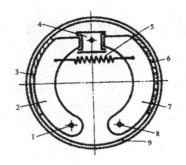

图 6 - 114　内张式双蹄制动器

6.4.4　联轴器、离合器和制动器的使用与维护

1. 联轴器的使用与维护

(1)联轴器的安装误差应严格控制。由于所连接两轴的相对位移在工作过程中还可能增大,故通常要求安装误差不得大于许用补偿量的二分之一。

(2)注意检查所连接两轴运转后的对中情况,其相对位移不应大于许用补偿量。否则,被连接机械会发生振动,传力零件会过早地磨损或损坏,如连接螺栓断裂、弹性套磨损失效等。尽可能地减少相对位移量,可有效地延长被连接机械或联轴器的使用寿命。

(3)对有润滑要求的联轴器,如齿式联轴器、链条联轴器等,要定期检查润滑油的油量、质量以及密封状况,必要时应予以补充或更换。

(4)对于高速旋转机械上的联轴器,一般要经动平衡试验,并按标记组装。对其连接螺栓之间的重量差有严格地限制,不得任意更换。

2. 离合器的使用与维护

(1)片式离合器工作时,不得有打滑或分离不彻底现象。否则,不仅将加速摩擦片磨损,降低使用寿命,甚至会烧坏摩擦片,引起离合器零件变形退火等,还可能导致其他事故,因此需经常检查。打滑的主要原因是作用在摩擦片上的正压力不足,摩擦表面粘有油污,摩擦片过分磨损及变形过大等;分离不彻底的主要原因有主、从动片之间分离间隙过小,主、从动件翘曲变形,回位弹簧失效等,一旦发现应及时修理并排除。

(2)应定期检查离合器操纵杆的行程,主、从动片之间的间隙,摩擦片的磨损程度,必要时予以调整或更换。

(3)超越离合器应密封严实,不得有漏油现象。否则会引起过大磨损和过高温度,损坏滚柱、星轮或外壳等。在运行中,如有异常响声,应及时停机检查。

3. 制动器的使用与维护

(1)制动器应灵活可靠。如某型轮胎式推土机的手制动器应保证在 25° 的坡道上停车不打滑;长距离行使时,轮毂不发热。

（2）定期检查制动部件与运动部件之间所要求的规定间隙，必要时应调整；当磨损量超过规定值时，应予以更换。

（3）注意检查制动器操作控制系统的状况或可靠性。如油或气动刹车系统是否完好等。

6.5　弹　　簧

弹簧是机械乃至日常生活中广泛使用的弹性零件。它是利用材料的弹性和本身结构的特点，在产生或恢复弹性变形时，把机械功或动能转变为变形能，或把变形能转变为动能或机械功，所以弹簧又是转换能量的零件。

6.5.1　弹簧的功用

弹簧的主要功用有：

（1）缓冲减振。如车辆中的缓冲弹簧（图 6－115(a)）、各种缓冲器及弹性联轴器中的弹簧等，在机器设备中起到缓冲、吸振的作用。

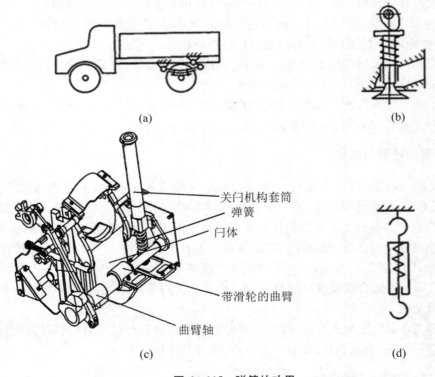

(a)

(b)

关闸机构套筒
弹簧
闸体
带滑轮的曲臂
曲臂轴

(c)

(d)

图 6－115　弹簧的功用

（2）控制运动。如内燃机中的阀门弹簧（图 6－115(b)）、离合器中的控制弹簧等能使凸轮副或离合器保持接触，控制机构的运动。

（3）储能及输能。如图 6 - 115(c)中某型自行加榴炮中的关闩机构弹簧[1]，机械钟表、仪器、玩具等使用的发条，枪栓弹簧等，利用释放储存在弹簧中的能量来提供动力。

（4）测量力和力矩的大小。如弹簧秤（图 6 - 115(d)）、测力器等利用弹簧变形大小来测量力或力矩。

6.5.2　弹簧的类型

弹簧的种类很多，常用弹簧的类型及应用见表 6 - 27。按照所能承受的载荷不同，可以分为拉伸弹簧、压缩弹簧、扭转弹簧和弯曲弹簧四种；按照形状的不同，又可分为螺旋弹簧、盘簧和板弹簧等。此外，还有橡胶弹簧、空气弹簧和扭杆弹簧等，它们主要用于机械的隔振和车辆的悬挂装置。螺旋弹簧因结构简单、制造方便应用最多。本节主要介绍圆柱形压缩弹簧。

表 6 - 27　弹簧的类型及应用

名　称	简　图	说　明
圆柱螺旋弹簧	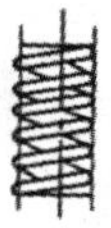 圆截面压缩弹簧	承受压力，结构简单，制造方便，应用最广
	 矩形截面压缩弹簧	承受压力，当空间尺寸相同时，矩形截面弹簧比圆形截面弹簧吸收能量大，刚度更接近常数
	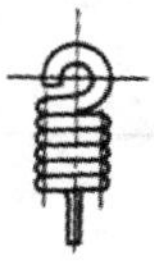 圆截面拉伸弹簧	承受压力
	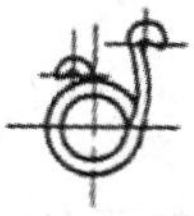 圆截面扭转弹簧	承受转矩，主要用于压紧和蓄力以及传动系统中的弹性环节

————————

[1]当闩体下降时，套在曲臂轴左端的带滑轮的关闩杠杆，以其滑轮下压套在关闩机构弹簧上的关闩机构套筒，使关闩机构弹簧被压缩，储存关闩能量。

续表

名　称	简　图	说　明
圆锥螺旋弹簧	圆截面压缩弹簧	承受压力,弹簧圈从大端开始接触后特性线为非线性。可防止共振,稳定性好,结构紧凑,多用于承受较大载荷和减振
碟形弹簧	对置式	承受压力,缓冲、吸振能力强。采用不同的组合,可以得到不同的特性线,用于要求缓冲和减振能力强的重型机械。卸载时需先克服各接触面间的摩擦力,然后恢复到原形,故卸载线和加载线不重合
环形弹簧		承受压力,圆锥面间具有较大的摩擦力,因而具有较高的减振能力,常用于重型设备的缓冲装置
盘簧	非接触型	承受转矩。圈数多,变形角大,储存能量大。多用于作压紧弹簧和仪器、钟表中的储能弹簧
板弹簧	多板弹簧	承受弯矩。主要用于汽车、拖拉机和铁路车辆的车厢悬挂装置中,起缓冲和减振作用

6.5.3　弹簧材料和弹簧制造

1. 弹簧材料

弹簧常在变载荷和冲击载荷作用下工作,而且要求在受较大应力的情况下,不产生塑性变形。因此要求弹簧材料有较高的抗拉强度极限、弹性极限和疲劳强度极限,不易松弛。同时要求有较高的冲击韧性,良好的热处理性能等。

常用的弹簧材料有优质碳钢、合金钢和铜合金。考虑到经济性,应优先采用碳素弹簧钢,如 65、85、65Mn 等,用以制造尺寸较小的一般用途的螺旋弹簧及板弹簧。对于受冲击载荷的弹簧应选用硅锰钢、铬钒钢等。在变载荷作用下,以铬钒钢为宜。对于在腐蚀介质中工作的弹簧,应采用不锈钢和铜合金。

2．弹簧制造

螺旋弹簧卷制方法有冷卷法和热卷法。弹簧丝直径小于 8~10 mm 的弹簧用冷卷法，直径大的用热卷法。

冷卷法多用于经过热处理的冷拉钢丝，在常温下卷制成型，卷好后只需低温回火，以消除内应力。热卷法多用于较大的热轧钢材，卷好的弹簧需经淬火和回火处理。

对于重要的压缩弹簧，还要将端面在专用磨床上磨平，以保证两端的承压面与轴线垂直。最后可对压缩弹簧进行强压和喷丸处理，以充分发挥材料的效能和提高弹簧的承载能力。

6.5.4　圆柱形螺旋弹簧的结构

如图 6-116 所示为螺旋压缩弹簧和拉伸弹簧。压簧在自由状态下各圈间留有间隙 δ，经最大工作载荷的作用压缩后各圈间还应有一定的余留间隙 δ_1（$\delta_1 = 0.1d > 0.2$ mm）。为使载荷沿弹簧轴线传递，弹簧的两端各有 $\frac{3}{4} \sim \frac{5}{4}$ 圈与邻圈并紧，称为死圈。死圈端部须磨平，如图 6-117 所示。拉簧在自由状态下各圈应并紧，端部制有挂钩，利于安装及加载，常用的端部结构如图 6-118 所示。

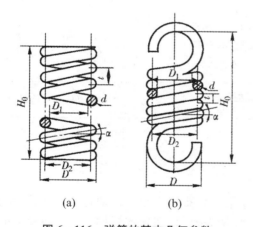

(a)　　　　　(b)

图 6-116　弹簧的基本几何参数

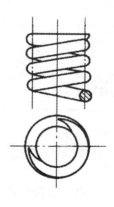

图 6-117　螺旋压簧的端部结构

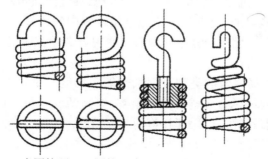

(a) 半圆钩环　(b) 圆钩环　(c) 可调式　(d) 锥形闭合端

图 6-118　螺旋拉簧的端部结构

圆柱形螺旋弹簧的主要参数和几何尺寸(图 6‐116)有弹簧丝直径 d,弹簧圈外径 D、内径 D_1 和中径 D_2,节距 t,螺旋升角 α,弹簧工作圈数 n 和弹簧自由高度 H_0 等。螺旋弹簧各参数间的关系列于表 6‐28 之中。

表 6‐28　螺旋弹簧基本几何参数关系式

参数名称	压缩弹簧	拉伸弹簧
簧丝直径	d 由强度计算确定	
中径	$D_2 = Cd$,C 为弹簧指数(旋绕比)	
外径	$D = D_2 + d = (C+1)d$	
内径	$D_1 = D_2 - d = (C-1)d$	
螺旋角	$\alpha = \text{arccot}\dfrac{t}{\pi D_2} \approx 6° \sim 9°$	
节距	$t = d + \dfrac{f_2}{n} + \delta' \approx (\dfrac{1}{3} \sim \dfrac{1}{2})D_2$	$t = d$
有效工作圈数	n 根据工作条件确定	
死圈	n_2	—
弹簧总圈数	$n_1 = n + n_2$	$n_1 = n$
弹簧自由高度	两端并紧、磨平 $H_0 = nt + (n_2 - 0.5)d$ 两端并紧、不磨平 $H_0 = nt + (n_2 + 1)d$	$H_0 = nd + $ 挂钩展开尺寸
簧丝展开长度	$L = \dfrac{\pi D_2 n_1}{\cos\alpha}$	$L = \pi D_2 n_1 + $ 钩环部分长度

6.5.5　弹簧的使用和维护

弹簧在兵器和机器设备中有着重要作用。兵器和机器的自动化程度越高,应用弹簧的场合通常也越多,弹簧的作用也越显著。弹簧失效,轻则导致机构运动不准确,机器工作效能降低或振动加剧;重则使机器不能正常工作,如内燃机气阀弹簧断裂将使发动机停转,击针弹簧断裂将使枪炮不能射击,坦克和汽车的悬挂装置中的扭杆弹簧或板弹簧断裂将使坦克汽车丧失行驶能力等。因此应该重视弹簧的使用与维护。现仅介绍普通压缩弹簧在使用与维护中应注意的几个方面。

(1) 根据使用要求选择弹簧的类型、尺寸、性能和精度。对要求高的弹簧,其表面不应有划痕、黑斑,对特别重要的弹簧应进行探伤检查,对高精度弹簧应进行外径、高度、受力变形、弹簧中径等偏差的测量选配,以保证弹簧的装配精度。

(2) 弹簧经长期使用后会产生疲劳损坏,表现为自由长度缩短、弹力减弱甚至疲劳裂纹或折断,应按规定及时检验。

(3) 弹簧的自由长度可用游标卡尺测量,也可用同型号的标准弹簧做比较判定。弹簧弹力可在测力探测器上测量,也可采用新旧弹簧对比的方法,如将新旧两个弹簧保持同一轴线放在虎钳中,并在两弹簧之间加一平垫圈,然后收紧钳口压紧弹簧,通过对比新旧弹簧缩短的长度及弹簧圈的疏密来判断旧弹簧的弹力减弱程度。

(4) 弹簧有裂纹、折断或严重锈蚀时应及时更换。弹簧歪斜变形或自由长度缩短超过规定限度及弹力不符合规定时,通常应予以更换,但在不得已情况下也可平整弹簧端面、拉长弹簧或在弹簧一端加垫,以增大弹力而勉强使用。

(5) 修复自由长度变短、弹力不足的弹簧时,应先对旧弹簧进行冷拉伸,再重新进行热处理以达到规定要求。

练　习　题

基本题

6-1　常用螺纹有哪几种? 各用于什么场合? 对连接螺纹和传动螺纹的要求有何不同?

6-2　在螺栓连接中,不同的载荷类别要求不同的螺纹余留长度,这是为什么?

6-3　连接螺纹都具有自锁性,为什么有时还需要防松装置? 试各举出两个机械防松和摩擦防松的例子。

6-4　普通螺栓连接和铰制孔用螺栓连接的主要失效形式是什么? 计算准则是什么?

6-5　松螺栓连接和紧螺栓连接的区别何在? 它们的强度计算有何区别?

6-6　按承载情况,轴有哪些类型? 这几种轴有何区别?

6-7　轴的结构设计包括哪些主要内容? 零件在轴上的轴向和周向常用固定方法有哪几种? 试分析比较其优缺点。

6-8　平键、半圆键、楔键、花键等连接的用途有什么不同? 普通平键有哪几种? 各应用于什么场合?

6-9　试述过盈连接、胀套连接、成型连接和销连接的连接特点及应用场合。

6-10　试述轴的使用与检查的要求。

6-11　对轴承材料的性能有哪些要求? 常用的轴承材料有哪几种? 主要性能和特点如何?

6-12　滚动轴承由哪些基本元件组成? 各有何作用? 与滑动轴承相比较,滚动轴承有哪些优缺点?

6-13　滚动轴承的主要类型有哪些? 各有什么特点?

6-14　什么是滚动轴承的基本额定静载荷和当量静载荷? 什么情况下应进行静强度计算?

6-15　滚动轴承组合的支承结构型式有哪些? 各有何特点及应用场合?

6-16　滚动轴承的轴向固定,通常采用哪几种方法? 轴承与轴颈、座孔采用什么配合制? 与普通圆柱公差标准有何不同?

6-17　何谓润滑油的黏度? 选用润滑油的一般原则是什么?

6-18 联轴器、离合器和制动器的功能和区别是什么?

6-19 常用的联轴器、离合器的主要类型有哪些? 选用原则是什么?

6-20 牙嵌式离合器的牙型有几种? 各用于什么场合?

6-21 摩擦式离合器与牙嵌式离合器的工作原理有何不同? 各有何优缺点?

6-22 弹簧的主要功用有哪些? 举例说明。

6-23 圆柱螺旋弹簧的端部结构有何功用?

提高题

6-24 普通紧螺栓连接所受到的轴向工作载荷或横向工作载荷为脉动循环时,螺栓上的总载荷是什么循环?

6-25 紧螺栓连接所受轴向变载荷在 $0 \sim F$ 间变化,当预紧力 F_0 一定时,改变螺栓或被连接件的刚度,对螺栓连接的疲劳强度和连接的紧密性有何影响?

6-26 有一台离心式水泵,由电动机带动,传递的功率 $P = 3 \text{ kW}$,轴的转速 $n = 960 \text{ r/min}$,轴的材料为 45 号钢。试按轴的强度要求,计算所需的最小轴径。

6-27 平键的剖面尺寸 $b \times h$ 及长度 l 如何确定?

6-28 试说明下列各滚动轴承代号的含义及其适应场合

6205, N208/P4, 7207AC/P5, 30209

6-29 常用的润滑装置有哪些? 试分别说明它们的工作原理。

6-30 滚动轴承的润滑与密封方式有哪些? 试比较其优缺点及应用。

6-31 试述整体式、剖分式、调心式滑动轴承的构造和应用特点。

创新题

6-32 铰制孔用螺栓组连接的三种方案如图 6-119 所示,试求三种方案中受力最大的螺栓所受的力各为多少。哪个方案较好?

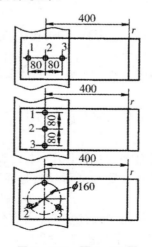

图 6-119 题 6-32 图

6-33 在轴的弯扭合成强度校核中,α 表示什么? 为什么要引入 α?

6-34　如图 6-120 所示为二级圆柱齿轮减速器。已知：$z_1 = z_3 = 20$，$z_2 = z_4 = 40$，m = 4 mm，高速级齿轮齿宽 $b_{12} = 45$ mm，低速级齿轮齿宽 $b_{34} = 60$ mm，轴 I 传递的功率 P = 4 kW，转速 $n_1 = 960$ r/min，不计摩擦损失。图中 a、c 取为 5～20 mm，轴承端面到减速器内壁距离取为 5～10 mm。试按弯扭合成强度校核计算设计轴 II 并绘出轴的结构图。

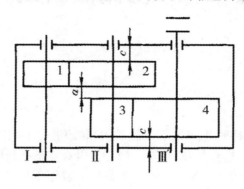

图 6-120　题 6-34 图

6-35　某机械传动装置中，轴的两端均采用深沟球轴承，轴颈直径 $d = 35$ mm，转速 n = 980 r/min，每个轴承所受径向载荷 $F_r = 2300$ N，载荷平稳无冲击，要求使用寿命 L_h = 10000 h，试选择轴承的代号。

6-36　电动机与离心泵之间用联轴器相连。已知电动机功率 $P = 30$ kW，转速 n = 1470 r/min，电动机外伸端的直径均为 48 mm，水泵轴直径为 42 mm。试选择联轴器类型与型号。

第 7 章　机械创新设计

导入装备案例

某型无人机动平台针对平坦、沙石、障碍、壕沟、侧倾坡等不同路况有 10 余种车身姿态，图 7-1 为其中两种车身姿态示意图，图 7-1(a)为"内八姿态"，利用圆轮特点赋予平台在平坦路面高速机动的能力；图 7-1(b)为"前冲姿态"，一般用于跨越较高的垂直障碍时使用。为满足无人机动平台越障等新的工作要求，采用了什么创新设计理念？车姿调整机构的设计采用了什么创新设计方法？这些问题将通过本章知识解决。本章主要介绍创新思维和机械创新设计方法，并列举了工程和军事中一些成功的创新设计实例。

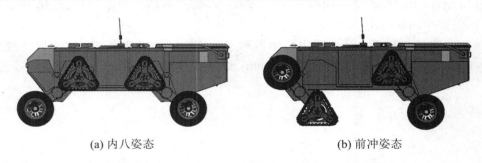

(a) 内八姿态　　　　　　　　　　　　　(b) 前冲姿态

图 7-1　某型无人机动平台车身姿态示意图

7.1　概　　述

创新设计是指在设计领域的创新。一般指在设计领域中，提出新的设计理念、新的设计理论或设计方法，从而得到具有独特性和新颖性的产品，达到提高设计质量、缩短设计时间的目的。

机械创新设计则是指机械工程领域内的创新设计，它涉及机械设计理论与方法的创新、制造工艺的创新、材料及其处理的创新、机械机构的创新、机械产品维护及管理等许多领域的创新。

7.1.1　机械系统创新思维和技法

创造性发明(设计)也是有方法可循的。下面扼要给出一些常用的创造性思维方法和创造性技法,供大家参考。这些都是人们曾经使用过的做法的归纳和总结。

1. 直觉思维法

利用某一闪念的灵感,将两个或两个以上互不相关的观念串在一起而得到问题新的解法或新的发现的方法,称为直觉思维法。属于这类的具体方法很多,这里仅简单介绍几种。

（1）智暴法

指抓住瞬时的灵感意识流而得到一些新想法的方法。这些想法有时可能显得不着边际,胡思乱想,五花八门,但它们却具有打破常规、突破"框框"的特点。灵感和顿悟不是靠天才,只有在大量的知识经验积累和长期思索之后才可能产生。

（2）集智小组会

它是建立在个人"智暴"基础上的,类似我国所称的"诸葛亮会",1950 年首先由美国的奥斯本提出。具体方法是:针对一个既定目标,召集 5～10 位不同专业、不同经历的有关专家开会,与会者自由发言,各抒己见,思路越广、方案越多越好。允许与会者改进自己的设想,也可综合别人的设想。会议组织者只起引导作用,不做任何评价和结论,力戒"思维扼杀"。这种方法可以克服个人知识和经验的局限,使与会者能相互启发,开阔思路,从而引起创造性设想的连锁反应,一下子可获得很多方案。

（3）专家预测法

这种方法是美国的咨询机构兰德（RAND）公司在 20 世纪 50 年代首先使用的。其方法是:组织者针对有关问题编写一个意见征询表,分发给一定范围的有关专家,请他们以书面形式充分发表意见和见解。将这些意见和见解收集、统计整理后,再编写意见征询表,征求专家意见。通过多次反馈,意见和见解会逐渐集中明确,从而得到较好的设想、预测和决策。

这种方法和集智小组会相比,可以避免专家之间可能出现的互相妨碍和无形压力,专家可以有较为充分的时间考虑问题,不受空间距离限制等。

2. 推理思维法

推理思维法也是一类重要的创造性技法,其特点有二:一是在逻辑推理、启发思考和强联想的基础上扩展思路;二是在分析的基础上推理。即经过分析,把一个复杂问题细分为一些较为简单的小问题,再通过分析每个问题的各种影响因素,有针对性、有步骤地进行推理,寻求解法。这类方法的具体做法很多,下面几种是其中较为典型的。

（1）奥斯本提问法

针对研制的新产品提出并回答下列问题:

① 就现有产品稍加改进,能否有新的用途?

② 能否借用别的经验和发明? 有类似的产品吗? 有什么产品可供模仿?

③ 能否对产品进行某些改变? 如改变运动方式、元件形式和颜色等。

④ 能否增加、减少一些东西? 如组件数量、体积尺寸等。

⑤ 能否相互变换? 如改变结构、改变顺序、元件互换、变换速度等。

⑥ 能否把某些东西颠倒过来? 如上下、里外、正反颠倒。

⑦ 能否代用? 如用别的材料、零件代替,用别的方法、工艺代替,用别的能源代替等。

⑧ 能否形成组合? 如目标组合、方案组合、部件组合、材料组合等。

（2）阿诺德提问法

设计过程中为解决各种问题而制定的检验表法。提出并回答下列问题：

① 增加功能——在原有基础上能增加新的功能吗？

② 提高性能——在便携、耐用、可靠、修理、保养等方面能否有所改善？能否减少费用、降低成本？

③ 增加销售——对商品特点、产品包装等是否做了研究？

（3）参量提问法

分析影响某系统的各个参量，然后针对参量分别提出问题，如针对影响轴毂连接的各参量可以提出下列问题：

① 有哪些连接原理？

② 每种原理有哪些结构形式？

③ 从几何形状上可做哪些改变？

④ 从数量上可做哪些改变？

⑤ 从尺寸上可做哪些改变？

⑥ 从顺序上可做哪些变化？

通过回答上述问题，可以从不同角度、全面地寻求轴毂连接的许多变形方案。

（4）反向探求法

这种方法是对现有的解决系统方案加以否定，或寻求其他的甚至是相反的一面，以找出新的解决方法，或启发新的想法。它可以细分为"逆向"和"转向"两种。

机械工程中这种例子很多。如车削螺纹变为旋转铣螺纹就具有"转向"性质，而由工件动变为工件不动则是"逆向"。又如我国某厂家生产的颚式破碎机，使用单位经常反映该机主轴容易断裂。多次将该轴直径加粗，不见成效；后来采用将原轴直径减小的方法，反而使问题得到解决。

（5）系统搜索法

对于技术系统，可以根据其组成或影响性能的全部参数，系统地依次分析搜索，以求得更多解决问题的途径。

3. 联想创造法

通过启发、类比、联想、综合等技法，创造出新的设想，以解决问题。

（1）相似类比法

通过相似联想进行推理，寻求创造性解法。例如浙江某食品机械厂生产的蛋卷机，在本厂总装试车很满意的蛋卷机，在贵阳却不听使唤了，蛋卷胚子出来后，都在卷制过程中碎掉了。设计者在原料、配方、卷制尺寸等方面花了许多精力，也解决不了问题。后来，他们发现贵阳空气湿度低，联想到丝绸厂空气湿度不当会造成断经，于是采取了在车间及机器内保湿加湿的措施，漂亮的蛋卷终于做出来了。

（2）抽象类比法

把问题加以抽象，抓住问题的实质进行类比，以扩大思路寻求解法，这种方法称为抽象类比法。如要发明一种开罐头的方法，则可先抽象出"开"的概念，列出各种"开"的方法，如打开、撕开、拧开、拉开等，然后从中寻找对开罐头有启发的方法。

（3）仿生法

从自然界获得创造灵感，甚至直接仿照生物原型进行发明创造，就是仿生法。仿生法不是简单地模仿自然现象，而是将模仿与现代科技有机结合起来，设计出具有新功能的仿生系统，这种仿生创造思维的产物是对自然的超越。例如，通过积极开展对人的手指、手腕和手臂的结构、动作原理与运动范围的分析研究，研制出各种多自由度的生物电控或声控的机械手，从事危险环境的作业。同时在深入研究人体步态和大小腿的结构、动作原理和可动范围之后，研制出各种类型的两足步行机器人。人们为了通过松软地面和跨越较大障碍还努力研究四足行走生物、六足行走生物的行走机理，发展步行机构学。

（4）借用法

有些在逻辑原理上看起来完全无关的东西，有时把它们联系在一起，也可能产生新的设想和解法。因此要摆脱旧的框框，从各个领域借用一切有用的信息诱发新的设想，也就是把无关的要素结合起来，找出相似的地方。例如电模拟，以电轴替代丝杠传动等都是采用借用的方法。

4. 组合创新法

利用事物间的内在联系，用已有的知识和现有成果进行新的组合，从而产生新的方案。合理的组合也是一种创造。

（1）组合法

组合法是把现有的技术或产品通过功能、原理、机构等方法的组合变化，形成新的技术思想或新的产品，组合的类型包括功能组合、系统组合等。例如，把刀、剪、锉、锥等功能集中起来的"万用旅行刀"，以及"文房四宝"等就是组合法的例子。

（2）综摄法

综摄法是通过已知的东西作为媒介，把毫无关联的、不相同的知识要素结合起来，摄取各种产品的长处，将其综合在一起，制造出新产品的一种新的创造技法。它具有综合摄取的组合特点。例如，日本南极探险队在输油管不够的情况下，因地制宜，用铁管作模子，包上绷带，层层淋上水，使之结成一层厚厚的冰，做成冰管，作为输油管的代用品，这就是综摄法的成功应用实例。

7.1.2　创新设计的过程和特点

1. 设计过程

设计一般分为产品规划、方案设计、技术设计、施工设计四个阶段。

产品规划阶段进行详细的需求调查、市场预测，确定设计参数和制约条件，最后给出详细的设计任务书作为设计、评价、决策的依据。

方案设计（Concept Design，也称概念设计）阶段确定产品的工作原理，并对产品的执行系统、原动系统、传动系统、测控系统等做方案性设计，将有关机械机构、液压线路或电控线路用简图形式表达。

技术设计阶段在原理方案基础上进行具体结构化设计：选材料，定零件的构形和尺寸，进行各种必要的性能计算，最后画出部件的装配草图。为了提高产品的竞争力还需应用先进的设计理论和方法提高产品的价值（改善性能、降低成本），进行产品的系列设计，考虑人机工程原理提高产品的宜人性，利用工业美学原则对产品进行更好的外观设计等，使产品既实用，又适应市场商品化的需要。这个阶段往往要通过模型试验检验产品的功能原理和性能。

施工设计阶段进行零件设计和部件装配图的细节设计，完成全部生产图纸并编制设计说明书、工艺卡、使用说明书等技术文件。

正式投产前产品的试制将检验加工工艺和装配工艺，并进行较详细的成本核算，从而提出修改意见，进一步完善整个产品的设计。

计算机的应用大大推进设计速度。目前可通过计算机辅助设计进行方案设计、技术设计并绘制图形。或者直接输出信号，进行产品的数控切削加工或成型加工。但不论采用什么设计手段，合理掌握设计过程，抓住每个设计阶段的特点和重点，有利于调动设计人员的创新精神，提高产品的设计质量。

2. 创新设计的类型

根据设计的内容特点，创新设计可分为开发设计、变异设计和反求设计三种类型。

（1）开发设计

针对新任务，提出新方案，完成从产品规划、原理方案、技术设计到施工设计的全过程。

（2）变异设计

在已有产品的基础上，针对原有缺点或新的工作要求，从工作原理、机构、结构、参数、尺寸等方面进行一定变异，设计新产品以适应市场需要，提高竞争力。如在基本型产品的基础上，开发不同参数、尺寸或不同功能性能的变型系列产品就是变异设计的结果。

（3）反求设计

针对已有的先进产品或设计，进行深入分析研究，探索掌握其关键技术，在消化、吸收的基础上，开发出同类型的创新产品。

开发设计以开创、探索创新，变异设计通过变异创新，反求设计在吸取中创新，创新是各种类型设计的共同点，也是设计的生命力所在。为此，设计人员必须发挥创造思维，掌握基本设计规律和方法，在实践中不断提高创新设计的能力。

3. 创新设计的特点

创新设计必须具有独创性和实用性，取得创新方案的基本方法是多方案选优。

（1）独创性

创新设计必须具有其独创性和新颖性。

设计者应追求与前人、众人不同的方案，打破一般思维的常规惯例，提出新功能、新原理、新机构、新材料，在求异和突破中体现创新。

洗衣机是重要的家用设备。它的基本原理是通过水流的冲刷带走衣服中的污物，有搅拌式、滚筒式、波轮式，近来又开发出内桶可旋转加强搓洗的离心式，洗净效果更好。而突破机械搅水方式的真空洗衣机、臭氧洗衣机、电磁洗衣机、超声波洗衣机等又为洗衣机创出新路，洗衣机正是在原理、结构不断创新的过程中发展和取得市场效益的。

美国能源部某国家实验所完成了一种超音高速飞机的创新设计，这种代号为"超速飞翔"（Hyper Soar）的飞机时速接近6700英里（约10马赫），能在2小时以内由美国飞抵地球上的任何地点。"超速飞翔"的关键技术是飞机沿地球大气层的边缘飞行时像石块在水面打水漂一样始终相对大气层做飞跳动作,以"打气漂"的方式在一定功率下提速,并保证机身在飞行时增加的热度低于一般超高音速飞机。图 7-2 是"超速飞翔"飞机的示意图,为了更好地发挥"气楔"效应,外形是很有讲究的。

图 7-2　"超速飞翔"飞机

　　清华大学第十七届挑战杯科技竞赛展览曾展出由学生设计制造的爬竿机器人。这种机器人模仿尺蠖的动作向上爬行,其爬行机构只是简单的曲柄滑块机构(图 7-3)。其中电机与曲柄固接,驱动装置运动。上、下两个自锁套是实现上爬的关键结构。当自锁套有向下运动的趋势时,锥套、钢球与圆杆之间会形成可靠的自锁,使装置不下滑,而上行时自锁解除。爬竿机器人的爬行过程如图 7-4 所示。图 7-4(a)为初始状态,上、下自锁套位于最远极限位置,同时锁紧;图 7-4(b)状态下,曲柄逆时针方向转动,上自锁套锁紧,下自锁套松开,被曲柄连杆带动上爬;图 7-4(c)状态下,曲柄已越过最高点,下自锁套锁紧,上自锁套松开,被曲柄带动上爬。如此周而复始,实现自动爬竿。用这些简单的机构、结构使机器人爬竿,体现了独创性。

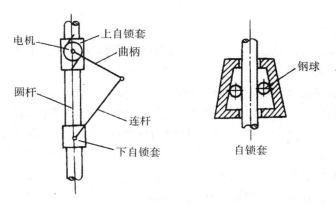

图 7-3　爬竿机器人原理机构简图

（2）实用性

创新设计必须具有实用性,纸上谈兵无法体现真正的创新。

发明创造成果只是一种潜在的财富,只有将它们转化为现实生产力或市场商品,才能真正为经济发展和社会进步服务。1985～1995 年中国发明协会向社会推荐和宣传的发明创造成果有 11000 多项,其中只有 15% 转化为生产力;而这 10 年中我国的专利实施率仅在 25%～30%,专利、科研成果和设计的实用化都是需要解决的问题。

设计的实用化主要表现为市场的适应性和可生产性两方面。

市场适应性指创新设计必须针对社会的需要,满足用户对产品的需求。某厂设计一种新型多功能机床,采用了不少新结构。但当时市场此类机床过剩,产品无法推出,设计趋于流产。20 世纪 70 年代,科学家已开始发现氟利昂会破坏高空臭氧层对紫外线的吸收,并影响到人类的生活。上海第一冷冻机厂较早地抓住制冷设备中的这个关键问题,积极设计研制新原理的溴化锂制冷机,代替原来大中型空调机上的氟利昂制冷设备,这种创新设计取得成功,并带来巨大经济效益。

可生产性要求创新设计有较好的加工工艺性和装配工艺性,能以市场可接受的价格加工成产品,并投入使用。

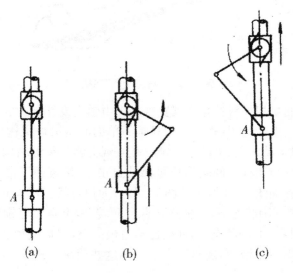

图 7-4　机器人爬行动作原理

（3）多方案选优

创新设计从多方面、多角度、多层次寻求多种解决问题的途径,在多方案比较中求新、求异、选优。

以发散性思维探求多种方案,再通过收敛评价取得最佳方案,这是创新设计方案的特点。如打印设备多年来一直沿用字符打印,虽有各种形式,但很难提高打印速度。随着计算机的发展,推出通过信号控制进行点阵式打印的新模式,引起了打印设备领域的一场革命。点阵打印一开始采用针式打印机,完全是机械动作,结构复杂,要经常维修,打印清晰度也不够理想。近年来不断引出不同原理的喷墨式、激光式、热敏式打印机,正是在多方案的比较中我们才得到了各种符合市场需要的新型打印设备。

7.2　机械创新设计案例

7.2.1　新型内燃机的开发

动力机械是近代人类社会进行生产活动的基本装备之一。发动机为机械提供原动力,动力机械中的燃气机按其工作方式分为内燃机和外燃机两大类。自 19 世纪 60 年代第一台实用的内燃机诞生以来,它已发展了多种型式,在国防工业和国民经济各部门中得到广泛的应用。

本案例就军用装备新型内燃机开发中的一些创新思路做简单分析。

1. 往复式内燃机的技术矛盾

目前应用最广泛的往复式内燃机由气缸、活塞、连杆、曲轴等主要机件和其他辅助设备组成。其中应用于 PLZ05 式 155 毫米自行加榴炮武器系统的 8V 系列柴油机(图 7-5)也属于往复式内燃机,其变型机分别应用于 ADK17 防空导弹武器系统、35 毫米自行高炮武器系统、自行舟桥车和 122 mm 自行火箭炮。

图 7-5 8V 系列柴油机

活塞式发动机的主体是曲柄滑块机构(图 7-6)。它利用气体燃爆使活塞 1 在气缸 3 内往复移动,经连杆 2 推动曲轴 4 做旋转运动,输出转矩。进气阀 5 和排气阀 6 的开启由专门的凸轮机构控制。

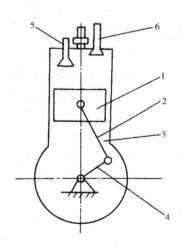

图 7-6 活塞式发动机
1-活塞;2-连杆;3-气缸;4-曲轴;5-进气阀;6-排气阀

活塞式发动机工作时具有吸气、压缩、做功(燃爆)、排气四个冲程,如图 7-7 所示,其中只有做功冲程输出转矩,对外做功。

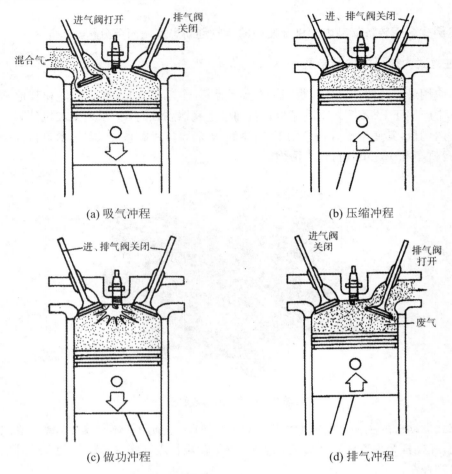

图 7-7　活塞式发动机的四个冲程

这种往复式活塞发动机存在以下明显的缺点:

(1) 工作机构及气阀控制机构组成复杂,零件多,其中曲轴等零件结构复杂,工艺性差。

(2) 活塞往复运动造成曲柄连杆机构较大的往复惯性力,此惯性力随转速的平方增长,使轴承上惯性载荷增大,系统由于惯性力不平衡而产生强烈振动。往复运动限制了输出轴转速的提高。

(3) 曲轴回转两圈才有一次动力输出,效率低。

现存的问题,引起人们改变现状的愿望,社会的需要,促进产品的改造和创新。多年来,在原有发动机的基础上不断开发了一些新型的发动机。

2. 无曲轴式活塞发动机

无曲轴式活塞发动机用机构替代的方法,以凸轮机构代替发动机中原有的曲柄滑块机构,取消原有的关键件曲轴,使零件数量减少,结构简单,成本降低。

日本名古屋机电工程公司生产的二冲程单缸发动机采用无曲轴式活塞发动机,如图7-8所示,其关键部分是圆柱凸轮动力传输装置。

一般圆柱凸轮机构是将凸轮的回转运动变为从动杆的往复运动,而此处利用反动作,即活塞往复运动时,通过连杆端部的滑块在凸轮槽中滑动而推动凸轮转动,经输出轴输出转矩。活塞往复两次,凸轮旋转 360°。系统中设有飞轮,控制回转运动平稳。

这种无曲轴式活塞发动机若将圆柱凸轮安装在发动机中心部位,可在其周围设置多个气缸,制成多缸发动机。通过改变圆柱凸轮的凸轮轮廓形状可以改变输出轴转速,达到减速增矩的目的。这种凸轮式无曲轴发动机已用于船舶、重型机械、建筑机械等行业。

3. 旋转式内燃发动机

在改进往复式发动机的过程中,人们发现,如能直接将燃料的动力转化为回转运动将是更合理的途径。类比往复式蒸汽机到蒸汽轮机的发展,许多人都在探索旋转式内燃发动机的建造。

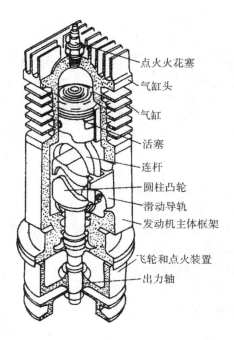

图 7-8　单缸无曲轴式活塞发动机

1910 年以前,人们曾提出过 2000 多个旋转式发动机的方案,但大多因结构复杂或无法解决气缸密封问题而不能实现。直到 1945 年德国工程师汪克尔经长期研究,突破了气缸密封这一关键技术,才使旋转式发动机首次运转成功。

（1）旋转式发动机的工作原理

汪克尔所设计的旋转式发动机简图如图 7-9 所示,它由椭圆形的缸体 1、三角形转子 2（转子的孔上有内齿轮）、外齿轮 3、吸气口 4、排气口 5 和火花塞 6 等组成。

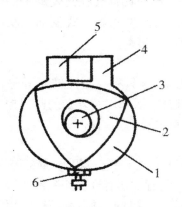

图 7-9　旋转式发动机简图
1-缸体；2-转子；3-外齿轮；4-吸气口；
5-排气口；6-火花塞

旋转式发动机运转时同样有吸气、压缩、燃爆（做功）和排气四个动作,如图 7-10 所示。当转子转一周时,以三角形转子上的 AB 弧进行分析：

① 吸气。转子处于图中 a 位置时,AB 弧所对内腔容积由小变大,产生负压效应,由吸气口将燃料与空气的混合气体吸入腔内。

② 压缩。转子处于 b 位置时,内腔由大变小,混合气体被压缩。

③ 燃爆。高压状态下,火花塞点火,使混合气体燃爆并迅速膨胀,产生强大压力驱动转子,并带动曲轴输出运动和转矩,对外作功。

④ 排气。转子由 c 位置至 d 位置,内腔容积由大变小,挤压废气由排气口排出。

由于三角形转子有三个弧面,因此每转一周有三个动力冲程。

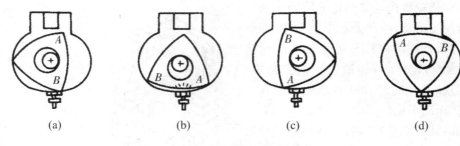

(a)　　　　　　(b)　　　　　　(c)　　　　　　(d)

图 7 - 10　旋转式发动机运行过程

（2）旋转发动机的设计特点

① 功能设计

内燃机的功能是将燃气的能量转化为回转的输出动力,通过内部容积变化,完成燃气的吸气、压缩、燃爆、排气四个动作达到目的。旋转式发动机抓住容积变化这个主要特征,以三角形转子在椭圆形气缸中偏心回转的方法达到功能要求。而且三角形转子的每一个表面与缸体的作用相当于往复式的一个活塞和气缸,依次平稳连续地工作。转子各表面还兼有开闭进、排气阀门的功能,设计可谓巧妙。

② 运动设计

偏心的三角形转子如何将运动和动力输出？在旋转式发动机中采用了内啮合行星齿轮机构,如图 7 - 11 所示。三角形转子相当于行星内齿轮 2,它一方面绕自身轴线自转,另一方面绕中心外齿轮 1 在缸体 3 内公转。系杆 H 则是发动机的输出曲轴。

转子内齿轮与中心外齿轮的齿数比是 1.5∶1,这样转子转一周,使曲轴转 3 周($z_2/z_1=1.5 \Rightarrow n_H/n_2=3$),输出转速较高。根据三角形转子的结构可知,曲轴每转一周即产生一个动力冲程。相对四冲程往复发动机曲轴每转两周才产生一个动力冲程,推知旋转式发动机功率容量是四冲程往复发动机的两倍。

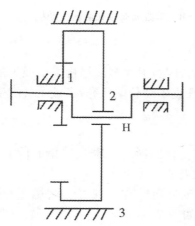

图 7 - 11　行星齿轮机构

③ 结构设计

旋转式发动机结构简单,只有三角形转子和输出轴两个运动构件。它需要一个化油器和若干火花塞,但无需连杆、活塞以及复杂的阀门控制装置。零件数量比往复式发动机少 40%,体积减少 50%,重量下降 1/2 到 2/3。

（3）旋转式发动机的实用化

旋转式发动机与传统的往复式发动机相比,在输出功率相同时,具有体积小、重量轻、噪声小、旋转速度范围大以及结构简单等优点,但在实用化生产的过程中还有许多问题需要解决。

日本东泽公司从联邦德国纳苏公司购得汪克尔旋转式发动机的专利后,进行实用化生产。经过样机运行和大量试验,发现气缸上产生振纹是最主要的问题。而形成振纹的原因,不仅在于摩擦体本身的材料,同时与密封片的形状和材料有关,密封片的振动特性,对振纹影响极大。该公司抓住这个关键问题,开发出极坚硬的浸渍炭精材料做密封片,较成功地解决了振纹问题。他们还与多个厂家合作,相继开发了特殊密封件 310 号、火花塞、化油器、O

形环、消音器等多种零部件,并采用了高级润滑油,使旋转式发动机在全世界首先达到实用化。20 世纪 80 年代该公司生产了 120 万台旋转式发动机用于汽车,市场效益很好。

随着科学技术的发展,必然会出现更多新型的内燃机和动力机械。人们总是在发现矛盾和解决矛盾的过程中不断取得进步。而在开发设计过程中敢于突破,善于运用类比、组合、代用等创造技法,认真进行科学分析,将使我们得到更多创新产品。

7.2.2　腿式军用机器人的研制

1. 引言

目前行走机器人移动机构主要有履带、轮式、腿式以及由上述单一移动机构形式组合派生形成的复合移动机构等形式,这些移动机构各有优缺点。轮式或履带式移动机器人具有运行效率高的优点,一般只能运行在较平坦的地面上,如图 7‑12 为一种形状可变履带机器人的外形示意图。而腿式机器人运动时只需要离散的点接触地面,对地面的适应能力强,具有高通过性,具有明显的优势。

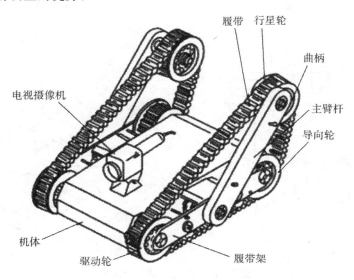

图 7‑12　可变履带机器人

下面就腿式机器人的研制过程进行研究。

人类用两条腿走、跑、跳、蹲、转,甚至空翻、倒立,这与人类有:① 发达的骨骼、关节、肌腱和韧带;② 发达的大脑及神经系统;③ 发达的感觉系统等,有着密切的关系。

人类的步行是大脑控制肌腱的收缩和放松,通过韧带使骨骼相对关节转动而完成的。对于一部步行机器人来说,其执行部分相当于人的脚、小腿、大腿、胯(臀);传动部分相当于韧带;原动机部分相当于肌腱;传感装置和计算机控制系统相当于感觉系统、大脑及神经系统。

设计者运用计算机科学、电子学、传感技术、机构学及材料学等高新技术,用执行部分、传动部分、原动机部分、传感装置和计算机控制系统等五部分来模仿人类的三个基本结构和功能,研制出仿人步行二足军用机器人。

2. 执行部分、传动部分

步行机器人的执行部分、传动部分由脚、小腿、大腿、胯（臀）以及踝、膝、股、腰等关节组成，其中关节是关键部位。图 7-13 为各关节结构简图，实质上就是滑块-摆杆机构。

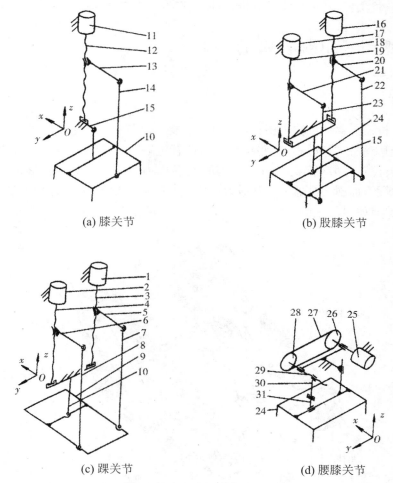

(a) 膝关节　　　　　　　　　　　(b) 股膝关节

(c) 踝关节　　　　　　　　　　　(d) 腰膝关节

图 7-13　腿式机器人的关节

以踝关节为例，伺服电机 1、2 相当于肌腱，为原动机部分；滚珠螺杆 3 和 4、螺杆螺母 5 和 6 与连杆 7 和 8 相当于韧带，为传动部分；脚 9 为执行部分。脚 9 相对小腿 10 之间的摆动是由伺服电机 1、2 的转动通过滚珠螺杆 3、4 转换为螺杆螺母 5、6 的直线运动，再经连杆 7、8 完成的。踝关节具有两个自由度，当伺服电机 1、2 同向转动时，脚 9 相对小腿 10 绕 y 轴摆动；当伺服电机 1、2 反向转动时，脚 9 相对小腿 10 绕 x 轴摆动。图中各铰链均为球铰。股关节与跟关节结构相似。膝关节具有一个自由度。伺服电机 11 的转动通过滚珠螺杆 12 使螺杆螺母 13 带动连杆 14 完成小腿 10 与大腿 15 之间绕 y 轴的相对摆动。腰关节具有一个自由度。伺服电机 25 通过同步带轮 26，同步带 27，使与同步带轮 28 同轴的滚珠螺杆 29 转动，并经螺杆螺母 30 和构件 31 使胯（臀）24 绕 z 轴摆动。

欲使仿人步行二足军用机器人再现人腿的全部功能是非常困难的。由于结构的限制以及需要防止伺服电机过度转动，使用了限位开关，各关节实际可动范围见表 7-1。

表 7 - 1　关节的可动范围

关节	x	y	z
踝	$-35°\sim25°$	$-10°\sim10°$	—
膝	$-85°\sim0°$	—	—
股	$-25°\sim35°$	$-10°\sim10°$	—
腰	—	—	$-25°\sim25°$

3. 传感装置

人类的感觉系统非常发达。对于步行来说,最基本的包括控制平衡的小脑,脚与地面是否接触的触觉,各关节的弯曲程度和用力大小等。

仿人步行二足军用机器人采用电子陀螺控制身体平衡,力传感器体现脚的触觉,轴角编码器反应肌腱信息,电机电流表反应控制力矩的大小。前后、左右两个方向各装有一个陀螺,用于检测机器人身体的倾倒角速度,控制其平衡。

脚与地面是否接触的触觉由脚上的力传感器获得。该力传感器是在每只脚上贴4 个应变片,可获得脚上 4 个部位所受的力。各关节的弯曲程度由与伺服电机相连的光学轴角编码器获得。轴角编码器的脉冲信号经可逆计数器,通过频率电压转换器变换成电压信号。电子陀螺的工作原理见图 7 - 14。

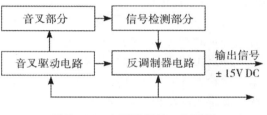

图 7 - 14　电子陀螺的工作原理

4. 原动机部分和计算机控制系统

原动机部分主要由伺服电机(图 7 - 13 中件 1、2、11、16、17、25)和放大器等组成,相当于人的肌腱。计算机控制系统由计算机系统、带有轴角编码器的伺服电机、传感装置、频率电压转换器、控制放大器、反馈电路等组成(图 7 - 15)。

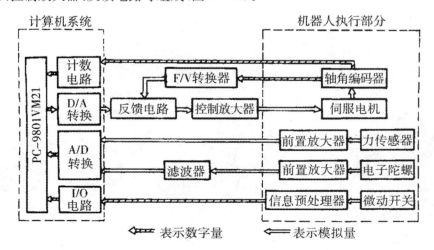

图 7 - 15　计算机控制系统框图

5. 结论

生物是在自然进化中经历了亿万年筛选淘汰和改进才形成现在的有机体,而人类作为生物界中的一员,在同自然的搏斗中,经历了数百万年的发展变化,成为自然界最高级的生物。人体的骨骼、肌肉、组织、器官是任何其他生物所不能比拟的。因此,将人体的结构和功能运用到科学技术领域,必将大有可为。应用滑块-摆杆机构研制的仿人步行二足机器人经步行试验证明,能够完成稳定的静、动步行,并能够在一定程度上适应地面的高度变化。

7.2.3 自行车的演变和开发

1. 自行车的演变史

17世纪初期人们开始研究用人力驱动车轮的交通工具。机械师加赛纳首先提出一种手驱动的方式,驾驶者骑在车座上,用力拉一条绕在车上并能带动轮子转动的环状绳子,使车前进。1816年至1818年在法国出现了两轮间用木梁连接的双轮车,骑车者骑坐在梁上,用两脚交替蹬地来推动车子前进。这种车称为"趣马"(Hobby Horse),如图7.16(a)所示。当时它是贵族青年的玩物,不久就过时了。

一种真正的双轮自行车(bicycle)是1830年由苏格兰铁匠麦克米伦发明的。他在两轮小车的后轮上安装曲柄,曲柄与脚踏板用两根连杆相连,如图7-16(b)所示,只要反复蹬踏悬在前支架上的踏板,驾驶者不用蹬地就可驱动车子前进。

为了提高骑行的速度,法国人拉利门特在1865年进行了改进,将回转曲柄置于前轮上,骑行者直接蹬踏曲柄驱车前进。此时前轮装在车架前端可转动的叉座上,能较灵活地把握方向;后轮上有杠杆制动,骑行者对车的控制能力加强了,如图7-16(c)所示。这种自行车脚踏板转动一周,车子前进的距离与前轮周长相等。为了加快速度,人们不断增大前轮直径(但为了减轻重量,同时将后轮缩小),有的前轮大至56 in(1.42 m)、64 in(1.63 m),甚至80 in(2.03 m),如图7-16(d)所示。如此结构使骑行者上下车很不方便且不安全,影响了这种"高位自行车"的使用。

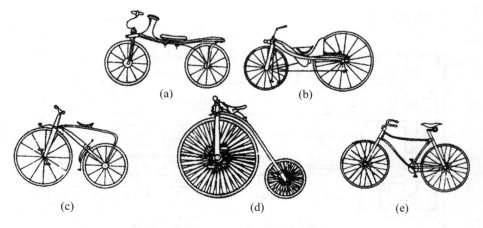

图 7 - 16 自行车的演变

　　1879 年英格兰人劳森又重新考虑采用后轮驱动,设计了链传动的自行车,采用较大的传动比,从而排除了采用大轮子的必要性,使骑行者安全地骑坐在合适高度的座位上,被称为安全自行车,如图 7-16(e)所示。在这一时期,随着科学技术的发展,自行车结构还做了不少改进。如采用受力合理的菱形钢管支架,这样既提高了强度,又能减轻重量;用滚动轴承提高效率;1888 年邓洛普引入充气轮胎,使自行车行走更加平稳。由此,自行车逐渐定型,成为普遍使用的交通工具。

　　由于不断提出新的需求,经过种种改革,自行车的功能和结构逐步完善起来,从开始研究到定型差不多经过了 80 年。

2.新型自行车的开发

　　随着科学技术发展,人们生活水平不断提高,发现原有自行车有不少缺点,同时也根据需要提出一些希望点,在此基础上开发了多种新型自行车。

　　(1)助力车

　　为省力开发出多种助力车。为避免对环境的污染,电动车较受欢迎,小巧的电机和减速装置放于后轮毂中,直接驱动车轮,电源则采用干电池。

　　(2)考虑宜人性的新型车

　　英国发明家伯罗斯发明躺式三轮车(图 7-17),车上座位根据人体工程学设计,躺式蹬车省力,时速可达 50 km。

图 7-17　躺式自行车

　　摇杆式自行车(图 7-18)将回转蹬踏变为两脚往复蹬踏,这样能使人蹬车时充分在 90°～120°范围内做有用功,而去除做无用功的动作。两摆杆通过链条分别带动超越离合器使后轮转动。

　　(3)传动系统的变异

　　链传动易磨损掉链。新开发的齿轮传动自行车(图 7-19)脚蹬带动齿轮通过传动轴将运动传至后轮,提高传动效率。传动体包覆,无绞人裙摆、裤脚之忧。上海凯瑞驰自行车公司已生产这种自行车系列。根据需要将单速车改型为变速车,

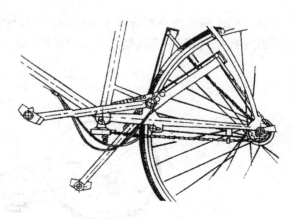

图 7-18　摇杆式自行车

最多可达 15 种变速。开发自适应调速装置,在上坡或蹬踏阻力大处自动调至低速挡。

图 7-19　齿轮传动自行车

（4）塑料自行车

工程塑料的引入对自行车性能有很大改进。碳纤维自行车采用碳纤维模压做成整体无骨架式车身(图 7-20)。其特点是强度高,避免了焊接薄弱点;无横梁,重心低,行车便于控制;流线外形,风阻小;重量轻(约 11 kg,比金属架车轻 1.5 kg);速度快(比金属架车每公里快 3 s)。在巴塞罗那奥运会,一名美国车手骑着定做的一辆碳纤维自行车取得金牌并破世界纪录。

图 7-20　碳纤维自行车

图 7-21 所示为全塑自行车,其车架、车轮皆为塑料整体结构,一次模压成型;车把为整流罩式全握把,整车呈流线型。日本伊嘉制作公司开发的全塑自行车整车重量仅 7.5 kg。

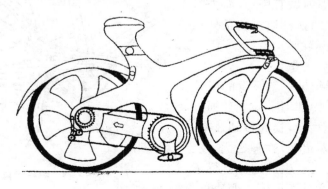

图 7-21　全塑自行车

（5）高速自行车

美国加利福尼亚大学学生弗朗斯等人设计的半躺式 Dexter Hysol"猎家"自行车车速达 68.73 mile/h（约为 111 km/h），创世界新纪录。（猎豹奔跑时速可达 68 mile/h）

图 7-22 所示的这种高速自行车具有以下特点：

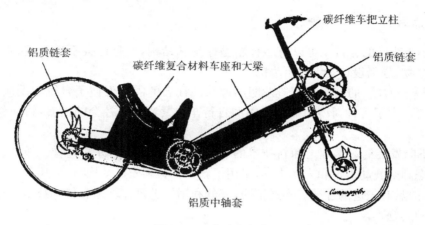

图 7-22　高速自行车

① 采用"躺式"，骑车者能发挥最大动力，并减小风阻面积；

② 双级链传动升速；

③ 以高强度碳纤维复合材料注塑整体车座和大梁。采用碳纤维车把和立柱，铝制链套和中轴套，连同碳纤维车外罩，全车总重量约有 13.4 kg。

④ 采用 Hysol 宇航粘合剂取代传统紧固件，既减轻重量，又使载荷和应力均布在更大面积上，增加强度，减少振动。

⑤ 运用空气动力学原理对车外罩形状进行优化设计，形成笼罩骑车者的流线型封闭舱，提高空气动力学效率 30% 以上。

（6）多功能自行车

根据需要增加辅助功能，如在自行车上加车灯、气筒（或自动打气装置）、饮水器、载物载人装置等。图 7-23 所示为巡警用自行车，车上装有内藏式无线电通话设备、手电筒支架，还配备了便于上坡追击用的电动助力装置。双人自行车或家庭型自行车（双人前后蹬踏，中间有几个孩子的车座）由两个人驱动，分别设有单向离合器，使驱动力同时推动车轮而不互相干涉。

图 7-23　巡警用自行车

（7）小型自行车

为便于搬上高楼或放在汽车后厢外出旅游运动,开发了多种折叠式小型自行车。美国开发的一种便于携带的折叠式自行车,折叠后最小体积仅 27 in×8.5 in×8.5 in(1 in = 2.54 cm),可放于汽车或火车座位底下,打开只需 15 s。

3. 几点启示

（1）小小普通的自行车可以有多种新型原理和结构,而且还会不断改进、翻新,可见处处有创新之物,创新设计是大有可为的。

（2）人类和社会的需要是创造发明的源泉。社会的需要促使了自行车的演变,也正是社会的需要产生了各种新型功能和结构的自行车。紧紧抓住社会的需要,将使创新设计更具有生命力。

（3）不断发展的科学理论和新技术的引入,使产品日趋先进和完善。如高速自行车的开发中考虑到空气动力学和人体力学,采用了新型材料和先进结构,还应用计算机辅助手段进行优化,故具有先进的性能。实践证明,充分利用先进设计理论和科学技术是创新设计中必须重视的问题。

参 考 文 献

［1］ 王涛,等. 机械设计基础[M]. 北京:解放军出版社,2017.

［2］ 庾晓明,等. 机械设计基础[M]. 3 版. 合肥:中国科学技术大学出版社,2002.

［3］ 陈立德. 机械设计基础[M]. 3 版. 北京:高等教育出版社,2009.

［4］ 濮良贵,等. 机械设计[M]. 8 版. 北京:高等教育出版社,2006.

［5］ 孙桓,等. 机械原理[M]. 7 版. 北京:高等教育出版社,2006.

［6］ 于惠力. 常见机械零件设计与实例[M]. 北京:机械工业出版社,2015.

［7］ 黄纯颖,等. 机械创新设计[M]. 北京:高等教育出版社,1999.

［8］ 张春林,等. 机械工程概论[M]. 北京:北京理工大学出版社,2003.

［9］ 张绍甫,等. 机械基础[M]. 北京:高等教育出版社,1994.

［10］ 杨可帧,等. 机械设计基础[M]. 北京:高等教育出版社,1998.

［11］ 沙琳,等. 陆战武器机械结构与原理[M]. 北京:蓝天出版社,2014.

［12］ 总装备部陆装科订部. PLZ05 式 155 毫米自行加榴炮兵器与操作教程(武器部分)[M]. 北京:解放军出版社,2013.

［13］ 曲玉琨. 远程火箭炮兵器原理[M]. 北京:解放军出版社,2008.

［14］ 宋仲康. 火箭发射系统设计[M]. 北京:兵器工业出版社,2006.

［15］ 李军. 面向装甲装备的机械课程设计[M]. 北京:国防工业出版社,2008.